Ingo Wolff

GRUNDLAGEN DER ELEKTROTECHNIK

Teil 1: Das elektrische und das magnetische Feld

3. verbesserte Auflage

VERLAG
H. WOLFF

VERLAG HENNING WOLFF, AACHEN

Prof. Dr.-Ing. Ingo Wolff
Ordinarius für Allgemeine und Theoretische Elektrotechnik

Universität Duisburg, Fachbereich Elektrotechnik
D-4100 Duisburg

ISBN 3-922697-05-4

Printed in Germany by Graphische Werkstätten E. Hunko, 5100 Aachen, Tel. 0241/39711

VORWORT

Dieses Buch enthält den Stoff der Vorlesung "Grundlagen der Elektrotechnik 1", die vom Autor an der Universität -Gesamthochschule- Duisburg für die Studenten des ersten Semesters des Studiengangs Elektrotechnik gelesen wird. Es behandelt die grundlegenden Gesetze des elektrischen und des magnetischen Feldes in einer Darstellung, die der Autor für einen angemessenen Kompromiß zwischen der Forderung nach voller Exaktheit und der Forderung nach einfacher Darstellung für die Anfangssemester hält. Da dem Autor die Schwierigkeiten der Studenten des ersten Semesters insbesondere im Bereich der Mathematik und teilweise auch im Bereich der grundlegenden Physik bekannt sind, wird in diesem ersten Teil des Buches mit voller Absicht auf eine vollständige Formulierung der Grundgesetze des elektromagnetischen Feldes verzichtet; so wird z.B. das Durchflutungsgesetz nur für die Magnetfelder stationärer Ströme formuliert und auch das Induktionsgesetz nur in vereinfachter Form behandelt. Es war aber das Ziel des Autors bei dieser Niederschrift, die grundlegenden Zusammenhänge der elektromagnetischen Feldes nicht nur glaubhaft,sondern auch einsichtig zu machen. Der Autor hofft, daß ihm dies gelungen ist.

Mein bewährter Mitarbeiter Herr Dr.-Ing Adalbert Beyer hat mit Sorgfalt das Manuskript korrekturgelesen und durch viele kritische Hinweise zur endgültigen Fassung des Manuskriptes beigetragen; hierfür sei ihm herzlich gedankt. Ein Teil der Reinschrift des Manuskripts wurde von Frau Stüsser ausgeführt, der größte Teil wurde vom Autor selbst geschrieben; er hofft, daß hierdurch die Qualität des Manuskripts nicht zu sehr gelitten hat. Frau Thor hat die Reinzeichung aller Bilder mit Ausdauer, Schnelligkeit und Qualität sowie großem Einfühlungsvermögen in die einzelnen Probleme der Darstellung übernommen; ihr gilt der besondere Dank des Autors.

Duisburg,im Oktober 1980 I.Wolff

INHALTSVERZEICHNIS

INHALTSVERZEICHNIS (Fortsetzung)

I. DIE GRUNDLAGEN

I.1 EINLEITUNG

Der Ingenieur der Elektrotechnik beschäftigt sich mit elektrischer Energie und mit Nachrichten, deren Gewinnung, Umsetzung, ihrer Übertragung von einem Ort zu einem anderen und ihrer Anwendung. Trotz der vielfältigen Spezialisierungen der einzelnen Bereiche der Elektrotechnik läßt sich jede Tätigkeit des Elektroingenieurs in letzter Konsequenz in die genannten Bereiche einordnen.

Mit den Erscheinungen der Elektrizität und des Magnetismus tritt in den Gesichtskreis des Lernenden etwas gänzlich Neues, das mit den bis dahin bekannten Begriffen der Mechanik nicht sinnvoll beschrieben werden *kann*. Eine wesentliche Schwierigkeit beim verstandesmäßigen Erfassen der Vorgänge der Elektrotechnik liegt darin begründet, daß der Mensch kein Sinnesorgan besitzt, mit dem er die "Elektrizität" (was immer das auch sei) direkt nachweisen kann. So ist er darauf angewiesen, sekundäre Erscheinungen, wie die Wärme des Heizofens, das Licht einer Glühlampe oder das akustische Signal eines Radios als den Beweis für die Wirkung der Elektrizität zu empfangen. Das heißt, der Mensch ist nur in der Lage, elektrische Energie in umgewandelter Form, z.B. in Form von Wärmeenergie, akustischer Energie, optischer Energie oder mechanischer Energie wahrzunehmen. So war es denn auch Energie in solchen Formen, die den Menschen auf das Existieren der elektrischen Energie als einer weiteren Erscheinungsform der Energie aufmerksam machte.

Es kann nicht deutlich genug darauf hingewiesen werden, daß die Erscheinungen des Elektromagnetismus *außerhalb der Erfahrungswelt der Mechanik* liegen. Das heißt, daß der Lernende gegenüber der Lehre des Elektromagnetismus vor einer ganz anderen Situation steht, als z.B. beim Studieren der Physik der Mechanik. Während im Bereich der Mechanik sehr viele Begriffe aus dem täglichen Leben abstrahiert werden und in den Bereich der Physik übertragen werden, so daß eine große Anschaulichkeit bei der Beschreibung der physikalischen Erscheinungen existiert, muß sich der Studierende der Elektrotechnik von dem Suchen nach "anschaulichen Modellen" im Sinne der Übertragung alltäglicher Vorgänge auf den Bereich der Elektrotechnik vollständig lösen.

Andererseits können selbstverständlich die bereits entwikkelten Verfahren der klassischen Physik zur Beschreibung physikalischer Erscheinungen auch auf den Bereich der Elektrotechnik übertragen werden. Das heißt, es können, ausgehend von Experimenten und ihren Ergebnissen, Verfahren entwickelt werden, die geeignet sind, das Verhalten der elektromagnetischen Erscheinungen unter speziellen Versuchsbedingungen zu beschreiben. Solche Beschreibungsmethoden sind, wie in der Physik üblich, mathematische Modelle; sie sind nicht die Wirklichkeit selbst, sie sind nur ein (in den meisten Fällen unzureichender) Versuch, die Wirklichkeit zu beschreiben und erhaltene experimentelle Ergebnisse nachzuvollziehen, um dann (und dies ist ein entscheidender Schritt) die Ergebnisse zukünftiger Experimente mit Hilfe des mathematischen Modells voraussagen zu können. Es kann davon ausgegangen werden, daß ein so abgeleitetes Modell immer nur einen begrenzten Gültigkeitsbereich haben wird, außerhalb dessen es nicht mehr in der Lage ist, die Wirklichkeit zu beschreiben; darüber hinaus muß klar sein, daß das abgeleitete Modell in den meisten Fällen nicht das einzig denkbare Modell sein wird, sondern daß auch andere Modelle möglich sind, die das Experiment und seine Ergebnisse beschreiben können.

Alle Modelle, die herangezogen werden, um die Wirkungen der elektrischen Energie zu beschreiben, müssen übergreifende physikalische Gesetze berücksichtigen. Ein solches Gesetz ist z.B. das Postulat von der Erhaltung der Energie. Es sagt, daß die Energie innerhalb eines abgeschlossenen Systems immer konstant ist. Dieses Postulat hat aufgrund seiner vielfältigen Bestätigungen in der Physik den Rang eines Grundgesetzes angenommen. Das bedeutet, daß jedes zusätzliche Postulat, das zur Erklärung der elektrischen Erscheinungen aufgestellt wird, in Übereinstimmung mit diesem Gesetz sein muß.

I.2 DIE BESCHREIBUNG DES MODELLS DER ELEKTRIZITÄT

I.2.1. DIE PHYSIKALISCHE GRÖSSE

Wie bereits erwähnt wurde, ist elektrische Energie in andere Formen umwandelbar; damit stellen die elektrischen Erscheinungen nur einen Teilbereich der allgemeinen physikalischen Erscheinungen dar. Physikalische Gesetze (besser: Modelle für die Wirklichkeit) werden meistens in Form von mathematischen Gleichungen angegeben. In diesen Gleichungen werden verschiedene physikalische Größen, die Bausteine der Modelle, miteinander in Beziehung gesetzt. Jede physikalische Größe wird durch ein Formelzeichen gekennzeichnet; als Formelzeichen werden im allgemeinen ein oder mehrere Buchstaben in verschiedenen Schriftarten verwendet. Entsprechend DIN 1338[1)] sind alle Formelzeichen in *Kursivschrift* anzugeben. Für die Kennzeichnung von Tensoren (Vektoren) gilt DIN 1303 und für die von Matrizen DIN 5486. Mathematische Zeichen sind in DIN 1302 zusammengestellt, die allgemeinen Formelzeichen, die verwendet werden dürfen, werden in DIN 1304 festgelegt, (siehe auch Anhang A2).

Es muß auf den Unterschied zwischen den physikalischen Phänomenen und den physikalischen Größen hingewiesen werden. Die physikalischen Größen beschreiben meßbare Merkmale von Zuständen und Vorgängen. Physikalische Phänomene finden sich in der Natur, Symbole physikalischer Größen kommen in mathematischen Gleichungen vor. Soweit es der Vorrat an Wörtern zuläßt, sollten die physikalischen Phänomene und die physikalischen Größen auch durch unterschiedliche Begriffe gekennzeichnet sein; so sollte z.B. von der Masse eines Körpers, der Kapazität eines Kondensators, der Induktivität einer Spule, dem Widerstand eines Leiters usw. gesprochen werden und nicht z.B. der Kondensator selbst als Kapazität bezeichnet werden.

Physikalische Größen zu definieren heißt, die Größen meßbar zu machen; eine Meßvorschrift anzugeben aber heißt, die Größe mit einer anderen physikalischen Größe zu vergleichen. Nur physikalische Größen von gleicher Art können sinnvoll miteinander ver-

---

[1)] Deutsche Normen werden vom Deutschen Institut für Normung (DIN) herausgegeben und erscheinen in der Beuth Vertriebs GmbH, Berlin, Köln.

glichen werden. Im vorgelegten Einzelfall entscheidet über die Gleichartigkeit der physikalischen Größen das Kriterium, ob physikalisch sinnvolle Differenzen z.B. zu Null gebildet werden können.

Nach der angegebenen Methode, physikalische Größen durch Vergleich zu definieren, gelangen wir schließlich zu einer Anzahl von physikalischen Größen, die mit keiner anderen mehr verglichen bzw. auf diese zurückgeführt werden kann. So kann z.B. die Geschwindigkeit eines bewegten Körpers als der Quotient "zurückgelegter Weg/benötigte Zeit" noch auf die Größen "Weg" und "Zeit" zurückgeführt werden, Weg und Zeit aber werden in der Physik als sogenannte *Grundgrößen* angesehen, die aus keinen anderen Größen mehr definiert werden können. Es ist einsichtig, daß die Wahl der Grundgrößen zunächst völlig willkürlich ist.

Beim methodischen Aufbau des Begriffsystems der Physik kann festgestellt werden, daß bei Hinzunahme eines neuen Teilgebiets der Physik jeweils eine neue Grundgröße definiert werden muß, um das Gebiet eindeutig beschreiben zu können. So nennt z.B. die *Geometrie* nur eine Grundgröße, nämlich die Weglänge l. Bei Einführung der *Kinematik* werden zwei neue Größen benötigt, die der Geometrie fremd sind: Die Zeit t und die Geschwindigkeit $\vec{v}$ [1]. Durch den vorgegebenen Zusammenhang zwischen Weglänge $\vec{l}$, Zeit t und Geschwindigkeit $\vec{v}$: $\vec{v} = \vec{l}/t$ kann erkannt werden, daß eine der neuen Größen als Grundgröße zu definieren ist. Die Entscheidung wurde für die Zeit t getroffen. Soll die *Dynamik materieller Körper* (Mechanik) behandelt werden, so treten erneut zwei neue Größen in den Bereich der Physik: die Kraft $\vec{F}$ und die Masse m, die nach dem Newton'schen Grundgesetz der Mechanik über: $\vec{a} = \vec{F}/m$ mit der Beschleunigung $\vec{a}$ verknüpft sind. Die Masse m wird als Grundgröße definiert. Bei Einführung der Lehre der Elektrizität treten ebenfalls zwei neue physikalische Größen auf, nämlich die Ladung Q und eine universelle

---

[1] Vektoren werden durch einen Pfeil über dem Symbol gekennzeichnet

Naturkonstante ε_0 (bzw. $4\pi\varepsilon_0$). Für den Bereich der Elektrotechnik wird nun nicht die Ladung Q als Grundgröße definiert, sondern die auf die Zeit t bezogene Ladung, die sogenannte elektrische Stromstärke $i = Q/t$. Wie eine weitergehende Diskussion [1] zeigt, braucht zur Beschreibung des Magnetismus keine neue Grundgröße eingeführt zu werden.

Zur Beschreibung der physikalischen Vorgänge im Bereich der Elektrotechnik werden also die vier Grundgrößen:

1) die Länge l,
2) die Masse m,
3) die Zeit t,
4) die elektrische Stromstärke i

definiert.

I.2.2. DIE PHYSIKALISCHEN EINHEITEN

Die Darstellung der Elektrotechnik bedient sich des Begriffs der physikalischen Größen. Die Vorgabe der oben angegebenen vier Größen als physikalische Grundgrößen legt auch das zu verwendende Einheitensystem fest. Obwohl die Angabe der Grundgrößen eigentlich zu den Ergebnissen eines systematischen Aufbaus der Begriffe gehört, wurden sie hier dennoch, aus Gründen der Didaktik, vorweg festgelegt. Damit ist, wie sich anschliessend zeigen wird, aber auch eine Festlegung des Einheitensystems getroffen.

Wie bereits im vorangegangenen Kapitel beschrieben wurde, bedeutet, eine physikalische Größe zu definieren, sie meßbar zu machen. Das aber besagt, daß sie als ein Vielfaches einer bereits bekannten Größe, die zur *Einheitsgröße* definiert wird, angegeben wird. Die Zahlengröße, die angibt, um wievielmal grösser oder kleiner die zu messende Größe als die Einheitsgröße ist, wird als der *Zahlenwert* der physikalischen Größe, die Einheitsgröße kurz als die *Einheit* bezeichnet. Das heißt, jede physika-

---

1) vgl. z.B.: J. Fischer: Elektrodynamik, Springer-Verlag, Berlin, Heidelberg, 1976, S.427-429.

lische Größe kann als

Physikalische Größe = Zahlenwert × Einheit

geschrieben werden.

Falls es notwendig ist, werden Zahlenwert und Einheit einer physikalischen Größe a getrennt angegeben. Der Zahlenwert wird durch eine geschweifte Klammer $\{a\}$, die Einheit durch eine eckige Klammer $[a]$:

Zahlenwert von $a = \{a\}$
Einheit von $a = [a]$

gekennzeichnet. Damit kann jede physikalische Größe a in der Form:

$$a = \{a\}\,[a] \tag{I.2.1}$$

geschrieben werden.
Die Festlegung der Einheiten für die Grundgrößen ist wieder rein willkürlich und auch (noch) nicht in allen Ländern der Erde einheitlich. Im Jahr 1960 wurden von der 11. Generalkonferenz für Maß und Gewicht die folgenden *Basiseinheiten des Internationalen Einheitensystems* angenommen:

1) Die Länge wird gemessen in Metern (m),
2) Die Zeit wird gemessen in Sekunden (s),
3) Die Masse wird gemessen in Kilogramm (kg),
4) Die elektrische Stromstärke wird gemessen in Ampere (A),
5) Die Temperatur wird gemessen in Kelvin (K),
6) Die Lichtstärke wird gemessen in Candela (cd),
7) Die Stoffmenge wird gemessen in Mol (mol).

Gleichzeitig wurde der Name "Système International d'Unités" mit der international verbindlichen Abkürzung SI für diese Einheiten angenommen. Die oben angegebenen Einheiten heißen daher kurz: *"SI-Einheiten"*.

Für den Bereich der Elektrotechnik benötigen wir hier nur die vier ersten Einheiten des SI-Einheitensystems, das dann auch (abgekürzt) als *MKSA-Einheitensystem* bezeichnet wird. Für die Grundgrößen des MKSA-Systems gelten die folgenden Festlegungen der Einheiten:

1) Das Meter
Für die Länge ist die Einheit das Meter (m), welches früher als der Abstand zweier Meßmarken auf einem "Urmeter" (hergestellt aus 90 % Platin und 10 % Iridium, aufbewahrt in Sèvres bei Paris, Frankreich) festgelegt war. Nach dem DIN-Blatt 1301 ist das Meter als das 1.650.763,73-fache der Wellenlänge der von Atomen des Nuklids[1] ^{86}Kr beim Übergang vom Zustand $5d_5$ zum Zustand $2p_{10}$ ausgesandten Strahlung im Vakuum.

2) Das Kilogramm
Für die Masse ist die Einheit das Kilogramm (Kg oder kg, siehe weiter hinten). Es ist die Masse des "Urkilogramms", das ebenfalls in Sèvres aufbewahrt wird.

3) Die Sekunde
Die Einheit der Zeit ist die Sekunde (s). Sie ist definiert als das 9.192.631.770-fache der Periodendauer der dem Übergang zwischen den beiden Hyperfeinstrukturniveaus des Grundzustands von Atomen des Nuklids ^{133}Cs entsprechenden Strahlung (nach DIN 1301).

4) Das Ampere
Die Einheit der elektrischen Stromstärke ist das Ampere[2] (A). Ein Ampere ist die Stärke eines zeitlich unveränderlichen elektrischen Stroms, der durch zwei im Vakuum parallel im Abstand von einem Meter voneinander angeordnete, gradlinige, unendlich lange Leiter von vernachlässigbarem kreisförmigem Querschnitt fließt und zwischen diesen Leitern eine Kraft pro Längeneinheit von $2 \cdot 10^{-7}$ Newton/m [3] hervorruft (vgl. auch Kapitel IV.5).

---

1) Ein Nuklid ist eine Atomart mit einer bestimmten Ordnungs- und Massenzahl.

2) Nach André Marie Ampère, 1775-1836.

3) Sir Isaac Newton, 1643-1727, englischer Physiker;
1 Newton = Einheit der Kraft = 1 mkg/s^2

Die angegebenen Einheiten entspringen der Vorstellungswelt des Menschen, deshalb sind sie in vielen Fällen von der Größenordnung her nicht geeignet, um die Eigenschaften physikalischer Größen zu beschreiben. Aus diesem Grund werden die Einheiten teilweise durch Zusatz von Zehnerpotenzen angegeben. Für die in Zehnerpotenzen von der Grundeinheit angegebenen Einheiten haben sich zudem spezielle Bezeichnungen eingeführt und zwar:

Zehnerpotenz	Bezeichnung	Abkürzung
10^{12}	Tera	T
10^{9}	Giga	G
10^{6}	Mega	M
10^{3}	Kilo	K (k)
10^{-3}	Milli	m
10^{-6}	Mikro	µ
10^{-9}	Nano	n
10^{-12}	Piko	p
10^{-15}	Femto	f
10^{-18}	Atto	a

Tabelle I.2.1: Zehnerpotenzen und Bezeichnungen.

Die Abkürzungen der Bezeichnungen für die Zehnerpotenzen werden für positive Potenz-Exponenten üblicherweise groß, für negative Exponenten klein geschrieben. Eine Ausnahme macht hier (aus historischen Gründen) das "Kilo", das häufig mit einem kleinen Buchstaben (k) abgekürzt wird, z.B. kg, km usw..

Neben den Einheiten für die Grundgrößen: Meter (m), Kilogramm (kg), Sekunde (s) und Ampere (A) (also den MKSA-Einheiten), haben sich in der Elektrotechnik und der Physik weitere Abkürzungen für die Einheiten der abgeleiteten physikalischen Größen (also für die Größen, die keine Grundgrößen sind) eingebürgert. Alle Einheiten, die in Tabelle I.2.2 zusammengestellt sind, sind im Rahmen der SI-Einheiten zugelassen. Gleichzeitig sind in der Tabelle die nach DIN-Blatt 1304 festgelegten Formelzeichen der Größen verwendet.

phys. Größe	Einheit	MKSA-Einheit	elektr. Einheit
Energie W	1Joule (J)	$1J=1m^2kgs^{-2}$	1AVs
Leistung P	1Watt (W)	$1W=1m^2kgs^{-3}$	1AV
Kraft $\vec{F}$	1Newton (N)	$1N=1mkgs^{-2}$	$1AVsm^{-1}$
elektrische Stromstärke I, i	1 Ampere (A)	1A=1A	1A
elektrische Spannung U, u	1Volt (V)	$1V=1m^2kgs^{-3}A^{-1}$	1V
elektrisches Potential φ	1Volt (V)	$1V=1m^2kgs^{-3}A^{-1}$	1V
elektrische Ladung Q	1Coulomb (C)	1C=1As	1As
Kapazität C	1Farad (F)	$1F=1m^{-2}kg^{-1}s^4A^2$	$1AsV^{-1}$
elektrischer Widerstand R	1Ohm (Ω)	$1\Omega=1m^2kgs^{-3}A^{-2}$	$1VA^{-1}$
elektrischer Leitwert G	1Siemens (S)	$1S=1A^2s^3m^{-2}kg^{-1}$	$1AV^{-1}$
magnetische Flußdichte (Induktion) $\vec{B}$	1Tesla (T)	$1T=1kgs^{-2}A^{-1}$	$1Vsm^{-2}$
magnetischer Fluß ϕ_m	1Weber (Wb)	$1Wb=1m^2kgs^{-2}A^{-1}$	1Vs
Induktionskoeffizient, Induktivität L	1Henry (H)	$1H=1m^2kgs^{-2}A^{-2}$	$1VsA^{-1}$

Tabelle I.2.2: Abgeleitete Einheiten im Rahmen der SI-Einheiten.

Eine vollständige Zusammenstellung der Bezeichnungen, Formelzeichen und Einheiten aller elektrischen Größen befindet sich im Anhang A2.

Wird, wie in der Definition der Einheit "Volt" für die Spannung, die Einheit der Masse durch

$$1 \text{ kg} = 1 \text{ Vm}^{-2}\text{s}^3\text{A} \qquad (I.2.2)$$

ersetzt, so ergibt sich ein weiteres System von Einheiten (vgl. Tabelle I.2.2), das weitgehend in der Elektrotechnik verwendet wird und das ebenfalls im Rahmen der SI-Einheiten verwendet werden darf. Es benutzt die Einheiten: Meter (m), Sekunde (s), Ampere (A), Volt (V).

In der Bundesrepublik Deutschland wurde durch das am 5. Juli 1970 in Kraft getretene *Gesetz über Einheiten im Meßwesen* (veröffentlicht 1969) und die dazu erlassenen Ausführungsbestimmungen (veröffentlicht 1970) folgendes festgelegt:

1) Das Gesetz für Einheiten im Meßwesen muß im geschäftlichen und amtlichen Verkehr angewendet werden.
2) Die Regelungen des Gesetzes beruhen auf den Beschlüssen der Generalkonferenz für Maß und Gewicht; das heißt, daß die gesetzlichen Einheiten auf den SI-Einheiten beruhen und daß die SI-Einheiten gesetzliche Einheiten sind. Die im Gesetz und in den Ausführungsverordnungen festgelegten Kurzzeichen für die SI-Einheiten sind die international festgelegten Kurzzeichen.
3) Über die SI-Einheiten hinaus gibt es weitere gesetzliche Einheiten. So sind z.B. auch die in Tabelle I.2.1 angegebenen Vielfachen der Einheiten gesetzlich festgelegt.

I.2.3. DIE GRÖSSENGLEICHUNGEN

Die Darstellung der Elektrotechnik in diesem Buch bedient sich der physikalischen Größen. Werden mehrere physikalische Größen über ein physikalisches Gesetz miteinander verknüpft, dann geschieht dies über eine mathematische Gleichung immer so, daß sowohl die Zahlenwerte als auch die Einheiten in eine Beziehung zueinander gebracht werden. Gleichungen dieser Art werden als Größengleichungen bezeichnet. *Nur* durch Größengleichungen lassen sich physikalische Vorgänge allgemeingültig darstellen.

Die Gleichung

$$\vec{v} = \frac{\vec{l}}{t} , \qquad (I.2.3)$$

die z.B. die Geschwindigkeit $\vec{v}$ mit dem durchlaufenen Weg $\vec{l}$ und der dazu benötigten Zeit t verknüpft, kann, falls jede Größe als "Zahlenwert × Einheit" geschrieben wird, auch als

$$\{\vec{v}\}\ [\vec{v}] = \frac{\{\vec{l}\}\ [\vec{l}]}{\{t\}\ [t]} \tag{I.2.4}$$

angegeben werden. Diese Gleichung ist dann und nur dann richtig, wenn das Gleichheitszeichen sowohl für die Zahlenwerte als auch für die Einheiten gilt. Eine Gleichung der Art der Gl.(I.2.3) wird als *Größengleichung* bezeichnet; eine solche Gleichung liefert bei der Berechnung (z.B. der Geschwindigkeit $\vec{v}$) neben dem richtigen Zahlenwert auch immer die richtige Einheit für die zu berechnende physikalische Größe, gleichgültig in welcher Einheit die physikalischen Größen auf der rechten Seite eingesetzt werden. In der Physik (d.h. auch in der Elektrotechnik) dürfen nur Größengleichungen verwendet werden.

Beispiel:
Die zurückgelegte Weglänge sei $|\vec{l}|=10$ km, die Zeit, um den Weg zu durchlaufen, $t=1$ h[1]; damit errechnet sich der Absolutbetrag der Geschwindigkeit zu:

$$|\vec{v}| = \frac{10\ \text{km}}{1\text{h}} = 10\ \text{km/h}.$$

Werden Weg und Zeit in anderen Einheiten gemessen, z.B. $|\vec{l}| = 10.000$ m und $t = 3.600$ s, so gilt:

$$|\vec{v}| = \frac{10000\ \text{m}}{3600\ \text{s}} = 2{,}78\ \text{m/s}\ .$$

Obwohl Zahlenwert und Einheit der Geschwindigkeit in beiden Fällen verschieden sind, ist die Geschwindigkeit doch jeweils gleich groß, wie aus dem Vergleich:

$$10\ \frac{\text{km}}{\text{h}} = \frac{10000\ \text{m}}{3600\ \text{s}} = 2{,}78\ \text{m/s}$$

sofort abgelesen werden kann.

---

1) 1 h = 3600 s = 1 Stunde, im täglichen Leben gebräuchliche Einheit für die Zeit.

Für viele Anwendungen in der Technik (so z.B. bei der Auswertung von Messungen oder bei der numerischen Berechnung von Problemen mit Hilfe einer Rechenanlage) ist es vorteilhaft, die Größengleichungen in einer etwas abgewandelten Form, der sogenannten *zugeschnittenen Größengleichung* zu verwenden. Ist z.B. bekannt, daß die Weglänge immer in Mikrometern (µm), die Zeit aber in Millisekunden (ms) gemessen wird, so läßt sich Gl.(I.2.4) durch Division durch bzw. Multiplikation mit den Einheiten von Weg und Zeit in der Form

$$\frac{|\vec{v}|\ \mathrm{ms}}{\mu\mathrm{m}} = \frac{|\vec{v}|}{\mu\mathrm{m/ms}} = \frac{|\vec{v}|}{10^{-3}\ \mathrm{m/s}} = \frac{|\vec{l}|/\mu\mathrm{m}}{t/\mathrm{ms}} \qquad (I.2.5)$$

angeben.Obwohl Gl. (I.2.5) auf die Verwendung bestimmter Einheiten zugeschnitten ist, bleibt das Ergebnis auch richtig, wenn für die Weglänge $\vec{l}$ und die Zeit t andere Einheiten als die beim Zuschnitt verwendeten (hier µm und ms) eingesetzt werden.

In der älteren Literatur war es teilweise üblich, die Einheiten in den Gleichungen fortzulassen; dies führt zu sogenannten Zahlenwertgleichungen, in die die einzelnen Größen nur mit einer bestimmten, festgelegten Einheit eingesetzt werden dürfen. Diese Art, physikalische Gleichungen zu schreiben, führt schnell zu Fehlern und ist deshalb nicht zulässig.

I.3 DIE PHYSIKALISCHEN GRUNDLAGEN

I.3.1. DIE ELEKTRIZITÄT UND IHRE ATOMARE STRUKTUR

Wir haben bereits vorne, wenn auch noch mit etwas verschwommener Bedeutung, das Wort "Elektrizität" verwendet. Es soll jetzt versucht werden, diesen Begriff zu präzisieren und zu definieren, was hierunter verstanden wird.

Das Wort Elektrizität leitet sich aus dem Griechischen vom Wort "ηλεκτρον" (sprich: Elektron, deutsch: Bernstein) ab. Bereits im alten Griechenland war bekannt, daß geriebener Bernstein leichte Gegenstände anzuziehen vermag. Ein entsprechendes Experiment läßt sich mit Bernstein und Papierschnitzeln jederzeit nachvollziehen. Wenn sich zwei Körper anziehen, so bedeutet dies, daß zwischen ihnen eine Kraft auftritt. Die Kraft, die beim Experiment mit geriebenem Bernstein gemessen wird, kann mit den Mitteln der Mechanik nicht erklärt werden; das heißt, daß die Erscheinungen der Elektrizität außerhalb des Bereichs der klassischen Mechanik auftreten. Zur Erklärung des Anziehungsvorgangs wird den am Experiment beteiligten Körpern eine neue physikalische Eigenschaft, die *Elektrizität* (oder *Ladung*) zugeschrieben. Die Körper werden als elektrisch geladen bezeichnet, der Zustand des Raumes, in dem sich die Körper befinden, wird geändert: Es wird ein *elektrisches Feld* aufgebaut.

Wird das oben beschriebene Experiment in etwas modifizierter Form so wiederholt, daß einmal ein Hartgummistab und zum andern ein Glasstab mit Leder oder Stoff gerieben wird und die Kraft auf ein kleines Holundermarkkügelchen untersucht wird, so können in verschiedenen Experimenten die folgenden Ergebnisse erzielt werden:

1) Wird der geriebene Hartgummistab dem Holundermarkkügelchen genähert, so wird dieses von ihm angezogen.

2) Berührt das Kügelchen den Hartgummistab, so wird es plötzlich abgestoßen.

3) Wird ein neues Holundermarkkügelchen und ein geriebener Glasstab verwendet, so zeigt das Experiment die gleichen Ergebnisse wie unter Punkt 1) und 2).

4) Wird ein Holundermarkkügelchen mit einem geriebenen Hartgummistab berührt, so wird es zwar vom Hartgummistab abgestoßen (Punkt 2)), aber von einem geriebenen Glasstab angezogen.

5) Wird umgekehrt das Holundermarkkügelchen zunächst mit dem geriebenen Glasstab berührt, so wird es vom Glasstab abgestoßen aber vom Hartgummistab angezogen.

Aus diesen Experimenten können die folgenden Schlüsse gezogen werden: Es gibt offensichtlich zwei Arten von Elektrizität (Ladungen), da wir einmal Anziehungskräfte, zum anderen aber Abstoßungskräfte festgestellt haben. Die beiden Arten der Elektrizität werden als *positive* Elektrizität (geriebener Glasstab) und *negative* Elektrizität (geriebener Hartgummistab) bezeichnet. Die Zuordnung von positiver und negativer Elektrizität zu den beiden beschriebenen Arten der Reibungselektrizität ist selbstverständlich vollkommen willkürlich. Das Experiment zeigt ferner, daß Elektrizität offensichtlich (eventuell nur bis auf eine kleinste Einheit) teilbar ist und von einem Körper auf einen anderen durch Berührung übertragen werden kann (Punkt 2)). Wird das Experiment unter Punkt 2) so interpretiert, daß bei der Berührung der Holundermarkkugel mit dem Stab Elektrizität vom Stab auf die Kugel übertragen wird, so muß aus der folgenden Abstoßung der Kugel geschlossen werden, daß gleiche Elektrizität eine abstoßende Kraft zwischen den Körpern erzeugt. Positive und negative Elektrizität auf zwei Körpern erzeugt dagegen anziehende Kräfte zwischen den Körpern (Experimente 4) und 5)).

Wir fassen zusammen: Das Experiment lehrt, daß wir zwei verschiedene Arten von Elektrizität unterscheiden müssen und daß die Elektrizität offensichtlich teilbar und übertragbar ist. Es muß aber ganz deutlich gesagt werden, daß wir damit natürlich immer noch nicht wissen, was eigentlich die "Elektrizität" ist. Das einzige, was bisher getan wurde (und mehr kann auch nicht getan werden), ist, daß Experimente gemacht wurden und daß der im eigentlichen Sinn unbekannten Ursache für den Ablauf der Experimente der Name "Elektrizität" oder "Ladung" zugeordnet wurde. Von jetzt ab werden wir die physikalische Größe, die als Ursache für die beschriebenen Kräfte auftritt, mit der im DIN-Blatt 1304 festgelegten Bezeichnung "Ladung" charakterisieren. Aus dem oben durchgeführten Gedankenexperiment waren wir in der Lage, gewisse Gesetzmäßigkeiten, denen geladene Körper unterliegen, abzuleiten.

Wir akzeptieren also im folgenden, daß es Körper gibt, die die Eigenschaft der Ladung besitzen. Diese Körper bezeichnen wir als elektrisch (positiv oder negativ) geladen; die physikalische Größe, die die Kraftwirkungen hervorruft, ist die (positive oder negative) Ladung auf den Körpern.

Wie uns die Physik lehrt, besteht jede Materie aus kleinen Einheiten, den Atomen, die ihrerseits wieder aus verschiedenen positiv geladenen, negativ geladenen und ungeladenen Elementarteilchen bestehen. Nach dem einfachen Bohr'schen[1] Atommodell besteht das Atom aus einem positiv geladenen Kern (Durchmesser ca. 10^{-14} m) und den negativ geladenen Elektronen, die sich in stationären Ellipsenbahnen (Schalen) um den Kern bewegen. Der Kern besteht aus Teilchen mit positiver Ladung (Protonen) und Teilchen, die ungeladen sind (Neutronen, Bild I.1). Die Elektronen haben eine sehr kleine Masse $m_e = 9{,}109 \cdot 10^{-31}$ kg, die um den Faktor 1836 mal kleiner ist, als die Masse des Protons $m_p = 1{,}6726 \cdot 10^{-27}$ kg, und um den Faktor 1839 mal kleiner ist, als die Masse des Neutrons $m_n = 1{,}6747 \cdot 10^{-27}$ kg. Die Ladung des Protons ist gleich der kleinsten bekannten Ladung, der sogenannten *Elementarladung* $Q_p = e = 1{,}602 \cdot 10^{-19}$ As; die Ladung des Elektrons ist gleich der negativen Elementarladung $Q_e = -e = -1{,}602 \cdot 10^{-19}$ As.

Die Anzahl p der Protonen eines Atomkerns ist für ein elektrisch neutrales Atom stets gleich der Anzahl n der Elektronen dieses Atoms, $n = p$. Zwischen den Elektronen und dem Kern tritt eine starke Anziehungskraft auf, nach außen wird fast keine Kraftwirkung festgestellt; das heißt, unter der oben angegebenen Bedingung $n = p$ wirkt das Atom nach außen elektrisch neutral; positive und negative Ladungen des Atoms kompensieren sich in ihrer Wirkung. Es ist möglich, daß ein Elektron (z.B. das Elektron auf der äußersten Bahn) vom Atom gelöst wird und damit ein negativ geladenes Elektron und ein Restatom (Ion) mit einer positiven Ladung entstehen. Der Vorgang wird als Ionisation bezeichnet. Auf der anderen Seite kann sich ein freies Elektron auch an ein neutrales Atom anlagern, damit wird das Atom eine negative Überschußladung besitzen.

Der sehr dichte Kern des Atoms ($1{,}4 \cdot 10^{17}$ kg/cm^3) enthält über 99 % der Gesamtmasse des Atoms. Die positiv geladenen Protonen bestimmen durch ihre Zahl p die sogenannte Kernladungszahl, sie ist identisch mit der Ordnungszahl des Elements (Bild I.2). Die Anzahl der Nukleonen (Nukleonen = Protonen und Neutronen) ist identisch mit der sogenannten Massenzahl. Die wirkliche Masse

---

[1] Niels Bohr, 1885-1962, dänischer Physiker.

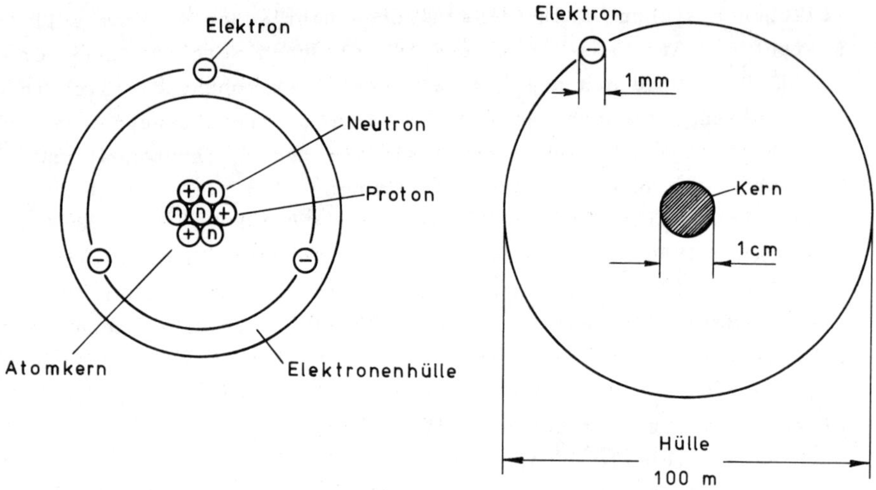

Bild I.1: Schematisierter Aufbau des Atoms und Veranschaulichung der Größenverhältnisse durch 10^{12}-fache Vergrößerung.

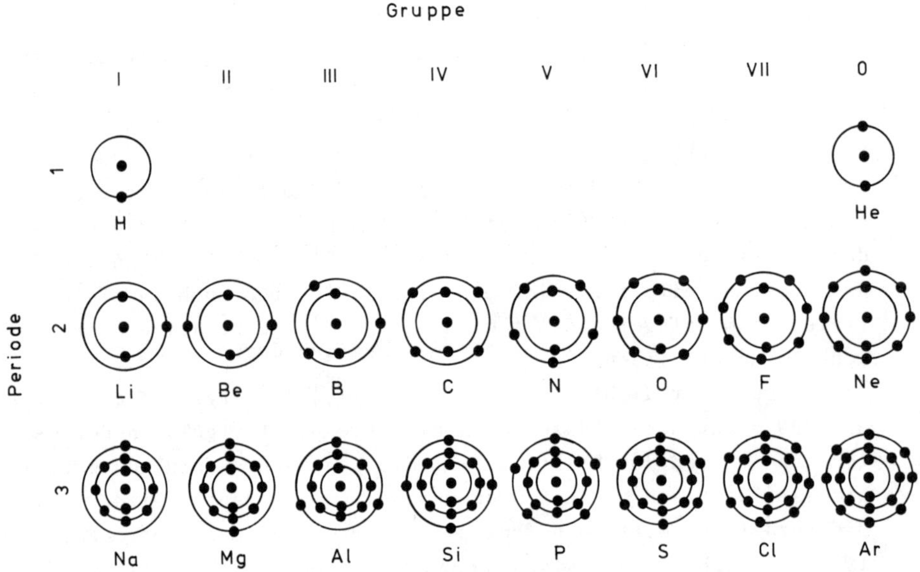

Bild I.2: Die ersten drei Perioden des periodischen Systems der Elemente.

eines Atomkerns ist allerdings geringer, als die Summe der Massen aller Nukleonen, da infolge der sogenannten Bindungsenergie zwischen den Kernelementen ein Massendefekt auftritt. Zwischen den Nukleonen auf eine Entfernung von ca. 10^{-15} m wirkende Kernbindungskräfte verhindern einen Zerfall des Kerns infolge der Abstoßungskräfte zwischen den Protonen.

Wie bereits erwähnt, wurde können Elektronen aus einem Atomverband durch Ionisation gelöst werden. In verschiedenen Festkörpern, in denen die Atome in bestimmten Verbindungsstrukturen miteinander zu einem festen Material verbunden sind, können Elektronen auftreten, die sich mehr oder weniger frei im Material bewegen können und demnach nicht mehr fest an ein Atom gebunden sind. Sie werden als "freie" Elektronen bezeichnet. Sind in einer Materie nur sehr wenige (weniger als 10^7 cm^{-3} - 10^9 cm^{-3}) freie Elektronen vorhanden, so wird das Material als Isolator oder Nichtleiter bezeichnet; sind ca. 10^{10} cm^{-3} bis 10^{18} cm^{-3} freie Elektronen vorhanden, so wird das Material als Halbleiter bezeichnet. In metallischen Materialien existiert zu fast jedem Atom ein freies Elektron (ca. $10^{23} cm^{-3}$); ein solches Material wird als Leiter bezeichnet.

Freie Elektronen in einem Material führen ohne äußere Einflüsse bei einer Temperatur $T > 0$ K eine ungeregelte Bewegung aus. Werden von außen Kräfte (z.B. durch positive Ladungen) auf die Elektronen ausgeübt, so überlagert sich der ungeregelten Bewegung eine gerichtete Bewegung, es kommt zu einem Ladungsträgertransport, der als elektrischer Strom bezeichnet wird.
Ein Strom kann auch auftreten, wenn positive oder negative Ionen bewegt werden, wie dies z.B. beim Stromfluß durch sogenannte Elektrolyten (siehe Kapitel III.6) der Fall ist.

II. DAS ELEKTRISCHE FELD

II.1 DIE LADUNG UND DAS COULOMB'SCHE GESETZ

Entsprechend den Ausführungen im ersten Kapitel schreiben wir Körpern, die eine Kraft aufeinander ausüben, die Eigenschaft der elektrischen Ladung zu. Nach dem im Kapitel I beschriebenen Versuch unterscheiden wir zwei Arten von Ladungen: Die positiven und die negativen Ladungen. Wir charakterisieren einen geladenen Körper in einer veranschaulichenden Darstellung (Bild II.1.1) durch die Angabe und die Zuordnung des Formelzeichens Q der Ladung zu dem geladenen Körper und darüber hinaus durch die Angabe der Art der Ladung (+ oder -). Positive Ladungen bezeichnen wir durch: $Q = + |Q|$, negative Ladungen durch: $Q = - |Q|$.

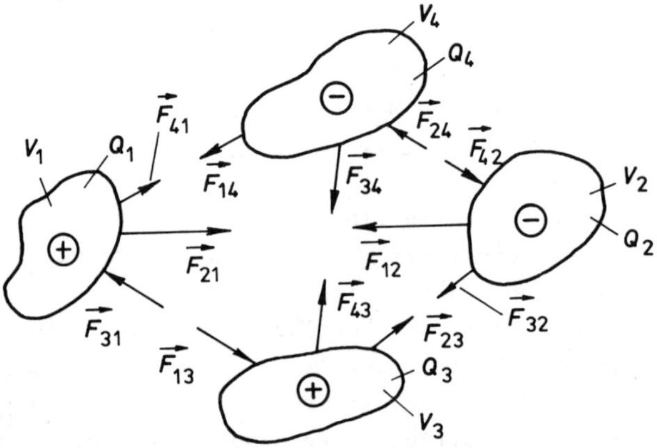

Bild II.1.1: Geladene Körper und auftretende Kräfte.

Die geladenen Körper haben die Volumina V_ν ($\nu = 1,2,3,4$); auf den Körpern sind die Ladungen Q_ν ($\nu = 1,2,3,4$) gespeichert. Zwischen den Ladungen treten je nach der Ladungsart der einzelnen Körper Kräfte anziehender und abstoßender Natur auf, wie sie in Bild II.1.1 eingezeichnet wurden. Die Kräfte wirken im wesentlichen in Richtung der Verbindungslinie der Massenschwerpunkte der Körper; die auf zwei gegenüberstehende Körper im Gleichgewichtsfall wirkenden Kräfte sind entgegengesetzt gleich groß (z.B. $\vec{F}_{41} = - \vec{F}_{14}$).

Wie leicht einzusehen ist, ist in Abhängigkeit von der Größe des Körpervolumens und der Größe der Ladung auf dem Körper das Verhältnis von Ladung zu Volumen der einzelnen geladenen Körper unterschiedlich groß. Da manche physikalische Prozesse der Elektrotechnik nicht nur von der Größe der Ladung eines Körpers, sondern auch von der Größe der Ladung pro Volumeneinheit abhängen, definieren wir die neue physikalische Größe der Raumladungsdichte η folgendermaßen: Ist die Ladung Q gleichmäßig über das Volumen V verteilt, so ist die Raumladungsdichte η im Volumen V gleich dem Quotienten aus der Ladung Q und dem Volumen V:

$$\eta = \frac{Q}{V} \ . \qquad \text{(II.1.1)}$$

Da die Ladung teilbar ist, ist auch vorstellbar (Bild II.1.2), daß im Volumen V Bereiche mit unterschiedlicher Ladungskonzentration existieren. Um für diesen Fall den Begriff der Raumladungsdichte zu definieren, betrachten wir das Teilvolumen ΔV des Volumens V und fragen uns, wie groß der Ladungsanteil ΔQ der Gesamtladung Q ist, der in ΔV gespeichert ist. Die Raumladungsdichte η für den betrachteten Raumbereich ΔV ist dann definiert als:

$$\eta = \frac{\Delta Q}{\Delta V} \ . \qquad \text{(II.1.2)}$$

Soll im Grenzfall für jeden beliebigen Punkt P des Volumens V ein Wert der Raumladungsdichte definiert werden, so wählen wir ein Teilvolumen ΔV, das den Punkt P einschließt, und lassen es beliebig klein werden (unter der Voraussetzung, daß P bei diesem Vorgang in ΔV bleibt). Dann wird die Raumladungsdichte im Punkt P mit den Koordinaten x,y,z definiert als:

$$\eta(x,y,z) = \lim_{\Delta V \to 0} \frac{\Delta Q}{\Delta V} = \frac{dQ}{dV} \ . \qquad \text{(II.1.3)}$$

Satz 1: Die Raumladungsdichte η in einem Punkt des Raumes ist gleich der Ladung pro Volumeneinheit in der direkten Umgebung dieses Punktes. Die Raumladungsdichte ist im allgemeinen Fall eine Funktion der Raumkoordinaten x,y,z , sie ist ein Maß für die Verteilung der Ladung im Raum. Die Raumladungsdichte kann positive und negative Werte annehmen.

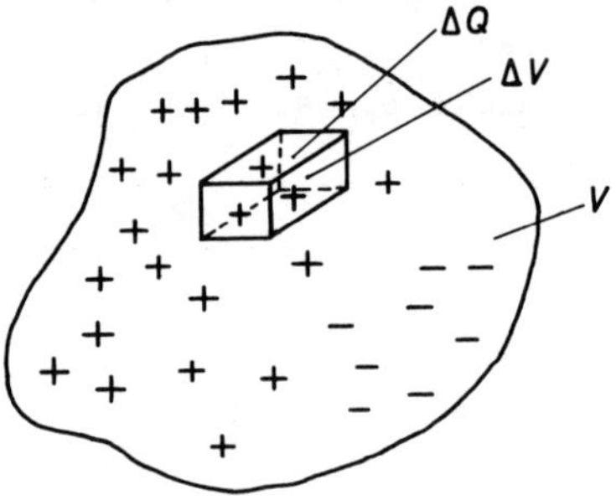

Bild II.1.2: Zur Definition der Raumladungsdichte η.

Da nach den Ausführungen in Kapitel I die Einheit der Ladung 1 Coulomb = 1 C = 1 As ist, gilt für die Einheit der Raumladungsdichte η.

$$[Q] = \text{Coulomb} = \text{C} = \text{As}^{1)} ,$$

$$[\eta] = \frac{[Q]}{[V]} = \frac{\text{C}}{\text{m}^3} = \frac{\text{As}}{\text{m}^3} .$$

---

1) Charles Augustine de Coulomb, 1736 - 1806 , französischer Physiker.

Zur theoretischen Behandlung verschiedener Probleme der Elektrotechnik wird von bestimmten Idealisierungen Gebrauch gemacht. Eine solche Idealisierung ist der Begriff der *Punktladung*. Zur Erläuterung dieses Begriffs betrachten wir Bild II.1.3.

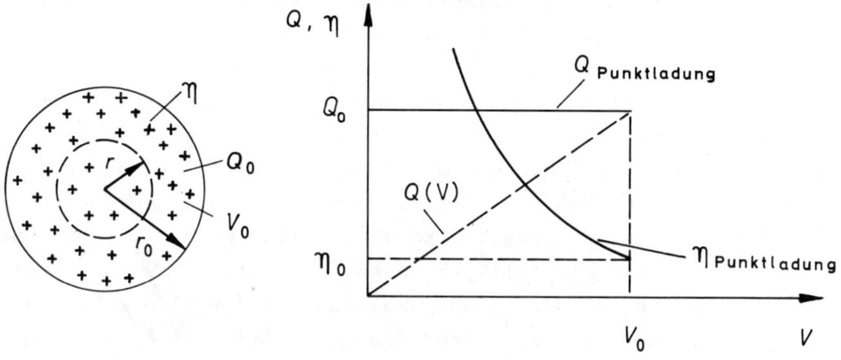

Bild II.1.3: Zur Erläuterung des Begriffs der Punktladung.

Vorgegeben sei ein geladener Körper des Volumens V_0 und die Verteilung der Ladung Q_0 in diesem Körper, woraus sich gemäß Gl. (II.1.3) die Raumladungsdichte η im Volumen V bestimmen läßt. In einer ersten Annahme sei vorausgesetzt, daß die Ladung Q_0 in dem Körper gleichmäßig verteilt ist und daß (und diese Annahme ist keine Einschränkung der Allgemeinheit der Überlegungen) der Körper eine Kugel des Radius r_0, also des Volumens $V_0 = 4\ \pi r_0^3/3$ ist. Dann ist die Raumladungsdichte $\eta_0 = 3Q_0/4\pi r_0^3$. In einem Gedankenexperiment soll innerhalb des Kugelvolumens vom Radius r_0 eine weitere, konzentrische Kugel vom Radius r (Bild II.1.3) so verkleinert werden, daß sie schließlich zu einem Punkt zusammenschrumpft ($r \rightarrow 0$). Dabei soll angenommen werden, daß die Raumladungsdichte η in der Kugel immer konstant gleich dem oben angegebenen Wert η_0 bleibt. Entsprechende Verhältnisse ergeben sich, wenn die Kugel vom Radius r als mit einer für die Ladung durchlässigen Hülle angenommen wird. Dann wird die von der Kugel eingeschlossene Ladung $Q = \eta_0\ 4\pi r^3/3$

mit verschwindendem Volumen $V = 4\pi r^3/3$ ($r \to 0$) auch gegen Null streben (Bild II.1.3, gestrichelte Kurven).

Ganz anders verläuft dieses Gedankenexperiment, wenn in einer zweiten Annahme vorausgesetzt wird, daß beim Schrumpfen des Kugelvolumens $V = 4\pi r^3/3$ ($r \to 0$) die Gesamtladung Q_0 in dem Volumen stets erhalten bleibt. Diese Vorstellung kann dadurch veranschaulicht werden, daß die Hülle des Volumens V als für Ladungen undurchlässig angesehen wird, so daß die Ladung Q_0 stets in V verbleibt. Diese Annahme würde im Grenzfall $r \to 0$ zu dem Ergebnis führen, daß wir eine punktförmige Ladung ohne räumliche Ausdehnung aber mit einer endlichen Ladung Q_0 erhalten würden. Daß ein solches Experiment nur in Gedanken durchführbar ist und damit also eine weitgehende Abstrahierung von der Realität darstellt, kann aus der Tatsache erkannt werden, daß mit verschwindendem Ladungsvolumen $V = 4\pi r^3/3$ die Raumladungsdichte $\eta = 3Q_0/4\pi r^3$ unendlich groß wird (Bild I.1.3). Um die Ladung in einem punktförmigen Volumen zusammenzupressen müßte eine unendlich große Energie zur Überwindung der Abstossungskräfte zwischen den Teilladungen aufgebracht werden.

Trotz der Tatsache, daß die so definierte *Punktladung* nur eine von der Realität abstrahierte Idealisierung ist, kann sie in vielen Fällen zur grundsätzlichen Diskussion von elektrischen Phänomenen herangezogen werden, wenn die "Durchmesser" der betrachteten geladenen Körper sehr viel kleiner sind, als alle anderen in den Experimenten auftretenden geometrischen Abmessungen. Insofern ist die Punktladung ein wichtiges Hilfsmittel zur Erarbeitung der Grundgesetze der elektrischen Vorgänge.

Satz 2: Die Punktladung ist ein Körper mit endlicher Ladung Q aber vernachlässigbar kleinem Volumen V. Damit ist die Raumladungsdichte η einer Punktladung im Grenzfall unendlich groß.

Im folgenden wollen wir voraussetzen, daß wir zwei verschiedene Punktladungen Q_1 und Q_2 in einem bestimmten Abstand r

voneinander im Raum vorgegeben haben. In einem Experiment messen wir die Kräfte auf die beiden Ladungen und stellen zunächst fest (was uns bereits bekannt ist), daß sich die beiden Ladungen anziehen, wenn sie ungleichnamig sind (Bild II.1.4), und daß sie sich abstoßen, wenn sie gleichnamig sind (Bild II.1.4). Die Kräfte treten stets in Richtung der Verbindungslinie der beiden Punktladungen auf, sie sind entgegengesetzt gerichtet. Die Absolutbeträge der beiden Kräfte

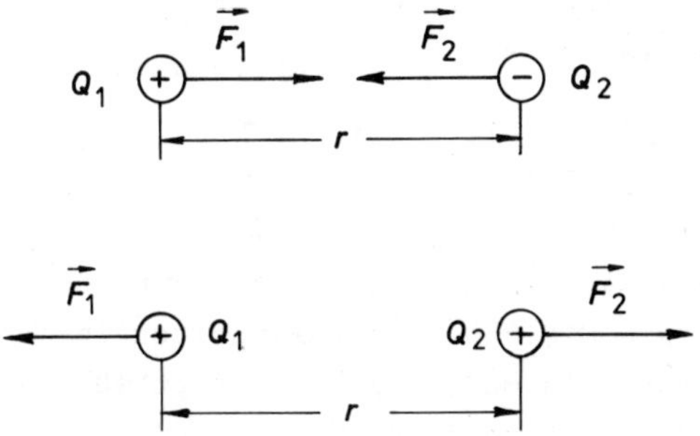

Bild II.1.4: Zum Coulomb'schen Gesetz.

sind gleich groß ($|\vec{F}_1| = |\vec{F}_2|$). Werden in einem Experiment

1) der Abstand r zwischen den Ladungen,
2) die Ladung Q_1,
3) die Ladung Q_2 und
4) das Material, in dem sich die Ladungen befinden (z.B. Vakuum (Luft), Wasser, Öl) geändert, so lassen sich folgende Abhängigkeiten der Kräfte von den einzelnen Größen messen:

$$1)\quad |\vec{F}_1| = |\vec{F}_2| \sim \frac{1}{r^2} \;,$$

$$2)\quad |\vec{F}_1| = |\vec{F}_2| \sim |Q_1| \;, \qquad (II.1.4)$$

$$3)\quad |\vec{F}_1| = |\vec{F}_2| \sim |Q_2| \;.$$

Das heißt, die auftretenden Kräfte sind im Absolutbetrag stets den Absolutbeträgen der Ladungen proportional und umgekehrt proportional zum Quadrat des Abstands zwischen den Ladungen. Dasselbe Ergebnis wird erhalten, wenn das Experiment in verschiedenen Materialien durchgeführt wird; allerdings kann festgestellt werden, daß die auftretenden Kräfte in den verschiedenen Materialien unterschiedlich groß sind. So ist die Kraft, die zwischen zwei Ladungen im Wasser (bei 300 K) auftritt, 81-mal kleiner als die entsprechende Kraft im Vakuum. Um diese Materialabhängigkeit zu berücksichtigen, wird der nach Gl.(II.1.4) einzuführende Proportionalitätsfaktor k

$$|\vec{F}_1| = |\vec{F}_2| = k \frac{|Q_1||Q_2|}{r^2} \tag{II.1.5}$$

benutzt, um diese Materialabhängigkeit auszudrücken. Da dieser Faktor außerdem die Gleichheit der Einheiten in obenstehender Gleichung sicherstellen muß, ergibt er sich für das hier verwendete System der SI-Einheiten zu

$$k = \frac{1}{4\pi\varepsilon} = \frac{1}{4\pi\varepsilon_0\varepsilon_r} \tag{II.1.6}$$

ε, die Permittivität (Dielektrizitätskonstante), ist das Produkt aus ε_0, der elektrischen Feldkonstanten ($\varepsilon_0 = 8{,}8541878 \cdot 10^{-12}\ \mathrm{AsV^{-1}m^{-1}}$, sie ist eine universelle physikalische Konstante) und ε_r, der Permittivitätszahl (Dielektrizitätszahl), sie ist eine reine Materialkonstante. Es gilt $\varepsilon_r = 1$ im Vakuum (und z.B. $\varepsilon_r = 81$ für Wasser)[1]. Damit kann für die auftretenden Kräfte die Beziehung

$$|\vec{F}_1| = |\vec{F}_2| = \frac{|Q_1|\ |Q_2|}{4\pi\varepsilon r^2} \tag{II.1.7}$$

geschrieben werden. Gl. (II.1.7) wird als das *Coulomb'sche Gesetz* bezeichnet.

---

[1] Einige Permittivitätszahlen wichtiger Materialien sind in Tabelle II.8.1 zusammengestellt.

In vielen Literaturstellen findet sich das Coulomb'sche Gesetz in der Formulierung

$$|\vec{F}| = \frac{Q_1 Q_2}{4\pi\varepsilon r^2}, \qquad \text{(II.1.8)}$$

wobei die Ladungen Q_1 und Q_2 mit ihrem Vorzeichen in die Rechnung eingehen. Selbstverständlich ist ein negatives Ergebnis der rechten Seite von Gl. (II.1.8) (z.B. bei positiver Ladung Q_1 und negativer Ladung Q_2) für den Absolutbetrag eines Vektors mathematisch sinnlos, doch kann das Vorzeichen in Gl. (II.1.8) benutzt werden, um eine Aussage darüber zu machen, ob die Kräfte abstoßender oder anziehender Natur sind. Sind Q_1 und Q_2 ungleichnamig, so wird Gl.(II.1.8) einen negativen Wert ergeben, dem entspricht eine anziehende Kraft zwischen den Ladungen. Sind Q_1 und Q_2 gleichnamig, so wird Gl. (II.1.8) einen positiven Wert ergeben, dem entspricht eine abstoßende Kraft.

II.2 DIE ELEKTRISCHE FELDSTÄRKE

James Clerk Maxwell[1)] definiert in seinem fundamentalen Werk "A Treatise on Electricity and Magnetism" (Oxford 1873):

"Das elektrische Feld ist der Raum, der Träger elektrischer Ladungen umgibt, betrachtet auf die (in ihm nachweisbaren) elektrischen Erscheinungen hin. Er kann mit Luft oder anderen Körpern erfüllt sein, er kann auch ein sogenanntes Vakuum sein, das heißt ein Raum, aus dem alle Stoffe entfernt sind, auf die wir mit uns zur Verfügung stehenden Mitteln einwirken können."

Dies bedeutet: Wird ein elektrisch geladener Körper in einen Raum gebracht, so ändert sich der physikalische Zustand des Raumes, es wird ein elektrisches Feld aufgebaut. Der Nach-

---

1) J.C. Maxwell, engl. Physiker, 1831-1879

weis für die Existenz dieses geänderten Zustands, *des Feldes*, kann erbracht werden, wenn ein weiterer elektrisch (z.B. positiv) geladener Körper in den Raum gebracht wird. *Das Feld* der ersten Ladung wird dann eine Kraft auf die zweite Ladung (die sogenannte Probeladung) ausüben. Die Größe des Feldes in jedem Punkt des Raumes wird nach Betrag und Richtung aus der Kraft des Feldes auf die Probeladung an dieser Stelle des Raumes definiert.

Bild II.2.1 zeigt die Kraft auf eine positive Probeladung q_+, die in der Umgebung einer positiven Punktladung Q gemessen wird.

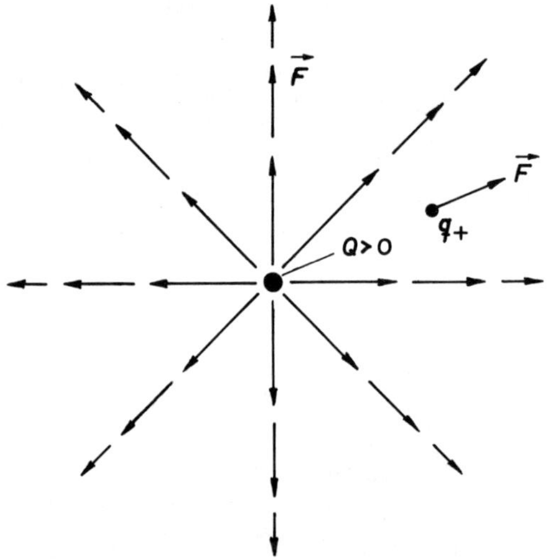

Bild II.2.1: Kraft auf eine Probeladung in der Umgebung einer positiven Ladung.

Die Kraft ist rein radial von der Ladung Q aus gerichtet; sie weist von der Punktladung fort (abstoßende Kraft, gleichnamige Ladungen). Ihr Absolutbetrag wird umgekehrt proportional zum Quadrat des Abstands r zwischen Punktladung und Probeladung kleiner.

Wird nach der beschriebenen Methode die Kraft auf eine Probeladung bestimmt, so ist zu beachten, daß durch das Hereinbringen der zweiten Ladung (Probeladung) in das Feld der ersten Ladung (Punktladung) dieses Feld, das ausgemessen werden soll, gestört wird. Deshalb muß die Größe der Probeladung q_+ möglichst klein sein. Darüberhinaus muß auch die räumliche Ausdehnung der Probeladung sehr klein sein, damit es möglich ist, das Feld im Raum möglichst genau (punktweise) auszumessen. Wir setzen also voraus, daß die Probeladung eine sehr kleine, punktförmige Ladung ist. Unter Berücksichtigung dieser Nebenbedingung definieren wir:

Satz 3: Die elektrische Feldstärke $\vec{E}$ ist der Quotient aus der auf eine positive Probeladung q_+ ausgeübten Kraft $\vec{F}$ und der Probeladung, wenn die Probeladung sehr klein ist:

$$\vec{E} = \lim_{q_+ \to 0} \frac{\vec{F}}{q_+} . \qquad \text{(II.2.1)}$$

Die elektrische Feldstärke hat die Einheit:

$$[\vec{E}] = \frac{\mathrm{N}}{\mathrm{As}} = \frac{\mathrm{AVs}}{\mathrm{Asm}} = \frac{\mathrm{V}}{\mathrm{m}} .$$

Auch verwendet wird die Einheit: V/cm.

In Umkehrung von Gl. (II.2.1) kann die Kraft $\vec{F}$, die auf eine punktförmige Ladung Q in einem elektrischen Feld der Feldstärke $\vec{E}$ ausgeübt wird, durch

$$\vec{F} = Q\,\vec{E} \qquad \text{(II.2.2)}$$

angegeben werden. Ist Q positiv, so sind Kraft und elektrische Feldstärke $\vec{E}$ gleichgerichtet; ist Q negativ, so schließen $\vec{F}$ und $\vec{E}$ einen Winkel von 180° ein.

Satz 4: Die Kraft $\vec{F}$ auf eine punktförmige Ladung Q in einem elektrischen Feld der elektrischen Feldstärke $\vec{E}$ ist gleich dem Produkt aus der Ladung Q und der elektrischen Feldstärke $\vec{E}$. Die Kraft $\vec{F}$ ist parallel ($Q > 0$) oder antiparallel ($Q < 0$) zur elektrischen Feldstärke $\vec{E}$.

Wird der oben beschriebene Versuch zur Definition der elektrischen Feldstärke so ausgeführt, daß die Kraft in einem festen Ortspunkt P auf verschiedene Probeladungen $q_{+\nu}$ ($\nu=1,2,\ldots,n$) gemessen wird und aus der Kraft die elektrische Feldstärke bestimmt wird, so ergibt sich unabhängig von der verwendeten Probeladung immer derselbe Wert der elektrischen Feldstärke im Punkt P. Wird andererseits mit einer einzigen Probeladung die Kraft des Feldes auf die Probeladung an verschiedenen Punkten des Raumes gemessen, so sind die hieraus berechneten Werte der elektrischen Feldstärke an den verschiedenen Punkten im allgemeinen verschieden groß; der Quotient aus Kraft $|\vec{F}|$ und elektrischer Feldstärke $|\vec{E}|$ an den verschiedenen Punkten liefert aber immer denselben Wert, nämlich die Größe der Probeladung q_+.

Hieraus kann geschlossen werden, daß die elektrische Feldstärke eine von der Probeladung unabhängige physikalische Eigenschaft des Raumes ist, die eine Funktion der Raumkoordinaten x,y,z ist. Da die elektrische Feldstärke nach ihrer Definition zudem ein Vektor ist, bildet die Gesamtheit aller Feldstärkevektoren im Raum ein Vektorfeld.

Satz 5: Die elektrische Feldstärke $\vec{E}$ ist ein Vektorfeld, sie beschreibt die *Wirkung* (d.h. die Kraft) des elektrischen Feldes auf eine Ladung.

Nach Gl. (II.1.7) berechnet sich die Kraft zwischen zwei Punktladungen Q_1 und Q_2 aus der Beziehung:

$$|\vec{F}| = \frac{|Q_1||Q_2|}{4\pi\varepsilon r^2} \qquad \text{(II.2.3)}$$

In Zusammenhang mit Gl. (II.2.2) können wir diese Beziehung in der Form:

$$|\vec{F}| = |Q_1| \frac{|Q_2|}{4\pi\varepsilon r^2} \qquad \text{(II.2.4)}$$

so interpretieren, daß wir sagen, daß die Kraft auf die Punktladung Q_1 von der elektrischen Feldstärke der Punktladung Q_2 ausgeübt wird

$$|\vec{F}| = |Q_1|\,|\vec{E}_2| = |Q_1|\,\frac{|Q_2|}{4\pi\varepsilon r^2} \quad , \tag{II.2.5}$$

so daß der Absolutbetrag der elektrischen Feldstärke der Punktladung Q_2 durch

$$|\vec{E}_2| = \frac{|Q_2|}{4\pi\varepsilon r^2} \quad , \tag{II.2.6}$$

mit ε der Permittivität und r dem Abstand des Punktes P, in dem das Feld gemessen wird, von der Punktladung, beschrieben wird. Mit einer entsprechenden Argumentation folgt die elektrische Feldstärke der Punktladung Q_1 im Absolutbetrag:

$$|\vec{E}_1| = \frac{|Q_1|}{4\pi\varepsilon r^2} \quad . \tag{II.2.7}$$

Das elektrische Feld der Punktladungen ist, wie bereits oben beschrieben, rein radial gerichtet, so daß eine Veranschaulichung des Feldes z.B. einer positiven Punktladung Q_1 und einer negativen Punktladung Q_2 durch die in Bild II.2.2 gezeichneten Feldvektoren gegeben werden kann.

Der Absolutbetrag der elektrischen Feldstärke einer Punktladung wird an der Stelle der Punktladung ($r \to 0$) unendlich groß; auch hierin zeigt sich, daß die Punktladung nur das idealisierte Modell einer realen Ladung sein kann. In Abhängigkeit vom Abstand r des Punktes P (Bild II.2.2) von der Punktladung ist $|\vec{E}| \sim 1/r^2$. Der Verlauf von $|\vec{E}|$ über r ist in Bild II.2.3 skizziert.

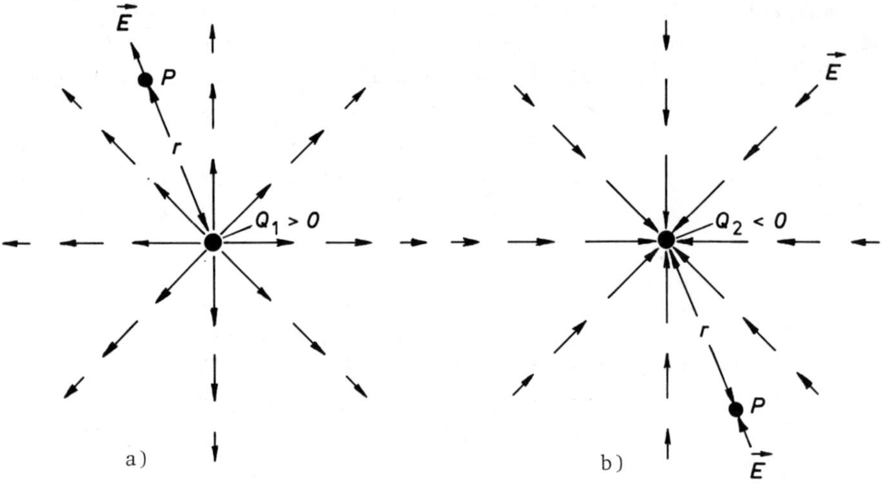

Bild II.2.2: Verlauf der elektrischen Feldstärke einer positiven (a) und einer negativen (b) Punktladung, dargestellt durch Feldvektoren.

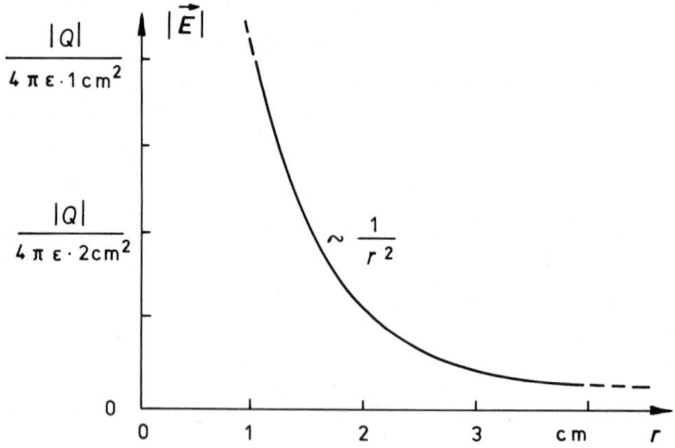

Bild II.2.3: Verlauf des Absolutbetrags der elektrischen Feldstärke einer Punktladung über dem Abstand r.

II.3 DIE FELDLINIEN DES ELEKTRISCHEN FELDES UND EINFACHE FELDVERTEILUNGEN

Zur Veranschaulichung der elektrischen Feldstärke können Vektorpfeile in jedem Punkt des Raumes eingezeichnet werden, wie dies z.B. im vorigen Kapitel für das Feld einer Punktladung getan wurde (vgl. Bild II.2.2). Diese Art der Veranschaulichung der Vektorfelder kann aber sehr schnell unübersichtlich werden, wenn die Zahl der eingezeichneten Vektoren zu groß wird. Günstiger ist es, die Vektorfelder mit Hilfe von *Feldlinien* darzustellen.

Satz 6: Feldlinien verlaufen in jedem Punkt des Raumes tangential zu den Vektoren des Vektorfeldes; sie geben damit die Richtung des Vektorfeldes an. Der Richtungssinn der Vektoren in den Raumpunkten wird durch eine Pfeilspitze auf den Linien angegeben. Der Absolutbetrag des Vektorfeldes wird dadurch veranschaulicht, daß die Dichte der Feldlinien im Raum direkt proportional zum Absolutbetrag des Feldes ist. Feldlinien haben nach ihrer Definition die Eigenschaft, daß sie sich niemals schneiden.

In Bild II.3.1 ist der Verlauf der elektrischen Feldstärke einer positiven und einer negativen Punktladung durch Feldlinien veranschaulicht. Die Feldlinien verlaufen rein radial vom Punkt der Ladung fort. Am Ort der Ladung treffen sich alle Feldlinien; hier ist der Absolutbetrag der elektrischen Feldstärke unendlich groß. Mit größer werdendem Abstand wird die Dichte der Feldlinien (d.h. z.B. die Zahl der Feldlinien, die durch eine Fläche A (Bild II.3.1a)) senkrecht zum Verlauf der Feldlinien tritt) kleiner; das Feld nimmt mit wachsendem Abstand von der Ladung ab.

Wir betrachten nun den Fall, daß sich zwei Punktladungen im Raum befinden, und fragen uns, wie das von den beiden Ladungen erzeugte elektrische Feld aussieht. Nach der Definition der elektrischen Feldstärke muß in jedem Punkt des Raumes die Kraft auf eine positive Probeladung q_+ bestimmt werden. Dies kann sowohl graphisch als auch formelmäßig geschehen.

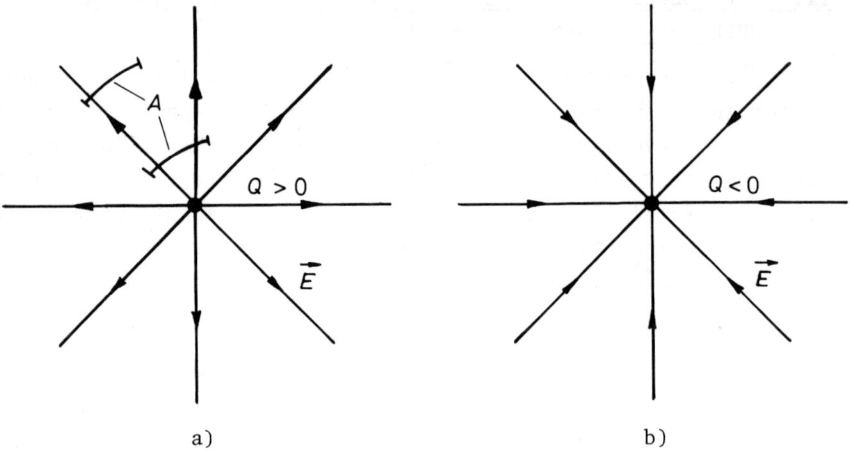

Bild II.3.1: Feldlinien der elektrischen Feldstärke einer positiven (a) und einer negativen Punktladung (b).

Zunächst soll die graphische Bestimmung der elektrischen Feldstärke zweier Punktladungen aus der Überlagerung der beiden von den einzelnen Punktladungen erzeugten Einzelfeldstärken besprochen werden. Bei der graphischen Addition der Feldvektoren muß der vektorielle Charakter der Felder berücksichtigt werden, das heißt, die Vektoren der Einzelfelder müssen nach Betrag und Richtung in jedem Raumpunkt bestimmt werden und dann vektoriell addiert werden.

In Bild II.3.2 ist für einige Punkte des Raumes skizziert, wie die Bestimmung des Gesamtfeldes zweier positiver Punktladungen durch vektorielle Addition der Einzelfelder vorgenommen werden kann. Wird dies konsequent für jeden Punkt des Raumes durchgeführt, so ergibt sich das in Bild II.3.3a) gezeichnete Feldlinienbild. Bild II.3.3b) zeigt das nach der gleichen Methode bestimmte Feldlinienbild einer positiven und einer negativen Punktladung.

Das Feld der beiden positiven Punktladungen hat die charakteristische Eigenschaft, daß in der Symmetrieebene zwischen den beiden Punktladungen (die von gleicher Größe sind) das elektrische Feld tangential zur Symmetrieebene verläuft. Alle

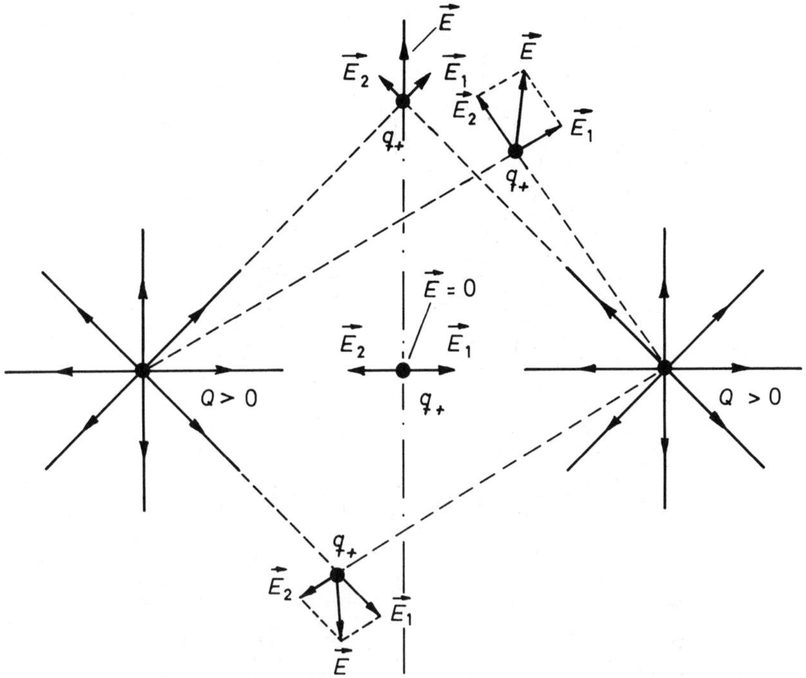

Bild II.3.2: Graphische Bestimmung der elektrischen Feldstärke zweier positiver Punktladungen durch Überlagerung der Einzelfelder.

Feldlinien verlaufen von den Punktladungen ins Unendliche. Die elektrische Feldstärke auf der Feldlinie, die jeweils von den positiven Punktladungen senkrecht zur Symmetrieebene verläuft, ist auf der Symmetrieebene Null, so daß die dort aufeinander treffenden Feldlinien entgegengesetzter Richtung nicht zu einem Widerspruch führen. Die elektrische Feldstärke je einer positiven und einer negativen Punktladung steht, wie Bild II.3.3b) zeigt, immer senkrecht auf der Symmetrieebene. Alle Feldlinien beginnen in der positiven Punktladung und enden in der negativen Punktladung, solange die Absolutbeträge der Ladungen gleich groß sind. Für beide Felder (Bild II.3.3a) und b)) gilt, daß die elektrische Feldstärke in der Umgebung der Punktladungen im wesentlichen durch die jeweils nahegelegene Ladung bestimmt wird und deshalb hier in erster Näherung rein radial verläuft.

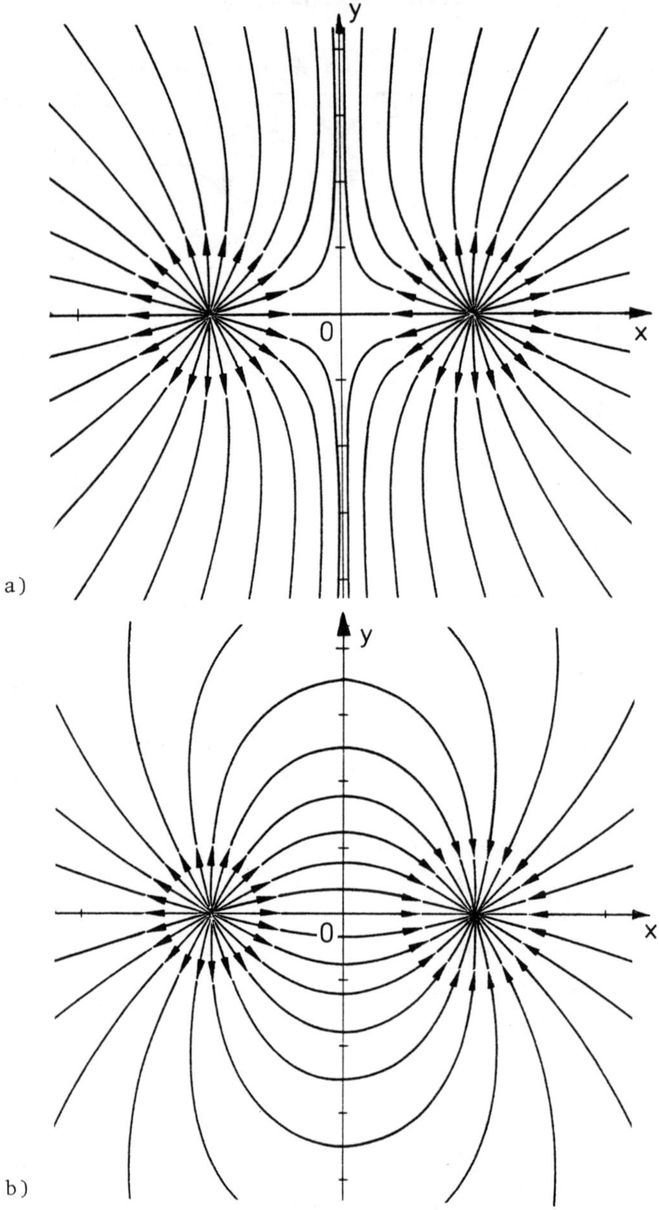

Bild II.3.3: Feldlinienverlauf der elektrischen Feldstärke zweier gleich großer positiver (a) sowie einer positiven und einer negativen (b) Punktladung gleichen Absolutbetrages.

Soll das Gesamtfeld z.B. der beiden positiven Punktladungen mit dem Abstand $2d$ (Bild II.3.4) rechnerisch bestimmt werden, so müssen wir zur Beschreibung der Feldvektoren zunächst ein Koordinatensystem einführen. Die Wahl des Koordinatensystems ist grundsätzlich willkürlich, doch erweist sich ein System nach Bild II.3.4, dessen Ursprung im Mittelpunkt der Verbindungslinie der Punktladungen liegt, als zweckmäßig.

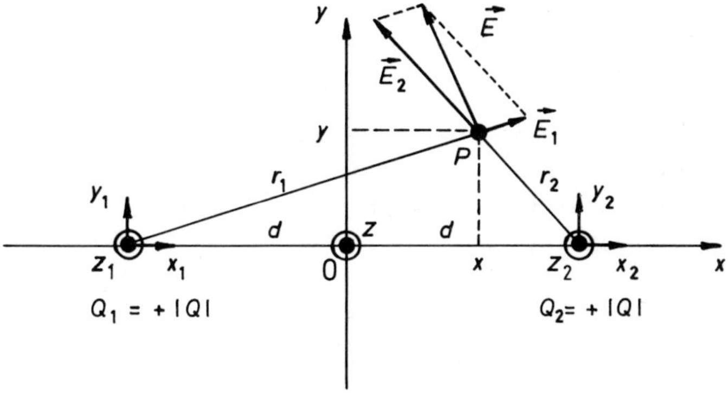

Bild II.3.4: Zur Bestimmung des Gesamtfeldes zweier positiver Punktladungen.

Betrachtet wird ein Punkt P im Raum mit den Ortskoordinaten x,y,z. Der Absolutbetrag der von den beiden Ladungen im Punkt P erregten elektrischen Feldstärken $\vec{E}_1$ und $\vec{E}_2$ kann durch:

$$|\vec{E}_1| = \frac{|Q|}{4\pi\varepsilon r_1^2} \; , \quad |\vec{E}_2| = \frac{|Q|}{4\pi\varepsilon r_2^2} \tag{II.3.1}$$

mit den Abständen

$$r_1 = \sqrt{(x+d)^2+y^2+z^2} \; , \qquad r_2 = \sqrt{(x-d)^2+y^2+z^2} \tag{II.3.2}$$

bestimmt werden. Die Feldstärken $\vec{E}_1$ und $\vec{E}_2$ haben, ausgehend von den Punktladungen, rein radiale Richtung.

In einem Koordinatensystem x_1, y_1, z_1, dessen Ursprung am Ort der Punktladung Q_1 liegt, bzw. in einem Koordinatensystem x_2, y_2, z_2, dessen Ursprung am Ort der Punktladung Q_2 liegt, ist ein radialer Ortsvektor zum Punkt mit den Koordinaten x_1, y_1, z_1 bzw. x_2, y_2, z_2 durch

$$\begin{aligned} \vec{r}_1 &= x_1\vec{e}_{x1} + y_1\vec{e}_{y1} + z_1\vec{e}_{z1} \ , \\ \vec{r}_2 &= x_2\vec{e}_{x2} + y_2\vec{e}_{y2} + z_2\vec{e}_{z2} \end{aligned} \qquad \text{(II.3.3)}$$

gegeben, so daß im Koordinatensystem x, y, z je ein Vektor, der jeweils radial von den beiden Ladungen Q_1 und Q_2 fortweist und der jeweils gleichzeitig den Absolutbetrag "eins" besitzt (Einheitsvektor), durch:

$$\begin{aligned} \frac{\vec{r}_1}{|\vec{r}_1|} &= \frac{(x+d)\vec{e}_x + y\vec{e}_y + z\vec{e}_z}{\sqrt{(x+d)^2 + y^2 + z^2}} \ , \\ \frac{\vec{r}_2}{|\vec{r}_2|} &= \frac{(x-d)\vec{e}_x + y\vec{e}_y + z\vec{e}_z}{\sqrt{(x-d)^2 + y^2 + z^2}} \end{aligned} \qquad \text{(II.3.4)}$$

gegeben ist. Damit können für die von den beiden Ladungen Q_1 und Q_2 im Punkt P mit den Koordinaten x, y, z hervorgerufenen Anteile der elektrischen Feldstärke die Vektoren:

$$\begin{aligned} \vec{E}_1 &= \frac{|Q|}{4\pi\varepsilon} \ \frac{(x+d)\vec{e}_x + y\vec{e}_y + z\vec{e}_z}{\sqrt{(x+d)^2 + y^2 + z^2}^{\,3}} \ , \\ \vec{E}_2 &= \frac{|Q|}{4\pi\varepsilon} \ \frac{(x-d)\vec{e}_x + y\vec{e}_y + z\vec{e}_z}{\sqrt{(x-d)^2 + y^2 + z^2}^{\,3}} \end{aligned} \qquad \text{(II.3.5)}$$

angegeben werden. Die Gesamtfeldstärke $\vec{E}$, die als Überlagerung der beiden Einzelfeldstärken gemessen wird, ist somit:

$$\vec{E} = \frac{|Q|}{4\pi\varepsilon}\left\{\frac{(x+d)\vec{e}_x + y\vec{e}_y + z\vec{e}_z}{\sqrt{(x+d)^2 + y^2 + z^2}^{\,3}} + \frac{(x-d)\vec{e}_x + y\vec{e}_y + z\vec{e}_z}{\sqrt{(x-d)^2 + y^2 + z^2}^{\,3}}\right\}. \quad (II.3.6)$$

Wie leicht überprüft werden kann, ist das Feld in der Symmetrieebene ($x = 0$):

$$\vec{E}(x=0) = \frac{|Q|}{4\pi\varepsilon}\,\frac{2y\vec{e}_y + 2z\vec{e}_z}{\sqrt{d^2 + y^2 + z^2}^{\,3}} \quad (II.3.7)$$

tangential zu der Symmetrieebene gerichtet; das Feld ist in der y-z-Ebene rein radial gerichtet (Bild II.3.5).

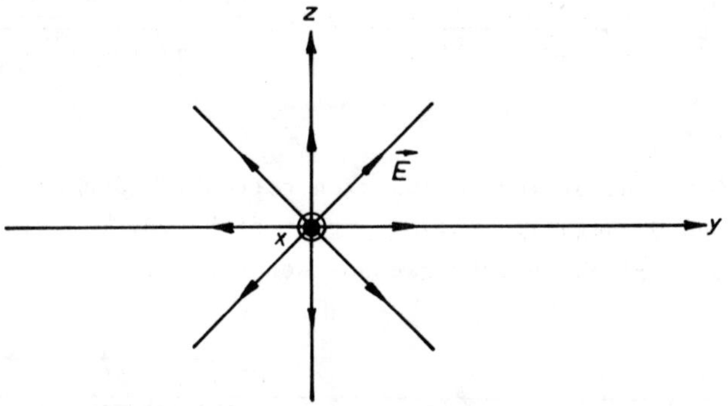

Bild II.3.5: Feldlinien der elektrischen Feldstärke der Ladungsverteilung nach Bild II.3.4 in der Symmetrieebene ($x = 0$).

Das rein radiale Feld in der Symmetrieebene unterscheidet sich aber von dem Feld einer einzelnen Punktladung dadurch, daß an der Stelle $(x,y,z)=(0,0,0)$ (also auf der Mitte der Verbindungslinie der beiden Punktladungen) die elektrische Feldstärke nicht unendlich groß wird, sondern den Wert $\vec{E}=0$ annimmt.

Sind die beiden Punktladungen Q_1 und Q_2 nicht mehr gleich groß, so ist die Mittelebene ($x = 0$) für den Verlauf der elektrischen Feldstärke nicht mehr eine Symmetrieebene. Die Feldlinien haben einen komplizierteren Verlauf als den in Bild II.3.3a) gezeigten. Bild II.3.6 zeigt die Feldlinien für jeweils zwei positive Punktladungen mit $Q_2 = 2Q_1$ und $Q_2 = 5Q_1$. Die mathematische Beschreibung der Felder läßt sich aber grundsätzlich nach derselben Methode bestimmen, wenn in Gl. (II.3.5) die entsprechende Größe der Ladungen berücksichtigt wird. So ergibt sich z.B. entsprechend Gl. (II.3.6) für $Q_1 = +|Q|$ und $Q_2 = 5Q_1 = 5|Q|$ für die Gesamtfeldstärke:

$$\vec{E} = \frac{|Q|}{4\pi\varepsilon} \frac{(x+d)\vec{e}_x + y\vec{e}_y + z\vec{e}_z}{\sqrt{(x+d)^2 + y^2 + z^2}^{\,3}} + \frac{5|Q|}{4\pi\varepsilon} \frac{(x-d)\vec{e}_x + y\vec{e}_y + z\vec{e}_z}{\sqrt{(x-d)^2 + y^2 + z^2}^{\,3}} . \tag{II.3.8}$$

Ganz entsprechende Aussagen gelten für den Fall, daß Q_1 positiv und Q_2 negativ ist. So ergibt sich z.B. für $Q_2 = - Q_1 = -|Q|$ für die elektrische Feldstärke aus den Gln. (II.3.5) und (II.3.6):

$$\vec{E} = \frac{|Q|}{4\pi\varepsilon} \left\{ \frac{(x+d)\vec{e}_x + y\vec{e}_y + z\vec{e}_z}{\sqrt{(x+d)^2 + y^2 + z^2}^{\,3}} - \frac{(x-d)\vec{e}_x + y\vec{e}_y + z\vec{e}_z}{\sqrt{(x-d)^2 + y^2 + z^2}^{\,3}} \right\} \tag{II.3.9}$$

mit dem Feldverlauf nach Bild II.3.3.b). Abschließend zeigt Bild II.3.7 die Feldlinien der elektrischen Feldstärke je einer positiven und einer negativen Punktladung mit $Q_2 = -5Q_1$.

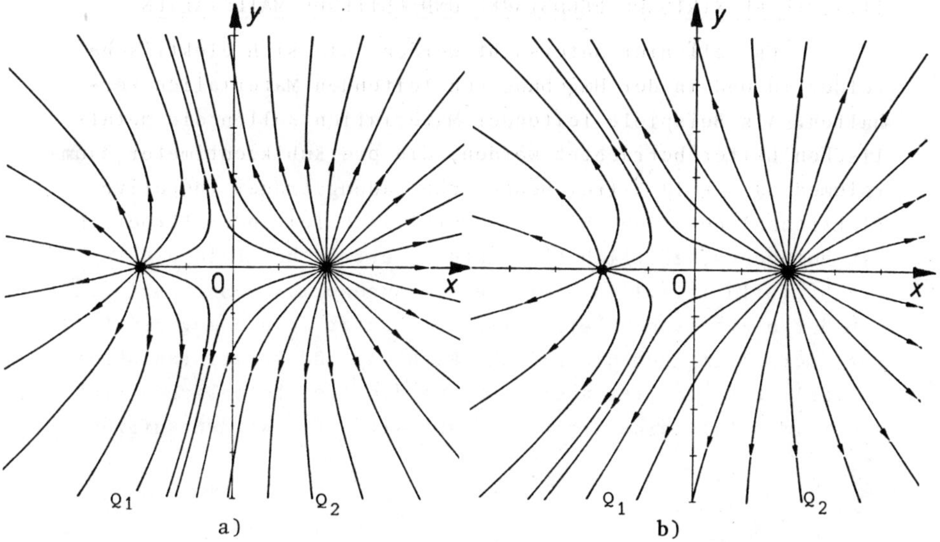

Bild II.3.6: Feldlinien der elektrischen Feldstärke zweier positiver Punktladungen Q_1 und Q_2 mit a) $Q_2 = 2Q_1$, b) $Q_2 = 5Q_1$.

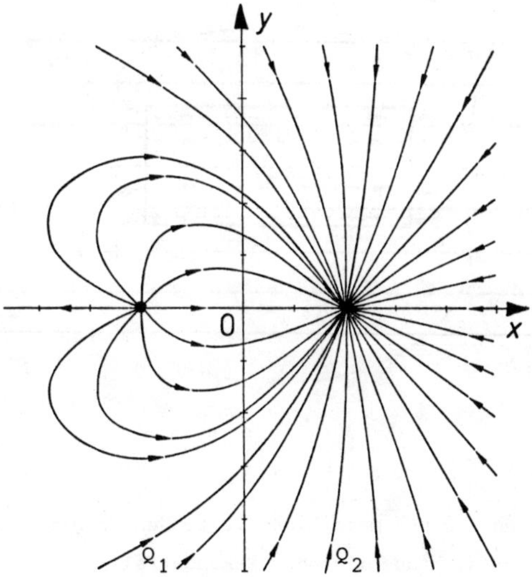

Bild II.3.7: Feldlinien der elektrischen Feldstärke einer positiven und einer negativen Punktladung mit $Q_2 = -5Q_1$.

II.4 DIE ELEKTRISCHE FELDSTÄRKE UND LEITENDE MATERIALIEN

Es soll hier untersucht werden, wie sich elektrische Felder in und in der Umgebung von leitenden Materialien verhalten. Als Beispiele leitender Materialien sollen die metallischen Leiter betrachtet werden, die pro Kubikzentimeter Raumvolumen ca. $N = 10^{23}$ frei bewegliche Ladungsträger (negative Elektronen) besitzen. Wird ein metallisch leitender Körper in ein homogenes, zeitlich konstantes elektrisches Feld eingebracht (Bild II.4.1), so wird er im Augenblick des Einbringens von der elektrischen Feldstärke durchsetzt (ein homogenes Feld hat überall im Raum die gleiche Richtung und konstanten Absolutbetrag). Das bedeutet aber, daß auf die frei beweglichen Elektronen im Metall eine Kraft ausgeübt wird; sie werden aufgrund

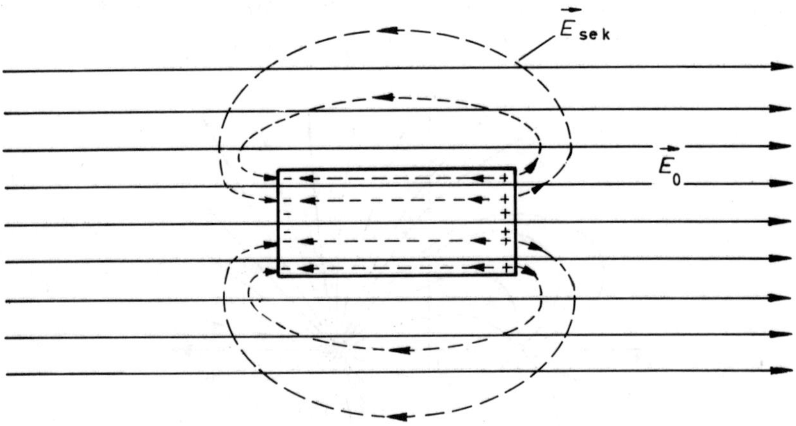

Bild II.4.1: Einbringen eines metallisch leitenden Körpers in ein elektrisches Feld und sich ausbildendes Sekundärfeld.

ihrer negativen Ladung, $Q = -e$, in Gegenrichtung zum elektrischen Feld beschleunigt und werden sich an einem Ende des Leiters, dort wo die elektrischen Feldlinien in das Material eintreten, (Bild II.4.1) ansammeln. Das aber bedeutet, daß am anderen Ende des Materials, dort wo die elektrischen Feldlinien austreten, ein Elektronenmangel herrscht; das heißt, daß dort eine positive Überschußladung existiert. Im Leitermaterial ist also eine *Ladungstrennung* erfolgt; es stehen sich zwei Seiten mit positiver und negativer Überschußladung gegenüber. Diese beiden Ladungen üben nach den Erfahrungen des Coulomb'schen Gesetzes eine anziehende Kraft aufeinander aus, anders ausgedrückt, sie bauen ein zweites, sekundäres elektrisches Feld auf.

Die Ladungsbewegung im Material wird solange auftreten, wie die von der ursprünglich aufgebrachten elektrischen Feldstärke $\vec{E}$ erzeugte Kraft noch größer ist als die "rückstellende" Kraft aufgrund der getrennten Ladungen. In dem Moment, in dem beide Kräfte gleich groß sind, stellt sich ein Gleichgewichtszustand ein, der dadurch gekennzeichnet ist, daß auf die frei beweglichen Ladungsträger keine Kraft mehr ausgeübt wird. Wirkt aber auf die Ladungen keine Kraft mehr, so bedeutet dies, im Material ist die elektrische Feldstärke Null. Die ursprüngliche elektrische Feldstärke und die sekundäre elektrische Feldstärke kompensieren sich im Material.

Satz 7: In einem leitenden Material stellt sich unter dem Einfluß eines elektrischen Feldes stets ein solcher Gleichgewichtszustand ein, daß auf die Ladungsträger keine Kraft ausgeübt wird; das heißt, im leitenden Material ist die elektrische Feldstärke gleich Null.

Da der oben beschriebene "Einschwingvorgang" in den Gleichgewichtszustand in sehr kurzer Zeit ($\tau < 10^{-12}$ s, τ = Relaxationszeit) vor sich geht, kann auch bei solchen elektrischen Feldern, die sich in Abhängigkeit von der Zeit sehr schnell ändern, angenommen werden, daß der Einschwingvorgang in vernachlässigbar kleiner Zeit erfolgt. Das heißt, Satz 7 kann als allgemeingültig für alle elektrischen Felder angesehen werden.

Die Tatsache, daß im Material, wie beschrieben, unter dem Einfluß einer elektrischen Feldstärke Ladungsverschiebungen auftreten, hat zwei wichtige Konsequenzen:

1) Auch außerhalb des leitenden Materials wird das von den verschobenen Ladungen erzeugte Sekundärfeld auftreten und damit das Feld im Außenbereich des Leiters ändern. Wie aus Bild II.4.1 erkannt werden kann, ist das Sekundärfeld an den Stirnflächen des leitenden Körpers stets so gerichtet, daß das ursprüngliche Feld dort verstärkt wird. An den Seitenflächen aber sind das ursprüngliche Feld und das Sekundärfeld entgegengesetzt zueinander gerichtet, so daß dort eine Schwächung der ursprünglichen Feldstärke auftritt.

2) Aus der Tatsache, daß die Ladungsträger (Elektronen) in dem Leiter frei beweglich sind, kann geschlossen werden, daß im Gleichgewichtszustand keine Komponente der elektrischen Feldstärke parallel zur Oberfläche mehr existieren kann, weil sich sonst die Ladungsträger weiterhin parallel zur Oberfläche verschieben würden. Dies bedeutet aber für den Bereich außerhalb des Leiters, in dem das elektrische Feld nicht verschwindet, daß das elektrische Feld stets senkrecht auf der Oberfläche des Leiters stehen muß.

Satz 8: Die elektrische Feldstärke außerhalb eines elektrisch gut leitenden Materials hat stets die Richtung senkrecht zur Oberfläche des Materials.

Unter Berücksichtigung dieser Überlegungen ergibt sich nach Einbringen eines z.B. zylindrischen metallischen Körpers in ein elektrisches Feld (Bild II.4.1) der in Bild II.4.2 qualitativ skizzierte Feldlinienverlauf der elektrischen Feldstärke. Der Verlauf der elektrischen Feldlinien kann anschaulich so beschrieben werden, daß "die elektrischen Feldlinien in das leitende Material gesaugt werden".

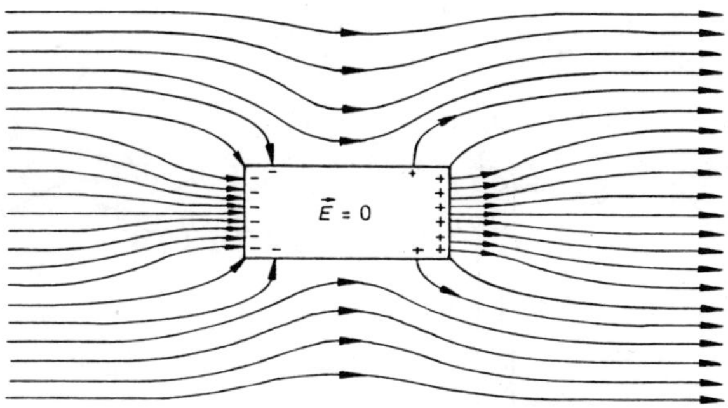

Bild II.4.2: Verlauf der elektrischen Feldstärke eines ursprünglich homogenen Feldes in der Umgebung eines leitenden Körpers.

Werden zwei sich planparallel gegenüberstehende flächenhafte Elektroden (Bild II.4.3) aus Metall betrachtet und wird auf die Elektrode ① die Ladung $+|Q|$ und auf die Elektrode ② die Ladung $-|Q|$ aufgebracht, so stellt sich der in Bild II.4.3 gezeichnete Feldzustand ein. Die Ladungen, die eine Anziehungskraft aufeinander ausüben, lagern sich in der Oberfläche der Elektroden so an, daß sie den kürzesten Abstand voneinander haben. Das heißt, sie sammeln sich im wesentlichen auf den einander gegenüberstehenden Oberflächen an der Innenseite der Elektroden an.

Zwischen den Elektroden ist die elektrische Feldstärke konstant, die Feldlinien sind parallel zueinander (homogenes Feld); im Bereich der Ecken und außerhalb des Raumbereichs zwischen den Elektroden ist das Feld inhomogen und klingt in größerer Entfernung von den Elektroden sehr schnell ab. An den Kanten der Elektroden kann die elektrische Feldstärke aber auch außerhalb des Raums zwischen den Elektroden noch erhebliche Werte annehmen (Bild II.4.3b)). Die Homogenität des Feldes zwischen den Elektroden kann leicht mit Hilfe der Ausschnittzeichnung in Bild II.4.3 erläutert werden. Werden die Ladungen, die aufgrund der Anziehungskräfte im wesentlichen gleichverteilt im Bereich der Innenseite der Elektroden konzentriert sind, als kugelförmige Einzelladungen kleinen Volumens (Punktladungen) betrachtet, so

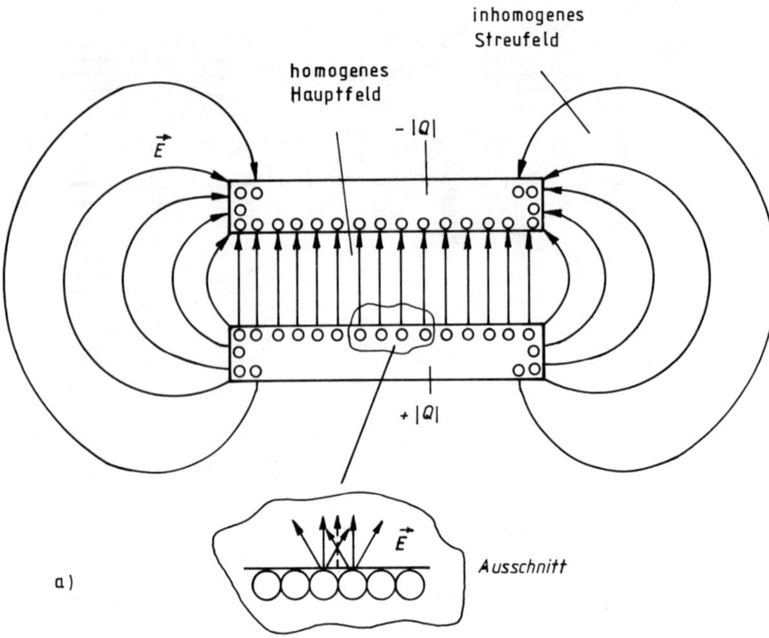

a)

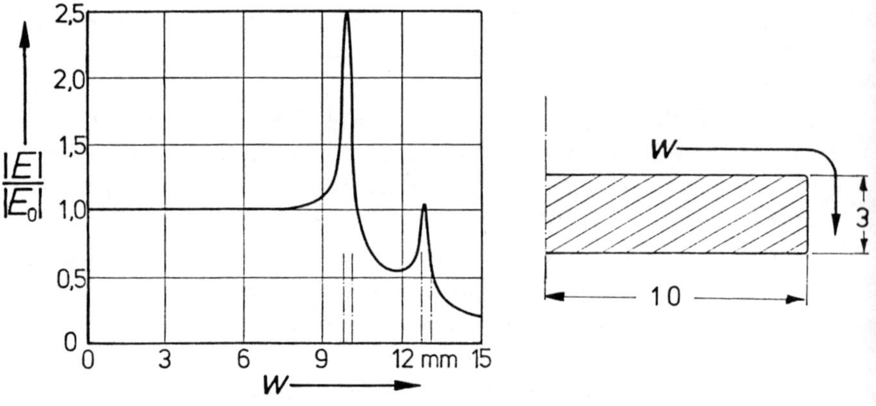

b)

Bild II.4.3: Elektrische Feldstärke zwischen zwei planparallelen, entgegengesetzt geladenen Elektroden a) und Verlauf des Absolutbetrags der elektrischen Feldstärke entlang der Kanten der Elektroden b).

haben diese einzelnen Punktladungen jeweils ein radial gerichtetes Feld. Aus der Überlagerung der Einzelfeldstärken kann anschaulich erkannt werden, daß sich die Feldkomponenten jeweils zu einem Gesamtfeld senkrecht zur Oberfläche der Elektroden überlagern, so daß sich der Feldverlauf nach Bild II.4.3 ergibt.

II.5 DIE ELEKTRISCHE ERREGUNG (VERSCHIEBUNGSDICHTE)

Die elektrische Feldstärke war als eine Größe definiert worden, die die *Wirkung* des elektrischen Feldes (die Kraft) beschreibt. Hier soll eine zweite Größe eingeführt werden, die ein Maß für die *Ursache* des elektrischen Feldes (die Ladungen) ist. Hierzu wird folgendes Experiment betrachtet: In ein homogenes elektrisches Feld $\vec{E}$ werden zwei sich leitend berührende, leitende Platten der Querschnittsfläche A gebracht (Bild II.5.1a).

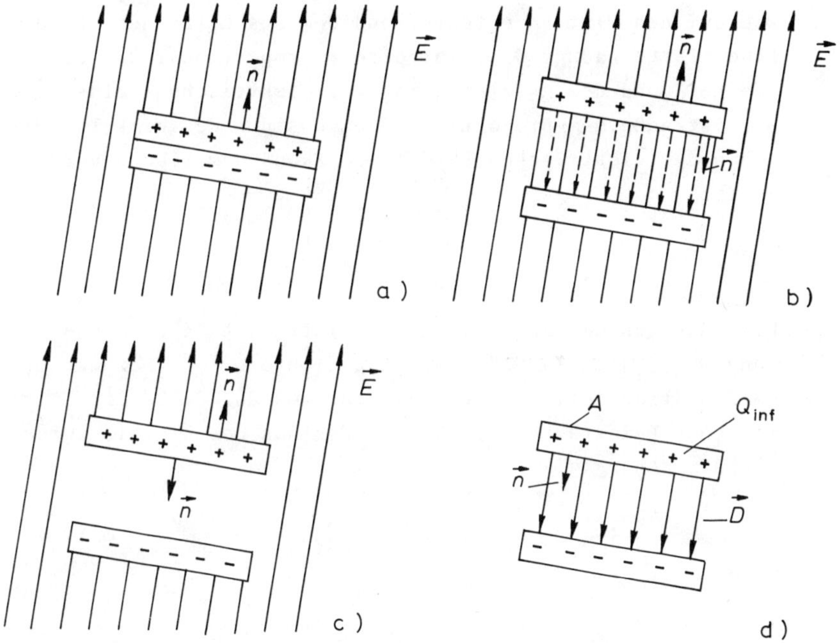

Bild II.5.1: Zum Ladungstrennungsversuch (Influenzversuch).

Die Lage der Platten im Feld soll durch die Angabe eines Flächennormalen-Einheitsvektors $\vec{n}$ gekennzeichnet werden. In den leitenden Platten wird auf die dort vorhandenen freien Ladungsträger vom elektrischen Feld eine Kraft ausgeübt, es kommt zu einer Ladungstrennung, wie sie bereits in Kapitel II.4 beschrieben wurde, bis die leitenden Platten feldfrei sind. Werden die beiden Platten im Feld voneinander getrennt (Bild II.5.1b), so werden auch die Ladungen getrennt, die eine Platte ist positiv, die andere negativ geladen; zwischen den Platten wird aufgrund der Ladungen auf den Platten ein Sekundärfeld aufgebaut, so daß das resultierende Feld zwischen den Platten verschwindet (Bild II.5.1c). Werden die getrennten Platten schließlich aus dem Feld genommen, so bleibt die Ladung auf ihnen erhalten, zwischen den Platten kann ein Feld gemessen werden.

Der beobachtete Vorgang wird als Ladungstrennung oder Influenz bezeichnet. Das Experiment zeigt folgende Ergebnisse:

1) Die auf den Platten entsprechend dem beschriebenen Versuch influenzierte Ladung Q_{inf} ist direkt proportional der Plattenfläche A und dem Absolutbetrag der elektrischen Feldstärke $|\vec{E}|$. Sie ist außerdem proportional dem Cosinus des Winkels zwischen der elektrischen Feldstärke $\vec{E}$ und dem Flächennormalenvektor $\vec{n}$:

$$Q_{\text{inf}} \sim |\vec{E}| A \cos(\sphericalangle(\vec{E},\vec{n})) \; . \qquad \text{(II.5.1)}$$

2) Wird dagegen die auf die Querschnittsfläche A bezogene Ladung Q_{inf}, die als Flächenladungsdichte Q_{inf}/A bezeichnet wird, betrachtet, so ist diese nur von der Größe der elektrischen Feldstärke $|\vec{E}|$ und dem Cosinus des Winkels zwischen $\vec{E}$ und $\vec{n}$ abhängig:

$$\frac{Q_{\text{inf}}}{A} \sim |\vec{E}| \cos(\sphericalangle(\vec{E},\vec{n})) \; . \qquad \text{(II.5.2)}$$

Definiert wird ein Vektor $\vec{D}$, die elektrische Erregung (oder: elektrische Verschiebungsdichte), dessen Betrag gleich der in einem Feld auf zwei leitenden Platten influenzierten Ladung pro Flächeneinheit nach oben beschriebenem Versuch ist, falls die auf den Platten influenzierte Ladung in Abhängigkeit von der Richtung der Flächennormalen maximal ist (d.h. $\vec{n} \| \vec{E}$) und der Flächeninhalt der Platten beliebig klein ist (diese Forderung ist notwendig, um das Feld punktweise definieren zu können). Die Richtung der elektrischen Erregung ist gleich der Richtung der Flächennormalen, der Richtungssinn des Feldvektors wird von der positiven zur negativen Platte (Bild II.5.1d) definiert.

Satz 9: Die elektrische Erregung $\vec{D}$ ist ein Vektorfeld. Sein Betrag ist gleich der in einem elektrischen Feld auf zwei senkrecht zum Feld stehenden, gut leitenden Platten (nach oben beschriebenen Versuch) influenzierten Flächenladungsdichte (das ist die maximal möglich influenzierte Ladung pro Flächeneinheit). Seine Richtung ist senkrecht zu den Platten, von den positiven zu den negativen Ladungsträgern gerichtet. Das heißt, es gilt:

$$|\vec{D}| = \lim_{\Delta A \to 0} \left| \frac{\Delta Q_{\text{inf,max}}}{\Delta A} \right| . \tag{II.5.3}$$

Die elektrische Erregung beschreibt die Ursache (Ladungen) der Felder im Raum.

Die Einheit der elektrischen Erregung bestimmt sich nach ihrer Definition zu:

$$[\vec{D}] = [\frac{Q_{\text{inf}}}{A}] = \frac{\text{As}}{\text{m}^2} = \frac{\text{C}}{\text{m}^2} .$$

Nach ihrer Definition beschreibt die elektrische Erregung die in jedem Punkt der leitenden Platten influenzierte Ladung pro Flächeneinheit, wenn die Gesamtfläche A der Platten in kleine

Flächenelemente ΔA_ν mit den Flächennormalen-Vektoren $\vec{n}_\nu$ unterteilt wird (Bild II.5.2).

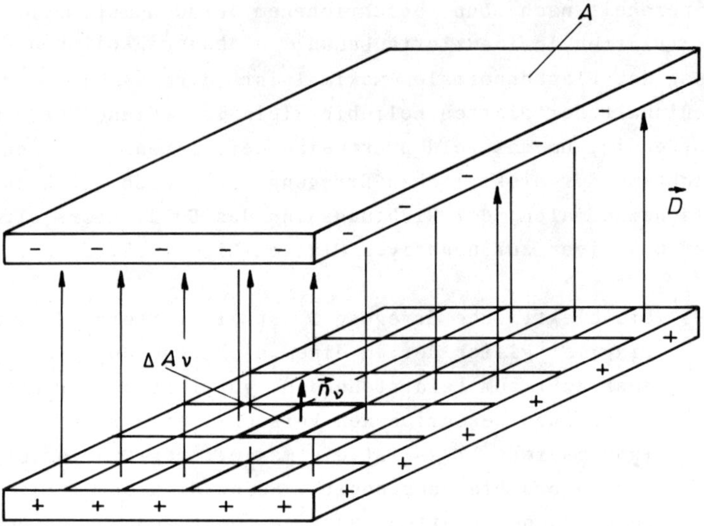

Bild II.5.2: Zur Beschreibung der Gesamtladung.

Für jedes Flächenelement ΔA_ν gilt, falls $\vec{n}_\nu$ und $\vec{D}_\nu$ parallel zueinander sind:

$$|\vec{D}_\nu| = \left|\frac{\Delta Q_{\text{inf}\nu}}{\Delta A_\nu}\right| , \tag{II.5.4}$$

oder, falls $\vec{D}_\nu$ und $\vec{n}_\nu$ nicht parallel sind:

$$\vec{D}_\nu \cdot \vec{n}_\nu = \frac{\Delta Q_{\text{inf}\nu}}{\Delta A_\nu} . \tag{II.5.5}$$

Damit kann die gesamte auf einer Platte influenzierte Ladung durch Aufsummation der Einzelladungen zu:

$$Q_{inf} = \sum_{\nu=1}^{n} \Delta Q_{inf\nu} = \sum_{\nu=1}^{n} \vec{D}_\nu \cdot \vec{n}_\nu \, \Delta A_\nu \qquad (II.5.6)$$

berechnet werden. Für den Grenzfall $\Delta A_\nu \rightarrow 0$ bezeichnen wir die Summe über alle Flächenelemente als "Flächenintegral" und schreiben:

$$Q_{inf} = \int_{A_{Platte}} \vec{D} \cdot \vec{n} \, dA \quad , \qquad (II.5.7)$$

wobei dieses Integral gemäß der Vorschrift nach Gl.(II.5.6) zu berechnen ist.

Die elektrische Erregung ist gemäß ihrer Definition (vgl. Gl.(II.5.2)) direkt proportional der elektrischen Feldstärke und sie hat (in homogenen, isotropen Materialien)[1)] dieselbe Richtung wie die elektrische Feldstärke, das heißt, es gilt:

$$\vec{D} = \varepsilon \vec{E} \, . \qquad (II.5.8)$$

<u>Satz 10:</u> Die elektrische Erregung $\vec{D}$ ist in einem homogegen, isotropen Material direkt proportional zur elektrischen Feldstärke $\vec{E}$. Beide Felder haben im homogegen, isotropen Medium die gleiche Richtung. Die Proportionalitätskonstante ε heißt die Permittivität (Dielektrizitätskonstante) des betrachteten Materials.

Die Permittivität des Vakuums $\varepsilon=\varepsilon_0$ heißt die elektrische Feldkonstante, sie ist eine Naturkonstante: $\varepsilon_0=8{,}854\cdot 10^{-12}$ As/Vm. In anderen Materialien ist die Permittivität ε größer als ε_0. Es wird vereinbart, dies durch die Schreibweise

$$\varepsilon = \varepsilon_0 \, \varepsilon_r \qquad (II.5.9)$$

---

1) Ein Material wird als homogen bezeichnet, wenn es in jedem Punkt des Materials die gleichen Materialeigenschaften besitzt; es wird als isotrop bezeichnet, wenn die Materialeigenschaften richtungsunabhängig sind. Nur solche Materialien werden hier behandelt.

mit

ε = die Permittivität (Dielektrizitätskonstante)
ε_0 = elektrische Feldkonstante = $8{,}854 \cdot 10^{-12}$ As/Vm
ε_r = Permittivitätszahl (Dielektrizitätszahl) ($\varepsilon_r \geqslant 1$)

zu beschreiben. Die Permittivitätszahl des Vakuums ist $\varepsilon_r = 1$, die anderer Materialien ist größer als eins (vgl. auch Kapitel II.1 und II.8).

Anhand eines Gedankenexperiments soll eine weitere Eigenschaft der elektrischen Erregung untersucht werden; hieraus soll ein Grundgesetz des elektrischen Feldes abgeleitet werden. Betrachtet werde eine Punktladung Q im Raum (Bild II.5.3). Gemäß Gl.(II.2.7) kann das elektrische Feld dieser Ladung in einem Punkt mit dem Abstand r von der Punktladung durch

$$|\vec{E}| = \frac{|Q|}{4\pi\varepsilon r^2} \qquad \text{(II.5.10)}$$

beschrieben werden; die elektrische Feldstärke ist rein radial vom Punkt der Ladung aus gerichtet ($Q > 0$) oder rein radial auf die Ladung zu gerichtet ($Q < 0$). Die Permittivität ε in Gl.(II.5.10) stimmt, wie das Experiment zeigt, mit der in Gl.(II.5.9) verwendeten Größe überein. Dann ist der elektrischen Feldstärke $\vec{E}$ nach Gl.(II.5.8) die elektrische Erregung vom Betrag

$$|\vec{D}| = \frac{|Q|}{4\pi r^2} \qquad \text{(II.5.11)}$$

zugeordnet, die ebenfalls rein radial vom Punkt der Ladung aus gerichtet ist. Es sei zunächst angenommen, daß die Punktladung Q positiv ist ($Q = +|Q|$) (Bild II.5.3a). Wir legen um die Punktladung eine konzentrische, kugelförmige Hülle vom Radius r und fragen uns, wie groß der "Fluß" der elektrischen Erregung durch diese Hülle ist. Unter dem Fluß soll dabei das Produkt aus Erregung und durchsetzter Fläche, aufsummiert über die gesamte Hülle, definiert werden. Es wird vereinbart, daß ein Flächen-

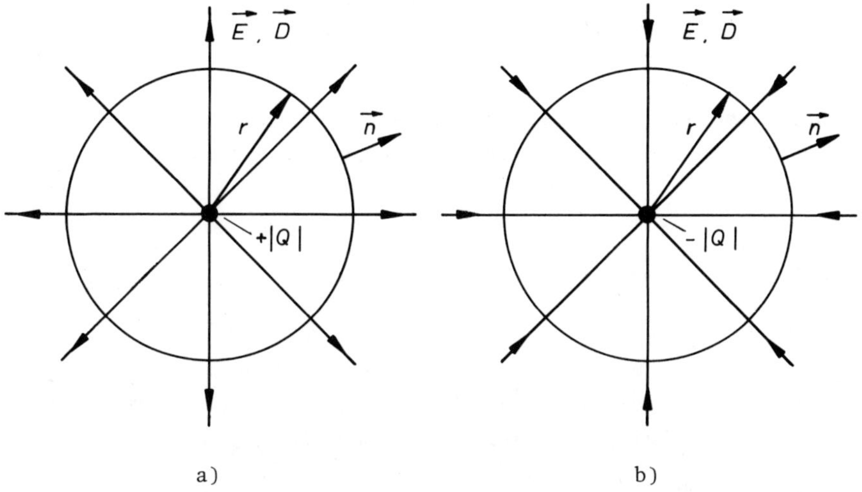

Bild II.5.3: Zum Flußgesetz.

normalenvektor $\vec{n}$ (Einheitsvektor) auf der Kugelfläche ins Äußere der Kugel weist.[1] Dann soll als elektrischer Fluß der elektrischen Erregung durch ein Flächenelement ΔA_ν das Produkt:

$$\Delta\phi_{e\nu} = \vec{D}_\nu \cdot \vec{n}_\nu \; \Delta A_\nu \qquad \text{(II.5.12)}$$

bezeichnet werden. Da der Vektor $\vec{n}$ senkrecht auf der Kugelfläche steht, ist er parallel zu $\vec{D}$ gerichtet und es gilt mit Gl.(II.5.11)

$$\Delta\phi_{e\nu} = |\vec{D}_\nu| \; \Delta A_\nu = \frac{|Q|}{4\pi r^2} \; \Delta A_\nu \; . \qquad \text{(II.5.13)}$$

Die elektrische Erregung $|\vec{D}|$ auf der Kugeloberfläche hängt nur

---

[1] Dies ist die allgemein in der Mathematik getroffene Vereinbarung.

von der Raumkoordinate r ab, damit ist $|\vec{D}|$ auf der Kugelfläche konstant und die Aufsummation aller Flußanteile durch die Kugelfläche berechnet sich zu:

$$\phi_e = \sum_{\nu=1}^{n} \Delta\phi_{e\nu} = \frac{|Q|}{4\pi r^2} \sum_{\nu=1}^{n} \Delta A_\nu \; . \qquad \text{(II.5.14)}$$

Die Summe aller Flächenelemente aber ist die Oberfläche der Kugel $A = 4\pi r^2$, so daß sich für den elektrischen Fluß ergibt:

$$\phi_e = \frac{|Q|}{4\pi r^2} \, 4\pi r^2 = |Q| = Q \quad . \qquad \text{(II.5.15)}$$

Der elektrische Fluß der elektrischen Erregung durch eine geschlossene Kugelhülle, die die Ladung konzentrisch umschließt, ist gerade gleich der eingeschlossenen Ladung.

Dasselbe Ergebnis ergibt sich, wenn der in Bild II.5.3b gezeichnete Fall einer negativen Punktladung ($Q = -|Q|$) betrachtet wird. Da jetzt $\vec{n}$ und $\vec{D}$ antiparallel zueinander sind, lautet die Gl.(II.5.13) entsprechende Beziehung:

$$\Delta\phi_{e\nu} = \vec{D}_\nu \cdot \vec{n}_\nu \, \Delta A_\nu = -|\vec{D}_\nu| \, \Delta A_\nu = -\frac{|Q|}{4\pi r^2} \Delta A_\nu \; , \qquad \text{(II.5.16)}$$

und für den Gesamtfluß folgt:

$$\phi_e = \sum_{\nu=1}^{n} \Delta\phi_\nu = -\frac{|Q|}{4\pi r^2} \sum_{\nu=1}^{n} \Delta A_\nu = -|Q| = Q \; . \qquad \text{(II.5.17)}$$

Dieses Ergebnis kann, wie das Experiment zeigt, verallgemeinert werden. Wird eine Ladung oder auch eine Ansammlung verschiedener Ladungen von einer beliebigen (nicht notwendig kugelförmigen) geschlossenen Hülle[1)] umschlossen, so ist der elektrische Fluß der elektrischen Erregung durch die Hülle stets gleich der umschlossenen Ladung bzw. Gesamtladung:

$$\phi_e = \sum_{\nu=1}^{n} \vec{D}_\nu \cdot \vec{n}_\nu \Delta A_\nu = Q \ . \qquad \text{(II.5.18)}$$

Wird die Summe im Grenzfall $\Delta A_\nu \rightarrow 0$ wieder durch ein Integralzeichen ersetzt, so lautet dieses Ergebnis:

Satz 11: Der elektrische Fluß der elektrischen Erregung, die von einer Ladung Q erzeugt wird, durch eine geschlossene, die Ladung umschließende Hülle A, ist stets gleich der umschlossenen Ladung Q:

$$\oint_A \vec{D} \cdot \vec{n} \, \mathrm{d}A = Q \ . \qquad \text{(II.5.19)}$$

Der Ring am Integral deutet an, daß A stets eine geschlossene Fläche ist. Dieses Ergebnis ist nicht im Widerspruch zur ursprünglich abgeleiteten Beziehung Gl.(II.5.7), da in dem in Bild II.5.1 und Bild II.5.2 definierten Experiment Ladung nur auf einer Seite der plattenförmigen Elektroden auftritt (Bild II.5.4) und somit der von der elektrischen Erregung durchsetzte Teil der z.B. um die positive Elektrode gelegten geschlossenen Fläche mit der Oberfläche A der Plattenelektroden identisch ist.

Die abgeleiteten Ergebnisse legen folgende Interpretation nahe:
Die Ursache des elektrischen Feldes sind die Ladungen; sie sind der Ursprung und das Ende aller elektrischen Feldlinien. Aus diesem Grund werden die Ladungen als die Quellen des elektrischen Feldes bezeichnet (positive Ladungen = Quellen, Anfang

---

1) Eine geschlossene Hülle besitzt kein Randkurve, über die hinweg es möglich ist, von der einen Seite der Fläche auf die andere zu gelangen, ohne die Fläche zu durchstoßen.

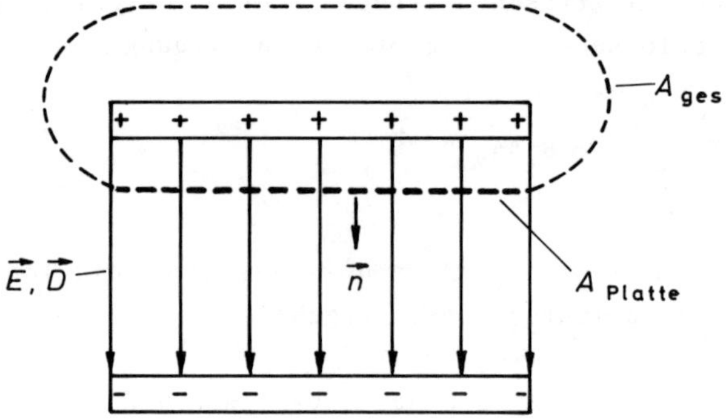

Bild II.5.4: Fluß zwischen den Plattenelektroden.

der Feldlinien; negative Ladungen = Senken, Ende der Feldlinien). Das elektrische Feld der Ladungen ist ein *Quellenfeld*, das heißt, alle Feldlinien haben einen Anfang (Quelle) und ein Ende (Senke). Die elektrische Erregung ist ein Maß für die das Feld erregenden Ladungen; sie beschreibt gleichzeitig die durch den Influenzvorgang in leitenden Materialien getrennte Ladung pro Flächeneinheit.

II.6 DAS ELEKTRISCHE POTENTIAL UND DIE ELEKTRISCHE SPANNUNG

In einem Raum existiere, z.B. erzeugt durch eine Punktladung Q (Bild II.6.1), ein elektrisches Feld, beschrieben durch die elektrische Feldstärke $\vec{E}$. Wir betrachten eine Probeladung $q (q > 0)$, die sich fest z.B. im Punkt P_0 im Feld der Ladung Q befinden möge. Dann wird auf die Probeladung q gemäß $\vec{F} = q\,\vec{E}$ eine Kraft $\vec{F}$ ausgeübt. Wäre die Probeladung frei beweglich, so würde sie unter dem Einfluß des elektrischen Feldes beschleunigt und sich in Richtung der Kraft $\vec{F}$ und damit in Richtung des elektrischen Feldes $\vec{E}$ bewegen. Aus dieser Überlegung können wir schließen, daß der Probeladung q am Punkt P_0 im elektrischen Feld $\vec{E}$ eine be-

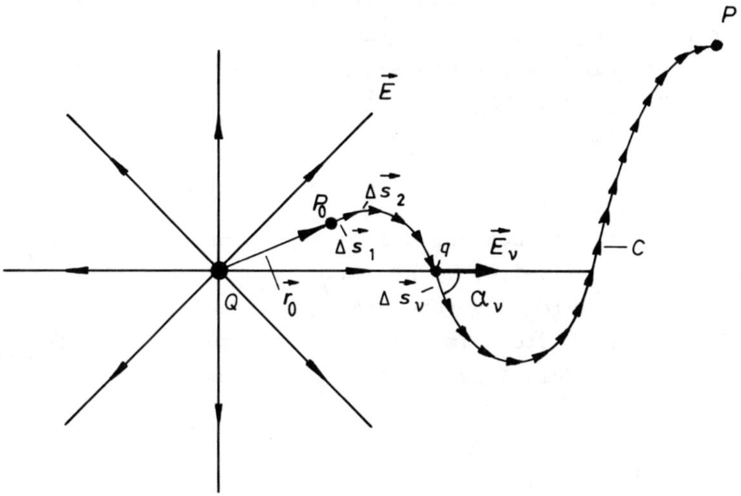

Bild II.6.1: Zur Definition des Begriffs des Potentials und der Spannung.

stimmte potentielle Energie zugeordnet werden kann, die eventuell in kinetische Energie umgesetzt werden kann. Wie in der Physik üblich führen wir einen Bezugspunkt für die potentielle Energie ein, an dem die potentielle Energie willkürlich zu Null definiert wird. Dieser Bezugspunkt P_0 werde in seiner Lage durch den Abstandsvektor $\vec{r}_0$ von der Punktladung Q aus beschrieben. Im Punkt P_0 gilt:

$$P = P_0 \; : \; W_{pot} = 0 \; . \tag{II.6.1}$$

Gehen wir unter dieser Voraussetzung davon aus, daß die Probeladung q unter dem Einfluß des elektrischen Feldes längs der Kurve C von P_0 nach P transportiert wird, so können wir die Frage stellen, welche potentielle Energie die Ladung q am Ende des Transportvorgangs im Punkt P angenommen hat. Um die Frage zu beantworten überlegen wir, welche Arbeit *vom elektrischen Feld* geleistet wird, um die Ladung von P_0 nach P zu transportieren. Nach den Gesetzen der Mechanik ist Arbeit das Skalarprodukt aus Kraft und Weg; d.h. beim Transport eines Körpers im Kraftfeld $\vec{F}$ längs eines Wegelements $\Delta\vec{s}$ wird der Arbeitsanteil:

$$\Delta A_f = \vec{F}\cdot\Delta\vec{s} \tag{II.6.2}$$

vom Kraftfeld geleistet.

Wir unterteilen den Weg C in n Wegabschnitte, die durch die Wegelemente $\Delta\vec{s}_\nu$ ($\nu=1,2,\ldots,n$) (Bild II.6.1) charakterisiert werden. Ist $\vec{F}_\nu$ die am ν-ten Wegabschnitt auftretenden Kraft, so berechnet sich die beim Transport der Ladung vom Punkt P_0 zum Punkt P vom Feld $\vec{F}$ geleistete Arbeit aus:

$$A_f = \vec{F}_1\cdot\Delta\vec{s}_1+\vec{F}_2\cdot\Delta\vec{s}_2+\ldots+\vec{F}_\nu\cdot\Delta\vec{s}_\nu+\ldots+\vec{F}_n\cdot\Delta\vec{s}_n\Big|_{\text{längs } C}\,,$$

$$A_f = \sum_{\nu=1}^{n}\vec{F}_\nu\cdot\Delta\vec{s}_\nu\Big|_{\text{längs } C} = \sum_{\nu=1}^{n}|\vec{F}_\nu|\;|\Delta\vec{s}_\nu|\;\cos(\sphericalangle(\vec{F}_\nu,\Delta\vec{s}_\nu))\Big|_{\text{längs } C}\,,$$

$$A_f = \sum_{\nu=1}^{n}|\vec{F}_\nu|\;|\Delta\vec{s}_\nu|\;\cos(\alpha_\nu)\Big|_{\text{längs } C}\,. \tag{II.6.3}$$

Werden die einzelnen Wegabschnitte beliebig kurz gewählt ($\Delta\vec{s}_\nu \rightarrow d\vec{s}_\nu$), so geht die Summe in Gl.(II.6.3) im Grenzfall in ein sogenanntes Linienintegral:

$$A_f = \underset{C}{\int_{P_0}^{P}}\vec{F}\cdot d\vec{s} = \lim_{|\Delta\vec{s}_\nu|\rightarrow 0}\sum_{\nu=1}^{n}|\vec{F}_\nu|\,|\Delta\vec{s}_\nu|\cos(\alpha_\nu)\Big|_{\text{längs } C} \tag{II.6.4}$$

über, das vom Punkt P_0 zum Punkt P längs der Kurve C zu berechnen ist.

Für den hier betrachteten Fall wird das Kraftfeld $\vec{F}$ durch die elektrische Feldstärke $\vec{E}$ beschrieben ($\vec{F} = q\,\vec{E}$), so daß gilt:

$$A_f = q \sum_{\nu=1}^{n} |\vec{E}_\nu| \; |\Delta\vec{s}_\nu| \cos(\alpha_\nu) \Bigg|_{\text{längs } C} ,$$

$$A_f = q \;\; {}_C\!\int_{P_0}^{P} \vec{E}\cdot d\vec{s} \; . \qquad \text{(II.6.5)}$$

Die Probeladung q soll bei dem Transportvorgang als konstant angesehen werden, sie kann deshalb als gemeinsamer Faktor vor die Summe und damit vor das Integralzeichen gezogen werden.

Die nach Gl.(II.6.5) berechnete Arbeit wird vom elektrischen Feld beim Transport der Probeladung von P_0 nach P aufgebracht, damit ist die potentielle Energie der Probeladung im Punkt P um den Wert A_f geringer als im Punkt P_0 und, da im Punkt P_0 die potentielle Energie gleich Null war, gilt im Punkt P:

$$W_{pot}(P) = -A_f = -q \;\; {}_C\!\int_{P_0}^{P} \vec{E}\cdot d\vec{s} \; . \qquad \text{(II.6.6)}$$

Zur Beschreibung der potentiellen Energie einer Ladung in einem Punkt P in einem elektrischen Feld der elektrischen Feldstärke $\vec{E}$ wird der Begriff des elektrischen Potentials $\varphi(P)$:

$$\varphi(P) = - {}_C\!\int_{P_0}^{P} \vec{E}\cdot d\vec{s} = - \sum_{\nu=1}^{n} \vec{E}_\nu \cdot \Delta\vec{s}_\nu \Bigg|_{\text{längs } C} \qquad \text{(II.6.7)}$$

definiert, das gleich der potentiellen Energie der betrachteten Ladung q im Punkt P des elektrischen Felds geteilt durch die Größe der Ladung ist:

$$\varphi(P) = \frac{W_{pot}(P)}{q} \; . \qquad \text{(II.6.8)}$$

Satz 12: Das elektrische Potential φ im Punkt P in einem elektrischen Feld ist gleich der potentiellen Energie einer Probeladung q in diesem Punkt dividiert durch die Größe der Probeladung. Das elektrische Potential ist in einem vorgegebenen elektrischen Feld mit festgelegtem Bezugspunkt P_0 nur eine Funktion der Ortskoordinaten des Punktes P.

Um einen anschaulichen Vergleich der Energieverhältnisse zu erhalten, gehen wir davon aus, daß die felderzeugende Ladung Q in Bild II.6.1 negativ ist ($Q = -|Q|$), die Probeladung q aber positiv ($q > 0$) ist. Dann ergeben sich die Feld- und Kraftverhältnisse nach Bild II.6.2, die weitgehend den Feld- und Kraftverhältnissen einer Masse m im Schwerefeld der Erde entsprechen.

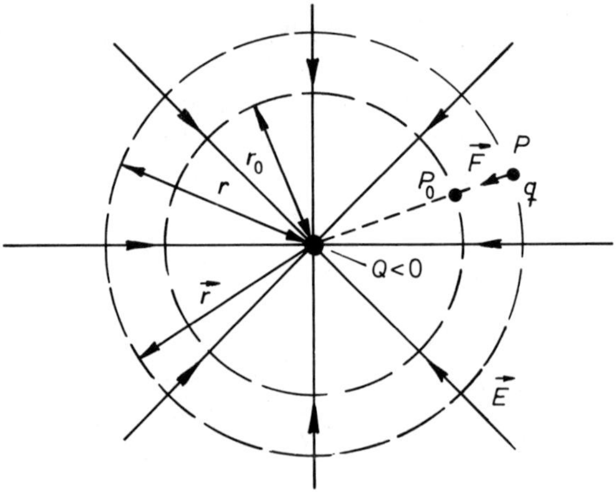

Bild II.6.2: Probeladung $q(q > 0)$ im Feld einer negativen Ladung $Q(Q < 0)$.

Die Probeladung habe den Abstand r vom Mittelpunkt der Ladung Q, dann gilt für die elektrische Feldstärke $\vec{E}$ am Ort P der Probeladung:

$$\vec{E} = -\frac{|Q|}{4\pi\varepsilon r^3}\,\vec{r} \quad , \tag{II.6.9}$$

mit $\vec{r}$ dem vom Mittelpunkt der Ladung Q ausgehenden Radiusvektor (Bild II.6.2). Der Absolutbetrag der elektrischen Feldstärke $|\vec{E}|$ ist nur vom Abstand r des Punktes P vom Mittelpunkt der Ladung abhängig und damit auf Kugelflächen (r = const.) um die Ladung Q konstant. Es wird definiert, daß die potentielle Energie der Probeladung q auf der Kugelfläche mit dem Radius r_0 (Bild II.6.2) gleich Null ist. Dann berechnet sich das elektrische Potential im Punkt P mit dem Abstand r vom Mittelpunkt der Ladung Q nach Gl.(II.6.7) zu:

$$\varphi(P) = - {}_C\int_{P_0}^{P} \vec{E}\cdot d\vec{s} = + \int_{r_0}^{r} \frac{|Q|}{4\pi\varepsilon r^3}\,\vec{r}\cdot d\vec{r} \; , \qquad \text{(II.6.10)}$$

falls als Integrationsweg C ein Weg in Richtung von $\vec{r}$ gewählt wird (d.h. $d\vec{s} = d\vec{r}$). Wird Gl.(II.6.10) ausgewertet, so gilt:

$$\varphi(P) = \int_{r_0}^{r} \frac{|Q|}{4\pi\varepsilon r^2}\,dr = - \left.\frac{|Q|}{4\pi\varepsilon r}\right|_{r_0}^{r} \; ,$$

$$\varphi(P) = \frac{|Q|}{4\pi\varepsilon r_0} - \frac{|Q|}{4\pi\varepsilon r} \; . \qquad \text{(II.6.11)}$$

Wird berücksichtigt, daß $Q = -|Q|$ gilt, so kann Gl.(II.6.11) in der für eine Punktladung allgemeingültigen Form

$$\varphi(P) = \frac{Q}{4\pi\varepsilon r} - \frac{Q}{4\pi\varepsilon r_0} = \frac{Q}{4\pi\varepsilon r} + K \qquad \text{(II.6.12)}$$

mit K einer Konstanten, die von der Wahl des Bezugspunktes (bzw. des Bezugsradius r_0) abhängt, beschrieben werden. Wird z.B. der Bezugspunkt P_0, für den $\varphi(P_0) = 0$ gilt, ins unendlich Ferne gelegt ($r_0 \rightarrow \infty$), so wird $K = 0$ und es gilt für den hier betrachteten Fall einer negativen Ladung $Q = -|Q|$:

$$\varphi(P) = \frac{Q}{4\pi\varepsilon r} = -\frac{|Q|}{4\pi\varepsilon r} \quad . \qquad \text{(II.6.13)}$$

In Bild II.6.3 ist der Verlauf des Potentials $\varphi(P) = \varphi(r)$ in Abhängigkeit vom Abstand r des Punktes P vom Mittelpunkt der Ladung Q, für den Fall, daß r_0 endlich ist, gezeichnet.

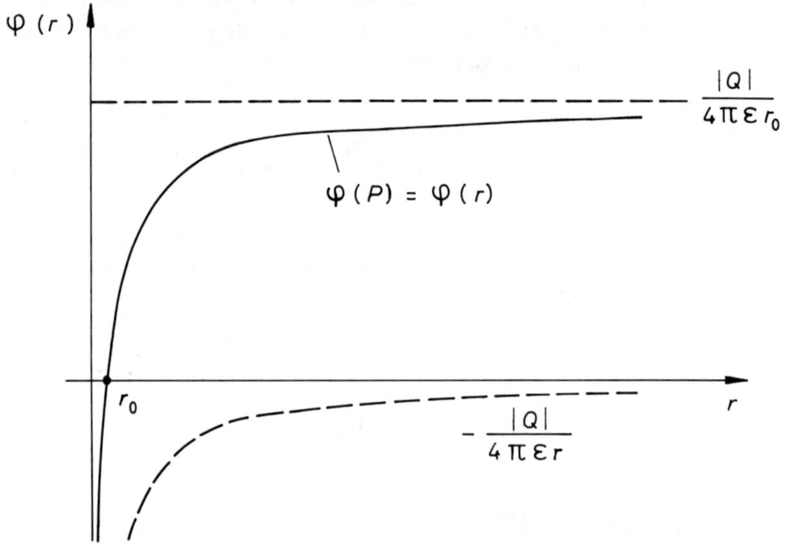

Bild II.6.3: Verlauf des Potentials einer negativen Ladung Q nach Gl.(II.6.12) in Abhängigkeit vom Abstand r des Punktes P vom Mittelpunkt der felderzeugenden Ladung.

Wie aus Gl.(II.6.11) abgeleitet werden kann, ist auf Kugelschalen mit konstantem Radius r auch das elektrische Potential φ konstant. Solche Flächen (Bild II.6.4) werden als Äquipotentialflächen bezeichnet; sie verlaufen stets senkrecht zu den elektrischen Feldlinien, so daß beim Transport einer Probeladung in dieser Fläche keine Arbeit geleistet wird:

$$\int_C \vec{E}\cdot d\vec{s} = 0 \qquad \text{wegen} \quad \sphericalangle(\vec{E}, d\vec{s}) = \pi/2 \ ,$$

das heißt z.B.: $\varphi(P_1) = \varphi(P_4)$, $\varphi(P_2) = \varphi(P_3)$, Bild II.6.4.

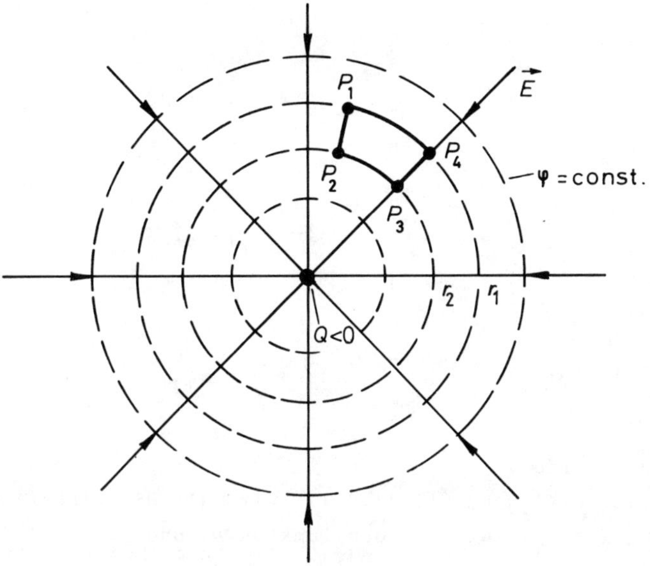

Bild II.6.4: Feldlinien und Äquipotentialflächen (im Schnitt) einer negativen Ladung $Q(Q < 0)$.

Wird die Probeladung aber in Richtung der elektrischen Feldstärke transportiert (z.B. vom Punkt P_1 nach P_2), so wird der potentielle Energiezustand der Probeladung verkleinert, d.h. die Potentialdifferenz:

$$\varphi(P_1) - \varphi(P_2) = -\underset{C}{\int_{P_0}^{P_1}} \vec{E}\cdot d\vec{s} + \underset{C}{\int_{P_0}^{P_2}} \vec{E}\cdot d\vec{s} \,,$$

$$\varphi(P_1) - \varphi(P_2) = -\frac{|Q|}{4\pi\varepsilon r_1} + \frac{|Q|}{4\pi\varepsilon r_0} + \frac{|Q|}{4\pi\varepsilon r_2} - \frac{|Q|}{4\pi\varepsilon r_0} \,,$$

$$\varphi(P_1) - \varphi(P_2) = \frac{|Q|}{4\pi\varepsilon r_2} - \frac{|Q|}{4\pi\varepsilon r_1} > 0 \qquad \text{(II.6.14)}$$

ist größer als Null, da $r_2 < r_1$ (Bild II.6.4) ist; das heißt, die Probeladung hat im Punkt P_1 eine größere potentielle Energie als im Punkt P_2. Die Potentialdifferenz kann auch als:

$$\varphi(P_1) - \varphi(P_2) = -{}_C\int_{P_0}^{P_1} \vec{E}\cdot d\vec{s} + {}_C\int_{P_0}^{P_2} \vec{E}\cdot d\vec{s}\ , \qquad \text{(II.6.15)}$$

$$\varphi(P_1) - \varphi(P_2) = {}_C\int_{P_1}^{P_0} \vec{E}\cdot d\vec{s} + {}_C\int_{P_0}^{P_2} \vec{E}\cdot d\vec{s}\ , \qquad \text{(II.6.16)}$$

$$\varphi(P_1) - \varphi(P_2) = {}_C\int_{P_1}^{P_2} \vec{E}\cdot d\vec{s} = u = u_{12} \qquad \text{(II.6.17)}$$

berechnet werden.

Das Integral nach Gl.(II.6.17) wird als die elektrische Spannung $u = u_{12}$ zwischen den Punkten P_1 und P_2 bezeichnet.

Satz 13: Die elektrische Spannung u_{12} zwischen zwei Punkten P_1 und P_2 ist gleich der Differenz der Potentiale im Punkt P_1 und im Punkt P_2; sie ist damit gleich der auf die Ladung q bezogenen Arbeit, die beim Transport der Ladung q vom Punkt P_1 nach P_2 vom elektrischen Feld geleistet wird.

Die elektrische Spannung ist eine skalare Größe, sie kann aber positive und negative Werte annehmen, je nachdem, ob der Integrationsweg gemäß Gl.(II.6.17) in Richtung oder in Gegenrichtung zum elektrischen Feld verläuft.

Satz 14: Die elektrische Spannung u_{12} ist positiv, wenn das Integral Gl.(II.6.17) in Richtung der elektrischen Feldstärke berechnet wird. Wird das Integral von P_2 nach P_1 in Gegenrichtung zur elektrischen Feldstärke berechnet, so wird es negativ. Der elektrischen Spannung $u = u_{12}$ wird gemäß Bild II.6.5 ein Spannungsbezugspfeil (kein Vektor, nur Zählpfeil) zugeordnet. Die elektrische Spannung u wird positiv definiert, wenn das Integral nach Gl.(II.6.17) in Richtung des Bezugspfeils integriert positiv ist. Es gilt nach Bild II.6.5: $u_{12} = -u_{21}$.

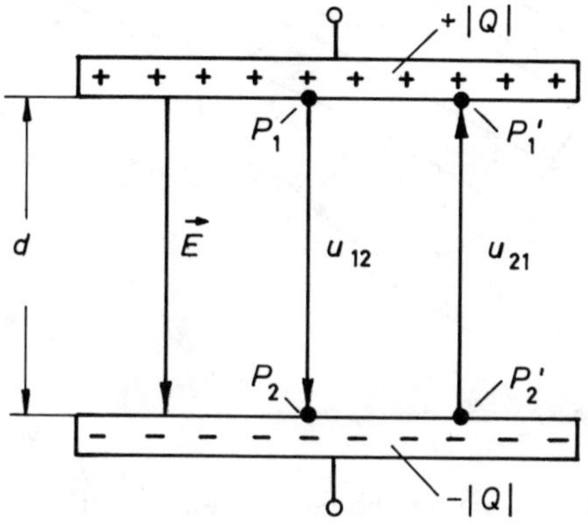

Bild II.6.5: Zur Definition des Spannungsbezugspfeils.

Wie aus der Diskussion des Beispiels nach Bild II.6.4 hervorgeht, wie insbesondere auch aus Gl.(II.6.14) und den Gln.(II.6.15) bis (II.6.17) abgelesen werden kann, ist die Definition des elektrischen Potentials φ und der elektrischen Spannung u nur dann sinnvoll, wenn die auftretenden Integrale vom Integrationsweg unabhängig sind. Dies kann erkannt werden, wenn beachtet wird, daß in Gl.(II.6.14) die beiden Teilintegrale festlegen, daß jeweils vom Bezugspunkt P_0 ausgehend integriert werden muß. Da P_0

aber völlig willkürlich gewählt werden kann, können sich beliebige Integrationswege ergeben, ohne daß hierdurch die Potentialdifferenz (Spannung) nach Gl.(II.6.14) bzw. (II.6.17) geändert werden darf.

Wird diese Erkenntnis auf das in Bild II.6.6 gezeichnete Beispiel übertragen und die elektrische Spannung u_{12} zwischen den beiden Punkten P_1 und P_2 einmal über den Weg C_1 und dann über den Weg C_2 berechnet, so ergibt sich aus der Forderung

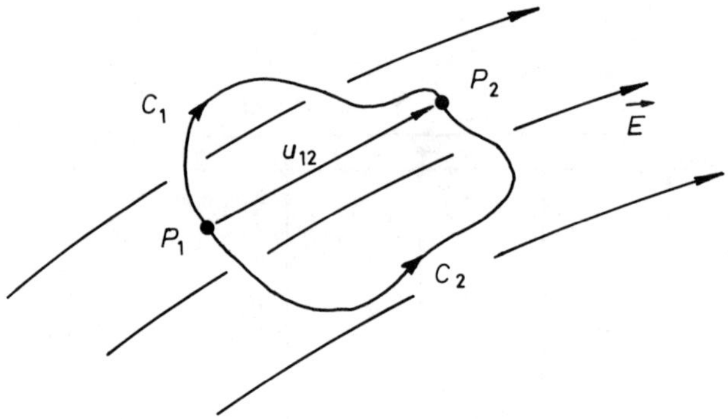

Bild II.6.6: Zur Berechnung der Spannung.

der Gleichheit der jeweils berechneten elektrischen Spannungen:

$$u_{12} = {}_{C_1}\int_{P_1}^{P_2} \vec{E}\cdot d\vec{s} = {}_{C_2}\int_{P_1}^{P_2} \vec{E}\cdot d\vec{s} \qquad \text{(II.6.18)}$$

die Aussage:

$$ {}_{C_1}\int_{P_1}^{P_2} \vec{E}\cdot d\vec{s} - {}_{C_2}\int_{P_1}^{P_2} \vec{E}\cdot d\vec{s} = 0 \,, \qquad \text{(II.6.19)}$$

bzw. nach Vertauschung der Integrationsgrenzen im zweiten Integral (d.h. der Weg C_2 wird in der entgegengesetzten Richtung zu dem in Bild II.6.6 gezeichneten Durchlaufsinn durchlaufen) der Zusammenhang:

$$\int_{C_1, P_1}^{P_2} \vec{E}\cdot d\vec{s} + \int_{C_2, P_2}^{P_1} \vec{E}\cdot d\vec{s} = 0 \quad ,$$

$$\oint_{C=C_1+C_2} \vec{E}\cdot d\vec{s} = 0 \; . \qquad \text{(II.6.20)}$$

Das heißt, daß das Integral über die elektrische Feldstärke (in einem hier betrachteten elektrischen Feld, das von ruhenden, zeitlich unveränderlichen Ladungen erzeugt wird) stets Null wird, falls der Integrationsweg ein in sich geschlossener Weg ist (was in Gl. (II.6.20) durch den Kreis am Integralzeichen angedeutet wird). Unter Berücksichtigung der angegebenen Definition des elektrischen Potentials und der elektrischen Spannung besagt Gl.(II.6.20), daß beim Transport einer Ladung in einem elektrischen Feld, das von ruhenden, zeitlich konstanten Ladungen erzeugt wird, die insgesamt längs eines geschlossenen Weges geleistete Arbeit stets gleich Null ist.

Satz 15: In einem elektrischen Feld, das von ruhenden, zeitlich konstanten Ladungen erzeugt wird, ist die längs eines geschlossenen Weges an einer transportierten Ladung geleistete Arbeit stets gleich Null. Damit verschwindet das Integral über die elektrische Feldstärke längs eines geschlossenen Integrationsweges.

II.6.1 DAS BOHR'SCHE ATOMODELL ALS ANWENDUNG DER FELDGLEICHUNGEN

Mit den bisher abgeleiteten Grundgleichungen des elektrischen Feldes soll versucht werden, das in Kapitel I.3 sehr oberflächlich erwähnte Bohr'sche Atommodell quantitativ zu erfassen. Vom heutigen Standpunkt der Physik aus ist die Bohr'sche Theorie des Atomaufbaus zwar überholt, doch ist sie geeignet, viele Erscheinungen der Elektrotechnik in einfacher Weise zu erklären, so daß eine genauere Betrachtung dieser Theorie auch heute noch gerechtfertigt ist.

Nach den Bohr'schen Grundvorstellungen besteht das Atom aus einem positiven Kern und negativen Elektronen, die den Kern umkreisen. Die Bahnen, auf denen sich die Elektronen bewegen, wurden von Bohr als Kreisbahnen angenommen. Die Ladung des Kerns des Atoms ist positiv und stets ein Vielfaches der Elementarladung e:

$$Q_{\mathrm{k}} = ze \qquad \text{(II.6.21)}$$

mit z der Kernladungszahl. Da das Atom elektrisch neutral sein muß, ist die Anzahl der auf den Kreisbahnen umlaufenden negativen Elektronen n gleich der Kernladungszahl z: $n=z$. Für das Wasserstoffatom (Bild II.6.7) gilt als einfaches Beispiel: $z = 1$.

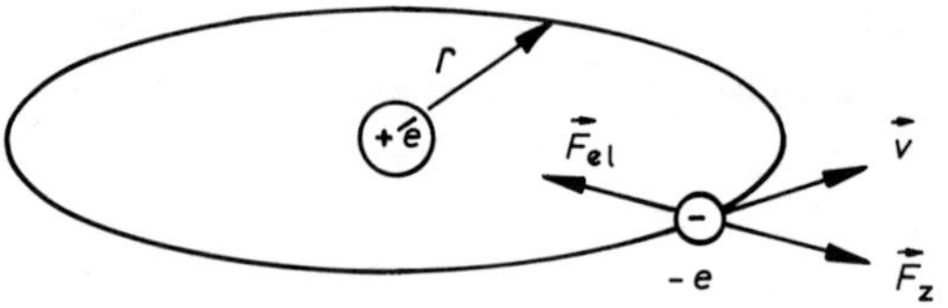

Bild II.6.7: Das Bohr'sche Atommodell des Wasserstoffatoms.

Da sich die Elektronen auf Kreisbahnen um den Kern bewegen sollen, wird auf sie eine Zentrifugalkraft der Größe:

$$|\vec{F}_z| = \frac{m\,|\vec{v}|^2}{r} \,, \qquad \text{(II.6.22)}$$

mit $\vec{v}$ der Geschwindigkeit der Elektronen auf der Bahn, ausgeübt. Damit die Elektronen die Kreisbahn nicht verlassen, muß diese Zentrifugalkraft durch die Anziehungskraft zwischen dem positiven Kern und den negativen Elektronen stets kompensiert werden. Nach dem Coulomb'schen Gesetz (vgl. Kapitel II.1) ziehen sich der positive Kern der Ladung $Q_k = +ze$ und ein Elektron der Ladung $Q_e = -e$ mit der Kraft (vgl.Gl.(II.1.7))

$$|\vec{F}_{el}| = \frac{|Q_k|\;|Q_e|}{4\pi\varepsilon_0 r^2} = \frac{z\,e^2}{4\pi\varepsilon_0 r^2} \qquad \text{(II.6.23)}$$

an; damit sich die Zentrifugalkraft und die Kraft nach Gl.(II.6.23), die entgegengesetzt gerichtet sind (Bild II.6.7), kompensieren, müssen sie gleiche Absolutbeträge haben:

$$\frac{m\,|\vec{v}|^2}{r} = \frac{z\,e^2}{4\pi\varepsilon_0 r^2} \quad . \qquad \text{(II.6.24)}$$

Nach dieser Beziehung gibt es zunächst zu jedem beliebigen Radius r der Kreisbahn eine Geschwindigkeit $\vec{v}$, die Gl.(II.6.24) befriedigt; umgekehrt ist zunächst jeder Bahnradius für die Kreisbahnen zugelassen. Es war das große Verdienst von Niels Bohr aufgrund vorliegender Meßergebnisse des Strahlungsspektrums des Wasserstoffs (siehe weiter unten) *zu postulieren*, daß der der Kreisbewegung des Elektrons zugeordnete Drehimpuls $m|\vec{v}|r$ nicht jeden beliebigen Wert annehmen kann, sondern stets ein Vielfaches des Planck'schen [1] Wirkungsquantums $\hbar = h/2\pi = 1{,}054\cdot 10^{-34}\ \mathrm{Ws}^2$ sein muß:

---

[1] Max Planck, 1858-1947, deutscher Physiker.

$$m|\vec{v}|r = l\,\frac{h}{2\pi}\,, \quad l = 1,2,3,\ldots \tag{II.6.25}$$

mit m der Masse des Elektrons und l einer ganzen Zahl. Mit diesem Postulat wird z.B. der Geschwindigkeit $|\vec{v}|$ des Elektrons die zusätzliche Bedingung

$$|\vec{v}| = \frac{l\;h}{m\;2\pi r} \tag{II.6.26}$$

auferlegt, die im Zusammenhang mit Gl.(II.6.24) fordert, daß der Radius der Kreisbahnen der Elektronen dem Zusammenhang:

$$r_l = \frac{z\;e^2}{4\pi\varepsilon_0 m|\vec{v}|^2} = \frac{ze^2m^2 4\pi^2 r_l^2}{4\pi\varepsilon_0 m l^2 h^2}\,,$$

$$r_l = \frac{\varepsilon_0 h^2}{mze^2\pi}\,l^2 \tag{II.6.27}$$

genügen muß und somit nur noch bestimmte feste Werte, die von der Kernladungszahl z und der Zahl l abhängen, annehmen kann. Entsprechend der Zahl l ergeben sich mehrere mögliche Bahnradien; l wird deshalb die Bahnkennzahl genannt.

Auf jeder Bahn nach Gl.(II.6.27) ist die Geschwindigkeit entsprechend Gl.(II.6.26) festgelegt. Es gilt:

$$|\vec{v}_l| = \frac{ze^2}{2\varepsilon_0 h}\,\frac{1}{l}\;. \tag{II.6.28}$$

Zur Diskussion der Energieverhältnisse in einem Atom mit Hilfe des Bohrschen Atommodells betrachten wir zunächst Bild II.6.8, in dem die Potentialverhältnisse innerhalb des Atoms skizziert sind. Nach Gl.(II.6.12) bzw. Gl.(II.6.13) ist das Potential der positiven Kernladung $Q_k = z\,e$:

$$\varphi(r) = \frac{Q_k}{4\pi\varepsilon_0 r} = \frac{ze}{4\pi\varepsilon_0 r}\,, \tag{II.6.29}$$

wenn der Bezugspunkt des Potentials an die Stelle $r_0 \to \infty$ gelegt wird. Da nach Gl.(II.6.8) die potentielle Energie einer Probeladung der Ladung $q = -e$ in diesem Feld gleich

$$W_{pot} = q\varphi(r_l) = -e \frac{ze}{4\pi\varepsilon_0 r_l} \qquad \text{(II.6.30)}$$

ist, ist die potentielle Energie der Elektronen auf den Kreisbahnen mit den Radien r_l stets negativ und unter Verwendung von Gl.(II.6.27) gilt:

$$W_{pot} = -\frac{ze^2}{4\pi\varepsilon_0 r_l} = -\frac{mz^2e^4}{4\varepsilon_0^2 h^2}\frac{1}{l^2} \quad . \qquad \text{(II.6.31)}$$

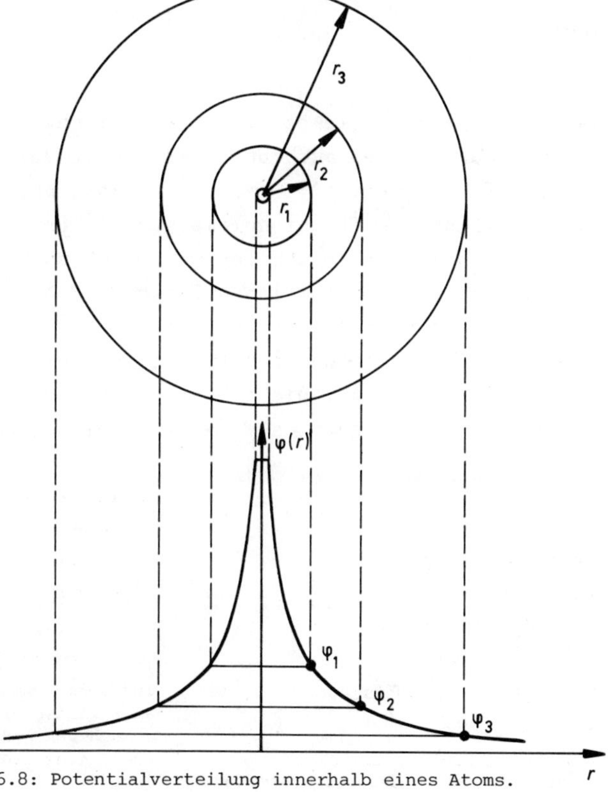

Bild II.6.8: Potentialverteilung innerhalb eines Atoms.

Die Elektronen haben auf der Kreisbahn mit dem Radius r_l eine kinetische Energie

$$W_{kin} = \frac{1}{2} m|\vec{v}_l|^2 , \qquad (II.6.32)$$

die sich mit Hilfe von Gl.(II.6.28) zu

$$W_{kin} = \frac{mz^2e^4}{8\varepsilon_0^2h^2} \frac{1}{l^2} = -\frac{W_{pot}}{2} \qquad (II.6.33)$$

berechnet. Damit befinden sich die Elektronen in einem Energiezustand der Größe:

$$W_l = W_{pot}+W_{kin} = \frac{W_{pot}}{2} = -\frac{mz^2e^4}{8\varepsilon_0^2h^2} \frac{1}{l^2} = -13{,}6 \frac{z^2}{l^2}\, eV. \qquad (II.6.34)$$

Dies ist dasselbe Ergebnis, wie es heute von der Quantenmechanik geliefert wird und wie es auch durch Messungen der Strahlungen des Wasserstoffatoms bestätigt wird. Die Ausstrahlung von elektromagnetischer Energie (Lichtenergie) wurde von Bohr so erklärt, daß ein Elektron plötzlich von einer Außenbahn (z.B. $l = 2$ oder $l = 3$) auf eine weiter innen liegende Bahn "springt". In Bild II.6.9 sind die fünf innersten Bahnen des Wasserstoffatoms gezeichnet. Die eingezeichneten Pfeile zeigen die möglichen Sprünge der Elektronen an. Die zugeordneten Spektrallinien der Ausstrahlung mit den Frequenzen $f_l = W_l/h$ werden nach den Namen der Physiker Lyman, Balmer und Paschen, die zum ersten Mal diese Spektrallinien gemessen haben, benannt [1].

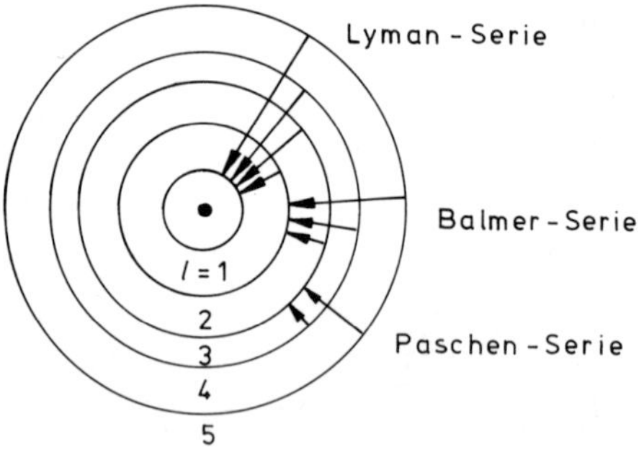

Bild II.6.9: Elektronenbahnen des Wasserstoffatoms.

[1] Theodore Lyman, 1874-1954, amerikanischer Physiker, Johann Jakob Balmer, 1865-1947, schweizer.Physiker, Friedrich Paschen,1865-1947, deutscher Physiker.

II.7 EIN EINFACHES BEISPIEL

Es wird die Elektrodenanordnung nach Bild II.7.1 betrachtet.

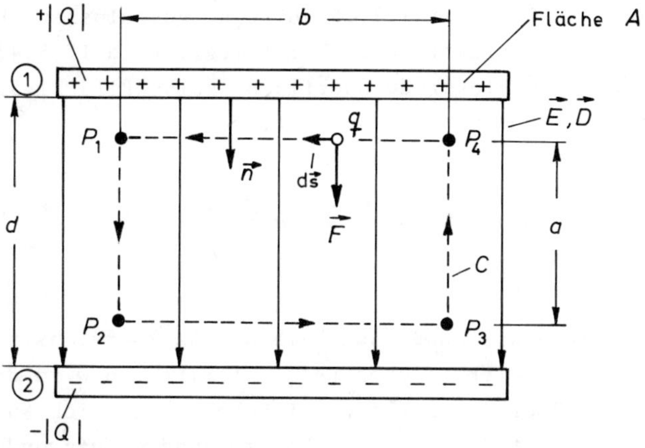

Bild II.7.1: Elektrodenanordnung.

Auf zwei leitenden Platten (Elektroden) mögen sich gleichmäßig verteilt (z.B. durch den in Kapitel II.5 beschriebenen Influenzversuch) die Ladungen $+|Q|$ und $-|Q|$ befinden. Dadurch wird zwischen den beiden Elektroden ein elektrisches Feld, beschrieben durch die elektrische Feldstärke $\vec{E}$ oder die elektrische Erregung $\vec{D}$, aufgebaut. Es wird vorausgesetzt, daß das elektrische Feld nur zwischen den Elektroden auftritt; das heißt, das in der Realität auftretende Streufeld an den Kanten der Elektroden (vgl. Bild II.4.3) wird in dem hier durchgeführten Gedankenexperiment in einer idealisierenden Annahme vernachlässigt. Der Abstand der beiden Elektroden sei d, die Elektrodenfläche sei gleich A und die Permittivitätszahl des Materials zwischen den Elektroden sei ε_r.

Es soll zunächst das elektrische Feld und die elektrische Spannung zwischen den Elektroden bestimmt werden. Anschließend werde eine positive Probeladung q im Punkt P_1 (Bild II.7.1) in das Feld gebracht und längs des geschlossenen Weges $C(P_1,P_2,P_3,P_4)$

im Feld transportiert; die bei diesem Transportvorgang vom elektrischen Feld geleistete Arbeit soll berechnet werden.

Wir verwenden zunächst Gl.(II.5.19) und wenden sie entsprechend der Diskussion in Kapitel II.5 auf eine geschlossene Hüllfläche, die die positive Elektrode einhüllt (vgl. Bild II.5.4), an. Zerlegen wir die Elektrodenoberfläche gemäß Bild II.5.2 in kleine Flächenelemente ΔA_ν so gilt:

$$\oint_{A_{\text{Hülle}}} \vec{D}\cdot\vec{n}\,dA = \sum_{\nu=1}^{n} \vec{D}_\nu\cdot\vec{n}_\nu \Delta A_\nu = \sum_{\nu=1}^{n} |\vec{D}_\nu|\,|\vec{n}_\nu| \cos(\sphericalangle(\vec{D}_\nu,\vec{n}_\nu))\,\Delta A_\nu = Q. \tag{II.7.1}$$

Berücksichtigen wir, daß außerhalb des Raumbereichs zwischen den Elektroden kein elektrisches Feld auftritt, so wird das Produkt $\vec{D}_\nu\cdot\vec{n}_\nu\Delta A_\nu$ nur über der Elektrodenfläche A ungleich Null. Wie Bild II.7.1 zeigt, ist die elektrische Erregung $\vec{D}$ aufgrund der Symmetrie der Anordnung (vgl. Kapitel II.5) stets senkrecht zur Elektrodenoberfläche gerichtet, aufgrund der Annahme der gleichmäßigen Ladungsverteilung auf den Elektroden ist $|\vec{D}|$ im gesamten Feldbereich konstant. Damit sind die Vektoren der elektrischen Erregung $\vec{D}$ und der Flächennormale $\vec{n}$ parallel gerichtet und Gl.(II.7.1) kann in der Form

$$\oint_{A_{\text{Hülle}}} \vec{D}\cdot\vec{n}dA = \sum_{\nu=1}^{n} |\vec{D}_\nu|\Delta A_\nu = |\vec{D}| \sum_{\nu=1}^{n} \Delta A_\nu = |\vec{D}|\;A = |Q| \tag{II.7.2}$$

ausgewertet werden. Damit gilt für den Absolutbetrag der elektrischen Erregung:

$$|\vec{D}| = \frac{|Q|}{A}\;. \tag{II.7.3}$$

Die elektrische Erregung ist damit eine Größe, die nur von der Größe der Ladung auf den Elektroden und der Elektrodenfläche abhängt. Sie ist damit eine von den Materialkonstanten des Mediums zwischen den Elektroden unabhängige Größe.

Aufgrund des Zusammenhangs Gl.(II.5.8) und Gl.(II.5.9)

$$\vec{D} = \varepsilon\, \vec{E} = \varepsilon_0\, \varepsilon_r\, \vec{E} \qquad \text{(II.7.4)}$$

folgt für den Absolutbetrag der elektrischen Feldstärke $\vec{E}$:

$$|\vec{E}| = \frac{|\vec{D}|}{\varepsilon_0 \varepsilon_r} = \frac{|Q|}{\varepsilon_0 \varepsilon_r A} \quad . \qquad \text{(II.7.5)}$$

Die elektrische Spannung u_{12} zwischen den Elektroden berechnet sich nach Gl.(II.6.17) aus dem Integral:

$$u_{12} = {}_C\!\int_{①}^{②} \vec{E}\cdot d\vec{s} = \sum_{\nu=1}^{n} |\vec{E}_\nu|\ |\Delta\vec{s}_\nu|\ \cos(\sphericalangle(\vec{E}_\nu, \Delta\vec{s}_\nu)). \qquad \text{(II.7.6)}$$

Wird als Integrationsweg (der nach den Überlegungen im vorigen Kapitel beliebig ist) die direkte, geradlinige Verbindung zwischen den Elektroden gewählt, so ist $\sphericalangle(\vec{E}_\nu, \Delta\vec{s}_\nu) = 0^\circ$ und damit gilt:

$$u_{12} = \sum_{\nu=1}^{n} |\vec{E}_\nu|\ |\Delta\vec{s}_\nu| = |\vec{E}| \sum_{\nu=1}^{n} |\Delta\vec{s}_\nu| = |\vec{E}|\ d \ ,$$

$$u_{12} = |\vec{E}|\ d = \frac{|Q|\,d}{\varepsilon_0 \varepsilon_r A} \quad . \qquad \text{(II.7.7)}$$

Zur Ableitung dieses Ergebnisses wurde benutzt, daß 1) $\vec{E}_\nu$ und $\Delta\vec{s}_\nu$ parallel sind (siehe oben), 2) $|\vec{E}_\nu|$ entlang des Integrationsweges konstant ist und somit aus der Summe ausgeklammert werden kann und daß 3) die Summe der Wegelemente $|\Delta\vec{s}_\nu|$ genau den Elektrodenabstand d ergibt.

Wir folgern hieraus: Zwischen zwei plattenförmigen Elektroden aus gut leitendem Metall, auf denen sich die Ladungen $+|Q|$ und $-|Q|$ befinden, bildet sich (unter Vernachlässigung der Randeffekte) ein homogenes elektrisches Feld aus. Der Absolutbetrag der elektrischen Erregung ist gleich dem Quotienten aus Ladung und Plattenquerschnitt. Die elektrische Spannung zwischen den Elektroden ist gleich dem Produkt aus dem Absolutbetrag der elektrischen Feldstärke und dem Elektrodenabstand.

Wird eine Probeladung q (positiv) in das Feld zwischen den Elektroden gebracht (Bild II.7.1), so wird auf sie die Kraft $\vec{F}$ mit dem Absolutbetrag

$$|\vec{F}| = |q\ \vec{E}| = \frac{|q|\ |Q|}{\varepsilon_0 \varepsilon_r\ A} \tag{II.7.8}$$

ausgeübt. Die Kraft $\vec{F}$ hat die Richtung der elektrischen Feldstärke $\vec{E}$. Wird die Ladung entlang dem in Bild II.7.1 gezeichneten Weg C transportiert, so ist die Kraft längs des Wegs vom Punkt P_2 nach P_3 und vom Punkt P_4 nach P_1 senkrecht zur Richtung eines Wegelements $d\vec{s}$ des Weges C und der Cosinus des Winkels zwischen $\vec{F}$ und $d\vec{s}$ somit Null; damit wird beim Transport der Ladung längs der genannten Wegabschnitte keine Arbeit geleistet. Um die Gesamtarbeit, die beim Transportvorgang der Ladung längs des Weges C vom elektrischen Feld geleistet wird, zu berechnen, bleiben also nur die Anteile des Arbeitsintegrals vom Punkt P_1 zum Punkt P_2 und vom Punkt P_3 zum Punkt P_4 zu berücksichtigen:

$$A = q \ {}_C\!\int_{P_1}^{P_2} \vec{E}\cdot d\vec{s} + q \ {}_C\!\int_{P_3}^{P_4} \vec{E}\cdot d\vec{s} = 0\ . \tag{II.7.9}$$

Da die elektrische Feldstärke im gesamten Feldbereich konstant ist und einmal das Integral in Richtung der Feldstärke und einmal in Gegenrichtung über gleich lange Wege berechnet wird, heben sich die Integrale auf (da einmal $\cos(\sphericalangle\ \vec{E}, d\vec{s}) = +1$, einmal $\cos(\sphericalangle\ \vec{E}, d\vec{s}) = -1$ ist). Damit wird das Arbeitsintegral über den gesamten geschlossenen Weg in Bild II.7.1 zu Null:

$$A = \oint_C \vec{F}\cdot d\vec{s} = q\oint_C \vec{E}\cdot d\vec{s} = 0 \, , \qquad \text{(II.7.10)}$$

in Bestätigung der allgemeinen Aussage nach Gl.(II.6.20) für das hier behandelte spezielle Beispiel.

II.8 ELEKTRISCHES FELD UND DIELEKTRIKUM

Ein Werkstoff, der eine sehr kleine Anzahl von frei beweglichen Elektronen besitzt ($n < 10^9/\text{cm}^3$) wird als Isolator, als Nichtleiter oder als Dielektrikum bezeichnet. Im hier diskutierten Zusammenhang soll die letzte Bezeichnung gewählt werden.

Da in einem Dielektrikum die Ladungsträger (positive Atomkerne und negative Elektronen) an feste Plätze im Gitter des Festkörpers gebunden sind, wird das Material unter dem Einfluß eines elektrischen Feldes ein ganz anderes Verhalten besitzen als z.B. die leitenden Materialien, in denen freie Ladungsträger unter dem Einfluß einer Kraft ($\vec{F} = q\,\vec{E}$) bewegt werden können. Um die Rückwirkung des dielektrischen Festkörpers auf ein elektrisches Feld diskutieren zu können, sollen folgende drei Modellvorstellungen aus der Werkstoffkunde entliehen werden und zur Grundlage der Diskussion gemacht werden (Bild II.8.1):

1) Bei allen dielektrischen Materialien tritt der in Bild II.8.1a qualitativ skizzierte Effekt unter dem Einfluß eines elektrischen Feldes auf: Auf den positiven Kern der Atome des Materials und die negative Elektronenhülle werden unter dem Einfluß der elektrischen Feldstärke $\vec{E}$ Kräfte in entgegengesetzter Richtung ausgeübt. Die Atomhülle wird "deformiert", die Ladungsschwerpunkte der positiven Ladungen und der negativen Ladungen stimmen nicht mehr überein; es wird ein sogenannter "elektrischer Dipol" aus der Aneinanderlagerung einer positiven und einer (entgegengesetzt gleichgroßen)

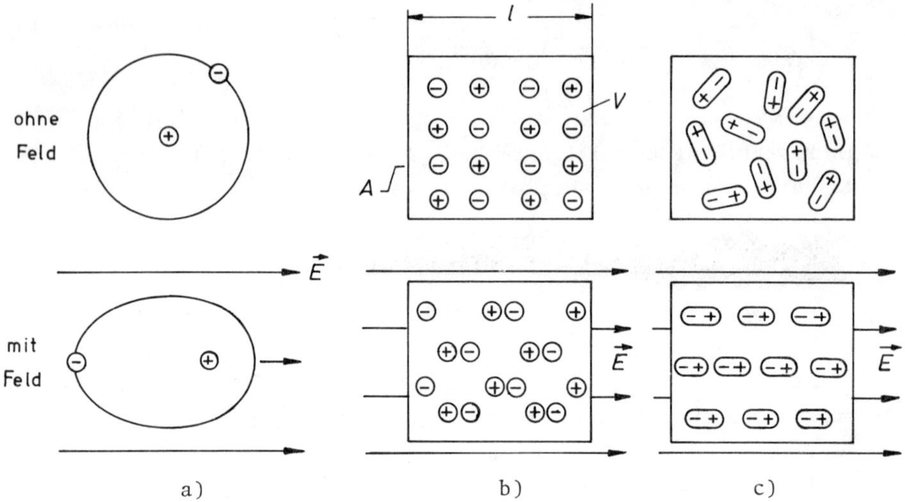

Bild II.8.1: Qualitative Darstellung der Elektronenpolarisierbarkeit a), der Ionenpolarisierbarkeit b) und der Orientierungspolarisierbarkeit c).

negativen Ladung gebildet, deren Ladungsschwerpunkte den Abstand l (charakterisiert durch den Abstandsvektor $\vec{l}$ von der negativen zur positiven Ladung) haben. Diese Eigenschaft der dielektrischen Materialien, unter dem Einfluß eines elektrischen Feldes wie beschrieben Dipole auszubilden, wird als Elektronenpolarisierbarkeit bezeichnet. Auf den Oberflächen des polarisierten Materials senkrecht zum elektrischen Feld treten flächenhaft verteilte Ladungen (Flächenladungen) auf.

2) Bei allen Materialien, in denen das Gitter des Festkörpers aus der Aneinanderlagerung positiver und negativer Ionen aufgebaut ist (z.B. Na^+Cl^-, Bild II.8.1b) tritt unter dem Einfluß des von außen aufgebrachten elektrischen Feldes eine gegenseitige Verschiebung der Ionen im Gitter auf. Auch hier kommt es, wie Bild II.8.1b veranschaulichend zeigt, zur Ausbildung von elektrischen Dipolen im Innern des Körpers und zum Auftreten von Flächenladungen an der Oberfläche des Körpers. Diese Eigenschaft der Materialien wird als Ionenpolarisierbarkeit bezeichnet.

3) Materialien, die durch ihren Aufbau bereits permanente Dipole enthalten (z.B. Wasser, H_2O), besitzen aufgrund der Temperaturbewegung eine statistische Verteilung der Elementardipole so, daß nach außen keine merkliche Ausrichtung der Dipole wahrgenommen wird. Unter dem Einfluß eines elektrischen Feldes wird auf die Dipole gemäß Bild II.8.2 ein Drehmoment der Größe

$$\vec{T} = \vec{l} \times \vec{F}_1 = \vec{l} \times |Q|\vec{E} = |Q|\ \vec{l} \times \vec{E} = \vec{p} \times \vec{E} \qquad \text{(II.8.1)}$$

ausgeübt. Die Größe

$$\vec{p} = |Q|\vec{l} \qquad \text{(II.8.2)}$$

wird als das elektrische Dipolmoment des elektrischen Dipols bezeichnet. Unter dem Einfluß des elektrischen Feldes werden

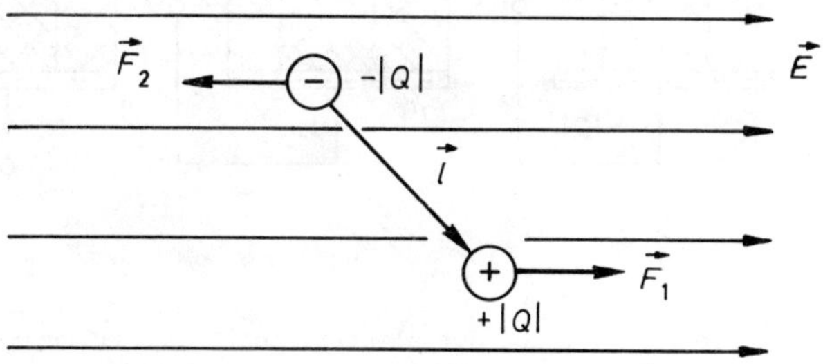

Bild II.8.2: Zur Ausbildung des Drehmoments auf einen elektrischen Dipol im elektrischen Feld.

die Elementardipole somit mehr oder weniger in Richtung des Feldes ausgerichtet und es stellt sich im Extremfall der Zustand nach Bild II.8.1c ein, wenn alle Elementardipole voll in Richtung des Feldes gedreht worden sind. Wie Bild II.8.1c zeigt, führt diese sogenannte Orientierungspolarisierbarkeit der Materialien zum gleichen Effekt, wie er bereits bei den ersten beiden Phänomenen diskutiert wurde.

Wir halten also fest, daß in einem Dielektrikum unter dem Einfluß eines elektrischen Feldes erstens elektrische Dipole im Dielektrikum ausgebildet werden und daß zweitens auf den Oberflächen des dielektrischen Körpers flächenhaft verteilte Ladungen (Flächenladungen) auftreten.

Mit Kenntnis dieser Eigenschaften betrachten wir nun das in Bild II.8.3 dargestellte Experiment:

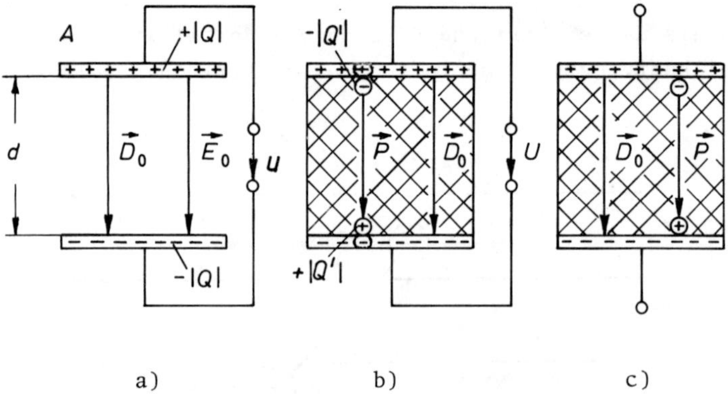

Bild II.8.3: Zur Definition der elektrischen Polarisation $\vec{P}$.

An zwei planparallele Elektroden der Fläche A und des Abstands d legen wir die Spannung $u>0$ an, so daß auf den Elektroden die Ladungen $\pm|Q|$ auftreten (vgl. Kapitel II.7). Dann kann zwischen den Elektroden im Vakuum die elektrische Feldstärke $\vec{E}_0$ und die elektrische Erregung $\vec{D}_0$ mit den Absolutbeträgen

$$|\vec{E}_0| = \frac{u}{d} , \qquad |\vec{D}_0| = \varepsilon_0 \frac{u}{d} = \frac{|Q|}{A} \tag{II.8.3}$$

berechnet bzw. gemessen werden. Wird ein Dielektrikum zwischen die Elektroden eingepaßt, so wird entsprechend den oben stehenden Überlegungen an der oberen Fläche im Dielektrikum eine negative Flächenladung und an der unteren Fläche eine positive Flächenladung auftreten.

Wir diskutieren zwei Fälle:

a) Die Spannung zwischen den Elektroden wird durch eine äußere Quelle konstant gehalten, $u = U = \text{const.}$. Unter diesen Voraussetzungen können zur Kompensation der negativen Ladung $-|Q'|$ im Dielektrikum an der oberen Elektrode (Bild II.8.3) bzw. der positiven Ladung $+|Q'|$ im Dielektrikum an der unteren Elektrode Ladungen von der Quelle nachgeliefert werden, so daß weiterhin trotz des Auftretens der neuen Ladungen

$$|\vec{E}| = \frac{u}{d} = \frac{U}{d} = \text{const.} \qquad \text{(II.8.4)}$$

gilt. Zur Beschreibung der durch das polarisierte Dielektrikum auf die Elektroden nun zusätzlich aufgebrachten Ladung pro Flächeneinheit $|Q'|/A$ wird ein Vektor der elektrischen Polarisation $\vec{P}$ mit $|\vec{P}|=|Q'|/A$ eingeführt, der die Einheit "Ladung pro Flächeneinheit", also die Einheit der elektrischen Erregung, besitzt: $[\vec{P}]= \text{As/m}^2=\text{C/m}^2$. In vielen dielektrischen Materialien ist diese Polarisation und damit die Größe der zusätzlich auf den Elektroden auftretenden Flächenladungen direkt proportional der elektrischen Feldstärke $\vec{E}$; wir schreiben dies als:

$$\vec{P} = \varepsilon_0 \chi_e \vec{E} \quad , \qquad \chi_e > 0 \ , \qquad \text{(II.8.5)}$$

mit χ_e der elektrischen Suszeptibilität. Wie aus Gl. (II.8.5) erkannt werden kann, wird die elektrische Polarisation als der elektrischen Feldstärke und damit der elektrischen Erregung parallel definiert. Damit liegt $\vec{P}$ im Dielektrikum in Richtung von den negativen Ladungen (obere Grenzfläche) zu den positiven Ladungen (untere Grenzfläche); vgl. Bild II.8.3 sowie die Definition von $\vec{l}$ in Bild II.8.2.

Die elektrische Polarisation $\vec{P}$ ist gleichzeitig gleich dem elektrischen Dipolmoment pro Volumeneinheit, das innerhalb des Dielektrikums ausgebildet wird, wie für den Fall einer gleichmäßigen Verteilung der elektrischen Dipole im Dielektrikum leicht nachgewiesen werden kann:

$$\vec{P} = \frac{\vec{p}}{V} = \frac{|Q'|\vec{l}}{A\,l} = \frac{|Q|}{A}\,\frac{\vec{l}}{l} = \frac{|Q'|}{A}\vec{e}_l \quad . \tag{II.8.6}$$

Das heißt, wird davon ausgegangen, daß wie in Bild II.8.1c qualitativ skizziert, die Ladungen der elektrischen Dipole sich im Innern des Dielektrikums kompensieren, so bilden die auf den Außenflächen A mit dem Abstand l auftretenden Ladungen $\pm|Q'|$ den resultierenden elektrischen Dipol. Ist $V=Al$ das Volumen des betrachteten Körpers, so ist die elektrische Polarisation im Absolutbetrag gleich der Ladung pro Flächeneinheit auf den Flächen A des Dielektrikums und damit gleich der zusätzlichen Ladung pro Flächeneinheit (mit entgegengesetztem Vorzeichen) auf den Elektroden. Die elektrische Polarisation $\vec{P}$ hat die Richtung des Abstandsvektors $\vec{l}$, weist also von den negativen Ladungen auf der Dielektrikumsoberfläche zu den positiven und damit von den positiven Kompensationsladungen auf den Elektroden zu den negativen Kompensationsladungen.

Satz 16: Die elektrische Polarisation $\vec{P}$ ist gleich dem elektrischen Dipolmoment pro Volumeneinheit, das in einem Dielektrikum unter dem Einfluß eines elektrischen Feldes ausgebildet wird. Sie ist damit gleichzeitig gleich der zusätzlichen Ladung pro Flächeneinheit, die auf leitenden Elektroden, die das Dielektrikum umgeben, gespeichert werden kann.

Nach Einbringen des Dielektrikums zwischen die Elektroden wird also die die Ladungen pro Flächeneinheit auf den Elektroden beschreibende elektrische Erregung den Wert

$$\vec{D} = \vec{D}_0 + \vec{P} = \varepsilon_0\vec{E} + \varepsilon_0\,\chi_e\vec{E} \quad ,$$

$$\vec{D} = \varepsilon_0(1+\chi_e)\vec{E} = \varepsilon\vec{E} \tag{II.8.7}$$

annehmen, woraus nach Vergleich mit Gl.(II.5.8) und Gl.(II.5.9) zunächst der Zusammenhang

$$\varepsilon_0 \; \varepsilon_r = \varepsilon_0 (1+\chi_e) \; ,$$

$$\varepsilon_r = 1+\chi_e > 1 \qquad \text{(II.8.8)}$$

geschlossen werden kann.
In Tabelle II.8.1 sind die Permittivitätszahlen einiger beispielhafter Materialien zusammengestellt.

Material	Zustand	Permittivitätszahl
Luft	Gas, 273K	1,00059
Chlorwasserstoff, HCl	Gas, 273K	1,0046
Wasser	Gas, 383K	1,0126
Wasser	flüssig, 300K	81
Ammoniak, NH_3	flüssig, 300K	22
Transformator-Öl	flüssig, 300K	2,24
Natriumchlorid, NaCl	kristallin, 300K	6,12
Schwefel, S	fest, 300K	4,00
Quarz, SiO_2	kristallin, 300K (I opt.Achse)	4,34
Quarz, SiO_2	kristallin, 300K (II opt.Achse)	4,27
Polyäthylen	fest, 300K	2,25 - 2,3
Polytetraflouräthylen (Teflon)	fest, 300K	2,00
Paraffinwachs	fest, 300K	2,1 - 2,5
Pyrex Glas 7070	fest, 300K	4,00
Aluminiumoxyd, Al_2O_3, 99 %	fest, 300K	≈ 10
Titanoxid, TiO_2	fest, 300K	85

Tabelle II.8.1: Permittivitätszahlen einiger Materialien.

Im betrachteten Fall, in dem die elektrische Spannung an den Elektroden konstant gehalten wird, gilt dann weiterhin wegen $|\vec{E}| = |\vec{E}_0| = \text{const.}$:

$$|\vec{D}| = \varepsilon_0 |\vec{E}_0| + \varepsilon_0 \chi_e |\vec{E}_0| = \varepsilon_0 \; \varepsilon_r |\vec{E}_0| = \varepsilon_r |\vec{D}_0| > |\vec{D}_0| . \qquad \text{(II.8.9)}$$

Das heißt, die elektrische Erregung zwischen den Elektroden und damit die Ladung auf den Elektroden ist größer geworden; von der Quelle wurden Ladungen nachgeliefert, um die polarisierten Ladungen in der Oberfläche des Dielektrikums zu kompensieren.

b) Wird die Ladung auf den Elektroden dadurch konstant gehalten, daß die Elektroden von der Quelle getrennt werden (Bild II.8.3c) so bleibt mit der Ladung Q beim Einschieben des Dielektrikums auch die elektrische Erregung konstant:

$$|\vec{D}| = \frac{|Q|}{A} = |\vec{D}_0| = \text{const.} \quad . \qquad \text{(II.8.10)}$$

Damit gilt in diesem Fall, daß die elektrische Feldstärke $|\vec{E}|$ entsprechend

$$|\vec{E}| = \frac{1}{\varepsilon}\,|\vec{D}| = \frac{1}{\varepsilon}|\vec{D}_0| = \frac{|Q|}{\varepsilon_0\varepsilon_r A} = \frac{1}{\varepsilon_r}\,\frac{|Q|}{\varepsilon_0 A} = \frac{1}{\varepsilon_r}\,|\vec{E}_0| < |\vec{E}_0| \qquad \text{(II.8.11)}$$

kleiner ist als die elektrische Feldstärke $|\vec{E}_0|$ im Vakuum.

II.9 DIE GRENZBEDINGUNGEN DES ELEKTRISCHEN FELDES

Wie im vorigen Kapitel gezeigt wurde, treten in Materialien unterschiedlicher Permittivitäten verschieden große elektrische Felder auf. An der Grenzschicht zwischen z.B. zwei dielektrischen Materialien müssen die Felder gewissen Bedingungen genügen, die unter dem Namen *Grenzbedingungen* geführt werden; diese Grenzbedingungen sollen hier für zwei einfache Spezialfälle zweier Grenzschichten abgeleitet werden und anschließend (ohne Beweis) verallgemeinert werden.[1)]

Betrachtet wird die Anordnung nach Bild II.9.1, die wiederum die ebenen Elektroden zeigt, wie sie bereits wiederholt verwendet wurden. Zwischen die Elektroden wurden zwei Dielektrika unter-

1) Für eine exakte Ableitung der vollständigen Grenzbedingungen siehe Literatur der Theoretischen Elektrotechnik .

schiedlicher Permittivität so eingeführt, daß die Grenzschicht zwischen den beiden Materialien senkrecht zur Oberfläche der Elektroden verläuft.

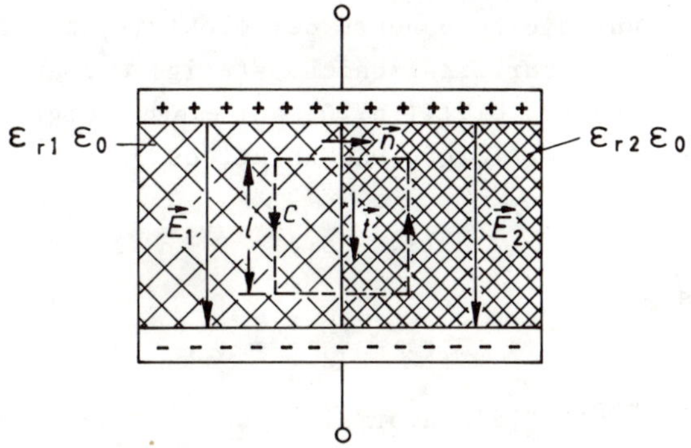

Bild II.9.1: Zur Ableitung der Grenzbedingung für die elektrische Feldstärke.

Für die in Bild II.9.1 gezeichnete Anordnung können wir aus Symmetriegründen schließen, daß die elektrische Feldstärke in beiden Materialien parallel zur Grenzschicht zwischen den Dielektrika verläuft. Wenden wir Gl.(II.6.20) auf den in Bild II.9.1 eingezeichneten Integrationsweg, der die Grenzschicht umschließt, an, so gilt:

$$\oint_C \vec{E}\cdot d\vec{s} = 0 \ ,$$

$$|\vec{E}_1|\,l - |\vec{E}_2|\,l = 0 \ ,$$

$$|\vec{E}_1| = |\vec{E}_2| \ . \tag{II.9.1}$$

Da außerdem die beiden Felder nach den gemachten Voraussetzungen die gleiche Richtung haben, gilt für dieses Beispiel auch:

$$\vec{E}_1 = \vec{E}_2 \ . \tag{II.9.2}$$

Satz 17: In der Grenzschicht zwischen zwei dielektrischen Materialien ist die elektrische Feldstärke, die parallel zur Grenzschicht liegt, stetig. Liegt die elektrische Feldstärke nicht in der Grenzschicht, so ist nur die Komponente der elektrischen Feldstärke parallel zur Grenzschicht stetig, wie aus der Anwendung von Gl.(II.6.20) auf einen geeigneten Integrationsweg folgt. Das heißt, es gilt:

$$\vec{n}\times(\vec{E}_2 - \vec{E}_1) = 0 \qquad \text{(II.9.3)}$$

oder

$$\vec{E}_1\cdot\vec{t} - \vec{E}_2\cdot\vec{t} = 0\ , \qquad \text{(II.9.4)}$$

mit $\vec{n}$ dem Flächenmormalen- und $\vec{t}$ einem Tangenten-Einheitsvektor der Grenzschicht (Bild II.9.1).

Betrachten wir andererseits dieselbe Elektrodenanordnung wie in Bild II.9.1 aber mit zwei dielektrischen Materialien, deren Grenzschicht parallel zu den Elektrodenflächen liegt (Bild II.9.2), so kann aus der Anwendung von Gl.(II.5.19) auf eine geschlossene

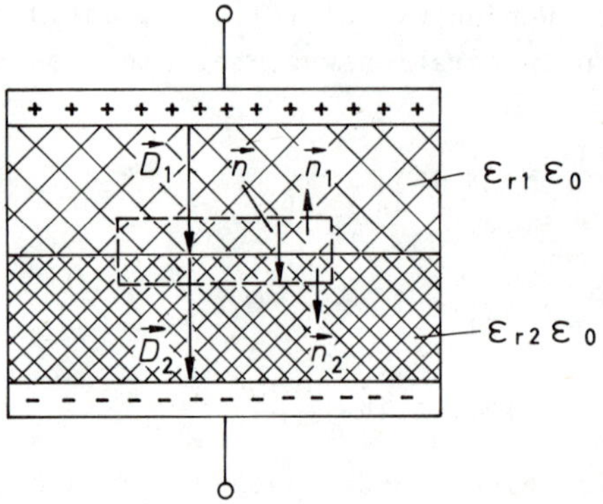

Bild II.9.2: Zur Berechnung der Grenzbedingungen der elektrischen Erregung.

Fläche A, die die Grenzschicht einschließt, unter der Voraussetzung, daß sich in der Grenzschicht keine flächenhaft verteilte Ladung befindet, geschlossen werden:

$$\vec{D}_1 \cdot \vec{n}_1 \, A + \vec{D}_2 \cdot \vec{n}_2 \, A = 0 \, ,$$

$$-\vec{D}_1 \cdot \vec{n} \, A + \vec{D}_2 \cdot \vec{n} \, A = 0 \, ,$$

$$|\vec{D}_2| A - |\vec{D}_1| A = 0 \, ,$$

$$|\vec{D}_1| = |\vec{D}_2| \quad . \qquad \text{(II.9.5)}$$

Das heißt, es gilt:

Satz 18: An einer dielektrischen Grenzschicht, in der keine Ladung gespeichert ist, bleibt die elektrische Erregung, die senkrecht zur Grenzschicht gerichtet ist, stetig. Ist die elektrische Erregung nicht senkrecht zur Grenzschicht, so zeigt die Anwendung von Gl.(II.5.19), daß nur die Komponente der elektrischen Erregung senkrecht zur Grenzschicht stetig ist:

$$\vec{n} \cdot (\vec{D}_2 - \vec{D}_1) = 0 \, ,$$

$$\vec{D}_1 \cdot \vec{n} = \vec{D}_2 \cdot \vec{n} \quad . \qquad \text{(II.9.6)}$$

Das elektrische Potential φ ist nach seiner Definition (vgl. Gl.(II.6.7)) eine Integralfunktion und damit eine stets differenzierbare und somit stets stetige Funktion. Daraus folgt, daß auch an einer Grenzschicht zwischen zwei elektrisch verschiedenen Medien die Potentialfunktion stetig ist:

Satz 19: Das elektrische Potential φ ist in einer Grenzschicht zwischen zwei elektrisch verschiedenen Medien stets stetig,

$$\varphi_1 = \varphi_2 \quad . \qquad \text{(II.9.7)}$$

Aus den abgeleiteten Gesetzen für das Verhalten der elektrischen Feldstärke (Gl.(II.9.4)) und der elektrischen Erregung (Gl.(II.9.6)) folgt das sogenannte Brechungsgesetz für elektrische Felder an Grenzschichten zwischen elektrisch verschiedenen Medien (Bild II.9.3).

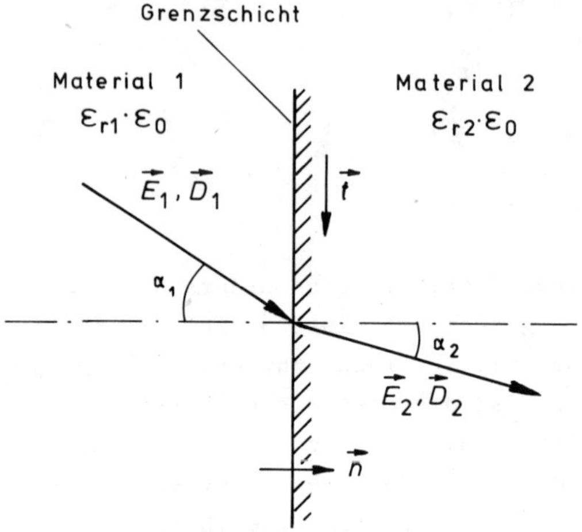

Bild II.9.3: Zur Ableitung des Brechungsgesetzes.

Da für die elektrische Erregung und die elektrische Feldstärke in der Grenzschicht gilt:

$$\begin{aligned} \vec{D}_1 \cdot \vec{n} &= \vec{D}_2 \cdot \vec{n} \quad , \\ \vec{E}_1 \cdot \vec{t} &= \vec{E}_2 \cdot \vec{t} \quad , \end{aligned} \qquad \text{(II.9.8)}$$

folgt unter Verwendung der in Bild II.9.3 eingetragenen Winkel α_1 und α_2 zwischen den Feldvektoren ($\vec{D}_1, \vec{E}_1$; $\vec{D}_2, \vec{E}_2$) und dem Flächennormalen-Vektor $\vec{n}$ und unter Verwendung des Zusammenhangs zwischen der elektrischen Erregung und der elektrischen Feldstärke (Gl.(II.5.8)):

$$\varepsilon_{r1}\varepsilon_0|\vec{E}_1|\cos\alpha_1 = \varepsilon_{r2}\varepsilon_0|\vec{E}_2|\cos\alpha_2 \,,$$

$$|\vec{E}_1|\sin\alpha_1 = |\vec{E}_2|\sin\alpha_2 \quad . \qquad \text{(II.9.9)}$$

Werden diese beiden Gleichungen durcheinander dividiert, so ergibt sich das sogenannte Brechungsgesetz, das einen Zusammenhang zwischen den Winkeln α_1 und α_2 sowie den Dielektrizitätszahlen ε_{r1} und ε_{r2} festlegt:

$$\frac{\tan\alpha_1}{\tan\alpha_2} = \frac{\varepsilon_{r1}}{\varepsilon_{r2}} \quad . \qquad \text{(II.9.10)}$$

Schreiben wir dieses Gesetz in der Form:

$$\tan\alpha_2 = \frac{\varepsilon_{r2}}{\varepsilon_{r1}} \tan\alpha_1 \quad . \qquad \text{(II.9.11)}$$

so können wir erkennen, daß für den Fall $\varepsilon_{r2} > \varepsilon_{r1}$ der Winkel α_2 stets größer als α_1 ist; umgekehrt gilt für den Fall $\varepsilon_{r2} < \varepsilon_{r1}$, daß α_2 kleiner als α_1 ist.

II.10 DER ERNERGIEINHALT DES ELEKTRISCHEN FELDES

Betrachtet wird die ebene Elektrodenanordnung nach Bild II.10.1, die als ideal angesehen wird, das heißt, es wird vorausgesetzt, daß das elektrische Feld nur zwischen den Elektroden der Fläche A auftritt und kein Streufeld besitzt. Ist $\pm|Q|$ die Ladung auf den Elektroden, so kann das homogene elektrische Feld zwischen den Elektroden entsprechend Kapitel II.7 durch:

$$|\vec{D}| = \frac{|Q|}{A} \,,$$

$$|\vec{E}| = \frac{|Q|}{\varepsilon A} \qquad \text{(II.10.1)}$$

beschrieben werden und zwischen den Elektroden liegt die elektrische Spannung $u>0$ mit dem Bezugspfeil nach Bild II.10.1:

$$u = |\vec{E}|\; d = |Q| \frac{d}{\varepsilon A} \quad . \qquad \text{(II.10.2)}$$

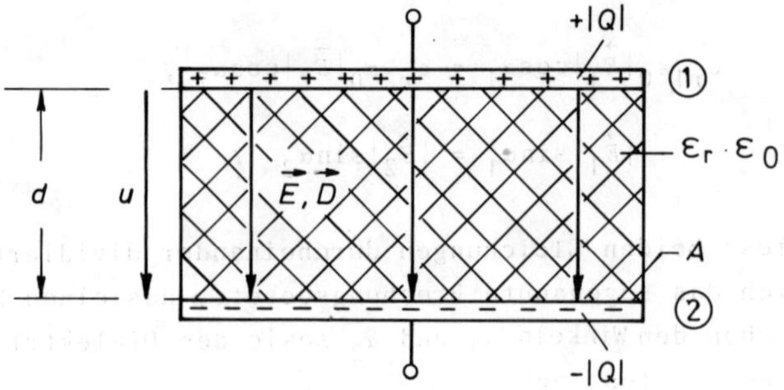

Bild II.10.1: Elektrodenanordnung

Es soll die Arbeit berechnet werden, die aufgebracht werden muß, um das Feld zwischen den Elektroden aufzubauen; diese Arbeit muß nach dem Aufbau des Feldes als Energie im elektrischen Feld gespeichert sein. Es sei zunächst angenommen, daß die Elektroden auf die Ladungen $\pm|Q|$ aufgeladen sind, so daß zwischen den Elektroden die elektrische Spannung u entsprechend Gl.(II.10.2) liegt. Soll die Ladung auf z.B. der positiven oberen Elektrode um den Wert $+|\mathrm{d}Q|$ vergrößert werden, so muß von der Vorstellung ausgegangen werden, daß auf der unteren negativen Elektrode ein zunächst neutrales Teilchen in die Teilladungen $+|\mathrm{d}Q|$ und $-|\mathrm{d}Q|$ getrennt werden muß und die positive Ladung $+|\mathrm{d}Q|$ gegen das elektrische Feld zwischen den Elektroden von der unteren zu oberen Elektrode transportiert werden muß. Hierzu muß *von außen* die Energie (Arbeit, vgl. Gl.(II.6.5))

$$\mathrm{d}W = -|\mathrm{d}Q| \int_{②}^{①} \vec{E}\cdot\mathrm{d}\vec{s} = -|\mathrm{d}Q|\,|\vec{E}|\; d\,\cos(\sphericalangle(\vec{E},\mathrm{d}\vec{s})),$$

$$\mathrm{d}W = +|\vec{E}|\; d\; |\mathrm{d}Q| = u\;|\mathrm{d}Q| = \frac{d\;|Q|\;|\mathrm{d}Q|}{\varepsilon\; A} \qquad \text{(II.10.3)}$$

aufgebracht werden, die als Energie im elektrischen Feld gespeichert wird.

Hieraus folgt, daß die gesamte Arbeit, die zum Aufbau der positiven und negativen Ladungen auf den Elektroden aufgebracht werden muß und somit im elektrischen Feld gespeichert wird, sich durch Addition der Einzelenergiebeiträge zu:

$$W_{el} = \int_0^W dW = \frac{d}{\varepsilon A} \int_0^{Q_{Elektrode}} |Q|\,|dQ| = \frac{d}{2\,\varepsilon A}\, Q^2_{Elektrode} \qquad (II.10.4)$$

berechnet. Mit Hilfe von Gl.(II.10.2) läßt sich dieses Ergebnis schreiben als:

$$W_{el} = \frac{1}{2}\,\frac{d}{\varepsilon A}\,Q^2 = \frac{1}{2}\,u\,|Q| = \frac{1}{2}\,\frac{\varepsilon A}{d}\,u^2\,. \qquad (II.10.5)$$

Der in der Elektrodenanordnung nach Bild II.10.1 gespeicherte Energieinhalt des elektrischen Feldes ist also dem Produkt aus elektrischer Spannung und Ladung bzw. dem Quadrat der Ladung oder dem Quadrat der Spannung proportional. Wird vereinbart, daß als Ladung Q immer die Ladung auf der Elektrode, an der der Bezugspfeil der elektrischen Spannung beginnt, eingesetzt wird, dann kann Gl.(II.10.5) in der Form

$$W_{el} = \frac{1}{2}\,u\,Q \qquad (II.10.5a)$$

geschrieben werden; es ergibt sich dann immer, wie Gl.(II.10.5) fordert, ein positiver Wert für den Energieinhalt.

Da gemäß Gl.(II.10.1) bzw. Gl.(II.10.2) die Beziehungen

$$|Q| = |\vec{D}|\,A \quad \text{und} \quad u = |\vec{E}|\,d \qquad (II.10.6)$$

gelten, kann Gl.(II.10.5) für den Energieinhalt des elektrischen Feldes auch in der Form:

$$W_{el} = \frac{1}{2}\,u\,|Q| = \frac{1}{2}\,|\vec{E}|\,|\vec{D}|\,A\,d \qquad (II.10.7)$$

geschrieben werden; wird beachtet, daß $V = A\,d$ das Volumen ist, das zwischen den Elektroden als Feldraum zur Verfügung steht, so kann das Produkt

$$w_{el} = \frac{1}{2}\,|\vec{E}|\,|\vec{D}| = \frac{W_{el}}{V} \qquad (II.10.8)$$

als der pro Volumeneinheit im elektrischen Feld gespeicherte Energieinhalt interpretiert werden.

<u>Satz 20:</u> In einem homogenen elektrischen Feld der elektrischen Feldstärke $\vec{E}$ und der elektrischen Erregung $\vec{D}$, das einem Raum des Volumens V zugeschrieben wird, ist der Energieinhalt

$$W_{el} = w_{el}V = \frac{1}{2}|\vec{E}||\vec{D}|V \quad , [W_{el}] = \text{VAs} = \text{J} \qquad (II.10.9)$$

gespeichert, seine Einheit ist 1 VAs = 1 Joule = 1 J [1].

II.11 KRAFTWIRKUNGEN IM ELEKTRISCHEN FELD

Wir betrachten erneut die bereits im vorigen Kapitel verwendete Anordnung zweier parallel angeordneter Elektroden, auf denen sich flächenhaft verteilt die Ladungen $+|Q|$ und $-|Q|$ befinden.

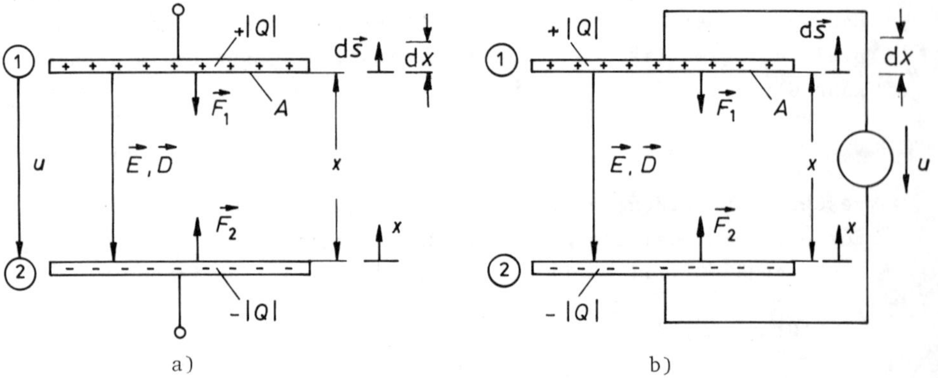

Bild II.11.1: Zur Berechnung der Kräfte zwischen zwei Elektroden im Fall a) Q = const. auf den Elektroden und im Fall b) u = const. zwischen den Elektroden.

Die Elektrodenfläche sei jeweils A und der Abstand der Elektroden voneinander wird mit x bezeichnet. Für die beiden in Bild II.11.1 gezeichneten Betriebszustände: a) Q = const. auf den Elektroden und b) u = const. zwischen den Elektroden sollen die Kräfte, die die Elektroden aufeinander ausüben, berechnet werden.

Hierzu soll vom sogenannten *Prinzip der virtuellen Verschiebung* Gebrauch gemacht werden. Dieses wiederum beruht auf dem *Energieerhaltungssatz*, den wir in zwei Formulierungen verwenden:

[1] James Prescott Joule, 1818-1889, englischer Physiker.

1) In einem abgeschlossenen physikalischen System ist die Summe aller Energien stets konstant.

2) In zwei miteinander gekoppelten physikalischen Systemen ist die Zunahme des Energieinhalts des ersten Systems gleich der Abnahme des Energieinhalts des zweiten Systems und umgekehrt; daß heißt, die Gesamtenergie beider Systeme bleibt konstant.

Wird die Elektrodenanordnung nach Bild II.11.1a) betrachtet, in der die Elektroden voneinander isoliert ohne Zu- und Abführungsleiter für die Ladung aufgebaut sind, so kann dieser "Betriebszustand" des Systems dadurch charakterisiert werden, daß die Ladung auf den Elektroden nicht verändert werden kann (Q = const.). Zur Bestimmung der Kräfte, die durch die Ladungen auf die Elektroden ausgeübt werden, wird eine der beiden Elektroden, z.B. die obere Elektrode ① um ein Wegelement $\mathrm{d}\vec{s} = \mathrm{d}x \cdot \vec{e}_x$ *so* verschoben (Bild II.11.1), *daß* der Abstand x der beiden Elektroden *vergrößert wird;* wirkt, wie vorauszusetzen ist, auf die Elektrode eine Kraft $\vec{F}$ in (positiver oder negativer) x-Richtung, so ist die *vom elektrischen Feld* bei diesem Verschiebungsvorgang geleistete Arbeit:

$$\mathrm{d}A_\mathrm{V} = \vec{F} \cdot \mathrm{d}\vec{s} = \vec{F} \cdot \vec{e}_x \mathrm{d}x \ . \qquad \text{(II.11.1)}$$

Aus der ersten Formulierung des Energieerhaltungsgesetzes schließen wir in Anwendung auf das diskutierte Beispiel, daß die Änderung des (gesamten) Energieinhalts des Systems Null sein muß, damit der Energieinhalt selbst konstant bleibt. Da im elektrischen Feld zwischen den Elektroden der Energieinhalt W_el (vgl. Kapitel II.10) gespeichert ist, gilt somit:

$$\vec{F} \cdot \mathrm{d}\vec{s} + \mathrm{d}W_\mathrm{el} = 0 \ ,$$

$$\vec{F} \cdot \vec{e}_x \mathrm{d}x + \mathrm{d}W_\mathrm{el} = 0 \ ,$$

$$\vec{F} \cdot \vec{e}_x = - \frac{\mathrm{d}W_\mathrm{el}}{\mathrm{d}x} \ . \qquad \text{(II.11.2)}$$

Das Skalarprodukt der linken Seite kann zu:

$$\vec{F}\cdot\vec{e}_x = |\vec{F}| \cos(\sphericalangle(\vec{F},\vec{e}_x)) \qquad (II.11.3)$$

umgeschrieben werden.

Nach den in Kapitel II.10 abgeleiteten Zusammenhänge gilt für den Energieinhalt des elektrischen Feldes (vgl. Gl. (II.10.9)):

$$W_{el} = \frac{1}{2} |\vec{E}| \; |\vec{D}| \; V = \frac{1}{2\varepsilon} |\vec{D}|^2 \; A^2 \; \frac{x}{A} ,$$

$$W_{el} = \frac{1}{2} Q^2 \frac{x}{\varepsilon A} , \qquad (II.11.4)$$

mit $|\vec{D}|A = |Q|$, so daß für den hier betrachteten Betriebszustand Q=const. Gl.(II.11.2) im Zusammenhang mit Gl.(II.11.3) bedeutet:

$$|\vec{F}| \cos(\sphericalangle(\vec{F},\vec{e}_x)) = -\frac{1}{2} Q^2 \frac{1}{\varepsilon A} ,$$

$$|\vec{F}| \cos(\sphericalangle(\vec{F},\vec{e}_x)) = -\frac{1}{2}|\vec{E}| \; |\vec{D}|A . \qquad (II.11.5)$$

Aus diesem Ergebnis schließen wir erstens, daß

$$\cos(\sphericalangle(\vec{F},\vec{e}_x)) = -1 ,$$

$$\sphericalangle(\vec{F},\vec{e}_x) = 180^o , \qquad (II.11.6)$$

daß also die Kraft auf die Elektrode ① in negativer x-Richtung (Bild II.11.1) weist, und daß zweitens:

$$|\vec{F}| = \frac{1}{2} |\vec{E}| \; |\vec{D}|A \qquad (II.11.7)$$

der Absolutbetrag dieser Kraft ist. Damit gilt für die in Bild II.11.1a) eingezeichnete Kraft $\vec{F}_1$ auf die Elektrode ①:

$$\vec{F}_1 = -|\vec{F}|\vec{e}_x = -\frac{1}{2} |\vec{E}| \; |\vec{D}|A \; \vec{e}_x ; \qquad (II.11.8)$$

die Elektroden ziehen sich gegenseitig an.

Im Fall des in Bild II.11.1b) skizzierten Betriebszustand, der durch die Bedingung u = const. zwischen den Elektroden gekennzeichnet ist, wird von der zweiten Formulierung des Energieerhaltungssatzes Gebrauch gemacht. Es wird vorausgesetzt, daß die konstante Spannung zwischen den Elektroden durch eine äußere Einrichtung, eine sogenannte *Quelle*,[1] aufrechterhalten wird (Bild II.11.1b)). Wird erneut vom Prinzip der virtuellen Verschiebung Gebrauch gemacht, indem die obere Elektrode ① um ein Wegelement dx verschoben wird, so muß die Zunahme (Abnahme) des Energieinhalts des Elektrodensystems gleich der Abnahme (Zunahme) des Energieinhalts des Quellensystems sein. Die Abnahme des Energieinhalts der Quelle ist aber gerade gleich der von der Quelle geleisteten Arbeit. Formulieren wir also den Energieerhaltungssatz in der Form:

$$\vec{F}\cdot d\vec{s} + dW_{el} = dA_{Quelle}, \tag{II.11.9}$$

so ist $\vec{F}\cdot d\vec{s}$ die vom elektrischen Feld aufgebrachte Arbeit und dW_{el} die Änderung des Energieinhalts des elektrischen Feldes zwischen den Elektroden, die in diesem Fall beide durch eine Energiezufuhr aus der Quelle abgedeckt werden; somit ist die beim Verschiebungsvorgang auftretende Änderung des Energieinhalts des elektrischen Felds zwischen den Elektroden gleich:

$$dW_{el} = \frac{1}{2}\, d(|\vec{E}|\;|\vec{D}|\;V) = \frac{1}{2}\, d(\varepsilon|\vec{E}|^2\, x^2\, \frac{A}{x}) ,$$

$$dW_{el} = \frac{1}{2}\, u^2\, d(\frac{\varepsilon A}{x}) , \tag{II.11.10}$$

wegen $u = |\vec{E}|\, x$ = const. .

Wird bei der Verschiebung der Elektrode ① um das Wegelement dx die Spannung u konstant gehalten, so bedeutet dies wegen des Zusammenhangs (vgl. Gl.(II.10.2)) zwischen der Spannung zwischen

---

1) Zum Begriff der Quelle siehe Kapitel V.3.

den Elektroden und der Ladung auf den Elektroden:

$$u = |Q| \frac{x}{\varepsilon A} \quad , \tag{II.11.11}$$

daß sich die Ladung der positiven Elektrode um den Wert

$$dQ = u \, d(\frac{\varepsilon A}{x}) \tag{II.11.12}$$

ändern muß, wenn sich der Abstand x zwischen den Elektroden ändert. Damit muß die Quelle diese Ladung nachliefern und damit (vgl. Gl.(II.6.5)) die Arbeit

$$dA_{Quelle} = u \, dQ = u^2 d(\frac{\varepsilon A}{x}) \tag{II.11.13}$$

aufbringen. Damit lautet die aufgestellte Energiebilanz Gl.(II.11.9):

$$\vec{F} \cdot d\vec{s} + \frac{1}{2} u^2 d(\frac{\varepsilon A}{x}) = u^2 d(\frac{\varepsilon A}{x}) \quad ,$$

$$\vec{F} \cdot d\vec{s} = \frac{1}{2} u^2 d(\frac{\varepsilon A}{x}) \quad ,$$

$$\vec{F} \cdot \vec{e}_x dx = \frac{1}{2} u^2 d(\frac{\varepsilon A}{x}) \quad ,$$

$$\vec{F} \cdot \vec{e}_x = \frac{1}{2} u^2 \frac{d}{dx} (\frac{\varepsilon A}{x}) = - \frac{1}{2} u^2 \frac{\varepsilon A}{x^2} \quad . \tag{II.11.14}$$

Nach gleicher Argumentation wie im ersten Betriebszustand schließen wir auch hier, daß erstens:

$$\sphericalangle(\vec{F}, \vec{e}_x) = 180^\circ \tag{II.11.15}$$

ist, daß sich die Elektroden also gegenseitig anziehen, und daß der Absolutbetrag der Kraft auf die Elektrode ① zu:

$$|\vec{F}_1| = |\vec{F}| = \frac{1}{2} u^2 \frac{\varepsilon A}{x^2} = \frac{1}{2} |\vec{E}| |\vec{D}| A \tag{II.11.16}$$

ergibt.

Obwohl die Kräfte zwischen den Elektroden nach Gl.(II.11.7) und Gl.(II.11.16) für beide Betriebszustände in gleicher Weise formuliert werden können, zeigen die Formulierungen beider Kräfte nach Gl.(II.11.5) und Gl.(II.11.14) doch einen entscheidenden Unterschied: Im Fall a), der durch die Bedingung Q = const. beschrieben wurde, ist der Absolutbetrag $|\vec{F}|$ der Kraft auf die Elektroden nach Gl.(II.11.5) offensichtlich unabhängig vom Abstand x der beiden Elektroden; nach Gl.(II.11.14) folgt aber für den Fall b), der durch die Bedingung u = const. beschrieben wurde, daß der Absolutbetrag $|\vec{F}|$ der Kraft auf die Elektroden umgekehrt proportional zum Quadrat des Abstands der beiden Elektroden ist. Dieses unterschiedliche Verhalten der Kraft in Abhängigkeit vom Elektrodenabstand ist bei der Behandlung von Gleichgewichtsproblemen von großer Wichtigkeit.

Als Beispiel für ein Gleichgewichtsproblem sei die Anordnung nach Bild II.11.2 betrachtet: Zwei planparallele Elektroden ① und ② werden im Abstand d voneinander angebracht. Die Elektrode ② ist direkt mechanisch fest mit einer stabilen Wand verbunden, während die Elektrode ① über eine Feder der Federsteifigkeit λ mit einer zweiten Wand verbunden ist. Sind die Elektro-

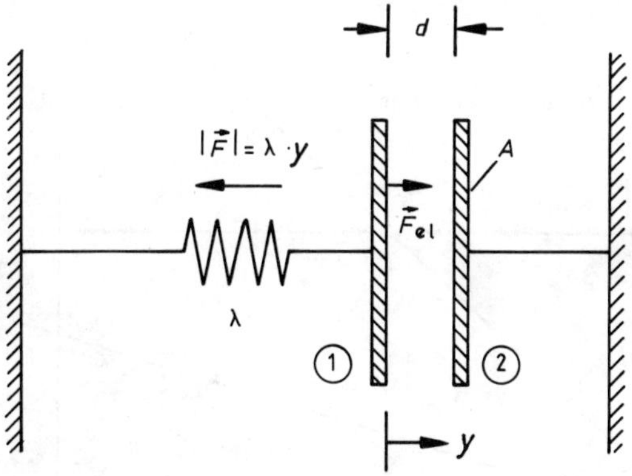

Bild II.11.2: Beispiel zur Erläuterung der Gleichgewichtsbedingungen.

den ungeladen, so befinde sich die Feder in entspanntem Zustand. Es werden die zwei Fälle unterschieden, daß 1) die Elektroden auf die Ladung Q aufgeladen werden und dann von der Quelle getrennt werden, so daß stets die Bedingung Q = const. gültig ist und daß 2) die Elektroden an eine Quelle konstanter Spannung angelegt werden, so daß die elektrische Spannung zwischen den Elektroden stets konstant ist: $u=U$=const..

Für den ersten Fall, daß die Ladung auf den Elektroden konstant ist, kann folgende Überlegung durchgeführt werden: Nach Gl.(II.11.4) bzw. Gl.(II.11.7) ist die Kraft, die vom elektrischen Feld auf die geladenen Elektroden ausgeübt wird, nur von der Ladung und der Querschnittsfläche der Elektroden, nicht aber vom Abstand d der beiden Elektroden voneinander abhängig. Aufgrund der auftretenden Kraft werden die Platten gegeneinander gezogen, der Plattenabstand wird sich um den Wert y (Bild II.11.2) verringern, indem die Elektrode ① um die Strecke y nach rechts verschoben wird. Dadurch wird die Feder gespannt und sie wird eine "Rückstellkraft" in Gegenrichtung zu der Kraft zwischen den Elektroden aufbringen. Diese Kraft ist proportional zur Größe der Verschiebung y. Damit ergeben sich die in Bild II.11.3 skizzierten Kraftverhältnisse in Abhängigkeit von der Größe der Verschiebung y.

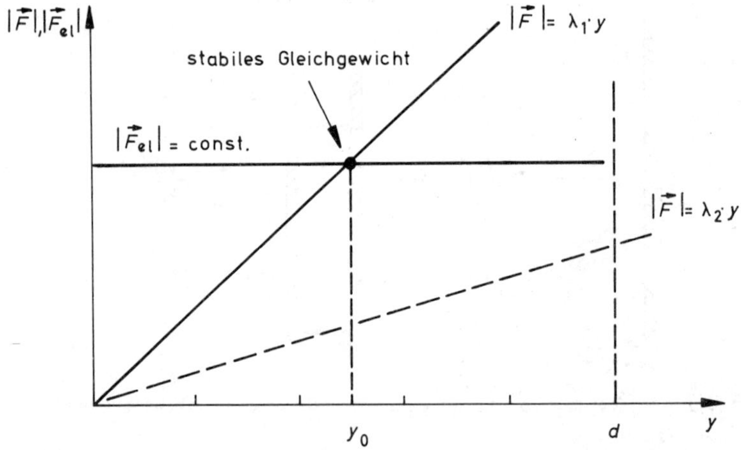

Bild II.11.3: Kräfte in der Anordnung nach Bild II.11.2 für Q = const..

Während die vom elektrischen Feld hervorgerufene Kraft $|\vec{F}_{el}|$ unabhängig von einer Verschiebung der Elektrode ① ist, wächst die rückstellende Federkraft linear mit der Größe der Verschiebung der Elektrode ① aus der Ruhelage an. Für einen bestimmten Wert y_0, der von der Federsteifigkeit und der Größe der Kraft zwischen den Elektroden abhängt, werden beide Kräfte im Absolutbetrag gleich groß. Da beide Kräfte entgegengesetzte Richtung haben (siehe Bild II.11.2), stellt sich ein Gleichgewichtszustand ein (durchgezogene Kraftkurve in Bild II.11.3). Dieses Gleichgewicht ist stabil, weil bei Verschiebung der Elektrode aus der Gleichgewichtslage y_0 zu größeren Werten von y (nach rechts in Bild II.11.2) die rückstellende Federkraft größer wird, die Kraft zwischen den Elektroden aber konstant bleibt; somit wird die Elektrode in die Gleichgewichtslage zurückgezogen. Wird umgekehrt die Elektrode aus der Gleichgewichtslage zu kleineren Werten von y (nach links in Bild II.11.3) verschoben, so wird die rückstellende Federkraft kleiner; die konstant gebliebene Kraft zwischen den Elektroden wird diese also wieder in die Gleichgewichtslage ziehen. Für eine kleine Federsteifigkeit (λ_2 in Bild II.11.3, gestrichelt eingezeichnete Kraftkurve) gibt es die Möglichkeit, daß innerhalb des möglichen Bereichs der Elektrodenverschiebung, die höchstens gleich dem Elektrodenabstand werden kann, kein Schnittpunkt zwischen den beiden Kraftkurven gefunden werden kann. Dann ist die Kraft zwischen den Elektroden stets größer als die Rückstellkraft und die Elektrode ① wird bis auf die Elektrode ② gezogen; nach dem Berühren und einem dabei auftretenden Ladungsausgleich ist die Kraft zwischen den Elektroden gleich Null und die Elektrode ① wird von der Feder wieder in die Ruhelage zurückgezogen.

Für den Fall, daß an den Elektroden eine konstante Spannung anliegt, sind die Verhältnisse etwas komplizierter. In Bild II.11.4 sind wieder die auftretenden Kräfte in Abhängigkeit von der Lage der Elektrode ① gezeichnet; in diesem Fall ist sowohl die Federkraft $|\vec{F}|$ als auch die Kraft zwischen den Elektroden $|\vec{F}_{el}|$ eine Funktion der Verschiebung y der Elektrode ① aus der Ruhelage. In Bild II.11.4 sind jeweils zwei Fälle für

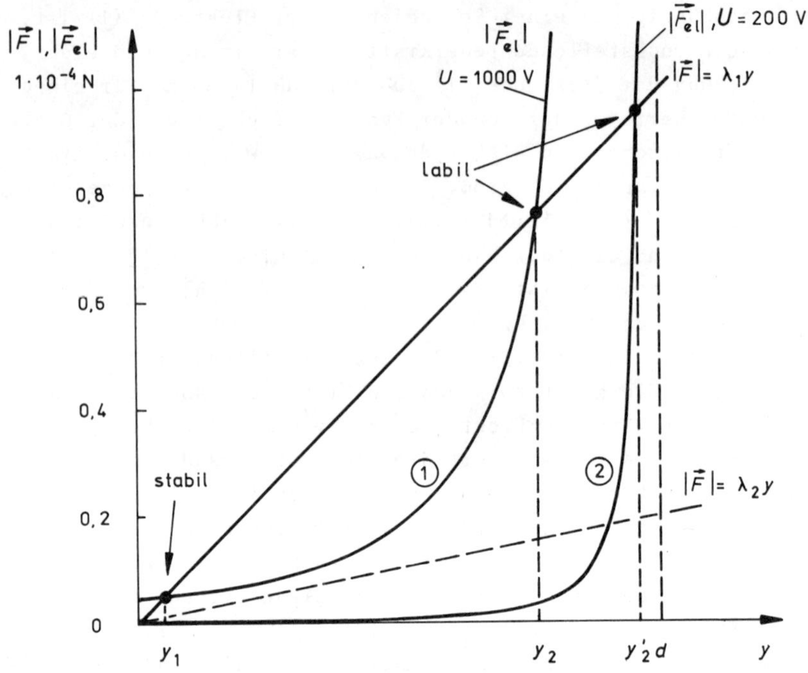

Bild II.11.4: Kräfte in der Anordnung nach Bild II.11.1 für U = const..

die Federkraft und die Kraft zwischen den Elektroden aufgetragen. Es wird zunächst die Federkraft der Feder mit der Federsteifigkeit λ_1 (durchgezogene Kurve in Bild II.11.4) betrachtet. Liegt an den Elektroden eine konstante Spannung von z.B. 1000 V an, so ergibt sich die in Bild II.11.4 mit ① gekennzeichnete Abhängigkeit der Kraft $|\vec{F}_{el}|$ zwischen den Elektroden. Wie zu erkennen ist, ist diese Kraft für einen Elektrodenabstand d (y=0) zunächst sehr klein und wächst mit zunehmender Verkleinerung des Elektrodenabstands stark an. Es ergeben sich zwei Schnittpunkte zwischen dieser Kurve und der Abhängigkeit der Federkraft von der Verschiebung y der Elektrode ① . Der Schnittpunkt für die Verschiebung y_1 liefert, wie eine äquivalente Diskussion wie oben zeigt, einen stabilen Gleichgewichtszustand. Der zweite

Schnittpunkt der beiden Kurven jedoch, der bei der Verschiebung y_2 auftritt (Bild II.11.4) beschreibt einen labilen Gleichgewichtszustand: Wird nämlich ausgehend von der Gleichgewichtslage die Elektrode ① ein wenig nach rechts (Bild II.11.2) verschoben, so wird die Kraft zwischen den Elektroden größer als die Rückstellkraft; die Elektrode kann nicht wieder in die Gleichgewichtslage zurückgezogen werden, die Elektrode ① wird auf die Elektrode ② gezogen. Wird umgekehrt die Elektrode ① aus der Gleichgewichtslage ein wenig nach links verschoben, so wird die Rückstellkraft größer als die Kraft zwischen den Elektroden; die Elektrode wird nach links gezogen, bis sie an der Stell y_1 wieder in eine stabile Gleichgewichtslage kommt.

Ist die Federsteifigkeit klein (z.B. λ_2 in Bild II.11.4, gestrichelte Kurve), so kommt es zu keinem Schnittpunkt zwischen den beiden Kraftkurven; die Elektrode ① wird bis auf die Elektrode ② gezogen, da die Rückstellkraft der Feder zu klein ist, um eine Gleichgewichtslage auszubilden.

Für eine kleinere elektrische Spannung U an den Elektroden (z.B. U = 200 V, Bild II.11.4) sind die Verhältnisse ganz entsprechend, nur daß die Kraft zwischen den Elektroden sehr viel kleiner ist als im Fall U = 1000 V. Damit bildet sich der stabile Gleichgewichtszustand y_1 an der Stelle $y_1 \approx 0$ aus und die Lage des labilen Gleichgewichts tritt für größere Werte von y auf (y_2' in Bild II.11.4), weil die Kraft zwischen den Elektroden erst für sehr kleine Elektrodenabstände die notwendige Größe annimmt.

III. DER ELEKTRISCHE STROM

III.1 EINTEILUNG DER MATERIALIEN

Wie bereits weiter vorne beschrieben wurde (vgl. Kapitel I.3.1), besteht die Materie aus Atomen, und diese sind aus einem positiven Atomkern und negativen Elektronen, die sich auf bestimmten "Ellipsenbahnen" (Schalen) um den Kern bewegen, aufgebaut. Innerhalb eines Festkörpers kommt dabei den Elektronen auf der äußersten Schale eine besondere Bedeutung zu, da sie die chemischen und elektrischen Eigenschaften der Materialien bestimmen. Es gibt Materialien, in denen die Elektronen der äußersten Schale (Außenelektronen) weitgehend an die Atome gebunden bleiben; diese Materialien sollen als Nichtleiter oder Isolatoren bezeichnet werden. In einer zweiten Gruppe von Materialien sind die Außenelektronen nur teilweise (je nach Temperatur) an die Atome gebunden, ein Teil der Außenelektronen ist im Festkörper frei beweglich, der andere Teil ist mit den Atomrümpfen fest an seinen Platz gebunden; diese Materialien werden als Halbleiter bezeichnet. In einer dritten Gruppe von Materialien sind nahezu alle Außenelektronen frei beweglich, während die Atomrümpfe an einen festen Platz gebunden sind; diese Materialien werden als Leiter bezeichnet. Mit in die Gruppe der Leiter werden auch solche Materialien gezählt, in denen ionisierte Atome (Ionen) frei beweglich auftreten; klassische Beispiele hierfür sind die flüssigen Elektrolyte, in denen über Ionenbindungen gewonnene Materialien (z.B. Kupfersulfat $CuSO_4$) in getrennte Ionen dissoziieren (z.B. $CuSO_4 \rightarrow Cu^{++} + SO_4^{--}$).

Typische Beispiele für die genannten drei Material-Gruppen: Isolatoren, Halbleiter und Leiter sind:

1) Isolatoren: Die Dielektrika (z.B. Bernstein).
2) Halbleiter: Materialien wie Silizium (Si), Germanium (Ge), sowie Verbindungselemente aus der dritten und fünften Gruppe des periodischen Systems, z.B. Galliumarsenid (GaAs).
3) Leiter: Die Metalle (z.B. Kupfer, Cu).

Werden Materialien mit frei beweglichen Ladungsträgern in ein elektrisches Feld gebracht, so wird auf die Ladungen eine Kraft ausgeübt; entsprechend dem Newton'schen Grundgesetz der Mechanik erfahren die geladenen Teilchen damit eine Beschleunigung, sie bewegen sich unter dem Einfluß des elektrischen Feldes. Solche Bewegungen geladener Körper sollen in diesem Kapitel untersucht werden.

III.2 DIE LADUNGSBEWEGUNG IM VAKUUM

Frei bewegliche Ladungsträger, z.B. Elektronen, können im Vakuum dadurch erzeugt werden, daß geeignete Materialien (z.B. Wolfram) im Vakuum auf Weißglut erhitzt werden. Aufgrund der zugeführten thermischen Energie werden dann einige Elektronen mit erhöhter kinetischer Energie in die Lage versetzt, aus dem Material auszutreten und damit frei beweglich im Vakuum zur Verfügung zu stehen. Wir setzen im folgenden voraus, daß wir auf solche Ladungsträger sowohl mit positiver als auch mit negativer Ladung Zugriff haben.

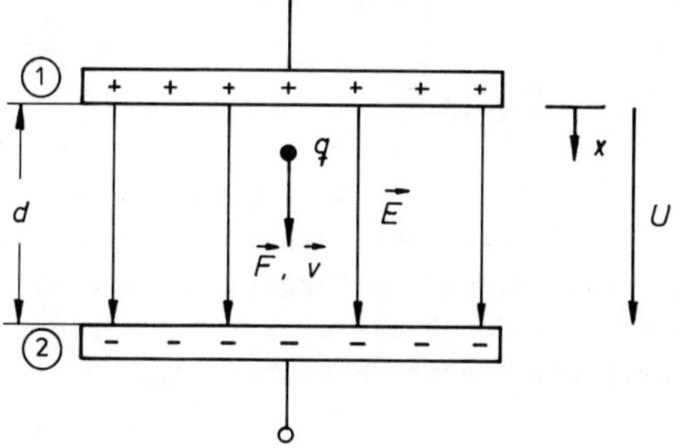

Bild III.2.1: Ladung im elektrischen Feld.

Es sei vorausgesetzt, daß im Bereich zwischen zwei ebenen Elektroden mit dem Abstand d im Vakuum ein elektrisches Feld von einer zeitlich konstanten elektrischen Spannung $u=U>0$ erzeugt wurde (Bild III.2.1). Im Bereich der Elektrode 1 stehe ein frei beweglicher Körper mit der Ladung $q (q > 0)$ zur Verfügung. Der Körper befinde sich im Moment des Einschaltens des elektrischen Feldes ($t = 0$) an der Stelle $x = 0$ in Ruhe ($\vec{v} = \vec{v}_0 = 0$). Durch das elektrische Feld $\vec{E}$ wird auf den geladenen Körper eine Kraft $\vec{F}$:

$$\vec{F} = q\,\vec{E} \qquad \text{(III.2.1)}$$

in Richtung der elektrischen Feldstärke ausgeübt.

Es soll zunächst aus einer Energiebilanz die Geschwindigkeit des geladenen Körpers nach Durchlaufen der Strecke d im elektrischen Feld der Größe

$$|\vec{E}| = \frac{U}{d} \qquad \text{(III.2.2)}$$

bestimmt werden. Nach Beschleunigung des geladenen Körpers und Durchlaufen des elektrischen Feldes möge der geladene Körper an der Stelle $x=d$ die Geschwindigkeit $\vec{v} = |\vec{v}|\vec{e}_x$ haben; dann hat der Körper der Masse m die kinetische Energie

$$W_{\text{kin}} = \frac{m}{2}\,|\vec{v}|^2 \,. \qquad \text{(III.2.3)}$$

Da der geladene Körper zur Zeit $t = 0$ als ruhend betrachtet wurde, muß die kinetische Energie des Körpers auf vom elektrischen Feld am Körper geleistete Arbeit zurückgeführt werden. Beim Durchlauf des geladenen Körpers durch das elektrische Feld von $x = 0$ bis $x = d$ wurde somit vom elektrischen Feld die Arbeit

$$A = \int_{①}^{②} \vec{F}\cdot d\vec{s} = q\,|\vec{E}|\,d = W_{\text{kin}} \qquad \text{(III.2.4)}$$

aufgebracht, so daß sich hieraus die Geschwindigkeit des geladenen Körpers an der Stelle $x = d$ zu

$$\frac{m}{2}\,|\vec{v}|^2 = q|\vec{E}|d \quad ,$$

$$|\vec{v}|^2 = \frac{2q|\vec{E}|d}{m} \quad ,$$

$$|\vec{v}| = \sqrt{\frac{2q|\vec{E}|d}{m}} \qquad \text{(III.2.5)}$$

berechnet. Wird noch berücksichtigt, daß das Produkt aus dem Absolutbetrag der elektrischen Feldstärke $|\vec{E}|$ und dem Elektrodenabstand d die von außen angelegte elektrische Spannung U ist (Gl.(III.2.2)), so kann für die Geschwindigkeit $|\vec{v}|$ der Ausdruck:

$$|\vec{v}| = \sqrt{\frac{2qU}{m}} \qquad \text{(III.2.6)}$$

berechnet werden. Wie eine äquivalente Überlegung für eine negative Ladung $q = -|q|$ zeigt, gilt für die Geschwindigkeit der negativen Ladung im elektrischen Feld nach Durchlaufen einer Spannung ebenfalls Gl.(III.2.6), wenn berücksichtigt wird, daß die negative Ladung in Gegenrichtung zum elektrischen Feld beschleunigt wird und somit die Spannung $-|U|$ durchläuft. Damit die einzusetzenden Vorzeichen keine Schwierigkeit machen, kann Gl.(III.2.6) in der für positive und negative Ladungen gültigen Form

$$|\vec{v}| = \sqrt{\frac{2|q||\vec{E}|d}{m}} = \sqrt{\frac{2|q||U|}{m}} \qquad \text{(III.2.7)}$$

geschrieben werden.

Gl.(III.2.6) zeigt, daß die Geschwindigkeit eines geladenen Körpers mit der Ladung q und der Masse m nur von der beim Bewegungsvorgang durchlaufenen elektrischen Spannung abhängt. Wird als Beispiel ein Elektron mit der negativen Einheitsladung $q=-e=-1{,}602\cdot10^{-19}\,\mathrm{As}$ betrachtet, so zeigt eine zugeschnittene Größengleichung für Gl.(III.2.7):

$$\frac{|\vec{v}|}{\mathrm{km/s}} = 593{,}1\sqrt{\frac{|U|}{\mathrm{V}}} \qquad \text{(III.2.8)}$$

(m = 9,108·10^{-28} g, Masse des Elektrons), daß ein Elektron nach Durchlaufen einer elektrischen Spannung $|U|$ = 1 V auf die Geschwindigkeit $|\vec{v}|$ = 593,1 km/s beschleunigt wird.

Wird bei der Betrachtung des Bewegungsvorgangs nach Bild III.2.1 von dem Newton'schen Grundgesetz der Mechanik: "Kraft = Masse × Beschleunigung"

$$\vec{F} = m\vec{a} \qquad \text{(III.2.9)}$$

ausgegangen und berücksichtigt, daß die Kraft $\vec{F}$ vom elektrischen Feld hervorgerufen wird:

$$\vec{F} = q\vec{E} \quad , \qquad \text{(III.2.10)}$$

so wird im betrachteten Beispiel bei zeitlich konstanter elektrischer Feldstärke $|\vec{E}|$ eine konstante Beschleunigung auf den geladenen Körper ausgeübt. Damit wächst dessen Geschwindigkeit linear mit der Zeit

$$\vec{v} = \frac{\vec{F}}{m}\, t = \frac{q\vec{E}}{m}\, t \ ,$$

$$|\vec{v}| = \frac{|q|}{m}\, |\vec{E}|\, t \qquad \text{(III.2.11)}$$

vom Wert $|\vec{v}| = |\vec{v}_0| = 0$ im Zeitpunkt $t = 0$ an, und die Länge des durchlaufenen Weges

$$|\vec{s}| = \frac{|q|\,|\vec{E}|}{2m}\, t^2 \qquad \text{(III.2.12)}$$

ist proportional zum Quadrat der Zeit t.

Aus der Überlegung, daß das Teilchen die Laufzeit τ zum Durchlaufen des Weges $|\vec{s}| = d$ benötigt, daß also

$$|\vec{s}| = d = \frac{|q|\,|\vec{E}|}{2m}\, \tau^2 \quad ,$$

$$\tau = \sqrt{\frac{2md}{|q|\,|\vec{E}|}} \qquad \text{(III.2.13)}$$

gilt, folgt mit Hilfe von Gl. (III.2.12) auch nach dieser Methode für die Geschwindigkeit an der Stelle $x=d$:

$$|\vec{v}|\Big|_{x=d} = \frac{|q|}{m}|\vec{E}|\tau = \frac{|q|}{m}|\vec{E}|\sqrt{\frac{2md}{|q||\vec{E}|}} \quad ,$$

$$|\vec{v}| = \sqrt{\frac{2|q||\vec{E}|d}{m}} = \sqrt{\frac{2qU}{m}} \quad , \qquad \text{(III.2.14)}$$

in Übereinstimmung mit Gl.(III.2.6).

Die Bilder III.2.2 zeigen die Verhältnisse anschaulich für ein Elektron: Die Geschwindigkeit $|\vec{v}|$ steigt bei einer angelegten Spannung von 1V und einem Elektrodenabstand von 1 cm in einer Zeit von τ=0,337 µs auf den Endwert $|\vec{v}_{end}|$ = 593,1 km/s; in der gleichen Zeit wird der Weg zwischen den Elektroden durchlaufen.

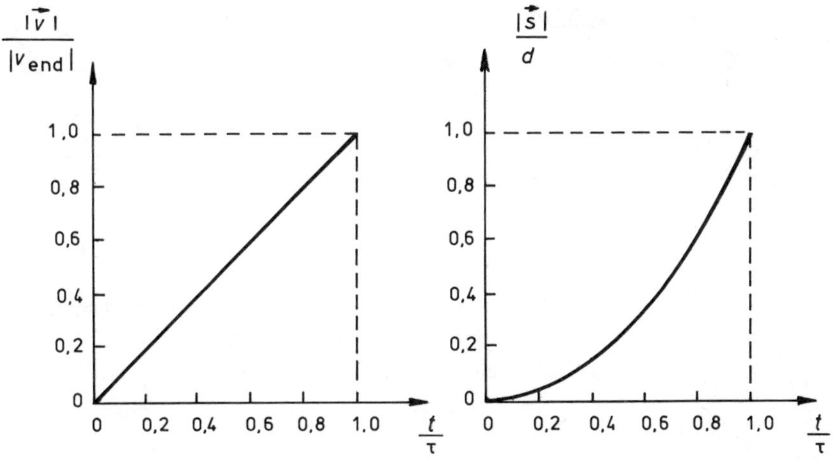

Bild III.2.2: Geschwindigkeit und Weg eines Elektrons in einem elektrischen Feld $|\vec{E}|$ = 1 V/cm. τ = 0,337 µs, d = 1 cm, $|\vec{v}_{end}|$ = 593,1 km/s.

III.3 LADUNGSBEWEGUNG IM LEITENDEN FESTKÖRPER

Es wird ein Abschnitt aus einem Festkörper in Form eines zylindrischen Elements (Bild III.3.1) betrachtet. Der Festkörper sei ein Material aus der Klasse der Leiter, so daß vorausgesetzt wird, daß in ihm frei bewegliche Ladungsträger (Elektronen) zur Verfügung stehen. Es wird die Bewegung eines einzelnen Elektrons beobachtet. Aufgrund seiner Temperaturbewegung durchläuft das Elektron im Festkörper ohne das Vorhandensein eines beschleunigenden elektrischen Feldes eine statistisch ungeordnete Bahn.

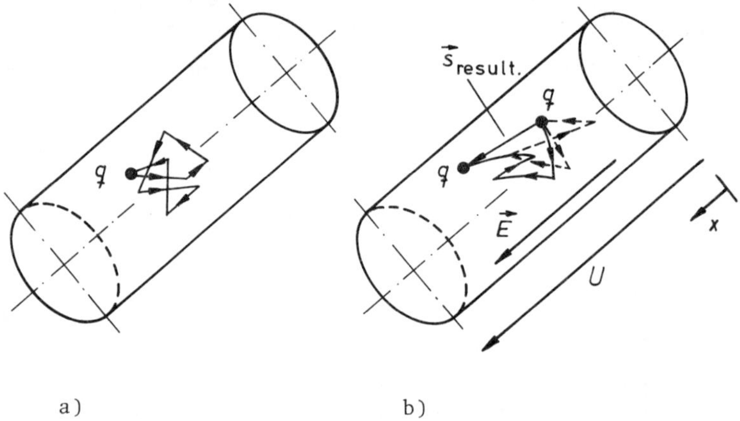

Bild III.3.1: Statistisch ungeordnete Bahn eines positiv geladenen Teilchens in einem Festkörper (Temperaturbewegung) a), sowie Überlagerung von Temperaturbewegung und Driftbewegung unter dem Einfluß eines elektrischen Feldes $\vec{E}$.

Es kommt laufend zu Zusammenstößen des Elektrons mit anderen Elektronen und dem Festkörpergitter, so daß eine ungeordnete Bewegung entsteht: Im Mittel wird keine Ladung transportiert (Bild III.3.1a)). Wird von außen eine zeitlich konstante elektrische Spannung $U>0$ an den Festkörper angelegt, so wird ein Feld der elektrischen Feldstärke $\vec{E} = |\vec{E}|\vec{e}_x$ im Festkörper eine Kraft $\vec{F}$ auf das betrachtete Elektron ausüben; der Temperaturbewegung wird eine Driftbewegung in Richtung der auftretenden Kraft (also für ein negatives Elektron in zur elektrischen Feldstärke entgegengesetzten Richtung, für ein positiv geladenes Teilchen in Feldrichtung, Bild III.3.1.b)) überlagert. Wird angenommen, daß das Elektron nach Durchlaufen der sogenannten "mittleren freien Weglänge" λ wieder mit einem anderen Teilchen zusammenstößt und bei diesem Zusammenstoß seine gesamte kinetische Energie verliert, so können wir folgende Überlegung durchführen: Zum Durchlaufen der mittleren freien Weglänge λ möge das Elektron der Ladung $q = -e$ im zeitlichen Mittel die Laufzeit τ benötigen; dann erhält das Elektron unter dem Einfluß des elektrischen Feldes eine maximale Zusatzgeschwindigkeit (vgl. Gl.(III.2.11)):

$$|\vec{v}_{max}| = \frac{e|\vec{E}|}{m}\tau \ . \qquad \text{(III.3.1)}$$

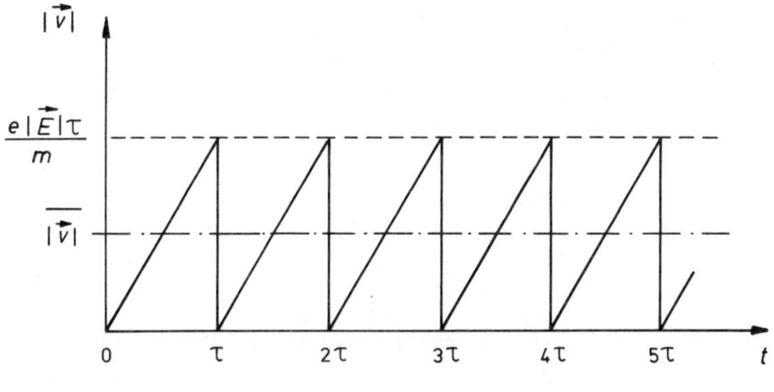

Bild III.3.2: Qualitative Darstellung der Geschwindigkeit eines Elektrons in einem Festkörper.

Im zeitlichen Mittel (Bild III.3.2) bewegt sich das Elektron mit der Geschwindigkeit:

$$\overline{|\vec{v}|} = \frac{1}{\tau} \int_0^\tau |\vec{v}(t)|\,dt = \frac{1}{\tau} \int_0^\tau \frac{e|\vec{E}|}{m}\, t\, dt \ ,$$

$$\overline{|\vec{v}|} = \frac{1}{\tau} \frac{e|\vec{E}|}{m} \frac{\tau^2}{2} = \frac{e|\vec{E}|}{2m} \tau \ . \qquad \text{(III.3.2)}$$

Bei einer genaueren statistischen Betrachtung[1] entfällt der Faktor 0,5 und das Ergebnis lautet:

$$\overline{|\vec{v}|} = \frac{e\,\tau}{m^*} |\vec{E}| \qquad \text{(III.3.3)}$$

bzw. unter Berücksichtigung der Richtungen:

$$\overline{\vec{v}} = \frac{q\,\tau}{m^*} \vec{E} = -\frac{e\tau}{m^*} \vec{E} \ , \qquad \text{(III.3.4)}$$

wobei m^* eine sogenannte "effektive Masse" ist, die aus genaueren Überlegungen der Quantenphysik folgt.

Das heißt, die im stationären Zustand sich einstellende mittlere Geschwindigkeit, mit der sich die Elektronen bewegen, die sogenannte Driftgeschwindigkeit $\vec{v}_{Drift} = \vec{v}_D$, ist direkt proportional der elektrischen Feldstärke $\vec{E}$:

$$\vec{v}_D = b\,\vec{E} \ , \qquad b = -\frac{e\tau}{m^*} \ . \qquad \text{(III.3.5)}$$

Die Proportionalitätskonstante b wird als Beweglichkeit bezeichnet, sie hat die Einheit:

$$[b] = [\frac{q\tau}{m^*}] = \frac{\text{As s}}{\text{kg}} = \frac{\text{As}^2\text{m}^2}{\text{Vs}^3\text{A}} = \frac{\text{m}^2}{\text{Vs}} = \frac{\text{m}}{\text{s}} / \frac{\text{V}}{\text{m}} \ .$$

---

[1] Siehe Literatur der Werkstoffe der Elektrotechnik.

Physikalisch kann dieses Ergebnis so interpretiert werden, daß makroskopisch gesehen die Elektronen bei ihrem Bewegungsvorgang unter dem Einfluß des elektrischen Feldes im Leiter einem "Reibungsvorgang" unterworfen werden, der die beschleunigende Wirkung der elektrischen Feldstärke so weit kompensiert, daß sich eine zeitlich konstante Geschwindigkeit einstellt. Wir halten dieses Ergebnis fest im

Satz 21: In einem elektrisch leitenden Material ist die Geschwindigkeit der Ladungsträger (Elektronen) unter dem Einfluß eines zeitlich konstanten elektrischen Feldes zeitlich konstant und direkt proportional zur Größe der elektrischen Feldstärke. Die auftretende Proportionalitätskonstante wird als Beweglichkeit bezeichnet.

III.4 DER ELEKTRISCHE STROM UND DIE ELEKTRISCHE STROMDICHTE

Wie aus den Darstellungen des vorigen Kapitels erkannt werden kann, bewegen sich elektrisch geladene Teilchen unter dem Einfluß eines elektrischen Feldes. Wir betrachten Bild III.4.1, in dem anschaulich die geladenen Teilchen in einem zylindrischen Leiterelement skizziert sind. Das Leiterelement des Querschnitts A soll durch eine von außen angelegte elektrische Spannung u im Innern die elektrische Feldstärke $\vec{E}$ haben.

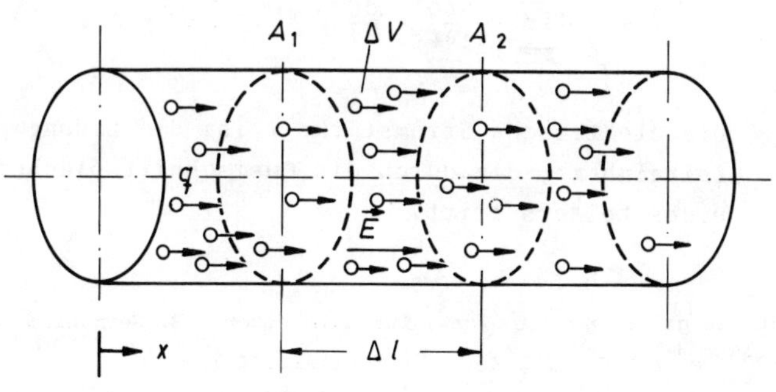

Bild III.4.1: Bewegte geladene Teilchen in einem zylindrischen Volumenelement.

Die Teilchen bewegen sich mit der Geschwindigkeit $\vec{v}_D = v_D \vec{e}_x$ in x-Richtung, wobei $\vec{e}_x$ der Einheitsvektor in x-Richtung ist. Greifen wir durch Anbringen der Flächen A_1 und A_2 (Bild III.4.1) ein kleines Volumenelement ΔV aus dem ladungsgefüllten Bereich heraus und sind dann N Ladungsträger der Einzelladung q in diesem Bereich, so ist die Raumladungsdichte im Volumenelement ΔV (vgl. Gl.(II.1.2) und Gl.(II.1.3))

$$\eta = \frac{\Delta Q}{\Delta V} = \frac{Nq}{\Delta V} = \frac{N}{\Delta V} q = n q \ , \qquad \text{(III.4.1)}$$

mit $\Delta V = A \ \Delta l$ dem Volumen des Leiterelements zwischen den Flächen A_1 und A_2 und n der Zahl der Ladungsträger pro Volumeneinheit mit der Einheit: $[n] = 1/\mathrm{m}^3$.[1]

Bewegen sich die Teilchen mit der Geschwindigkeit v_D in x-Richtung (Bild III.4.1), so legen sie einen Weg der Länge Δl in der Zeit

$$\Delta t = \frac{\Delta l}{v_D} \qquad \text{(III.4.2)}$$

zurück. Sind also z.B. zur Zeit $t=0$ N geladene Teilchen im Volumen ΔV vorhanden, so werden sie alle in der Zeit Δt nach Gl.(III.4.2) durch die Fläche A_2 (Bild III.4.1) treten. Die pro Zeiteinheit durch die Querschnittsfläche A_2 tretende Gesamtladung wird als die elektrische Stromstärke i bezeichnet:

$$i = \lim_{\Delta t \to 0} \frac{\Delta Q}{\Delta t} = \frac{\mathrm{d}Q}{\mathrm{d}t} \ , \qquad [i] = \mathrm{A} \ . \qquad \text{(III.4.3)}$$

Satz 22: Die elektrische Stromstärke i ist die Ladung pro Zeiteinheit, die durch die Querschnittsfläche A eines Leiters tritt.

---

1) Für Metalle gilt: $n \approx 10^{23}/\mathrm{cm}^3$, für Halbleiter z.B. Germanium (Ge) $n_i \approx 10^{14}/\mathrm{cm}^3$ bei T = 300 K (siehe Kapitel III.7).

Betrachten wir das zylindrische Leiterelement nach Bild III.4.1, so kann die im Innern dieses Festkörperelements auftretende elektrische Stromstärke i mit Hilfe von Gl.(III.4.1) und Gl.(III.4.2) aus:

$$i = \frac{\Delta Q}{\Delta t} = \frac{n\ q\ \Delta V}{\Delta l / v_D} = \frac{n\ q\ A\ \Delta l}{\Delta l} v_D \quad ,$$

$$i = n\ q\ A\ v_D \tag{III.4.4}$$

berechnet werden. Unter Benutzung von Gl.(III.3.5) folgt dann:

$$i = n\ q\ A\ b|\vec{E}| \quad . \tag{III.4.5}$$

Satz 23: Die elektrische Stromstärke i in einem elektrischen Leiter des Querschnitts A ist proportional der Raumladungsdichte $\eta = n \cdot q$, der Querschnittsfläche A, der Beweglichkeit b und der elektrischen Feldstärke $|\vec{E}|$ im Leiter. Die elektrische Stromstärke ist eine skalare Größe.

Im Gegensatz zu Bild III.4.1 betrachten wir in Bild III.4.2 einen Leiter, dessen Querschnitt A längs der Leiterachse nicht konstant ist. Der Querschnitt des Leiters möge sich im gezeichneten Bereich des Leiters von A_1 auf A_2 erweitern ($A_1 < A_2$). Ist im linken Teil des Leiters (Querschnitt A_1) die elektrische Stromstärke i, so ist auch im rechten Teil des Leiters (Querschnitt A_2) die Stromstärke i, weil im Leiter Ladung nicht erzeugt oder vernichtet und im Leiter nicht gespeichert werden kann. Aus dieser Überlegung folgt, daß die Stromstärke, die pro Flächeneinheit des Querschnitts des Leiters gemessen wird (das ist die Ladung pro Zeiteinheit und pro Flächeneinheit, die durch den Querschnitt des Leiters tritt), unterschiedlich groß ist. Zur Beschreibung der Größe des Stroms pro Flächeneinheit wird das Vektorfeld der elektrischen Stromdichte $\vec{S}$ eingeführt:

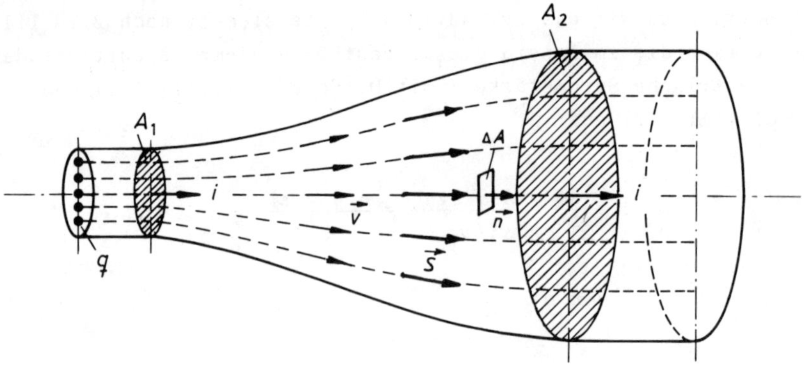

Bild III.4.2: Leiterelement mit längs der Leiterachse veränderlichem Querschnitt.

Satz 24: Die elektrische Stromdichte $\vec{S}$ ist ein Vektorfeld. Der Absolutbetrag $|\vec{S}|$ des Vektors ist gleich der elektrischen Stromstärke pro Flächeneinheit, die in einem betrachteten Punkt durch den Querschnitt eines Leiters fließt:

$$|\vec{S}| = \lim_{\Delta A \to 0} \left|\frac{\Delta i}{\Delta A}\right| = \left|\frac{di}{dA}\right|, \quad [\vec{S}] = \frac{A}{m^2}\ ; \qquad (III.4.6)$$

die Richtung der elektrischen Stromdichte ist gleich der Richtung der Bewegungsgeschwindigkeit der positiven Ladungsträger und damit gleich der Richtung der elektrischen Feldstärke.

Ist in einem Leiter die elektrische Stromdichte $\vec{S}$ in jedem Punkt bekannt und soll die durch den Querschnitt des Leiters tretende elektrische Stromstärke i hieraus bestimmt werden, so wird der Leiterquerschnitt in kleine Flächenelemente ΔA zerlegt. Jedem Flächenelement wird ein Flächennormalen-Einheitsvektor $\vec{n}$ zugeordnet; der Richtungssinn des Flächennormalen-Vektors kann willkürlich gewählt werden (Bild III.4.2). Entsprechend Gl. (III.4.6) berechnet sich die elektrische Stromstärke Δi durch das Flächenelement ΔA, wenn die elektrische Stromdichte und der Flächennormalen-Vektor die gleiche Richtung haben aus der Beziehung:

$$|\Delta i| = |\vec{S}| \; \Delta A \; . \tag{III.4.7}$$

Tritt die elektrische Stromdichte nicht senkrecht durch das Flächenelement ΔA, so errechnet sich die elektrische Stromstärke Δi aus:

$$\Delta i = \vec{S}\cdot\vec{n} \; \Delta A = |\vec{S}|\,\Delta A \cdot \cos(\sphericalangle(\vec{S},\vec{n})) . \tag{III.4.8}$$

Um die gesamte elektrische Stromstärke zu berechnen, die durch den Querschnitt A des Leiters tritt, werden die Stromstärkeanteile nach Gl.(III.4.8) aufaddiert. Wird der Leiterquerschnitt in m Flächenelemente ΔA_ν, die jeweils den Flächennormalenvektor $\vec{n}_\nu$ haben, zerlegt und ist $\vec{S}_\nu$ die Stromdichte am ν-ten Flächenelement, so berechnet sich die elektrische Stromstärke i durch den Leiterquerschnitt aus:

$$i = \sum_{\nu=1}^{m} \vec{S}_\nu \cdot \vec{n}_\nu \; \Delta A_\nu \; . \tag{III.4.9}$$

Werden die Flächenelemente ΔA_ν differentiell klein gemacht, das heißt, wird der Grenzübergang $\Delta A_\nu \rightarrow \mathrm{d}A$ durchgeführt, so geht die in Gl.(III.4.9) angegebene Summe in ein Flächenintegral (vgl. Gl.(II.5.18) und Gl.(II.5.19)) über, das nach der Vorschrift der Gl.(III.4.9) berechnet werden muß:

$$i = \int_A \vec{S}\cdot\vec{n} \; \mathrm{d}A \; . \tag{III.4.10}$$

Die elektrische Stromstärke i ist eine skalare Größe. Sie kann positive und negative Werte annehmen. Zur Beschreibung ihres Vorzeichens wird ein *Bezugspfeil* (kein Vektor!) eingeführt, indem *willkürlich* ein Flächennormalen-Einheitsvektor $\vec{n}$ senkrecht zum Leiterquerschnitt eingeführt wird und die Richtung dieses Vektors mit der Richtung des Bezugspfeils identifiziert wird. Sind der Vektor der elektrischen Stromdichte $\vec{S}$ und der Flächennormalenvektor $\vec{n}$ gleichgerichtet (Bild III.4.3a)), so ist die elektrische Stromstärke positiv; sind $\vec{S}$ und $\vec{n}$ von entgegengesetzter Richtung, so ist i negativ (Bild III.4.3b)).

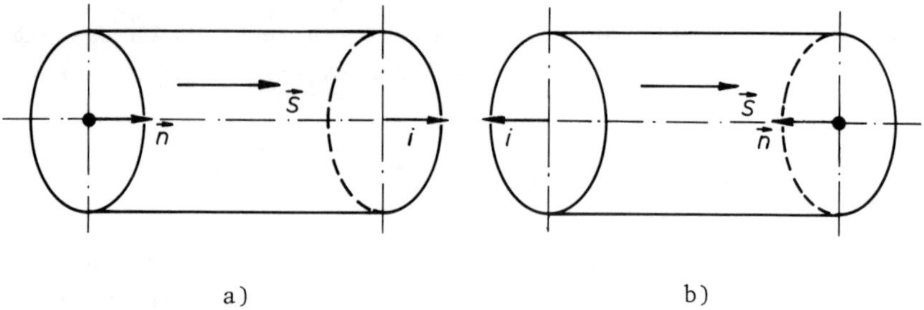

Bild III.4.3: Zur Einführung des Bezugspfeils für die elektrische Stromstärke i.

Ist umgekehrt die elektrische Stromstärke unter Angabe eines Bezugspfeils positiv vorgegeben, so bedeutet dies, daß nach Einführung eines Flächennormalenvektors $\vec{n}$ in Richtung des Bezugspfeils die Stromdichte $\vec{S}$ in Richtung dieses Flächennormalenvektors, also in Richtung des Bezugspfeils, gerichtet ist. Entsprechend ist die Richtung von $\vec{S}$ bei Vorgabe eines negativen Werts von i und eines Bezugspfeils in Gegenrichtung zum Bezugspfeil gerichtet.

Aus der Definition der elektrischen Stromdichte folgt in Verbindung mit Gl.(III.4.5), daß zwischen der elektrischen Stromdichte $\vec{S}$ und der elektrischen Feldstärke $\vec{E}$ der Zusammenhang

$$\vec{S} = n\, q\, b\, \vec{E} \, ,$$

$$\vec{S} = \varkappa\, \vec{E} \, , \qquad \text{(III.4.11)}$$

mit $\varkappa$ der elektrischen Leitfähigkeit

$$\varkappa = n\, q\, b = \frac{n\, q^2\, \tau}{m^*} \, , \qquad [\varkappa] = \frac{\text{As m}^2}{\text{m}^3\text{Vs}} = \frac{\text{A}}{\text{Vm}} \qquad \text{(III.4.12)}$$

des betrachteten Leitermaterials besteht. Hieraus folgt

Satz 25: In einem elektrisch leitenden, homogenen und isotropen Material sind die Vektoren der elektrischen Stromdichte $\vec{S}$ und der elektrischen Feldstärke $\vec{E}$ direkt proportional zueinander. Die Proportionalitätskonstante ist die elektrische Leitfähigkeit $\varkappa$.

Aus Gl.(III.4.12) folgt in Verbindung mit Gl.(III.4.11), daß bei Kenntnis der elektrischen Feldstärke und Messung der elektrischen Stromdichte bei bekannter Elektronenkonzentration (z.B. bei Metallen ein Elektron pro Atom) die Zeit τ (vgl. Kapitel III.3) und über die Beziehung $\lambda = |\vec{v}_{th}|\,\tau$ (mit $|\vec{v}_{th}|$ dem Betrag der mittleren thermischen Geschwindigkeit) die mittlere freie Weglänge λ berechnet werden können.

In Tabelle III.4.1 sind die elektrischen Leitfähigkeiten $\varkappa$ und die mittleren freien Weglängen λ einiger Materialien zusammengestellt.

Material	$\frac{\varkappa}{10^5\ \mathrm{A/Vcm}}$	$\frac{\lambda}{\mathrm{nm}}$	$\frac{n}{1/\mathrm{cm}^3}$
Lithium Li	1,2	11	$4{,}5\cdot 10^{22}$
Natrium Na	2,3	35	$2{,}5\cdot 10^{22}$
Kalium K	1,7	37	$1{,}34\cdot 10^{22}$
Kupfer Cu	6,4	42	$8{,}5\cdot 10^{22}$
Silber Ag	6,7	57	$5{,}76\cdot 10^{22}$
Gold Au	4,3	-	$5{,}9\cdot 10^{22}$

Tabelle III.4.1: Elektrische Leitfähigkeit einiger Metalle und daraus berechnete mittlere freie Weglängen der Elektronen im Material sowie Zahl n der Elektronen pro Volumeneinheit.

Wie aus dieser Zusammenstellung ersichtlich ist, beträgt die mittlere freie Weglänge viele Gitterkonstanten des betrachteten Materials. Dieses Ergebnis ist aus der Sicht der klassischen Theorie der Leitfähigkeit, die als Stoßpartner der Elektronen die Atomrümpfe betrachtet, völlig unverständlich. Es zeigt, daß nicht so sehr die Atomrümpfe als vielmehr Störstellen im Gitteraufbau (z.B. Gitterversetzungen) als Stoßstellen für die Elektronen zu berücksichtigen sind.

III.5 DAS OHM'SCHE GESETZ

In diesem Kapitel soll untersucht werden, wie der in einem Leiterelement durch Anlegen einer elektrischen Spannung hervorgerufene elektrische Strom makroskopisch beschrieben werden kann. Dazu wird erneut das in Bild III.5.1 gezeichnete, zylindrische Leiterelement mit den eingezeichneten Bezugspfeilen für die positive elektrische Spannung $u>0$ und die elektrische Stromstärke i betrachtet.

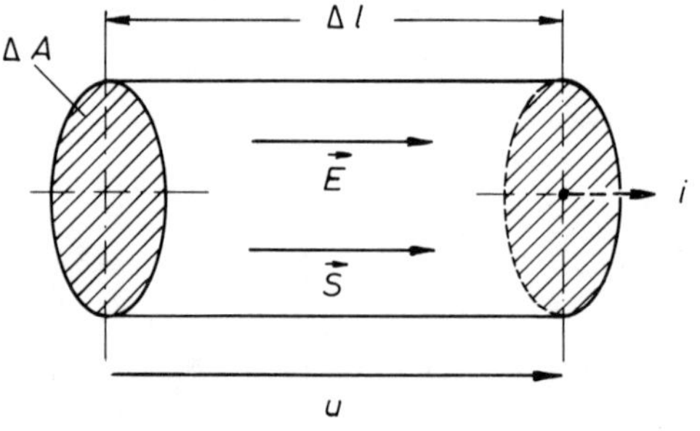

Bild III.5.1: Leiterelement mit angelegter elektrischer Spannung u.

Wird angenommen, daß das Leiterelement die Länge Δl hat und daß an das Element die elektrische Spannung u angelegt wird, so ist die im Material auftretende elektrische Feldstärke $\vec{E}$ in Richtung des Leiters vom Absolutbetrag:

$$|\vec{E}| = \frac{u}{\Delta l} \quad . \tag{III.5.1}$$

Aufgrund der elektrischen Leitfähigkeit $\varkappa$ des Materials (d.h. aufgrund der vorhandenen frei beweglichen Ladungsträger) ruft die elektrische Feldstärke $\vec{E}$ eine elektrische Stromdichte

$$\vec{S} = \varkappa \vec{E} \,,$$

$$|\vec{S}| = \varkappa \frac{u}{\Delta l} \qquad \text{(III.5.2)}$$

in Richtung der Leiterachse hervor. Wenn ΔA der Querschnitt des Leiters ist und angenommen wird, daß die elektrische Stromdichte im Absolutbetrag über diesem Querschnitt konstant ist, so fließt ein Strom mit der elektrischen Stromstärke

$$\Delta i = |\vec{S}| \; \Delta A = \varkappa \frac{u}{\Delta l} \Delta A = \frac{\varkappa \; \Delta A}{\Delta l} u \qquad \text{(III.5.3)}$$

durch das Leiterelement. Es wird angenommen, daß das Leiterelement von zylindrischer Form ist, aus homogenem Material besteht, die endliche Länge l und den endlichen Querschnitt A besitzt; dann kann der Zusammenhang zwischen der angelegten elektrischen Spannung u und der resultierenden elektrischen Stromstärke i in der Form

$$u = \frac{l}{\varkappa A} i \,,$$

$$u = Ri \,, \qquad \text{(III.5.4)}$$

mit R dem elektrischen (Ohm'schen[1]) Widerstand des zylindrischen Leiterelements:

$$R = \frac{l}{\varkappa A} \,, \qquad [R] = \frac{\mathrm{V}}{\mathrm{A}} = \Omega = \mathrm{Ohm} \,, \qquad \text{(III.5.5)}$$

geschrieben werden. Das heißt:

---

[1] Georg Simon Ohm, deutscher Physiker, 1787-1854.

Satz 26: Die elektrische Spannung u über einem Leiterelement ist der elektrischen Stromstärke i durch das Leiterelement proportional. Die Proportionalitätskonstante wird als der elektrische Widerstand R des Leiterelements bezeichnet. Unter Verwendung der Bezugspfeile nach Bild III.5.1 ist R eine stets positive Größe.

Häufig wird Gl.(III.5.5) auch in der Form:

$$R = \frac{1}{\varkappa}\frac{l}{A} = \rho\frac{l}{A} \qquad \text{(III.5.6)}$$

geschrieben, worin ρ:

$$\rho = \frac{1}{\varkappa} = \frac{R}{l/A} , \qquad [\rho] = \frac{\text{Vm}}{\text{A}} \qquad \text{(III.5.7)}$$

als der spezifische elektrische Widerstand des Leitermaterials bezeichnet wird. Der spezifische elektrische Widerstand ist der Kehrwert der elektrischen Leitfähigkeit und somit eine reine Materialkonstante, die nicht mehr von der Geometrie des Leiters (Querschnitt, Länge) abhängt. Mit Hilfe von Gl.(III.4.12) gilt:

$$\rho = \frac{1}{\varkappa} = \frac{m^*}{n q^2 \tau} = \frac{1}{n q b} , \qquad \text{(III.5.8)}$$

mit m^* der effektiven Elektronenmasse, n der Zahl der Elektronen pro Volumeneinheit des Leitermaterials, q der Ladung der Elektronen und τ der mittleren Zeit zwischen zwei Zusammenstößen eines Elektrons mit dem Atomgitter, sowie b der Beweglichkeit.

In Tabelle III.5.1 sind die spezifischen elektrischen Widerstände ρ und die elektrischen Leitfähigkeiten $\varkappa$ einiger wichtiger technischer Leitermaterialien zusammengestellt, wobei ρ in der vielfach gebrauchten Einheit $[\rho] = \Omega\,\text{mm}^2/\text{m}$ und $\varkappa$ in der Einheit $[\varkappa] = \text{m}/(\Omega\,\text{mm}^2) = \text{Sm}/\text{mm}^2$ [1)] angegeben sind.

---

1) 1S = 1Siemens = 1A/V, vgl. Tabelle I.2.2; Werner von Siemens, deutscher Ingenieur und Industrieller, 1816-1892.

Werkstoff	$\frac{\rho}{\Omega\ mm^2/m}$	$\frac{\varkappa}{Sm/mm^2}$
Leiter		
Silber, Ag	0,016	62,5
Kupfer, Cu (VDE 0201)[1]	0,017	58,8
Gold, Au	0,023	43,5
Aluminium, Al (VDE 0202)	0,028	35,7
Zink, Zn	0,06	16,7
Eisen, Fe	0,10...0,15	10...6,67
Widerstands-Werkstoffe (DIN 17471)		
Nickelin (CuNi30Mn)	0,4...0,44	2,5...2,3
Maganin (CuMn12Ni)	0,43	2,32
Konstantan (CuNi44)	0,49...0,51	2,04...1,96
Heizleiter (DIN 17470)		
Cronix (NiCr 8020)	1,12	0,89
Aluchrom I (CrAl205)	1,37	0,73

Tabelle III.5.1: Spezifische elektrische Widerstände und elektrische Leitfähigkeiten einiger Materialien.

Ist der Leiter nicht, wie oben angenommen, von zylindrischer Form mit konstantem Querschnitt A, sondern ändert sich der Querschnitt des Leiters längs der Leiterachse (Koordinate x), dann kann der Leiter in kurze zylindrische Elemente der

[1] VDE 0201 = VDE-Bestimmung 0201

Länge Δx mit konstantem Querschnitt A_ν zerlegt werden (Bild III.5.2) und der elektrische Widerstand aus

$$R = \sum_{\nu=1}^{n} \frac{\Delta x_\nu}{\varkappa A_\nu} \tag{III.5.9}$$

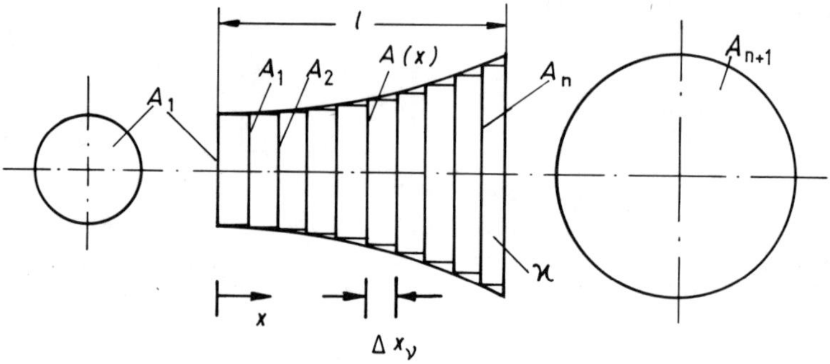

Bild III.5.2: Zur Berechnung des Widerstandes eines Leiterelements mit nichtkonstantem Querschnitt.

berechnet werden. Im Grenzfall sehr kleiner Werte Δx_ν geht Gl.(III.5.9) in einen Integralausdruck über:

$$R = \lim_{\substack{\Delta x_\nu \to 0 \\ n \to \infty}} \sum_{\nu=1}^{n} \frac{\Delta x_\nu}{\varkappa A_\nu} = \int_0^l \frac{dx}{\varkappa A(x)} , \tag{III.5.10}$$

wobei $A(x)$ die Größe des Querschnitts A des Leiterelements längs der Koordinate x ist.

In Kapitel III.3 haben wir die elektrische Leitfähigkeit des Materials aus einem "Reibungseffekt" erklärt, indem wir angenommen haben, daß die Elektronen im leitenden Material bei ihrer Bewegung laufend Zusammenstöße mit dem Atomgitter erleiden. Da bei wachsender Temperatur des Körpers das Atomgitter in Schwingungen versetzt wird, wird mit wachsender Temperatur die Wahrscheinlichkeit für einen Zusammenstoß zwischen Elektron und Atomgitter größer; die elektrische Leitfähigkeit nimmt mit der Temperatur ab bzw. der spezifische elektrische Widerstand nimmt mit der Temperatur zu. Dieses Ergebnis, das auch experimentell nachgewiesen werden kann, wird mit einer für die Praxis ausreichenden Genauigkeit in einem Temperaturbereich von $-20^{o}C \leqslant \vartheta \leqslant +100^{o}C$ durch den linearen Zusammenhang[1)]

$$\rho(\vartheta) = \rho_0 \, (1 + \alpha(\vartheta - \vartheta_0)) \ ,$$

$$\rho(\vartheta) = \rho_0 \, (1 + \alpha \cdot \Delta\vartheta) \qquad \text{(III.5.11)}$$

beschrieben. Hierin ist ρ_0 der spezifische elektrische Widerstand bei einer festen Bezugstemperatur; als Bezugstemperatur wird $\vartheta_0 = 20^{o}C$ ("Zimmertemperatur") gewählt. Die Änderung des spezifischen elektrischen Widerstands

$$\Delta\rho = \rho(\vartheta) - \rho(\vartheta_0) = \rho_0 \, \alpha \Delta\vartheta \qquad \text{(III.5.12)}$$

ist für metallische Leiter bei positiven Werten $\Delta\vartheta$ stets positiv, d.h. der elektrische Widerstand des Materials nimmt mit der Temperatur zu. α, der Temperaturkoeffizient, hat für alle

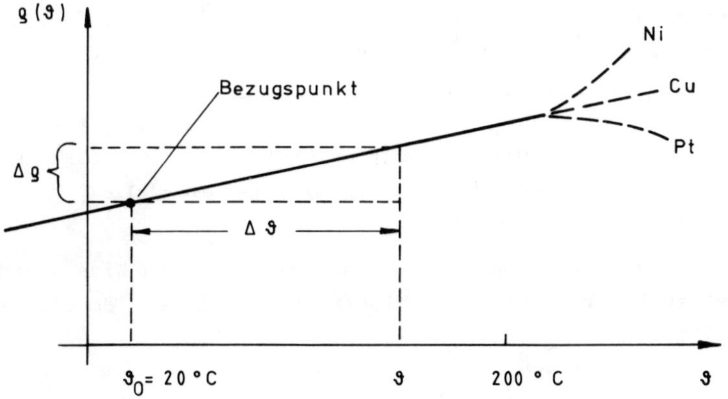

Bild III.5.3: Temperaturabhängigkeit des spezifischen elektrischen Widerstandes metallischer Leiter.

---

1) Die Angabe der Temperatur in °C (Grad Celsius) ist nach §36 der Ausführungsverordnung zum Gesetz über Einheiten im Meßwesen zulässig.

Metalle einen Wert in der Größenordnung von $\alpha \approx 4 \cdot 10^{-3} K^{-1}$. Tabelle III.5.2 zeigt die Werte der spezifischen elektrischen Widerstände ρ_0 bei $20^{o}C$ sowie die zugeordneten Temperaturkoeffizienten α für einige Materialien.

Material	$\rho_0(20^{o}C)/(\Omega mm^2/m)$	$\alpha/(K^{-1})$
Silber	0,016	0,0041
Kupfer	0,0172	0,0043
Aluminium	0,028	0,0040
Wolfram	0,0555	0,0041
Zink	0,0625	0,0042
Nickel	0,077...0.1	0,0037...0,006
Stahl	0,1 ...0.143	0,0045...0,006
Zinn	0,111	0,0042
Platin	0,111...0.143	0,002 ...0,003
Nickelin	0,4 ...0,44	0,0001
Manganin	0,42	0,00001
Novokonstant	0,455	0,00001
Konstantan	0,5	±0,00003
Resistin	0,5	±0,00002
Chromnickel CrNi2080	1,099	0,0001

Tabelle III.5.2: Spezifische elektrische Widerstände sowie Temperaturkoeffizienten einiger wichtiger Materialien.

Entsprechend dem spezifischen elektrischen Widerstand nimmt auch der elektrische Widerstand R mit der Temperatur zu, es gilt:

$$R(\vartheta) = R_0 \, (1 + \alpha \cdot \Delta\vartheta) \, , \qquad \text{(III.5.13)}$$

entsprechend zu Gl.(III.5.11).

Während die metallischen Leiter stets positive Temperaturkoeffizienten haben, existieren auch andere Materialien (z.B. Kohle und Halbleitermaterialien, s. Kapitel III.7), die einen negativen Temperaturkoeffizienten haben; hieraus resultierend wurden Materialien entwickelt, deren Temperaturkoeffizient durch Kompensation, d.h. Kombination von Materialien mit positiven und negativen Temperaturkoeffizienten, sehr klein gemacht wurde (vgl. z.B. Manganin in Tabelle III.5.2).

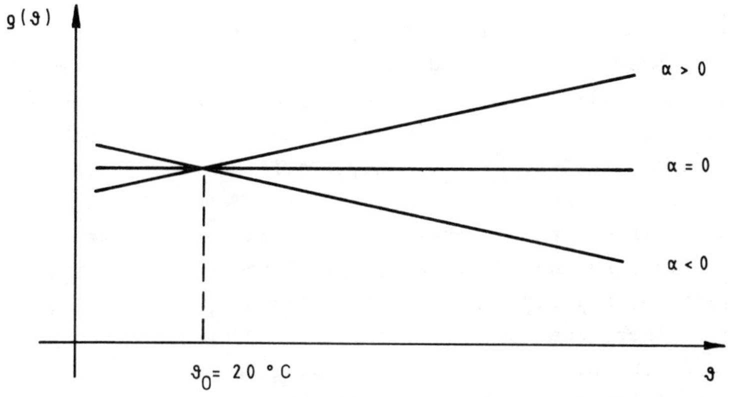

Bild III.5.4: Temperaturabhängigkeit des spezifischen elektrischen Widerstandes eines Kaltlleiters ($\alpha>0$) und eines Heißleiters ($\alpha<0$) sowie eines temperaturunabhängigen Materials.

Materialien, die einen positiven Temperaturkoeffizient haben, werden als Kaltleiter (engl.: PTC-Materialien[1]), Materialien, die einen negativen Temperaturkoeffizienten haben als Heißleiter (engl.: NTC-Materialien[2]) bezeichnet.

Neben der Temperaturabhängigkeit der elektrischen Leitfähigkeit bzw. des spezifischen elektrischen Widerstands muß beachtet werden, daß diese Größen von anderen Einflüssen, z.B. Lichteinfall, von einem Magnetfeld, von Strahlung (z.B. Röntgenstrahlung) abhängen können. Hierauf kann im Zusammenhang dieses Buches nicht eingegangen werden.

---

[1] PTC = Positive Temperature Coefficient

[2] NTC = Negative Temperature Coefficient

Spezielle Entwicklungen haben dazu geführt, daß es Materialien gibt, für die der spezifische elektrische Widerstand und damit der elektrische Widerstand von der angelegten elektrischen Spannung abhängt. Solche spannungsabhängigen Widerstände (engl. VDR[1]), die als *Varistoren* bezeichnet werden, werden z.B. zum Überspannungsschutz in elektrischen Netzen eingesetzt.

III.6 DER LADUNGSTRANSPORT IM ELEKTROLYTEN

Der Ladungstransport in einem metallischen Leiter zeichnet sich dadurch aus, daß durch den auftretenden elektrischen Strom keine chemische Veränderung des den Strom leitenden Materials bewirkt wird. Gänzlich anders verhalten sich sogenannte elektrolytische Leiter; hierzu gehören alle Säuren, Salze oder Basen in gelöster oder geschmolzener Form. Werden Salze, Säuren oder Basen in einem Lösungsmittel (z.B. Wasser) gelöst, so dissozieren die Verbindungen (z.B. HCl, $CuSO_4$) in je ein positives Ion (Kation) und ein negatives Ion (Anion) (z.B. $H^+ + Cl^-$, $Cu^{++} + SO_4^{--}$) mit einer, zwei oder mehr positiven oder negativen Elementarladungen. Bei der Lösung der genannten Stoffe in einem Lösungsmittel zerfallen nicht alle Moleküle in Ionen, sondern abhängig von der Konzentration und der Temperatur der Lösung existieren in der Lösung nebeneinander zerfallene und nichtzerfallene Moleküle; darüber hinaus spielt sich ein laufendes Wechselspiel zwischen einem neuen Zerfall von Molekülen und der Widervereinigung von Ionen zu einem neutralen Moleküle ab, so daß sich im zeitlichen Mittel bei konstanter Temperatur und konstanter Konzentration ein festes Verhältnis der Anzahl der dissoziierten Moleküle zur Gesamtzahl der Moleküle ergibt. Dieses Verhältnis wird als *Dissoziationsgrad* bezeichnet. Der Dissoziationsgrad ist eine Funktion der Temperatur und der Konzentration der Lösung, und zwar ist er umso größer, je höher die Temperatur und je geringer die Konzentration ist. Die Abhängigkeit von der Tempe-

---

1) VDR = Voltage Dependent Resistor

ratur erklärt sich aus der mit der Temperatur zunehmenden Eigenbewegung der Moleküle, die Abhängigkeit von der Konzentration, aus der Einwirkung des Lösungsmittels, die umso größer ist, je mehr Lösungsmittel gegenüber dem gelösten Stoff vorhanden ist. Bei sehr geringer Konzentration sind fast alle Moleküle dissoziiert.

Werden in eine elektrolytische Lösung zwei leitende Elektroden eingeführt (Bild III.6.1) und wird an diese Elektroden von außen eine elektrische Spannung u angelegt, so fließt im äußeren Stromkreis und durch den Elektrolyten ein Strom der elektrischen Stromstärke i, der dadurch gebildet wird, daß die

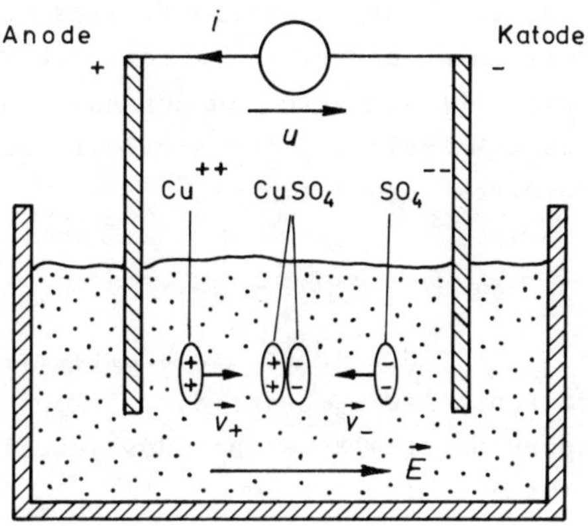

Bild III.6.1: Zum Stromfluß im Elektrolyten.

positiven Ionen (z.B. Cu^{++}) unter dem Einfluß des sich im Elektrolyten ausbildenden elektrischen Feldes beschleunigt werden und zur negativ geladenen Elektrode (Katode) und die negativen Ionen entsprechend zur positiv geladenen Elektrode (Anode) wandern. Da freie Ionen überall in der Lösung, also auch in nächster Umgebung der Elektroden vorhanden sind, tritt der elektrische Strom sofort nach Anlegen der elektrischen Spannung und damit sofort nach Aufbau des elektrischen Feldes auf. Tritt an den Elektroden kein sekundärer chemischer Prozeß (auf die hier nicht weiter eingegangen werden kann) auf, so schlagen sich die positiven und negativen Ionen nach ihrer Entladung als feste Stoffe oder als Gase auf den Elektroden ab. Die Ladungen der Ionen werden an den Elektroden durch die dort von der Quelle her verfügbaren Ladungen neutralisiert, so daß als Ergebnis eine stetige Fortsetzung des im äußeren Leiterkreis auftretenden elektrischen Stroms durch die pro Zeiteinheit von den wandernden Ionen transportierte Ladung festgestellt werden kann. Die Anzahl der pro Zeiteinheit an den Elektroden entladenen Ionen und damit die Größe des elektrischen Stroms durch den Elektrolyten ist, wie experimentell festgestellt werden kann, direkt proportional der angelegten Spannung u und damit der elektrischen Felstärke $|\vec{E}|$.

Aus diesen Eigenschaften läßt sich das experimentell von Faraday[1] gefundene erste Gesetz des Stromflusses und Massentransport im Elektrolyten ableiten. Es lautet: Die Masse m der von einem Strom in einem Elektrolyten an der Anode und der Katode niedergeschlagenen Materialien ist der Zeit und der elektrischen Stromstärke direkt proportional:

$$m = m_{\ddot{a}}\, it = m_{\ddot{a}} Q \quad , \tag{III.6.1}$$

mit Q der in der Zeit t von den Ionen transportierten Ladung. Die Proportionalitätskonstante $m_{\ddot{a}}$ heißt das *elektrochemische Äquivalent;* es ist eine Materialkonstante des jeweils betrachteten Stoffes und gibt die Masse eines Stoffes an, die pro Coulomb transportierter Ladung an den Elektroden niedergeschlagen wird[2]. Tabelle III.6.1 zeigt die elektrochemischen Äquivalente einiger Materialien.

Das zweite Faraday'sche Gesetz für den Stromfluß und Massentransport im Elektolyten lautet:
Die Massen verschiedener Stoffe, die bei gleicher transportierter Ladung aus verschiedenen Elektrolyten abgeschieden werden, sind ihren chemischen Äquivalenten proportional:

$$m_1 : m_2 : \ldots = \ddot{A}_1 : \ddot{A}_2 : \ldots \quad . \tag{III.6.2}$$

---

[1] Michael Faraday, engl. Physiker und Chemiker, 1791-1867.

[2] Aus dem ersten Faraday'schen Gesetz wurde früher die Einheit der elektrischen Stromstärke definiert. Es galt (DIN 1357, Anmerkung): 1A ist diejenige konstante elektrische Stromstärke, die bei Durchgang durch wäßrige Silbernitratlösung in 1s 1,1180 mg Silber niederschlägt.

Das *chemische Äquivalent* $\ddot{A}$ (auch *Äquivalentgewicht* oder *Val* genannt) ist gleich einem Mol des betrachteten Stoffes dividiert

Material	Wertigkeit z	$\frac{m_{ä}}{mg/C}$	$\frac{m_{ä}}{g/Ah}$
Kationen:			
Wasserstoff	1	0,01045	0,03760
Aluminium	3	0,09316	0,33538
Chrom	6	0,08983	0,32338
	3	0,17965	0,64676
Eisen	3	0,19291	0,69451
	2	0,28938	1,04176
Gold	3	0,68117	2,45223
	1	2,04352	7,35668
Kupfer	2	0,32938	1,18576
	1	0,65876	2,37152
Silber	1	1,11793	4,02454
Zink	2	0,33876	1,21952
Zinn	4	0,30751	1,10705
Anionen:			
Sauerstoff	2	0,082902	0,29845
Brom	1	0,82815	2,98132
Chlor	1	0,36743	1,32275
Fluor	1	0,19689	0,70881
Chlorat	1	0,8649	3,1137
Nitrat	1	0,6426	2,3134
Sulfat	2	0,4978	1,7921

Tabelle III.6.1: Elektrochemische Äquivalente verschiedener Stoffe.

durch seine Wertigkeit z:

$$\ddot{A} = \text{val} = \frac{1}{z}\ \text{mol} = \frac{M_r}{z}\ \text{g} \qquad \text{(III.6.3)}$$

mit M_r der relativen Atommasse. Das bedeutet, da jedes z-wertige Ion eine Ladung von z Elementarladungen trägt und jedes Mol eines Stoffes N_L ($N_L = 6{,}0225 \cdot 10^{23}\ \mathrm{mol}^{-1}$, Loschmidt'sche Zahl) Ionen enthält, daß ein Mol die Ladung

$$Q = N_L\, ze = z\, 6{,}022 \cdot 10^{23} \cdot 1{,}6 \cdot 10^{-19}\mathrm{C} = z\ 96497\ \mathrm{C} \tag{III.6.4}$$

enthält. Die Ladung pro Mol eines Stoffes wird als die *Faraday-Konstante F* bezeichnet:

$$F = 96497\ \mathrm{C/val} = z\ 96497\ \mathrm{C/mol},$$

$$F = \frac{z}{M_r}\ 96497\ \mathrm{C/g}. \tag{III.6.5}$$

Demnach gilt, daß das elektrochemische Äquivalent

$$m_{\ddot{a}} = \frac{\ddot{A}}{F} = \frac{M_r}{zF}\ \mathrm{g} \tag{III.6.6}$$

ist.

Wie das Experiment zeigt, ist die Abhängigkeit zwischen der elektrischen Stromstärke i durch den Elektrolyten und der angelegten Spannung u zwischen den Elektroden nach Überwindung einer sogenannten Polarisationsspannung U_p rein linear (Bild III.6.2). Zum elektrischen Strom trägt der Bewegungsvorgang sowohl der po-

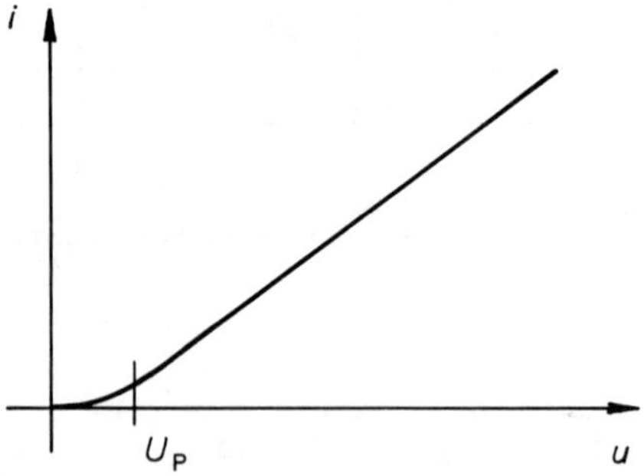

Bild III.6.2: Zusammenhang zwischen elektrischer Stromstärke und elektrischer Spannung in einem elektrolytischen Leiter.

sitiven als auch der negativen Ionen bei. Wie im Fall der metallischen Leiter stellt sich auch im Elektrolyten im zeitlichen Mittel aufgrund der beim Ladungstransport auftretenden Reibungskräfte eine gleichförmige Bewegung der Ladungsträger ein. Allerdings haben die verschiedenen Ionen unter dem Einfluß eines elektrischen Feldes nicht dieselbe Geschwindigkeit, so daß die Beweglichkeiten der am Ladungstransport beteiligten positiven und negativen Ionen unterschiedlich groß sind (vgl. Halbleitermaterialien):

$$\vec{v}_+ = b_+ \vec{E} \quad , \qquad \vec{v}_- = b_- \vec{E} \ . \qquad \text{(III.6.7)}$$

Wird davon ausgegangen, daß bei der Dissoziation der Moleküle gleichviele positive und negative Ionen der Wertigkeit z gebildet werden, so berechnet sich die Leitfähigkeit des Elektrolyten aus:

$$\varkappa = nez(|b_+|+|b_-|) = nez(b_+ - b_-) \quad , \qquad \text{(III.6.8)}$$

mit n der Zahl der Ionen pro Volumeneinheit und e der Elementarladung.

Da der elektrische Strom durch einen Elektrolyten aus den Ladungen der zu den Elektroden wandernden Ionen besteht, muß bei konstanter Elektrodenspannung der elektrische Strom umso größer sein, der Widerstand des Elektrolyten also umso kleiner sein, je mehr freie Ionen pro Volumeneinheit im Elektrolyten vorhanden sind und je schneller sie wandern, d.h. je größer ihre Beweglichkeit ist. Der spezifische Widerstand des Elektrolyten ändert sich somit sowohl mit der Konzentration als auch mit der Temperatur der elektrolytischen Lösung. Die meisten Ionen pro Volumeneinheit werden im Elektrolyten aber nicht bei der größten Konzentration der Lösung auftreten, weil der Dissoziationsgrad umso kleiner ist, je größer die Konzentration ist. Damit ist der spezifische Widerstand weder zur Konzentration noch zum Dissoziationsgrad proportional. Häufig hat er in Abhängigkeit von der Konzentration ein Minimum (vgl. Bild III.6.3).

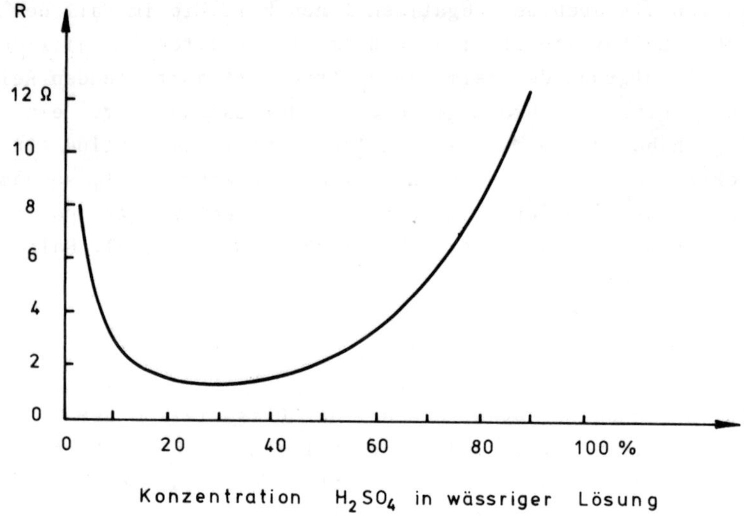

Bild III.6.3: Abhängigkeit des Widerstandes eines elektrolytischen Leiters (H_2SO_4 in H_2O) von der Konzentration H_2SO_4.

Da die Dissoziation mit der Temperatur zunimmt, nimmt der spezifische Widerstand der elektrolytischen Leiter im Gegensatz zu den metallischen Leitern mit der Temperatur ab. Die elektrolytischen Leiter haben also im allgemeinen einen negativen Temperaturkoeffizienten. Tabelle 6.2 zeigt die spezifischen Widerstände einiger elektrolytischer Leiter in Abhängigkeit von der Konzentration der Lösung sowie die Temperaturkoeffizienten der Elektrolyten (die, wenn auch nur leicht, ihrerseits auch wieder von der Konzentration der Lösungen abhängen). Die Temperaturkoeffizienten der Elektrolyte liegen in der Größenordnung von 0,01 K^{-1} bis 0,02 K^{-1}. Das sich ausbildende Minimum des spezifischen Widerstandes in Abhängigkeit von der Konzentration der Lösung ist für die Materalien Salpetersäure (HNO_3) und Salzsäure (HCl) aus der Tabelle deutlich zu erkennen. Bei den anderen aufgeführten Materialien ist die Ausbildung der Minima bis zu den gemessenen Konzentrationen noch nicht nachweisbar.

Konzentration \ Material	Spezifischer Widerstand in Ω·cm				
	HNO_3	HCl	$CuSO_4$	NaCl	$AgNO_3$
1 %	-	9,2	-	57	-
5 %	3,9	2,5	53	16	42
10 %	2,2	1,6	31	8,9	23
15 %	1,63	1,34	24	6,5	16
20 %	1,4	1,3		5,5	12,3
25 %	1,3	1,4		5	10,1
30 %	1,28	1,5			8,6
35 %	1,3	1,7			7,6
40 %	1,37	1,95			6,8
50 %	1,6				5,8
60 %	1,95				5,1
70 %	2,5				
80 %	2,7				
Minimum bei	29,7 %	18 %			
Temperatur-Koeffizient K^{-1}	-0,014	-0,016	-0,022	-0,022	-0,022

Tabelle III.6.2: Spezifische Widerstände und Temperaturkoeffizienten einiger wässriger Lösungen bei 18°C: Salpetersäure HNO_3, Salzsäure HCl, Kupfersulfat $CuSO_4$, Kochsalz NaCl, Silbernitrat $AgNO_3$.

III.7 DER LADUNGSTRANSPORT IM HALBLEITER

Als Beispiel für ein Halbleitermaterial soll hier Germanium betrachtet werden. Germanium ist ein vierwertiges Element, das heißt, es besitzt vier Elektronen auf der äußersten Schale seiner Atome. Bild III.7.1 zeigt schematisch den Gitteraufbau des Germaniums. Im kristallinen Festkörper sind die vier Außenelektronen bei der Temperatur 0 K fest in den Gitterverband eingeschlossen, es existieren keine frei beweglichen Elektronen, die zur Leitfähigkeit beitragen; das Material ist ein idealer Isolator.

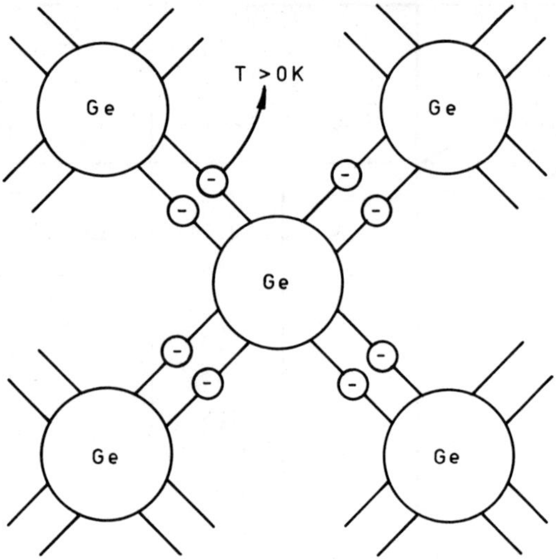

Bild III.7.1 Kristallstruktur des Elements Germanium.

Wird die Temperatur vergrößert ($T > 0\,K$), so wird dem Festkörper Energie zugeführt, die zu einer thermischen Gitterbewegung führt. Wird die zugeführte Energie groß, z.B. wenn die Temperatur gleich der Zimmertemperatur wird ($T = 300\,K$), so können einige Elektronen aufgrund ihrer Bewegungsenergie aus ihrem Gitterplatz ausbrechen und damit als freie Elektronen zur Leitfähigkeit beitragen. Gleichzeitig wird aber an der Stelle, an der sich vorher das Elektron im Gitter befunden hat, eine Leerstelle, ein sogenanntes *Loch*, mit positiver Ladung entstehen. In dieses Loch kann ein Elektron aus einer anderen Gitterstelle überwechseln, damit wandert das Loch an die Stelle, an der sich das Elektron vorher befunden hat.

Damit tragen zwei "Ladungsarten" im Halbleiter zur Leitfähigkeit bei, die negativen Elektronen und die positiven Löcher. Die Zahl n der Elektronen pro Volumeneinheit und die Zahl p der Löcher pro Volumeneinheit ist bei der hier betrachteten sogenannten Eigenleitung immer gleich groß:

$$n = p = n_i \; . \qquad \text{(III.7.1)}$$

n und p sind stark von der Temperatur abhängig, wie bereits oben erklärt wurde; mit wachsender Temperatur wachsen n und p exponentiell an. Bei Zimmertemperatur (T = 300 K) ist $n_i \approx 10^{13}/\mathrm{cm}^3$ für das Element Germanium (Index i von engl. "intrinsic").

Da beide Ladungsträgerarten im Halbleiter zum elektrischen Strom beitragen (Bild III.7.2), kann für die elektrische Stromdichte im Halbleiter in Äquivalenz zu dem für die metallischen

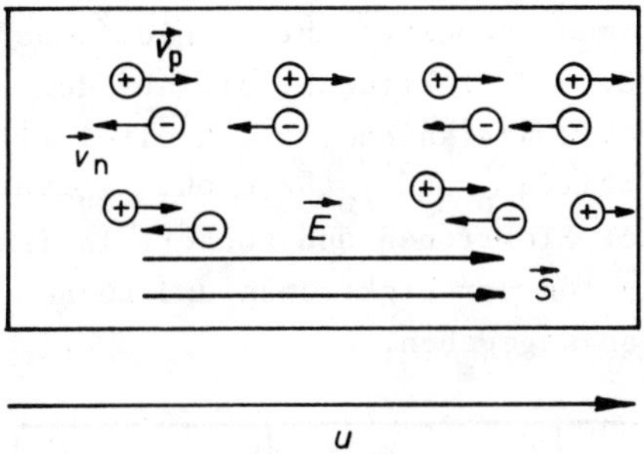

Bild III.7.2: Anschauliche Deutung des Stroms im Halbleiter.

Leiter abgeleiteten Zusammenhang Gl.(III.4.11) die Beziehung:

$$\vec{S} = \vec{S}_p + \vec{S}_n = p\, q_p\, b_p\, \vec{E} + n\, q_n\, b_n\, \vec{E} \tag{III.7.2}$$

mit

$$q_p = +e \quad , \qquad b_p = + \frac{e\tau_p}{m_p^*} \quad ,$$
$$q_n = -e \quad , \qquad b_n = - \frac{e\tau_n}{m_n^*} \quad , \tag{III.7.3}$$

angegeben werden, so daß trotz der Tatsache, daß die Bewegungsrichtung der beiden Ladungsträgerarten entgegengesetzt zueinander ist ($\vec{v}_p$ antiparallel zu $\vec{v}_n$), beide Ladungsträger einen positiven Beitrag zur elektrischen Stromdichte liefern:

$$\vec{S} = e^2\left(\frac{p\tau_p}{m_p^*} + \frac{n\tau_n}{m_n^*}\right)\vec{E} ,$$

$$\vec{S} = \varkappa \vec{E} \qquad \text{(III.7.4)}$$

mit

$$\varkappa = e^2\left(\frac{p\tau_p}{m_p^*} + \frac{n\tau_n}{m_n^*} \right) . \qquad \text{(III.7.5)}$$

b_p und b_n sind die im allgemeinen unterschiedlichen Beweglichkeiten für die Löcher und Elektronen, die auf den unterschiedlichen mittleren freien Weglängen (vgl. Kapitel III.4) und damit den freien Laufzeiten τ_p und τ_n beruhen. m_n^* und m_p^* sind die effektiven Massen der Elektronen und Löcher. In Tabelle III.7.1 sind die Beweglichkeiten der Elektronen und Löcher einiger Halbleitermaterialien angegeben.

Material	$\frac{b_n}{\frac{cm^2}{Vs}}$	$\frac{b_p}{\frac{cm^2}{Vs}}$
Diamant (C)	1800	1200
Silizium (Si)	1350	480
Germanium (Ge)	3900	1900
Indium-Antimonid (InSb)	80000	7000
Indium-Arsenid (InAs)	33000	450
Gallium-Antimonid (GaSb)	5000	1000
Gallium-Arsenid (GaAs)	8500	450

Tabelle III.7.1: Elektronen- und Löcherbeweglichkeiten.

Neben der bisher beschriebenen Eigenleitung der Halbleitermaterialien gibt es einen anderen Leitungsmechanismus, der für die Halbleitertechnik von großer Bedeutung ist. Durch den Einbau von Fremdatomen in das Gitter des Halbleitermaterials (z.B. Germanium Ge) kann erreicht werden, daß einige Elektronen nicht so fest an das Gitter des Materials gebunden sind und damit leichter aus dem Gitterverband gelöst werden können.

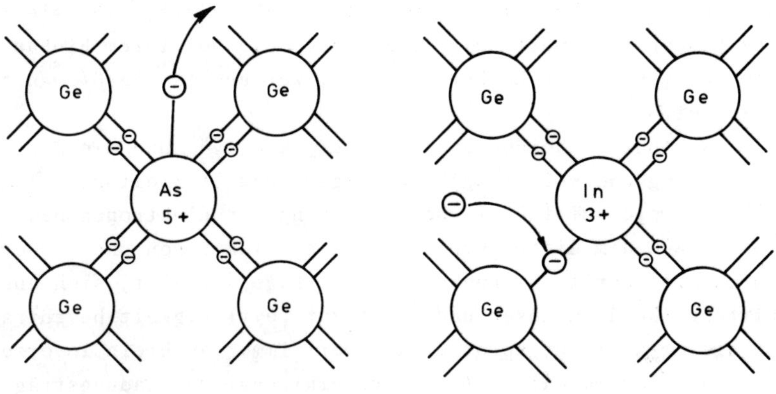

Bild III.7.3: Anschauliche Erläuterung der n-Leitung und der p-Leitung.

Werden z.B. Elemente aus der fünften Gruppe des periodischen Systems (Phosphor, P; Arsen, As; Antimon, Sb) in das Gitter der vierwertigen Elemente (Ge) oder Silizium (Si) eingebracht (ein Vorgang, der als *Dotierung* bezeichnet wird), so wird das fünfte Valenzelektron des eingebrachten Materials (Beispiel Arsen, Bild III.7.3a)) nicht fest im Gitterverband eingebaut und ist damit bei Zimmertemperatur immer frei beweglich. Entsprechende fünfwertige Fremdatome werden als *Donatoren* bezeichnet, der Leitungsvorgang in einem so dotierten Material, der im wesentlichen auf dem Bewegungsvorgang der freien Elektronen des Donators beruht, wird n-Leitung genannt.

Umgekehrt ist es möglich, ein dreiwertiges Atom in das Gitter des vierwertigen Germaniums einzubauen (z.B. Indium, In; Bor, B), so daß eine Stelle entsteht, an der ein Elektron im Gitteraufbau fehlt; in das so entstandene Loch kann, wie bereits oben beschrieben, ein Elektron aus der Umgebung hereingezogen werden, das seinerseits wieder ein Loch hinterläßt. Das Loch ist damit scheinbar gewandert, es hat ein Ladungstransport stattgefunden, der in Wirklichkeit durch ein Elektron, scheinbar jedoch durch ein Loch mit positiver Ladung hervorgerufen wurde. Dieser Leitungsmechanismus wird als p-Leitung bezeichnet. Auch die positiven Löcher werden bereits bei Zimmertemperaturen *aktiviert*, d.h. sie tragen zum Ladungstransport bei. Fremdatome, die bei ihrem Einbau in ein anderes Gitter Löcher erzeugen, werden als *Akzeptoren* bezeichnet.

Wir unterscheiden damit die *Eigenleitung* und die *Störleitung* (n-Leitung und p-Leitung). Der Eigen- und Störleitung ist gemeinsam, daß sie auf thermischer Auslösung der Elektronen bzw. der Löcher aus dem Gitterverband beruhen. Elektronen und Löcher werden durch die thermische Energie in die Lage versetzt, sich aus dem Gitterverband zu lösen und somit zur Leitfähigkeit beizutragen. Zu diesem Auslösungsprozeß existiert immer auch ein inverser Prozeß, die *Rekombination* (Wiedervereinigung) der Ladungsträger und des Atomrumpfes zu einem neutralen Atom. Beide Prozesse finden immer gleichzeitig statt, sie halten sich im thermischen Gleichgewicht die Waage; das heißt es werden pro Zeiteinheit gleichviel Ladunsgträgerpaare erzeugt und vernichtet. Während aber die Ladungsträger-Paarerzeugung durch die sogenannte *Boltzmann'sche-Energieverteilung* in Abhängigkeit von der Temperatur beschrieben wird, ist die Rekombination dem Produkt der Elektronen- und Löcherkonzentration proportional. Im thermischen Gleichgewicht ist die Ladungsträger-Paarerzeugung aufgrund der konstanten Temperatur (Definition des thermischen Gleichgewichts) konstant, so daß dann gilt:

$$p\,n = \text{const.} \quad . \qquad \text{(III.7.6)}$$

Sind gerade soviele Donatoren im Material vorhanden, daß die von ihnen gelieferten Elektronen die Löcher der Akzeptoren absättigen, so bleibt für den Leitungsmechanismus nur die Eigenleitfähigkeit übrig, so daß also gilt:

$$p\,n = n_{\mathrm{i}}^2 \ . \qquad \text{(III.7.7)}$$

Das heißt, daß eine Störleitung (z.B. n-Leitung) immer auf Kosten des anderen Leitungsmechanismus geht; es wird eine Klasse von Majoritätsladungsträgern (bei n-Leitung: Elektronen, bei p-Leitung: Löcher) und eine Klasse von Minoritätsladungsträgern (bei n-Leitung: Löcher, bei p-Leitung: Elektronen) ausgebildet. n_{i} wird als *Inversionsdichte* bezeichnet, weil beim Überschreiten der Dotierungskonzentration n_{i} der Leitfähigkeitscharakter geändert wird.

Wir fassen zusammen:

Satz 27: In einem Halbleiter treten zwei Leitungsmechanismen auf: Die Eigenleitung und die Störleitung. Während bei der Eigenleitung immer gleichviele negative Elektronen und positive Löcher am Ladungstransport beteiligt sind, beruht die Störleitung auf der Bewegung von Majoritätsladungsträgern (die in einer größeren Anzahl im Material vorhanden sind als die Minoritätsladungsträger) und Minoritätsladungsträgern.

III.8 ENERGIE UND LEISTUNG IM ELEKTRISCHEN STRÖMUNGSFELD

Bereits im Kapitel über elektrische Felder (vgl. Kapitel II.6) wurde die Arbeit berechnet, die das elektrische Feld leistet, wenn eine Ladung Q im elektrischen Feld längs eines Weges C vom Punkt P_1 zum Punkt P_2 transportiert wird (Bild III.8.1a)):

$$A_{\mathrm{el}} = \Delta W = \int_{C\,P_1}^{P_2} \vec{F}\cdot d\vec{s} = Q \int_{C\,P_1}^{P_2} \vec{E}\cdot d\vec{s} = Q\,u_{12} \ , \qquad \text{(III.8.1)}$$

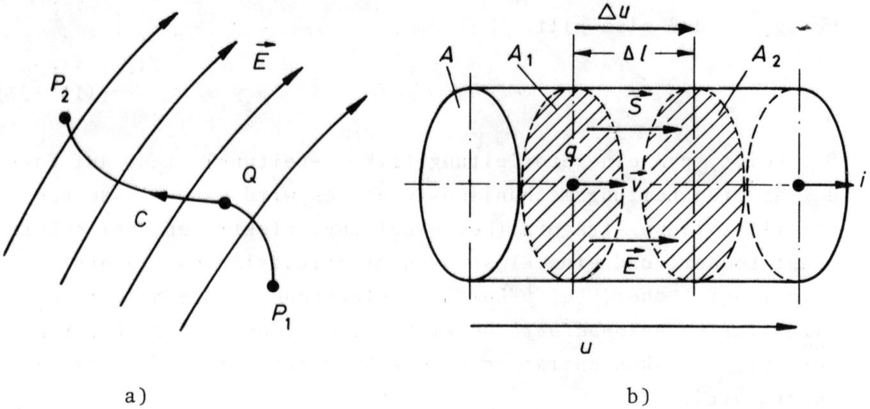

Bild III.8.1: Zur Bestimmung der Arbeit im elektrischen Strömungsfeld.

worin die elektrische Spannung u_{12} zwischen den Punkten P_1 und P_2 unabhängig vom Integrationsweg C bestimmt werden kann.

Betrachten wir das in Bild III.8.1b) gezeichnete Leiterelement des Querschnitts A und der Länge Δl, an dem von außen eine elektrische Spannung $\Delta u>0$ aufrechterhalten wird, so wird sich im Innern des Leiters eine elektrische Feldstärke $|\vec{E}| = \Delta u/\Delta l$ ausbilden. Unter dem Einfluß des elektrischen Feldes wird in dem Material mit der elektrischen Leitfähigkeit $\varkappa$ eine elektrische Stromdichte $|\vec{S}| = \varkappa|\vec{E}|$ auftreten, so daß ein Strom der elektrischen Stromstärke $i = |\vec{S}|\,A$ fließt; diese wiederum ist gleich der pro Zeiteinheit durch den Querschnitt A des Leiters transportierten Ladung Q.
Damit gilt, falls in einem Leiterelement der Länge Δl gerade N Ladungsträger der Ladung q enthalten sind, für die beim Transportvorgang dieser N Ladungen vom Feld geleistete Arbeit:

$$A_{el} = \Delta W = N|q|\,|\vec{E}|\,\Delta l \quad ,$$

$$A_{el} = \Delta W = n|q|A\,\Delta l\,|\vec{E}|\,\Delta l \;. \qquad \text{(III.8.2)}$$

$n = N/\Delta V = N/(A\ \Delta l)$ ist die Ladungsträgerkonzentration im Leiter, so daß für die pro Zeiteinheit geleistete Arbeit, das ist die Leistung Δp, die das elektrische Feld im Volumen ΔV aufbringt, geschrieben werden kann:

$$\Delta p = \frac{\Delta W}{\Delta t} = \frac{n|q|A\ \Delta l}{\Delta t}\ |\vec{E}|\ \Delta l \quad ,$$

$$\Delta p = n|q|\ \frac{\Delta l}{\Delta t}\ A|\vec{E}|\Delta l \quad ,$$

$$\Delta p = n\ |q||\vec{v}_D|A|\vec{E}|\Delta l \quad . \qquad \text{(III.8.3)}$$

Wenn die Ladungsträger in der Zeit Δt gerade die Länge Δl durchlaufen, ist $\Delta l/\Delta t = |\vec{v}_D|$ gleich dem Absolutbetrag der Driftgeschwindigkeit und die Ladung $Q = Nq$ tritt in der Zeit Δt durch die Querschnittsfläche A_2 (vgl. Kapitel III.4). Nach Gl.(III.4.4) in Verbindung mit Gl.(III.4.6) ist aber gerade:

$$n|q||\vec{v}_D| = |\vec{S}| \qquad \text{(III.8.4)}$$

gleich dem Absolutbetrag der elektrischen Stromdichte im Leiter, so daß für die Leistung der Ausdruck gilt:

$$\Delta p = |\vec{S}|\ |\vec{E}|\ A\ \Delta l = |\vec{S}|\ |\vec{E}|\ \Delta V \ , \qquad \text{(III.8.5)}$$

bzw. für homogene Felder $\vec{E}$ und $\vec{S}$ und ein endliches Volumen $V = A\cdot l$:

$$p = |\vec{S}||\vec{E}|\ V \quad . \qquad \text{(III.8.6)}$$

Satz 28: Die Leistung p, die von einem elektrischen Strömungsfeld in einem Volumen V aufgebracht wird, ist gleich dem Produkt aus der elektrischen Stromdichte $|\vec{S}|$, der elektrischen Feldstärke $|\vec{E}|$ und dem Volumen V (unter der Voraussetzung homogener Felder).

Damit gilt aber auch:

$$p = |\vec{E}|\ \Delta l\ \ |\vec{S}|\ A = u\ i \ , \ [p] = \text{AV} = \text{Watt} = \text{W}. \qquad \text{(II.8.7)}$$

Satz 29: Liegt an einem Leiterelement die elektrische Spannung u und fließt in ihm ein Strom der elektrischen Stromstärke i, so bringt das elektrische Feld die Leistung $p = u\,i$ auf. Die Einheit der Leistung ist 1 AV = 1 W [1].

Da für ein Leiterelement der Zusammenhang

$$u = R\,i \tag{III.8.8}$$

(vgl. Gl.(III.5.4)) gilt, kann für das Leiterelement mit dem elektrischen Widerstand R Gl.(III.8.7) auch in der Form

$$p = u\,i = R\,i^2 = \frac{u^2}{R} \tag{III.8.9}$$

geschrieben werden.

Diese Leistung muß von dem elektrischen Feld aufgebracht werden, um die Ladungen unter Überwindung der Reibungskraft (vgl. Kapitel III.4) durch den Leiter zu bewegen. Damit wird diese Leistung in Wärme umgesetzt, der Leiter wird sich unter dem Einfluß des Ladungstransports erwärmen. Die in einer Zeit Δt vom Zeitpunkt t_1 bis zum Zeitpunkt t_2 insgesamt in Wärme umgesetzte elektrische Energie berechnet sich damit (für u = const.) zu:

$$\Delta W = \int_{t_1}^{t_2} p\,dt = \int_{t_1}^{t_2} u\,i\,dt = Q\,u \tag{III.8.10}$$

in Übereinstimmung mit Gl.(III.8.1). Da der Umwandlungsvorgang (elektrische Energie in Wärmeenergie) irreversibel ist, geht die Energie nach Gl.(III.8.10) dem elektrischen Feld verloren.

[1] 1 W = 1 Watt; James Watt, 1736-1819, englischer Ingenieur und Erfinder.

IV. DAS MAGNETFELD

IV.1 EINLEITUNG

Im zweiten Kapitel dieses Buchs haben wir das elektrische Feld eingeführt, um die von ruhenden Ladungen ausgeübten Kraftwirkungen zu beschreiben. Die elektrische Feldstärke wurde als der geänderte Zustand des Raums definiert, der sich nach Einbringen einer Ladung in den Raum ergibt; sie wurde definiert als der Quotient aus der im Feld auf eine Probeladung ausgeübten Kraft und der Größe der Probeladung. Im dritten Kapitel haben wir dann untersucht, wie die Bewegung der Ladungsträger unter dem Einfluß des elektrischen Feldes und seiner Kraftwirkungen beschrieben werden kann, was zur Definition des elektrischen Stromes führte. Fließt, z.B. in einem leitenden Material, ein elektrischer Strom, so kann festgestellt werden, daß durch die Bewegung der Ladungsträger, die diesen Strom bilden, erneut eine Änderung des Zustandes des den Strom umgebenden Raumes hervorgerufen wird. Dieser neue Zustand des Raumes äußert sich z.B. in neuen Kraftwirkungen, die nicht nachzuweisen sind, wenn der Raum nur ruhende Ladungen enthält. Im einzelnen können folgende *neue* Wirkungen festgestellt werden:

1) Fließt in einem Raum ein Strom der elektrischen Stromstärke i, so wird in seiner Umgebung eine Kraft auf sogenannte magnetisierte Körper (z.B. Magnetnadeln, Dauermagnete) ausgeübt.

2) Fließt in einem Raum ein Strom der elektrischen Stromstärke i, so wird in seiner Umgebung eine Kraft auf *bewegte*, elektrisch geladene Teilchen, damit aber auch auf z.B. einen anderen stromführenden Leiter ausgeübt.

3) Fließt in einem Raum ein zeitlich konstanter Strom der elektrischen Stromstärke i und wird eine geschlossene Leiterschleife in die Nähe des stromführenden Leiters gebracht, so fließt während des Bewegungsvorgangs der geschlossenen Leiterschleife in dieser Leiterschleife ein Strom. Der Strom wird in der Leiterschleife *induziert*.

Wie wir später erkennen werden, gehört in die Gruppe der genannten Wirkungen auch die Kraftwirkung, die zwischen zwei magnetisierten Körpern (z.B. Dauermagneten) auftritt. Wir werden lernen, daß auch diese Kraftwirkungen auf das Fließen von (mikroskopischen) Strömen im atomaren Bereich zurückgeführt werden können.

Zur Beschreibung der Kraftwirkungen führen wir erneut ein Feld, das sogenannte *Magnetfeld*, ein. Die Ursachen des Magnetfeldes sind bewegte Ladungsträger, also elektrische Ströme. Seine Wirkungen sind die oben genannten Kraftwirkungen sowie (für die Elektrotechnik besonders wichtig) die unter Punkt 3) beschriebene *Induktionswirkung*.

Es ergibt sich damit bisher folgende logische Kette von elektrischen Erscheinungen: Elektrische Ladungen erzeugen ein elektrisches Feld; das elektrische Feld übt seinerseits eine Kraft auf Ladungen aus. Die Ladungen können unter dem Einfluß dieser Kraft beschleunigt werden und bilden somit einen elektrischen Strom. Der elektrische Strom erzeugt ein Magnetfeld, das sich wiederum in einer Kraftwirkung auf bewegte elektrisch geladene Teilchen äußert. Wie wir später bei der Interpretation des Induktionsvorgangsvorgangs erkennen werden, können wir diese Kraftwirkung auch wieder durch ein elektrisches Feld beschreiben, so daß sich ein geschlossener Zyklus eines physikalischen Prozesses ergibt.

Zur Beschreibung des Magnetfeldes werden, entsprechend den Betrachtungen im Bereich des elektrischen Feldes, wieder zwei Feldgrößen eingeführt:

1) Die Wirkung des magnetischen Feldes wird durch das Vektorfeld der *magnetischen Flußdichte* $\vec{B}$ beschrieben. Damit entspricht die magnetische Flußdichte nach ihrer Definition der elektrischen Feldstärke im Bereich des elektrischen Feldes[1].

---

[1] Der Name der magnetischen Flußdichte ist nicht ganz glücklich gewählt; dasselbe gilt für die andere z.B. vom DIN-Normblatt 1325 vorgeschlagene Bezeichnung "magnetische Induktion" für dieses Feld. Besser wäre die Bezeichnung "magnetische Feldstärke" für das Feld $\vec{B}$. Da aber in einem großen Teil der Literatur, auch im Normblatt 1325, die magnetische Erregung $\vec{H}$ aus historischen Gründen als "magnetische Feldstärke" bezeichnet wird, wurde hier als Kompromiß, um unnötige Verwirrung zu vermeiden, für $\vec{B}$ die Bezeichnung "magnetische Flußdichte" eingeführt, die DIN-Blatt 1325 zuläßt.

2) Die Ursache des magnetischen Feldes ist der elektrische Strom. Zur Beschreibung der Ursache des Magnetfelds wird das Vektorfeld der *magnetischen Erregung* $\vec{H}$ eingeführt. Damit entspricht die magnetische Erregung nach ihrer Definition der elektrischen Erregung im Bereich des elektrischen Feldes[1] (s. Fußnote 1), Seite 148).

IV.2 DIE MAGNETISCHE FLUßDICHTE

Die magnetische Flußdichte $\vec{B}$ wird aus der Kraftwirkung des Magnetfelds auf bewegte, elektrisch geladene Teilchen und damit aus der Kraftwirkung auf einen stromdurchflossenen Leiter definiert. Dazu wird die in Bild IV.2.1 gezeichnete Versuchsan-

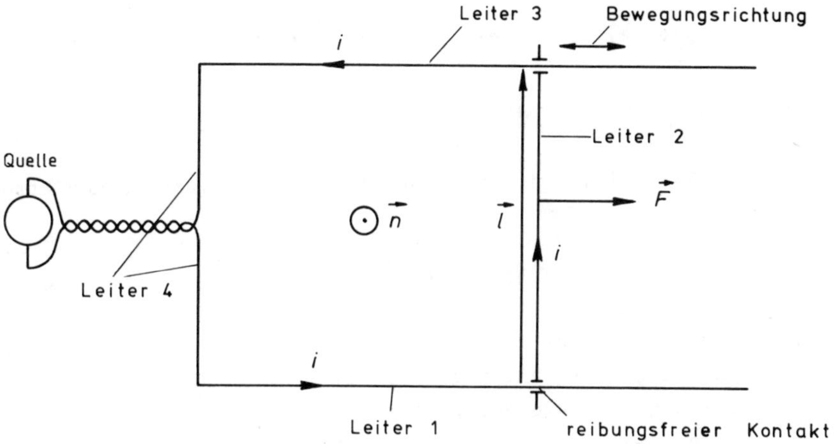

Bild IV.2.1: Versuchsanordnung zur Definition der magnetischen Flußdichte.

ordnung verwendet. Ein Leiter der Länge l (Leiter 2 in Bild IV.2.1, charakterisisiert durch den Längenvektor $\vec{l}$) ist reibungsfrei längs zweier anderer Leiter 1, 3 beweglich. Die Leiter 1 und 2 sowie die Leiter 2 und 3 haben an der reibungsfreien Kontaktstelle einen idealen, widerstandsfreien elektrischen Kontakt miteinander. In der so entstandenen Leiterschleife soll, erzeugt durch eine von außen über eine bifilar gewickelte Zuleitung angeschlossene *Quelle*[1], ein Strom der elektrischen Stromstärke i fließen.

Wird diese Leiterschleife in die Umgebung eines weiteren stromführenden Leiters (oder eines Dauermagneten), der ein homogenes magnetisches Feld erzeugt, gebracht, so wird auf den frei beweglichen Leiter 2 eine Kraft $\vec{F}$ ausgeübt. Wie das Experiment zeigt, weist die Kraft $\vec{F}$ immer in eine Richtung senkrecht zur Richtung des Leiters (Vektor $\vec{l}$) und damit senkrecht zur Richtung der Bewegung der Ladungsträger, die den Strom bilden. Durch Verändern der das Experiment bestimmenden elektrischen und geometrischen Kenngrößen können experimentell die folgenden Zusammenhänge festgestellt werden:

1) Die Kraft $|\vec{F}|$ ist direkt proportional zur Länge $|\vec{l}|$ des Leiters:

$$|\vec{F}| \sim |\vec{l}| \; . \tag{IV.2.1}$$

2) Die Kraft $|\vec{F}|$ ist direkt proportional der elektrischen Stromstärke i:

$$|\vec{F}| \sim |i| \; . \tag{IV.2.2}$$

3) Es kann festgestellt werden, daß die Kraft $\vec{F}$ auf den Leiter 2 von der Lage der Leiterschleife im Raum abhängig ist. Zur Beschreibung der Lage der Leiterschleife im Raum wird ein Flächennormalenvektor $\vec{n}$ auf der von den Leitern 1, 2, 3 und 4 aufgespannten Fläche eingeführt (Bild IV.2.1). Um die Abhängigkeit der Kraft $\vec{F}$ von der Lage der Leiterschleife im Raum zu erkennen werden drei Experimente durchgeführt:

   a) Wie das Experiment zeigt, gibt es eine ausgezeichnete Lage der Leiterschleife und damit der Flächennormale $\vec{n} = \vec{n}_{max}$ im Raum, für die die Kraft $|\vec{F}|$ auf den Leiter 2 maximal wird; gleichzeitig zeichnet sich diese Lage dadurch aus,

---

[1] Zum Begriff der Quelle siehe Kapitel V.3.

daß bei Drehung der Fläche um die Flächennormale als Drehachse der Absolutbetrag der Kraft $|\vec{F}| = |\vec{F}_{max}|$ auf den Leiter 2 unverändert bleibt (Bild IV.2.2).

b) Wird anschließend die Leiterschleife um eine Drehachse, die parallel zum betrachteten Leiter 2 liegt, gedreht (Bild IV.2.3), so bleibt der Absolutbetrag der Kraft auf den Leiter 2 ebenfalls konstant gleich $|\vec{F}_{max}|$.

c) Wird die Leiterschleife um eine Drehachse parallel zu den Leitern 1 und 3, die senkrecht auf dem Leiter 2 steht, gedreht, so zeigt das Experiment, daß die Kraft auf den Leitern 2, ausgehend von der oben definierten ausgezeichneten Lage, sich mit dem Cosinus des Winkels α zwischen der Richtung der Flächennormelen $\vec{n}$ und der Richtung der ausgezeichneten Flächennormalen $\vec{n}_{max}$ ändert (Bild IV.2.4):

$$|\vec{F}| \sim |\cos(\sphericalangle(\vec{n}, \vec{n}_{max}))| \quad . \qquad \text{(IV.2.3)}$$

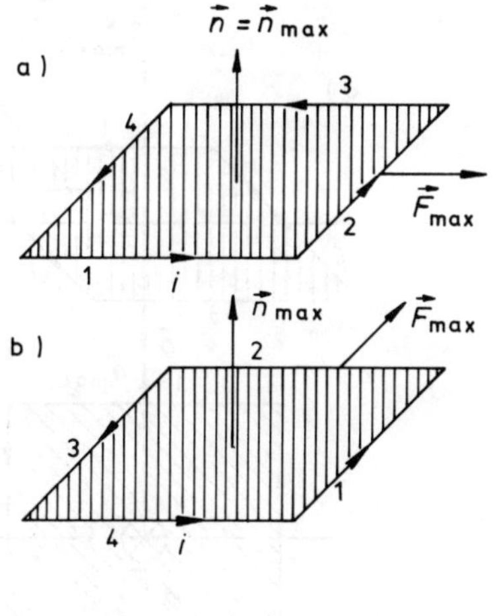

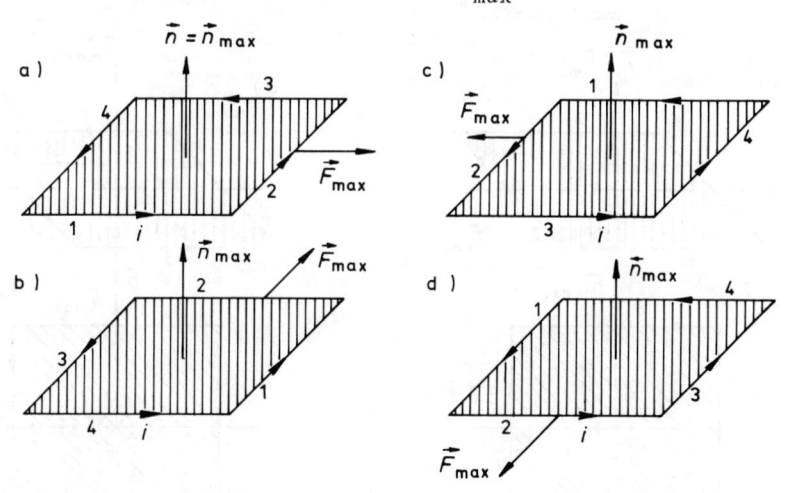

Bild IV.2.2: Drehung der Leiterschleife um die Richtung der Flächennormale $\vec{n}_{max}$.

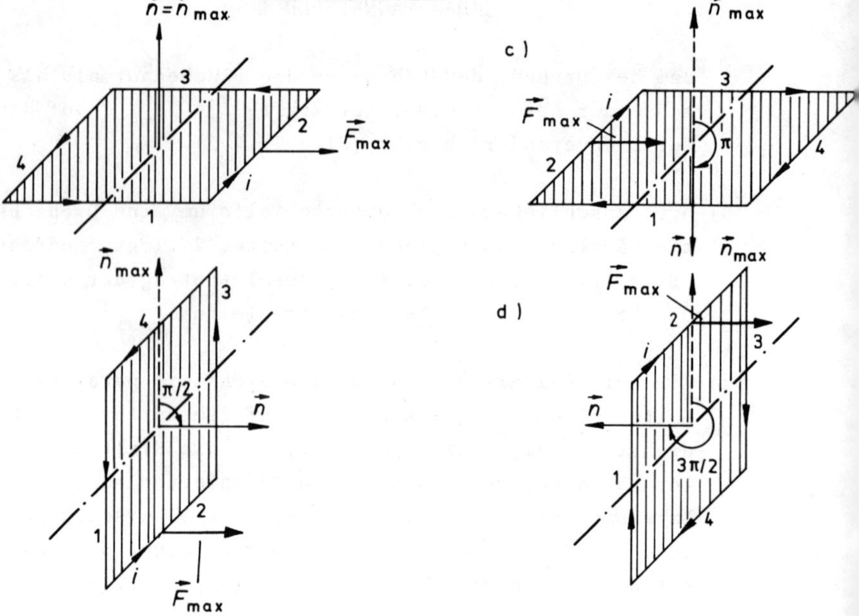

Bild IV.2.3: Drehung der Leiterschleife um eine Drehachse parallel zum Leiter 2.

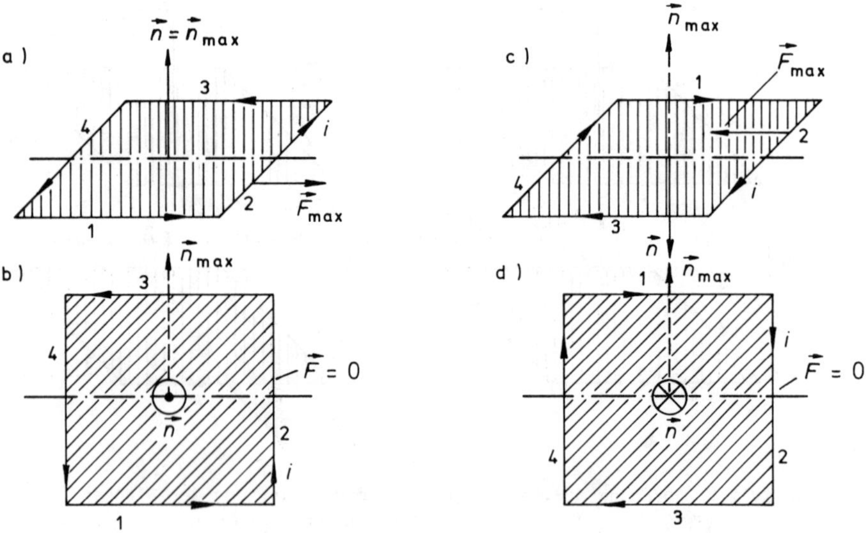

Bild IV.2.4: Drehung der Leiterschleife um eine Drehachse senkrecht zum Leiter 2.

Darüber hinaus kann festgestellt werden, daß die Kraft $\vec{F}$ stets senkrecht auf der Richtung des Leiters 2 (Vektor $\vec{l}$) und senkrecht auf der ausgezeichneten Flächennormalen $\vec{n}_{max}$ steht; ihr Richtungssinn ist dem Richtungssinn von $\vec{n}$ und $\vec{n}_{max}$ im Rechtsschraubensinn zugeordnet. Aus Bild IV.5.2 folgt zunächst, daß damit die Kraft $\vec{F}$ proportional dem Sinus des Winkels β zwischen

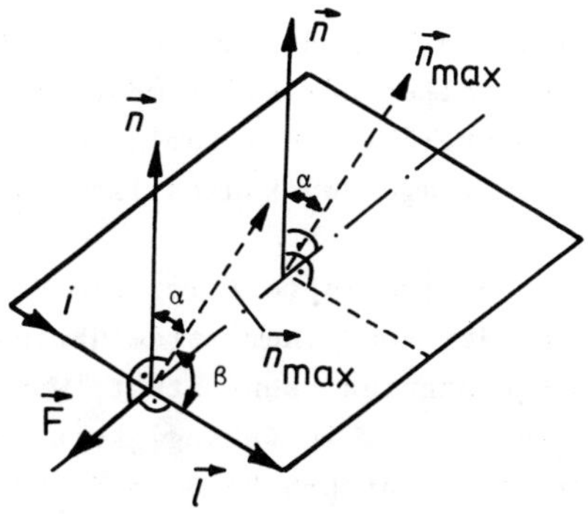

Bild IV.2.5: Zur Bestimmung der Kraft.

der Richtung des Leiters 2 (Stromrichtung) und der Richtung der ausgezeichneten Flächennormale $\vec{n}_{max}$ ist:

$$|\vec{F}| \sim |\sin(\sphericalangle(\vec{l},\vec{n}_{max}))| \quad . \qquad \text{(IV.2.4)}$$

Aus den beschriebenen Experimenten wird eine die Kraft beschreibende Feldgröße, die magnetische Flußdichte $\vec{B}$,definiert. Der Absolutbetrag der magnetischen Flußdichte ist:

$$|\vec{B}| = \lim_{\substack{|\vec{l}| \to 0 \\ i \to 0}} \frac{|\vec{F}_{max}|}{|\vec{l}|\,|i|} \quad . \qquad \text{(IV.2.5)}$$

Die Richtung der magnetischen Flußdichte $\vec{B}$ sei gleich der Richtung des ausgezeichneten Flächennormalenvektors $\vec{n} = \vec{n}_{max}$ für den Fall, daß die Kraft auf den Leiter 2 unabhängig von einer Drehung der Leiterschleife um die Normalenrichtung maximal ist.

Die Einheit der magnetischen Flußdichte ist:

$$[\vec{B}] = [\frac{\vec{F}}{i\,l}] = \frac{N}{A\,m} = \frac{AVsm^{-1}}{Am} = \frac{Vs}{m^2} = T\;,$$

mit 1T = 1 Tesla[1].

Durch diese Definition wird die magnetische Flußdichte als eine von den Eigenschaften der experimentellen Anordnung unabhängige Feldgröße eingeführt, die somit nur noch eine Eigenschaft des das Feld tragenden Raumes ist.

Satz 30: Die magnetische Flußdichte $\vec{B}$ ist ein Vektorfeld, das senkrecht auf der von einer stromführenden Leiterschleife aufgespannten Ebene steht, wenn auf den stromführenden Leiter in Abhängigkeit von der Flächennormalen-Richtung entsprechend oben stehender Diskussion die maximale Kraft ausgeübt wird. Der Betrag der magnetischen Flußdichte ist gleich dem Betrag der maximalen Kraft bezogen auf die Leiterlänge l und die elektrische Stromstärke i, falls sowohl l als auch i beliebig klein werden. Die Richtung des Bezugspfeils des elektrischen Stroms in dem geschlossenen Leiter, auf den die maximale Kraft ausgeübt wird, und die Richtung der magnetischen Flußdichte werden einander im Rechtsschraubensinn zugeordnet. Die magnetische Flußdichte beschreibt die Wirkung des magnetischen Feldes.

Aus der Definition der magnetischen Flußdichte folgt umgekehrt, daß die Kraft auf einen stromführenden Leiter im Magnetfeld aus der Beziehung (vgl. Gl.(IV.2.4)) zu:

---

1) Nikola Tesla, Kroatisch-amerikanischer Physiker, 1856-1943.

$$|\vec{F}| = |i\ l\ |\vec{B}|\sin(\sphericalangle(\vec{l},\vec{B}))| \qquad \text{(IV.2.6)}$$

bestimmt wird, da die Richtung von $\vec{B}$ mit der Richtung von $\vec{n}_{max}$ übereinstimmt. Unter Berücksichtigung der Richtungen (vgl. Bild IV.2.5) gilt dann für die im Feld der magnetischen Flußdichte $\vec{B}$ auf einen stromführenden Leiter der Länge und Richtung $\vec{l}$ ausgeübte Kraft $\vec{F}$:

$$\vec{F} = i(\vec{l}\times\vec{B})\ . \qquad \text{(IV.2.7)}$$

Das heißt, die Kraft steht senkrecht sowohl auf dem stromführenden Leiter als auch auf der magnetischen Flußdichte $\vec{B}$ (Bild IV.2.6). Die Richtungen von $\vec{F}$, $\vec{l}$ und $\vec{B}$ sind einander in Rechtsschraubensinn zugeordnet.

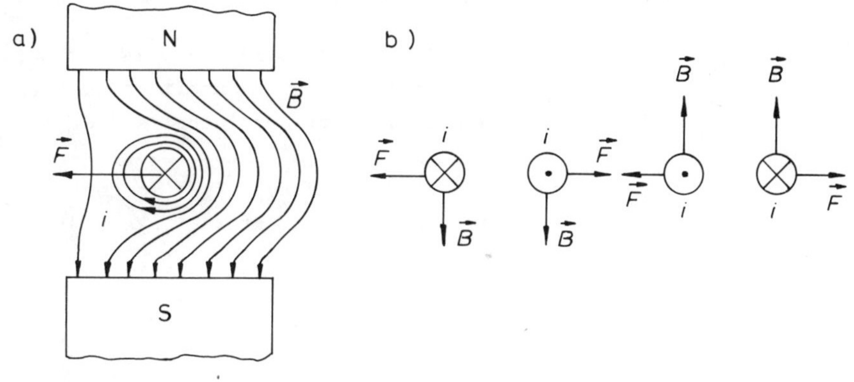

Bild IV.2.6: Zuordnung der Vektoren $\vec{F}$, $\vec{l}$ und $\vec{B}$.
a) Stromführender Leiter im ehemals homogenen Magnetfeld,
b) Rechtsschraubige Zuordnung der Vektoren.

Wird der in einem Leiter fließende elektrische Strom als die Beschreibung der Bewegung der Ladungsträger interpretiert, so kann Gl.(IV.2.7) umgeschrieben werden zur Berechnung der Kraft, die in einem Magnetfeld auf eine bewegte Ladung ausgeübt wird. Nach Bild IV.2.7 ist das Produkt aus elektrischer Stromstärke i

und dem Längenvektor $\vec{l}$ darstellbar als:

$$i\vec{l} = (\vec{S}\cdot\vec{n})A\vec{l} = nq|\vec{v}_D|A\vec{l} \ , \qquad \text{(IV.2.8)}$$

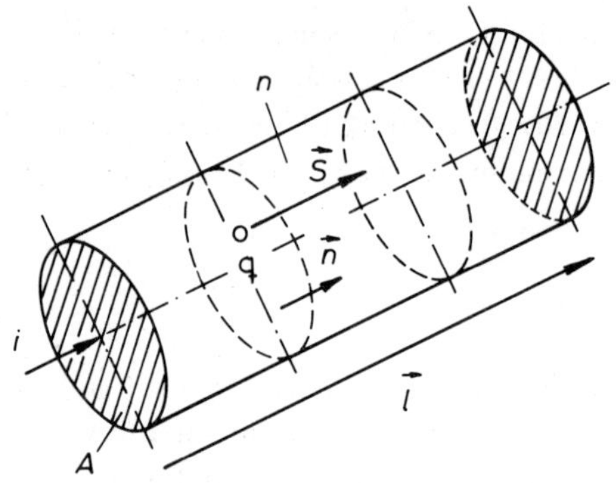

Bild IV.2.7: Zur Ableitung der Kraft auf bewegte Ladungsträger.

wobei Gl.(III.4.4) für die elektrische Stromstärke verwandt wurde. n ist die Zahl der Ladungsträger pro Volumeneinheit im Leiter, q die Ladung der Ladungsträger, $|\vec{v}_D|$ der Absolutbetrag der Driftgeschwindigkeit der Ladungsträger im Leiter. Da die Richtung der Driftgeschwindigkeit $\vec{v}_D$ der Ladungsträger im Leiter identisch ist mit der Richtung des Längenvektors $\vec{l}$, kann Gl. (IV.2.8) auch geschrieben werden als:

$$i\ \vec{l} = n\ q\ A\ |\vec{l}|\ \vec{v}_D = Q\ \vec{v}_D \ . \qquad \text{(IV.2.9)}$$

Q ist die gesamte im Leiter des Querschnitts A und der Länge $|\vec{l}|$ transportierte Ladung.

Damit gilt für die Kraft auf einen Ladungsträger der Ladung Q, der sich mit der Geschwindigkeit $\vec{v}$ bewegt:

$$\vec{F} = Q(\vec{v} \times \vec{B}) \ . \qquad \text{(IV.2.10)}$$

Die Kraft steht senkrecht auf der vom Geschwindigkeitsvektor $\vec{v}$ und vom Vektor der magnetischen Flußdichte $\vec{B}$ aufgespannten Ebene; die Richtung der Kraft ist den Richtungen von $\vec{v}$ und $\vec{B}$ im Rechtsschraubensinn zugeordnet.

Als Anwendungsbeispiel sei das in Bild IV.2.8 skizzierte Problem betrachtet.

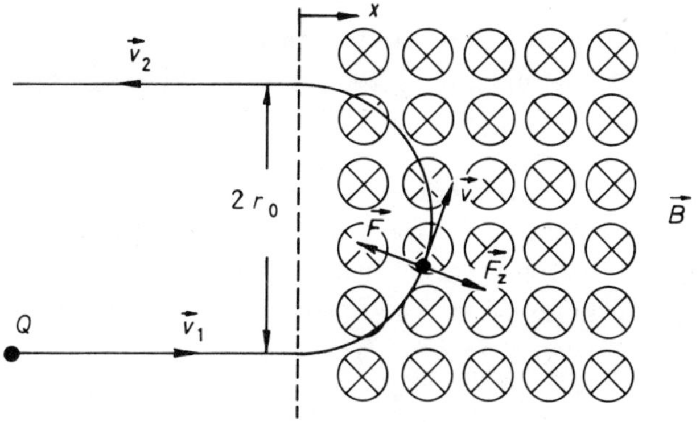

Bild IV.2.8: Bewegung eines geladenen Teilchens im Magnetfeld.

Eine Ladung Q tritt mit der Geschwindigkeit $\vec{v}_1$ senkrecht in ein Magnetfeld der magnetischen Flußdichte $\vec{B}$ ein. Nach Eintritt in das Feld wird auf den Ladungsträger die Kraft

$$\vec{F} = Q(\vec{v} \times \vec{B}) \ ,$$

$$|\vec{F}| = |Q|\,|\vec{v}|\;|\vec{B}| \tag{IV.2.11}$$

ausgeübt, da $\sphericalangle(\vec{v},\vec{B}) = \pi/2$ ist. Diese Kraft lenkt das geladene Teilchen aus seiner Bewegungsrichtung aus und zwingt es auf eine gekrümmte Bahnkurve. Da die Kraft $\vec{F}$ senkrecht auf dem Geschwindigkeitsvektor $\vec{v}$ steht, kann für die beim Ablenkvorgang vom Magnetfeld geleistete Arbeit berechnet werden:

$$A_{\mathrm{m}} = \int_C \vec{F}\cdot \mathrm{d}\vec{s} = \int_C Q(\vec{v} \times \vec{B})\cdot \mathrm{d}\vec{s} \quad ,$$

$$A_{\mathrm{m}} = \int_C Q\left(\frac{\mathrm{d}\vec{s}}{\mathrm{d}t} \times \vec{B}\right)\cdot \mathrm{d}\vec{s} = \int_C Q\,\vec{B}\cdot\left(\mathrm{d}\vec{s} \times \frac{\mathrm{d}\vec{s}}{\mathrm{d}t}\right) = 0 \ , \tag{IV.2.12}$$

da $\vec{v}$ und $\mathrm{d}\vec{s}$ stets parallel zueinander sind.

Die vom Magnetfeld geleistet Arbeit ist also stets gleich Null, weil die Kraftwirkung immer senkrecht zum Weg wirkt. Wird aber an dem bewegten Ladungsträger keine Arbeit geleistet, so bleibt die kinetische Energie des Ladungsträgers

$$W_{\text{kin}} = \frac{m}{2} |\vec{v}|^2 \qquad \text{(IV.2.13)}$$

und damit der Absolutbetrag der Bewegungsgeschwindigkeit $|\vec{v}|$ konstant. Damit ist auch die Kraft $\vec{F}$ im Absolutbetrag während der Bewegung im Magnetfeld konstant und damit auch die bei der Bewegung auf der gekrümmten Bahnkurve auftretende Reaktionskraft, die *Zentrifugalkraft*:

$$|\vec{F}_z| = \frac{|\vec{v}|^2 m}{r_0} = \text{const.} \; . \qquad \text{(IV.2.14)}$$

r_0 ist der Krümmungsradius der Bahnkurve. Da gilt:

$$|\vec{F}| = |Q||\vec{v}| \, |\vec{B}| = |\vec{F}_z| = \frac{|\vec{v}|^2 m}{r_0} \qquad \text{(IV.2.15)}$$

und da die Geschwindigkeit im Absolutbetrag konstant ist, hat die Bahnkurve einen konstanten Krümmungsradius

$$r_0 = \frac{|\vec{v}| \, m}{|Q||\vec{B}|} \; , \qquad \text{(IV.2.16)}$$

ist also ein Kreis.[1] Das Teilchen durchläuft im Magnetfeld einen Halbkreis (Bild IV.2.8) und tritt dann mit der Geschwindigkeit $|\vec{v}_2| = |\vec{v}_1|$ wieder aus dem Magnetfeld aus. Der Radius r_0 ist, wie Gl.(IV.2.16) zeigt, umgekehrt proportional zum Absolutbetrag der magnetischen Flußdichte $\vec{B}$. Für sehr große Werte der magnetischen Flußdichte wird der Radius r_0 sehr klein, das heißt, das geladene Teilchen wird am Magnetfeld nahezu *reflektiert*.

---

1) Hierbei wurde vorausgesetzt, daß die Geschwindigkeit $|\vec{v}|$ so klein ist, daß der Effekt der Massenveränderlichkeit vernachlässigbar klein ist und die Masse m als konstant angesehen werden kann.

IV.3 DIE MAGNETISCHE ERREGUNG

Während die magnetische Flußdichte nach ihrer Definition die Wirkungen des Magnetfeldes beschreiben soll, wird eine zweite Feldgröße, die magnetische Erregung $\vec{H}$, eingeführt, die die Ursache des Magnetfelds, den elektrischen Strom, beschreibt.

Ursachen, die ein Magnetfeld erzeugen, sind:

1) Ein elektrischer Strom erzeugt ein Magnetfeld.
2) Ein magnetisierter Körper erzeugt ein Magnetfeld.
3) Ein sich zeitlich änderndes elektrisches Feld erzeugt ein Magnetfeld.

Es wird später gezeigt werden, daß auch die unter 2) genannte Ursache des Magnetfelds auf das Fließen elektrischer Ströme im atomaren Bereich zurückgeführt werden kann; auf die unter 3) genannte Ursache kann hier nicht eingegangen werden, so daß im Rahmen dieses Buches die Aussage: "Ein Magnetfeld wird von elektrischen Strömen erzeugt" verwendet wird.[1)]

Wird ein gerader, langer Leiter von einem Strom der elektrischen Stromstärke i durchflossen, so bildet sich in seiner Umgebung ein magnetisches Feld aus, das in seiner Wirkung mit Hilfe der Kraft auf eine Leiterschleife (siehe Kapitel IV.2) oder mit Hilfe der Kraft auf eine Magnetnadel oder auf Eisenfeilspäne (Bild IV.3.1) nachgewiesen werden kann. Wie Bild IV.3.1 erkennen läßt, sind die Eisenfeilspäne auf kreisförmigen Linien, die den stromführenden Leiter umschließen, ausgerichtet.

Wird ein gleicher Versuch mit einem zu einer Spule (mit w Windungen, der Länge l und dem Durchmesser d) aufgewickelten Leiter durchgeführt, so zeigt das Experiment, daß eine Kraftwirkung, z.B. wieder auf Eisenpfeilspäne (Bild IV.3.2) im wesentlichen nur im Innern der Spule (Hauptfeld) und zum geringeren Teil an den Enden der Spule (Streufeld) auftritt. Die Feldlinien des Magnetfelds sind aber stets in sich geschlossene Linien.

1) Auf den Einfluß des sich zeitlich ändernden elektrischen Feldes und damit auf die vollständige Formulierung des Durchflutungsgesetzes (vgl. Kapitel IV.4) wird im dritten Teil des Buches eingegangen.

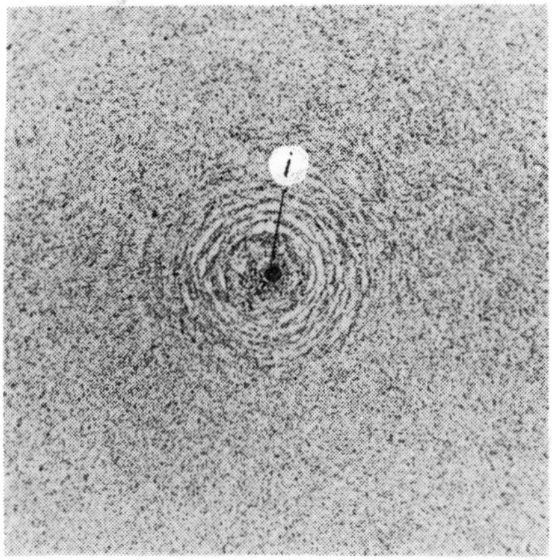

Bild IV.3.1: Charakterisierung des Magnetfeldes eines stromdurchflossenen Leiters durch Eisenfeilspäne.

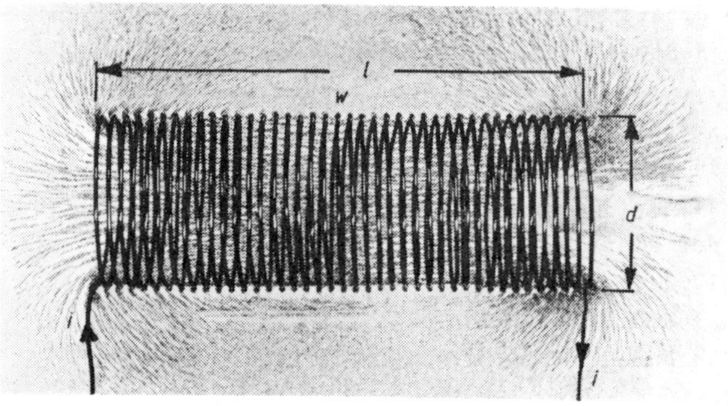

Bild IV.3.2: Zur Spule aufgewickelter Leiter sowie Charakterisierung des Magnetfeldes der Spule durch Eisenfeilspäne.

Mit Hilfe der zur Definition der magnetischen Flußdichte eingeführten Leiterschleife kann nachgewiesen werden, daß die Linien, die durch die Eisenfeilspäne abgebildet werden, den Feldlinien der magnetischen Flußdichte entsprechen. Das heißt, die Feldlinien der magnetischen Flußdichte eines unendlich langen, geraden, stromdurchflossenen Leiters sind konzentrische Kreise, die den stromführenden Leiter auf Ebenen in den Transversalebenen der Anordnung umschließen. In einer Spule, die *"lang"* ist, das heißt deren Länge l sehr viel größer ist als ihr Durchmesser d, kann festgestellt werden, daß das Feld der magnetischen Flußdichte im Innern der Spule homogen und parallel zur Spulenachse ausgerichtet ist; außerhalb der Spule ist das Magnetfeld vernachlässigbar klein.

Damit scheint eine solche "lange" Spule geeignet zu sein, um die zweite, die Ursache des Feldes beschreibende, magnetische Feldgröße zu definieren. Hierzu wird in einem Experiment untersucht, wie das Magnetfeld innerhalb der Spule (z.B. gemessen durch die Kraftwirkung auf die Leiterschleife, Kapitel IV.2) von der elektrischen Stromstärke i, der Länge l und der Windungszahl w der Spule abhängt (die Abhängigkeit vom Durchmesser d der Spule bleibt unberücksichtigt, da über die Größe des Durchmesser gemäß der Forderung nach einer "langen" Spule schon durch Angabe der Länge verfügt wird).

Das Experiment liefert die folgenden Ergebnisse:

1) Die Größe des Magnetfeldes im Innern der Spule ist direkt proportional zur elektrischen Stromstärke i in der Spule.

2) Die Größe des Magnetfeldes im Innern der Spule ist direkt proportional zur Windungszahl w der Spule

3) Die Größe des Magnetfeldes im Innern der Spule ist umgekehrt proportional zur Länge l der Spule.

Aus diesen experimentellen Ergebnissen wird eine neue magnetische Feldgröße, die magnetische Erregung $\vec{H}$ für den Fall einer "langen" Spule definiert:

<u>Satz 31:</u> Die magnetische Erregung $\vec{H}$ einer Spule, deren Durchmesser d sehr viel kleiner ist als ihre Länge l ("lange" Spule), ist ein Vektorfeld, dessen Absolutbetrag entsprechend den oben beschriebenen Experimenten zu:

$$|\vec{H}| = \frac{w|i|}{l} \qquad \text{(IV.3.1)}$$

definiert wird. Die Richtung der magnetischen Erregung der Spule sei gleich der Richtung der Spulenachse, der Richtungssinn der magnetischen Erregung sei der Richtung des Bezugspfeils des Stroms in der Spule im Rechtsschraubensinn zugeordnet. Die Einheit der magnetischen Erregung $\vec{H}$ ist:

$$[\vec{H}] = \frac{\mathrm{A}}{\mathrm{m}} \ .$$

Diese Definition der magnetischen Erregung einer langen Spule kann verwendet werden, um eine Meßvorschrift und damit eine Definition für die magnetische Erregung eines beliebig räumlich verteilten Magnetfelds zu geben, indem eine kleine, im Verhältnis zu ihrem Durchmesser lange Spule in das Magnetfeld gebracht wird und die Lage der Spule sowie die elektrische Stromstärke i so lange verändert werden, bis im Innern der Spule das Magnetfeld verschwindet; das heißt, daß das Magnetfeld der Spule das äußere zu definierende Magnetfeld kompensiert.

<u>Satz 32:</u> Die magnetische Erregung $\vec{H}$ eines beliebig räumlich verteilten magnetischen Feldes wird so definiert, daß eine kleine, im Verhältnis zu ihrem Durchmesser lange Spule ($l \gg d$) in das Feld gebracht wird. Dann wird die elektrische Stromstärke i in der Spule und die Richtung der Spulenachse so lange verändert, bis das magnetische Feld im Innern gerade gleich Null wird (Kompensation). Der Absolutbetrag der magnetischen Erregung im betrachteten Punkt ist dann:

$$|\vec{H}| = \lim_{\substack{l \to 0 \\ i \to 0}} \frac{w\,|i|}{l} \ . \qquad \text{(IV.3.2)}$$

Die Richtung der magnetischen Erregung in dem betrachteten Punkt ist gleich der Richtung der Spulenachse bei Kompensation. Der Richtungssinn des auszumessenden Feldes ist entgegengesetzt dem Richtungssinn des kompensierenden Magnetfelds der Spule; er ist also der Richtung des Kompensationsstroms in der Spule im Linksschraubensinn zugeordnet.

Die magnetische Erregung und die magnetische Flußdichte sind, da sie ein und dasselbe Magnetfeld beschreiben, im Vakuum direkt proportional zueinander, das heißt, es gilt:

$$\vec{B} = \mu_0 \vec{H}. \qquad \text{(IV.3.3)}$$

Die Proportionalitätskonstante μ_0 heißt die magnetische Feldkonstante, sie ist eine Naturkonstante:

$$\mu_0 = 4\pi \cdot 10^{-7} \frac{\text{Vs}}{\text{Am}} , \qquad \text{(IV.3.4)}$$

$$\mu_0 = 1{,}2566 \cdot 10^{-6} \frac{\text{Vs}}{\text{Am}} .$$

Wie das Experiment zeigt, ändert sich der Zusammenhang zwischen der magnetischen Flußdichte und der magnetischen Erregung, wenn Materie in den Raum gebracht wird. In einem homogenen isotropen Medium gilt:

$$\vec{B} = \mu \vec{H} = \mu_0 \mu_r \vec{H} \qquad \text{(IV.3.5)}$$

mit μ der Permeabilität und μ_r der Permeabilitätszahl des betrachteten Materials. Eine physikalische Erklärung für das Auftreten der Permeabilitätszahl wird in Kapitel IV.6 gegeben.

IV.4 DAS DURCHFLUTUNGSGESETZ

Wir betrachten einen unendlich langen, geraden Leiter, in dem ein Strom der elektrischen Stromstärke i fließt. Gesucht ist die von dem Strom erzeugte magnetische Erregung in Abhängigkeit von der elektrischen Stromstärke i. Dazu wird die magnetische Erregung nach der in Kapitel IV.3 definierten Methode mit Hilfe einer kleinen Spule und eines Kompensationsstroms der elektrischen Stromstärke i_k gemessen. Wird die Spule längs einer geschlossenen Kurve C, z.B. längs eines Kreises, der den Leiter

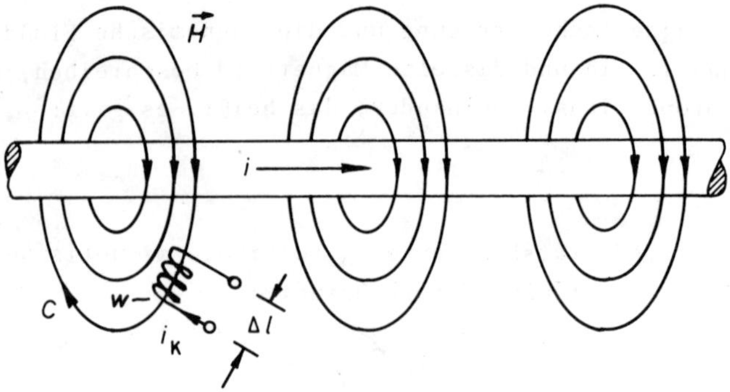

Bild IV.4.1: Zur Bestimmung des Magnetfelds eines stromdurchflossenen Leiters.

konzentrisch umschließt, geführt, und wird auf n Wegabschnitten der Länge $\Delta\vec{s}_\nu$ (mit $|\Delta\vec{s}_\nu| = \Delta l$ = Länge der Meßspule) das Produkt $\vec{H}_\nu \cdot \Delta\vec{s}_\nu$ gebildet, so zeigt das Experiment, daß die Summe aller so bestimmten Produkte längs des geschlossenen Weges:

$$\sum_{\nu=1}^{n} \vec{H}_\nu \cdot \Delta\vec{s}_\nu = \sum_{\nu=1}^{n} \frac{|(w\ i_k)_\nu|}{|\Delta\vec{s}_\nu|} \, |\Delta\vec{s}_\nu| \cos(\sphericalangle(\vec{H}_\nu, \Delta\vec{s}_\nu)) \qquad \text{(IV.4.1)}$$

gerade gleich der vom Weg umschlossenen elektrischen Stromstärke i ist:

$$\sum_{\nu=1}^{n} |(w\ i_k)_\nu| \cos(\sphericalangle(\vec{H}_\nu, \Delta\vec{s}_\nu)) = i \ . \qquad \text{(IV.4.2)}$$

Werden die betrachteten Wegabschnitte $\Delta\vec{s}_\nu$ längs der geschlossenen Kurve infinitesimal klein gemacht, so geht die Summe in ein Integral über und das Ergebnis lautet:

$$\oint_C \vec{H} \cdot d\vec{s} = i \ . \qquad \text{(IV.4.3)}$$

Dieses Ergebnis wird (ohne Beweis) verallgemeinert zu dem Durchflutungsgesetz:

Satz 33: Das Linienintegral über die magnetische Erregung längs eines geschlossenen Wegs C ist gleich der Summe der von dem Weg C umschlossenen Ströme (Bild IV.4.2):

$$\oint_C \vec{H} \cdot d\vec{s} = \sum_{\nu=1}^{m} i_\nu = \Theta \ . \qquad \text{(IV.4.4)}$$

Die Summe der Ströme wird als elektrische Durchflutung Θ bezeichnet.

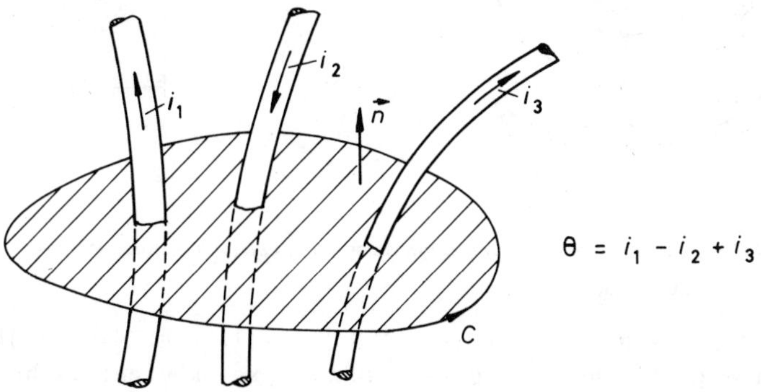

Bild IV.4.2: Zum Durchflutungsgesetz.

Nach Festlegen eines Umlaufsinns des Wegs C und Zuordnen eines Flächennormalenvektors $\vec{n}$ im Rechtsschraubensinn zur Orientierung von C senkrecht zu der vom Weg C aufgespannten Fläche sind die

Ströme mit Bezugspfeil in Richtung des Flächennormalen-Vektors positiv und die Ströme mit Bezugspfeil in Gegenrichtung zum Flächennormalen-Vektor negativ zu zählen (Bild IV.4.2).

IV.4.1 BEISPIELE ZUR ANWENDUNG DES DURCHFLUTUNGSGESETZES

Beispiel 1: Gegeben ist ein unendlich langer, gerader, zylinderförmiger Leiter vom Radius r_0. In dem Leiter fließt ein Strom der elektrischen Stromstärke i. Gesucht ist die magnetische Erregung $\vec{H}$ in der Umgebung des Leiters und im Innern des Leiters.

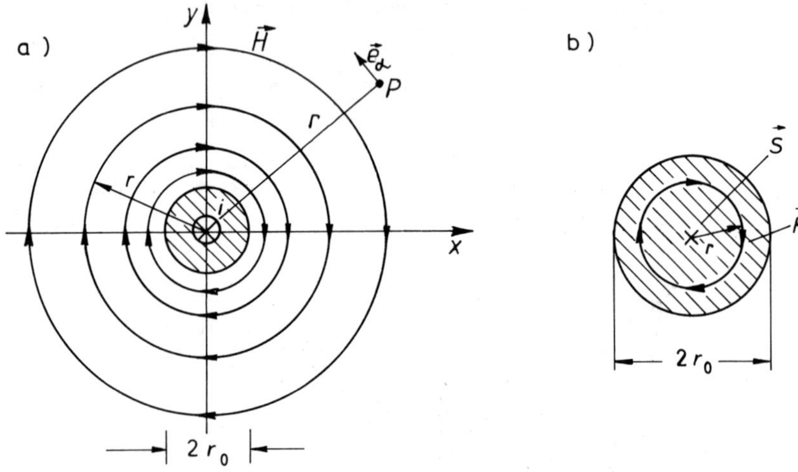

Bild IV.4.3: Zur Berechnung der magnetischen Erregung eines stromführenden Leiters.

Wie das Experiment zeigt (vgl. Bild IV.3.1), sind die Feldlinien der magnetischen Erregung geschlossene, konzentrische Kreise in der Transversalebene der zylindrischen Anordnung, deren Mittelpunkt die Leiterachse ist. Wird auf einen solchen Kreis mit dem Radius r im Außenraum des Leiters ($r > r_0$) das Durchflutungsgesetz angewendet, so gilt:

$$\oint_{C_{\text{Kreis}}} \vec{H} \cdot d\vec{s} = \Theta \ . \qquad \text{(IV.4.5)}$$

Zur Auswertung von Gl.(IV.4.5) wird der Integrationsweg in Richtung des azimuthalen Einheitsvektors $\vec{e}_\alpha$ festgelegt und diesem Integrationsweg ein Flächennormalen-Einheitsvektor $\vec{n}$ im Rechtsschraubensinn zugeordnet, der somit in z-Richtung des verwendeten Koordinatensystems nach Bild IV.4.3 weist. Da der Bezugspfeil der elektrischen Stromstärke in Gegenrichtung zum Flächennormalen-Vektor weist, ist die elektrische Durchflutung gleich der negativen elektrischen Stromstärke. Damit gilt für Gl.(IV.4.5):

$$\oint_{\text{Kreis}} \vec{H}\cdot d\vec{s} = \oint_{\text{Kreis}} H_\alpha \vec{e}_\alpha \cdot |d\vec{s}|\vec{e}_\alpha = H_\alpha \oint_{\text{Kreis}} |d\vec{s}| = H_\alpha 2\pi r = -i$$

$$\vec{H} = H_\alpha \vec{e}_\alpha = -\frac{i}{2\pi r}\vec{e}_\alpha \quad , \quad |\vec{H}| = \frac{|i|}{2\pi r} \quad . \qquad \text{(IV.4.6)}$$

Bei dieser Auswertung des Durchflutungsgesetzes wurde berücksichtigt, daß die magnetische Erregung aus Symmetriegründen auf einem Kreis mit dem Radius r, der konzentrisch zu dem stromführenden Leiter liegt, im Absolutbetrag konstant ist und somit vor das Integral gezogen werden kann. Das verbleibende Integral ist die Summe aller Wegelemente des Integrationsweges, also gleich dem Umfang des Kreises. Die magnetische Erregung ist in negativer $\vec{e}_\alpha$-Richtung gerichtet. Der Absolutbetrag der magnetischen Erregung ist direkt proportional zum Wert der elektrischen Stromstärke.

Soll die magnetische Erregung im Innern des Leiters ($r<r_0$) bestimmt werden, so gilt, daß ein konzentrischer, kreisförmiger Integrationsweg im Innern des Leiters (Bild IV.4.3b)) wohl wieder aus Symmetriegründen parallel zu einer Feldlinie der magnetischen Erregung verläuft, aber nicht die volle elektrische Stromstärke i umschließt. Ist der Strom gleichmäßig über dem Querschnitt des Leiters verteilt, so ist die im Leiter auftretende elektrische Stromdichte $\vec{S}$:

$$\vec{S} = -\frac{i}{\pi r_0^2}\vec{e}_z \quad ,$$

$$|\vec{S}| = \frac{|i|}{\pi r_0^2} \quad , \qquad \text{(IV.4.7)}$$

so daß eine entsprechende Anwendung des Durchflutungsgesetzes wie oben auf einen kreisförmigen Integrationsweg vom Radius r ($r<r_0$) ergibt:

$$\oint_{C_{\text{Kreis}}} \vec{H}\cdot d\vec{s} = H_\alpha 2\pi r = -\frac{i}{\pi r_0^2}\,\pi r^2 \qquad \text{(IV.4.8)}$$

mit πr^2 der Fläche des Kreises vom Radius r. Damit gilt für den Absolutbetrag der magnetischen Erregung im Innern des Leiters:

$$|\vec{H}| = \frac{1}{2\pi r}\,\frac{r^2}{r_0^2}\,|i| \quad ,$$

$$|\vec{H}| = \frac{|i|}{2\pi r_0^2}\, r \ . \qquad \text{(IV.4.9)}$$

Die magnetische Erregung im Innern des Leiters wächst linear mit dem Abstand r des Punktes, in dem das Feld berechnet wird, von der Leiterachse.

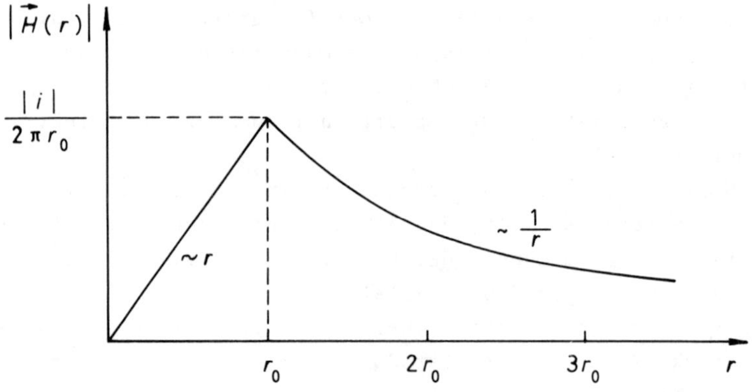

Bild IV.4.4: Verlauf des Absolutbetrages $|\vec{H}|$ der magnetischen Erregung eines stromdurchflossenen Leiters über dem Abstand r von der Leiterachse.

Bild IV.4.4 zeigt den Absolutbetrag $|\vec{H}|$ der magnetischen Erregung aufgetragen über dem Abstand r. An der Stelle $r = r_0$ ist $|\vec{H}(r)|$ stetig, aber nicht mehr differenzierbar, das heißt, der Verlauf der Funktion $|\vec{H}(r)|$ hat an der Stelle $r = r_0$ einen Knick.

Beispiel 2: Für die in Bild IV.4.5 gezeichnete ideale, "lange" Spule mit w Windungen und der Länge l berechnet sich die magnetische Erregung im Innern der Spule aus dem Durchflutungsgesetz in Anwendung auf den gezeichneten Integrationsweg C, der durch das Innere der Spule verläuft und außerhalb der Spule geschlossen wird.

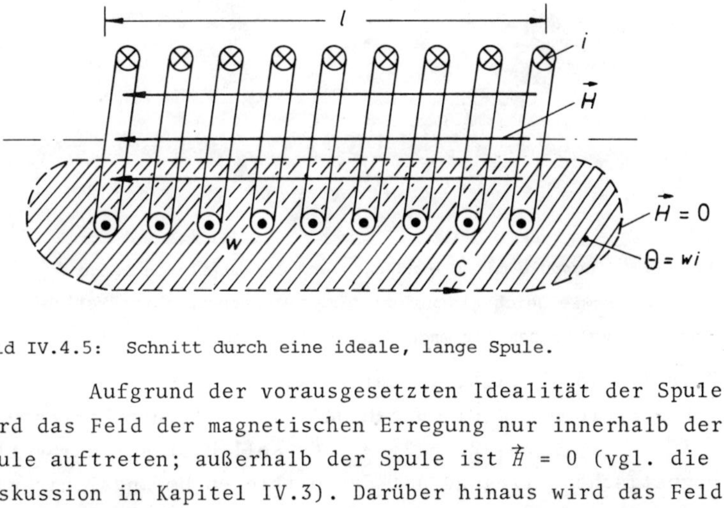

Bild IV.4.5: Schnitt durch eine ideale, lange Spule.

Aufgrund der vorausgesetzten Idealität der Spule wird das Feld der magnetischen Erregung nur innerhalb der Spule auftreten; außerhalb der Spule ist $\vec{H} = 0$ (vgl. die Diskussion in Kapitel IV.3). Darüber hinaus wird das Feld innerhalb der Spule homogen sein. Damit folgt aus dem Durchflutungsgesetz:

$$\oint \vec{H} \cdot d\vec{s} = |\vec{H}| l = \Theta = w|i| \quad ,$$

$$|\vec{H}| = \frac{w|i|}{l} \quad , \qquad \text{(IV.4.10)}$$

da der Integrationsweg die Durchflutung $\Theta = w\, i$ umschließt (Bild IV.4.5) und das Integral über den Integrationsweg außerhalb der Spule keinen Beitrag liefert ($\vec{H} = 0$).

Beispiel 3: Eine in Bild IV.4.6 gezeichnete Ringspule soll als ideal angesehen werden, das heißt, die magnetische Erregung soll nur innerhalb der Spule auftreten. Dies ist,

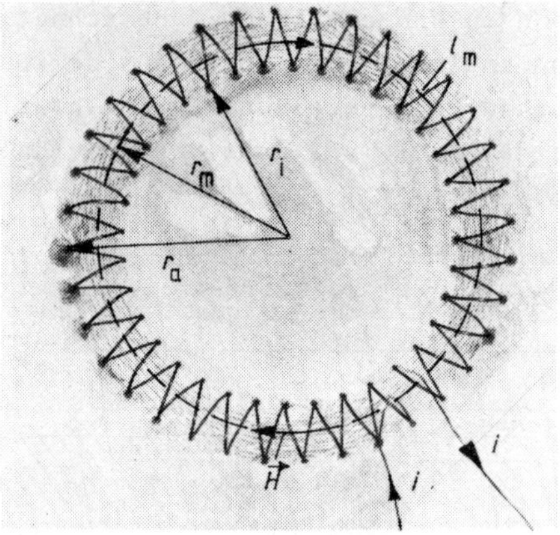

Bild IV.4.6: Ringspule mit w Windungen und der mittleren Länge l_m, sowie durch Eisenpfeilspäne veranschaulichter Verlauf des Feldes der magnetischen Erregung.

wie Bild IV.4.6 zeigt, in der Praxis weitgehend der Fall. Die Spule hat w Windungen und eine mittlere Umfangslänge $l_m = 0{,}5\ (r_a + r_i)2\pi = 2\pi\ r_m$. Es soll hier nur der Wert der magnetischen Erregung auf der mittleren Umfangslinie mit Hilfe des Durchflutungsgesetzes bestimmt werden, indem die mittlere Umfangslinie als Integrationsweg verwendet wird. Es gilt:

$$\oint_C \vec{H} \cdot d\vec{s} = |\vec{H}|\ 2\pi\ r_m = w|i| \ ,$$

$$|\vec{H}| = \frac{w|i|}{2\pi r_m}. \qquad \text{(IV.4.11)}$$

Aus Symmetriegründen wird das Feld der magnetischen Erregung parallel zu der mittleren Umfangslinie verlaufen und auf dieser Linie im Absolutbetrag konstant sein, so daß sich das Ergebnis nach Gl.(IV.4.11) ergibt.

Beispiel 4: Bild IV.4.7 zeigt jeweils zwei parallele, unendlich lange, gerade Leiter vom Radius r_0, die entweder gegensinnig (a) oder gleichsinnig (b) von einem Strom jeweils gleicher Stromstärke i durchflossen werden. Gleichzeitig sind die sich ausbildenden Feldlinien der magnetischen Erregung $\vec{H}$ eingezeichnet. Im Fall der gegensinnig stromdurchflossenen Leiter sind die beiden Leiter jeweils von getrennten Feldlinien umschlossen. Die Feldlinien sind sogenannte Apollonische Kreise. In der Symmetrieebene zwischen den beiden Leitern verlaufen die Feldlinien der magnetischen Erregung parallel zu dieser Ebene. Demgegenüber gibt es im Fall der gleichsinnig stromdurchflossenen Leiter (Bild IV.4.7 b)) Feldlinien, die die einzelnen Leiter umschließen und Feldlinien, die gleichzeitig beide Leiter umschließen. Die Feldlinien der magnetischen Erregung stehen stets senkrecht auf der Symmetrieebene zwischen den beiden Leitern.

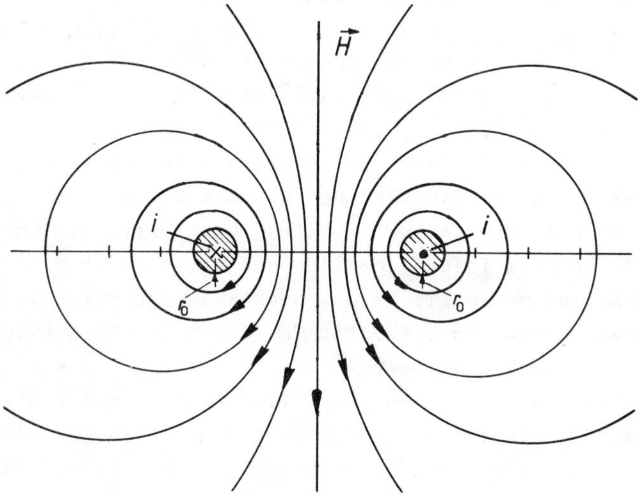

Bild IV.4.7 a): Feldlinienbild der magnetischen Erregung zweier gegensinnig vom Strom durchflossener, paralleler Leiter.

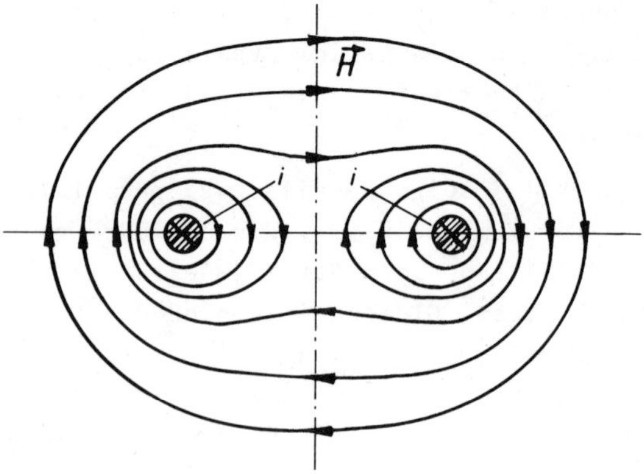

Bild IV.4.7 b): Feldlinienbild der magnetischen Erregung zweier gleichsinnig stromdurchflossener, gerader, unendlich langer Leiter.

Die resultierende magnetische Erregung der beiden stromführenden Leiter kann in jedem Raumpunkt aus der Überlagerung der beiden Einzelfelder je eines Leiters bestimmt werden. Wie Bild IV.4.8 für das Beispiel der gegensinnig vom Strom durchflossenen Leiter zeigt, muß die Überlagerung der Felder in jedem Raumpunkt vektoriell geschehen. Dies geschieht graphisch so, daß zunächst die Verbindungslinie zwischen dem betrachteten Raumpunkt und dem Mittelpunkt der stromführenden Leiter gezeichnet wird (in Bild IV.4.8 jeweils mit r_1 und r_2 gekennzeichnet). Da die Feldlinien der magnetischen Erregung der einzelnen Leiter jeweils konzentrische Kreise um die Achsen der Leiter sind, ist die Verbindung zwischen betrachtetem Raumpunkt und dem Mittelpunkt der Leiter jeweils gleichzeitig ein Radius des Kreises, der die Feldlinie bildet. Das heißt, daß die Richtung der magnetischen Erregung senkrecht zur Richtung dieser Verbindungsgeraden gefunden werden kann. Der Richtungssinn des Feldvektors im betrachteten Raumpunkt ist jeweils dem Strom in den einzelnen Leitern im Rechtsschraubensinn zugeordnet. Da außerdem der Absolutbetrag der magnetischen Erregung, die im betrachteten Raumpunkt von jeweils einem Einzelleiter erzeugt wird, dem Abstand zu dem Leiter umgekehrt proportional ist (vgl.Gl.(IV.4.6)) können die Vektoren der magnetischen Erregung der Einzelströme eingezeichnet und anschließend graphisch überlagert werden, wie in Bild IV.4.8 gezeigt.

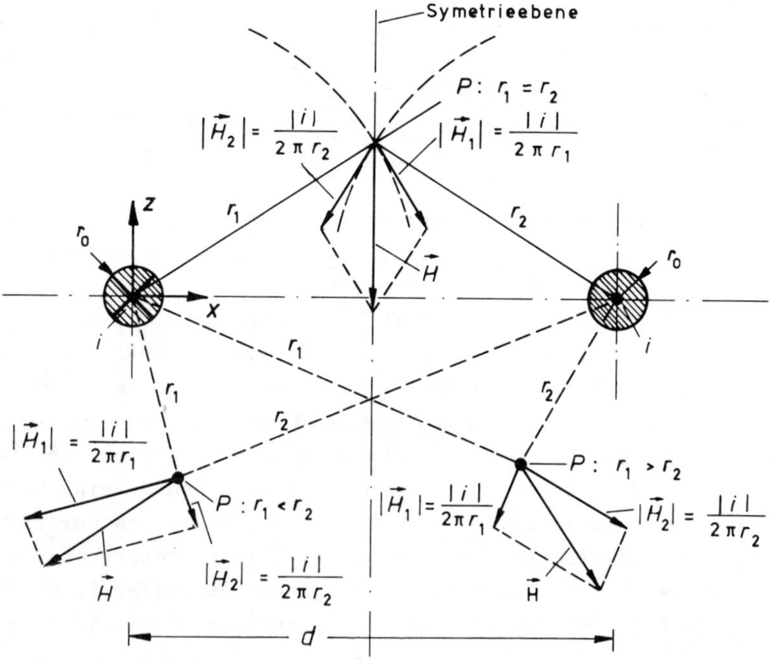

Bild IV.4.8: Graphische Konstruktion der Vektoren der magnetischen Erregung aus der Überlagerung der Einzelfelder.

Wie leicht erkannt werden kann, ist die magnetische Erregung im Fall der gegensinnig stromdurchflossenen Leiter parallel zur Symmetrieebene der Anordnung gerichtet; im Fall der gleichsinnig vom Strom durchflossenen Leiter steht die magnetische Erregung senkrecht auf der Symmetrieebene. In beiden Fällen steht die magnetische Erregung senkrecht auf der Verbindungsebene ($z=0$) zwischen den beiden Leitern, so daß hier für die magnetische Erregung im Fall der gegensinnig stromdurchflossenen Leiter mit $\vec{H}=H_z\vec{e}_z$ gilt:

$$\vec{H} = -\frac{i}{2\pi x}\vec{e}_z - \frac{i}{2\pi(d-x)}\vec{e}_z = -\frac{id}{2\pi x(d-x)}\vec{e}_z = H_z\vec{e}_z \quad , \tag{IV.4.12}$$

mit d dem Abstand der beiden Leiter voneinander und x der Ortskoordinate nach Bild IV.4.8. Für den Fall der gleichsinnig stromdurchflossenen Leiter gilt entsprechend für die magnetische Erregung außerhalb der Leiter:

$$\vec{H} = \frac{i}{2\pi(d-x)}\,\vec{e}_z - \frac{i}{2\pi x}\,\vec{e}_z = \frac{i}{2\pi}\,\frac{2x-d}{x(d-x)}\,\vec{e}_z = H_z\vec{e}_z, \qquad \text{(IV.4.13)}$$

falls der Bezugspfeil der elektrischen Stromstärke in beiden Leitern in die Tafelebene zeigt (Bild IV.4.7b)). Das Feld der gegensinnig stromdurchflossenen Leiter mit den Bezugspfeilen der elektrischen Stromstärke nach Bild IV.4.7a) hat in der Verbindungsebene zwischen den Leitern negative z-Richtung, das Feld der gleichsinnig stromdurchflossenen Leiter im Bereich $r_0 \leq x \leq d/2$ negative z-Richtung und im Bereich $d/2 \leq x \leq d-r_0$ positive z-Richtung. Das Feld der gleichsinnig stromdurchflossenen Leiter hat an der Stelle $x=d/2$ in der Verbindungsbene eine Nullstelle. Die Gln.(IV.4.12) und (IV.4.13) beschreiben nur das Feld der magnetischen Erregung in der Verbindungsbene $z=0$ ausserhalb der Leiter. Bild IV.4.9 zeigt die Abhängigkeit der Komponente H_z der magnetischen Erregung nach Gl.(IV.4.12) bzw. Gl.(IV.4.13) von der Koordinate x.

Im Innern der Leiter kann die magnetische Erregung in der Ebene $z=0$ berechnet werden, wenn berücksichtigt wird, daß das Feld sich aus zwei Anteilen zusammensetzt: Der magnetischen Erregung, die vom elektrischen Strom im eigenen Leiter hervorgerufen wird, und der magnetischen Erregung, die vom gegenüberliegenden Leiterstrom erregt wird. Während die magnetische Erregung des eigenen Leiterstroms nach Gl.(IV.4.9) proportional zum Abstand von der Achse des Leiters größer wird, wird die magnetische Erregung des gegenüberliegenden Leiterstroms umgekehrt proportional zum Abstand zur Achse dieses Leiters kleiner. Unter Berücksichtigung dieser Zusammenhänge ergeben sich im Innern der Leiter in der Verbindungsbene $z=0$ die in Bild IV.4.9 dargestellten Abhängigkeiten der Komponente H_z der magnetischen Erregung, die z.B. nicht mehr an der Stelle $x=0$ bzw. $x=d$ Nullstellen hat.

Nach einer entsprechenden Methode kann auch das Feld zweier Leiter mit verschiedenen Stromstärken bestimmt werden. Bild

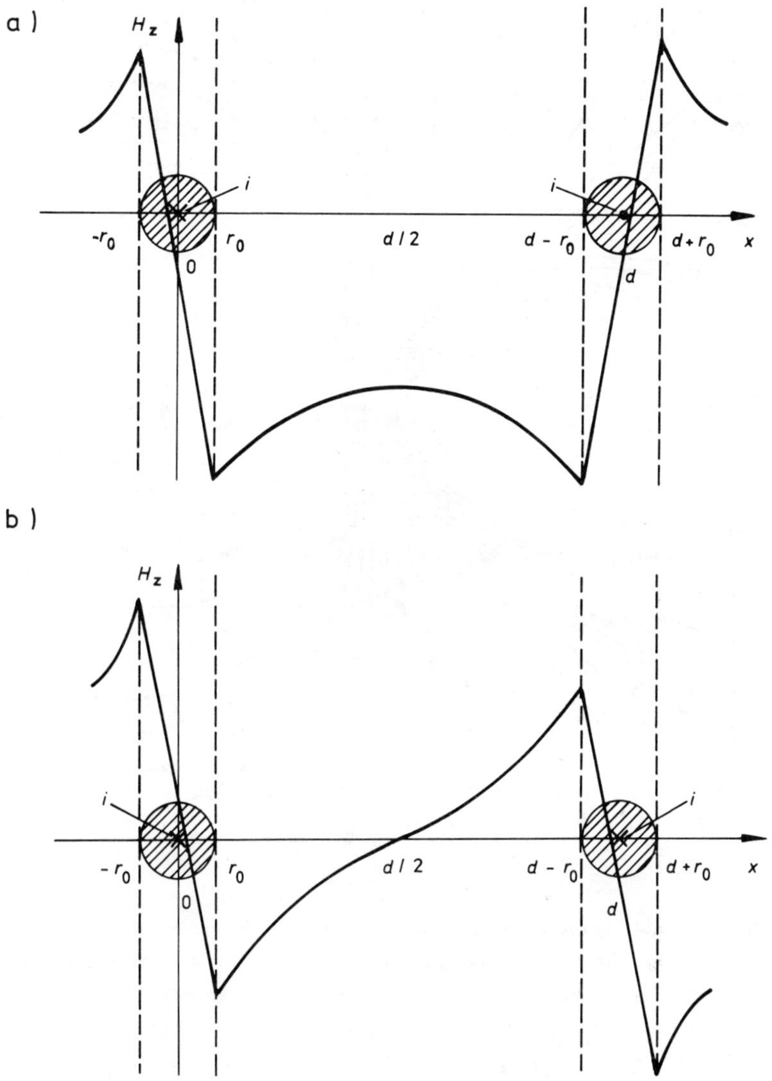

Bild IV.4.9: Verlauf des Absolutbetrages der magnetischen Erregung zweier stromdurchflossener, paralleler unendlich langer Leiter in der Verbindungsebene. a) gegensinnig stromdurchflossene Leiter, b) gleichsinnig stromdurchflossene Leiter.

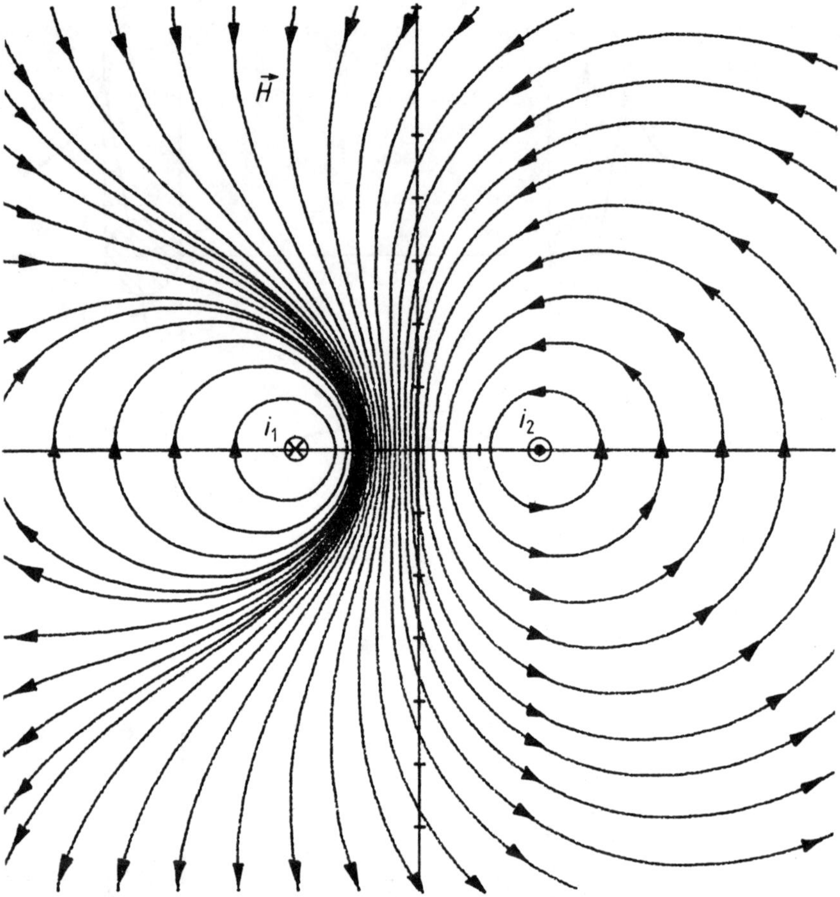

Bild IV.4.10: Feldlinienbild der magnetischen Erregung zweier gerader, unendlich langer, stromführender Leiter mit unterschiedlicher Stromstärke im Leiter. Es gilt: $i_2 = 2i_1$. Die Ströme haben entgegengesetzte Bezugspfeilrichtungen.

IV.4.10 zeigt das Feldlinienbild zweier unendlich langer, gerader Leiter, die von den Strömen der elektrischen Stromstärken i_1 und i_2 gegensinnig durchflossen werden; darüberhinaus gilt, daß die Stromstärke i_2 doppelt so groß wie i_1 ist.

Beispiel 5: Bei der Berechnung der magnetischen Erregung der in Bild IV.4.11 im Schnitt gezeichneten *Koaxial-Leitung* müssen vier verschiedene Feldbereiche unterschieden werden:
1) der Feldbereich im Innenleiter ($0 \leq r \leq r_i$),
2) der Feldbereich zwischen den Leitern ($r_i \leq r \leq r_{ai}$),
3) der Feldbereich im Außenleiter ($r_{ai} \leq r \leq r_a$) und
4) der Feldbereich außerhalb der Leitung ($r \geq r_a$).
Bei der Anwendung des Durchflutungsgesetzes auf den Feldbereich innerhalb des Leiters gilt entsprechend den Überlegungen zu Gl.(IV.4.9) des einfachen, stromführenden Leiters:

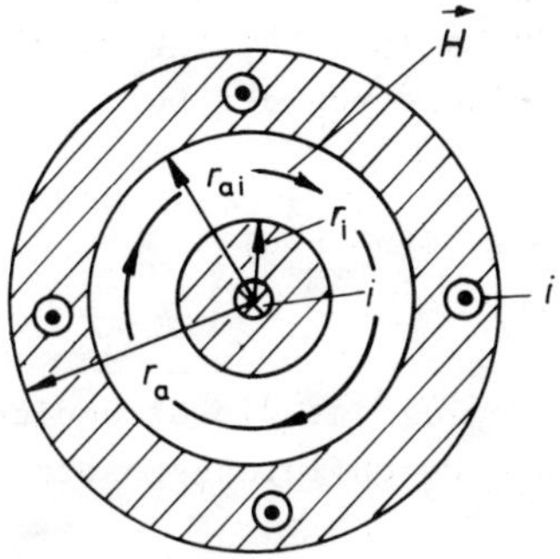

Bild IV.4.11: Querschnitt durch eine Koaxial-Leitung mit "Hinstrom" im Innenleiter und "Rückstrom" im Außenleiter.

$$|\vec{H}| = \frac{|i|}{2\pi r_i^2} r \quad , \quad 0 \leq r \leq r_i \quad . \qquad \text{(IV.4.14)}$$

Auch im zweiten Feldbereich ($r_i \leq r \leq r_{ai}$) haben sich die Verhältnisse gegenüber dem Fall des einfachen stromführenden Leiters nicht geändert; ein kreisförmiger Integrationsweg, der parallel zu der Richtung der magnetischen Erregung verläuft, liefert für den Absolutbetrag der magnetischen Erregung das Ergebnis (vgl. Gl.(IV.4.6)):

$$|\vec{H}| = \frac{|i|}{2\pi r} \quad , \quad r_i \leq r \leq r_{ai} \quad . \qquad \text{(IV.4.15)}$$

Im dritten Feldbereich ($r_{ai} \leq r \leq r_a$) sind die Feldverhältnisse etwas komplizierter. Zunächst kann auch für diesen Bereich geschlossen werden, daß die Feldlinien der magnetischen Erregung konzentrische Kreise zur Achse des Leiters sind. Ein kreisförmiger Integrationsweg mit dem Radius r umschließt somit den positiv zu zählenden Strom im Innenleiter (vgl. Richtung der magnetischen Erregung in Bild IV.4.11 und Rechtsschraubenzuordnung), darüber hinaus aber auch noch einen Teil des Rückstroms im Außenleiter, der aufgrund seiner vorgegebenen Bezugspfeilrichtung bei der Anwendung des Durchflutungsgesetzes negativ zu zählen ist. Damit wird die vom Integrationsweg aufgespannte Fläche von der Durchflutung

$$\Theta = i - \frac{i}{\pi(r_a^2 - r_{ai}^2)} \pi(r^2 - r_{ai}^2) \qquad \text{(IV.4.16)}$$

durchsetzt. $i/(\pi\ (r_a^2 - r_{ai}^2))$ ist die Stromdichte im Außenleiter. Damit folgt aus dem Durchflutungsgesetz:

$$|\vec{H}|\ 2\pi r = \left| i - \frac{i}{(r_a^2 - r_{ai}^2)} (r^2 - r_{ai}^2) \right| ,$$

$$|\vec{H}| = \frac{|i|}{2\pi r} \left(1 - \frac{r^2 - r_{ai}^2}{r_a^2 - r_{ai}^2}\right) , \quad r_{ai} \leq r \leq r_a \quad . \qquad \text{(IV.4.17)}$$

Wie sofort aus Gl.(IV.4.17) erkannt werden kann, wird $|\vec{H}|$ für $r = r_a$ gleich Null.

Im vierten Feldbereich ($r > r_a$) umschließt ein Integrationsweg stets die Durchflutung Null, da sich der Wert des positiv zu zählenden Stroms im Innenleiter und des negativ zu zählenden Stroms im Außenleiter kompensieren:

$$|\vec{H}|\, 2\pi r = |i - i| = 0 ,$$

$$|\vec{H}| = 0 , \quad r \geq r_a \quad . \qquad \text{(IV.4.18)}$$

In Bild IV.4.12 ist der Verlauf des Absolutbetrages der magnetischen Erregung in Abhängigkeit vom Abstand r von der Achse des Leiters skizziert. Die magnetische Erregung steigt im Bereich 1 ($0 \leq r \leq r_i$) in Abhängigkeit vom Achsenabstand linear

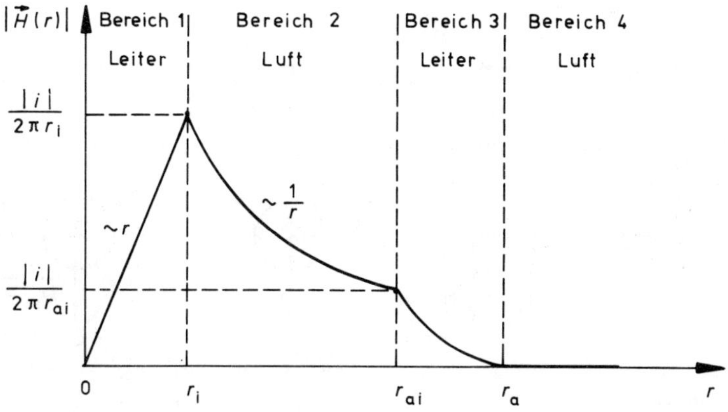

Bild IV.4.12: Verlauf des Absolutbetrages der magnetischen Erregung einer Koaxialleitung als Funktion des Abstands r von der Achse der Leitung.

mit r an, fällt dann im Bereich 2 ($r_i \leq r \leq r_{ai}$) proportional zu $1/r$ ab, um im Bereich 3 ($r_{ai} \leq r \leq r_a$) stärker als $1/r$ mit wachsendem Abstand r kleiner zu werden. Die magnetische Erregung ist überall eine stetige Funktion des Abstands r; an den Stellen $r = r_i$ und $r = r_{ai}$ ist sie nicht mehr nach r differenzierbar, wie aus den Knicken des Verlaufs nach Bild IV.4.12 erkannt werden kann. Die magnetische Erregung ist aus Symmetriegründen in allen Feldbereichen parallel zu Kreisen, die konzentrisch zur Leiterachse liegen, gerichtet. Der Richtungssinn der Feldlinien ist der Richtung des Bezugspfeils der elektrischen Stromstärke im Innenleiter im Rechtsschraubensinn zugeordnet. Damit ist für positive Werte von i die magnetische Erregung im Leiter so gerichtet, wie in Bild IV.4.11 eingezeichnet.

IV.5 KRÄFTE UND MOMENTE IM MAGNETFELD

Wie in Kapitel IV.2 gezeigt wurde, üben Magnetfelder Kräfte auf bewegte, geladene Teilchen und somit auf stromführende Leiter aus. Da aber nach den Aussagen in Kapitel IV.3 Ströme selbst wieder die Ursache des Magnetfeldes sind, üben stromführende Leiter gegenseitig Kräfte aufeinander aus. Diese sollen hier zunächst berechnet werden.

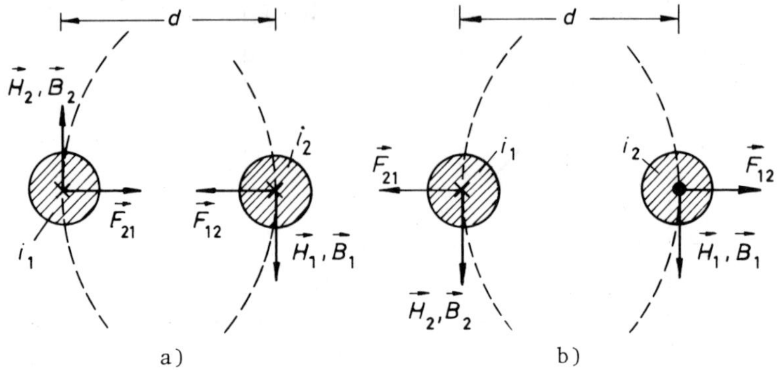

Bild IV.5.1: Zur Berechnung der Kräfte zweier gleichsinnig a) und gegensinnig b) stromführender Leiter.

Gegeben seien zwei unendlich lange, gerade, parallele Leiter, von kreiszylindrischem Querschnitt im Vakuum, die in Bild IV.5.1 im Querschnitt gezeichnet sind. Diese Leiter mögen die Ströme der elektrischen Stromstärken i_1 und i_2 führen; es sei vorausgesetzt, daß im Fall a) die Ströme in den Leitern parallel in gleicher Richtung und im Fall b) antiparallel in entgegengesetzter Richtung fließen. Wird von der Vorstellung ausgegangen, daß der Strom im Leiter 1 ein Magnetfeld erzeugt, so sind die Feldlinien des Magnetfelds in der Querschnittsebene senkrecht zum Leiterverlauf Kreise mit dem Mittelpunkt in der Achse des Leiters 1. Damit wird die vom Strom im Leiter 1 erzeugte magnetische Flußdichte in der Achse des Leiters 2 unter Zuhilfenahme von Gl.(IV.3.3) und Gl.(IV.4.6) den Wert

$$|\vec{B}_1| = \frac{\mu_0 |i_1|}{2\pi d} \qquad \text{(IV.5.1)}$$

annehmen. Wird angenommen, daß der Durchmesser der Leiter klein im Vergleich zum Abstand d der Leiter voneinander ist, so ist $|\vec{B}_1|$ nach Gl.(IV.5.1) in erster Näherung der Wert der magnetischen Flußdichte im gesamten Leiterquerschnitt 2, so daß die Kraft $\vec{F}_{12}$ des Leiters 1 auf ein Stück des Leiters 2 der Länge l mit Hilfe von Gl.(IV.2.6) und unter Berücksichtigung der Richtungen der Vektoren (vgl. Bild IV.5.1) im Absolutbetrag gleich:

$$|\vec{F}_{12}| = \frac{\mu_0 |i_1 i_2| l}{2\pi d} \qquad \text{(IV.5.2)}$$

ist. Die Kraft $\vec{F}_{21}$ des Leiters 2 auf ein Stück des Leiters 1 der Länge l hat denselben Absolutbetrag, wie leicht nachgewiesen werden kann:

$$|\vec{F}_{21}| = \mu_0 |i_1| \, |\vec{H}_2(d)| \, l = \mu_0 |i_1| \frac{|i_2|}{2\pi d} l \quad , \qquad \text{(IV.5.3)}$$

aber die entgegengesetzte Richtung (Bild IV.5.1a)). Die Leiter ziehen sich gegenseitig an.

Auch für den Fall der gegensinnig stromdurchflossenen Leiter (Bild IV.5.1b)) ergibt sich derselbe Absolutbetrag der Kräfte. Wie aus Bild IV.5.1b) entnommen werden kann, stoßen sich die Leiter ab.

Als nächstes wird der in Bild IV.5.2 skizzierte Fall untersucht; gezeichnet ist eine geschlossene, vom Strom der elektrischen Stromstärke i durchflossene Leiterschleife im Magnetfeld der magnetischen Flußdichte $\vec{B}$. Die Leiterschleife sei um eine Drehachse durch die Schleifenfläche drehbar (Bild IV.5.2). Bild IV.5.2b) zeigt eine ausgezeichnete Lage der Leiterschleife im Magnetfeld. Auf die beiden Leiter der Länge h werden die Kräfte

$$|\vec{F}_1| = |\vec{F}_2| = |\vec{F}| = h |i| \, |\vec{B}| \quad ,$$

$$\vec{F}_1 = |\vec{F}| \, \vec{e}_z, \; \vec{F}_2 = -|\vec{F}| \, \vec{e}_z \qquad \text{(IV.5.4)}$$

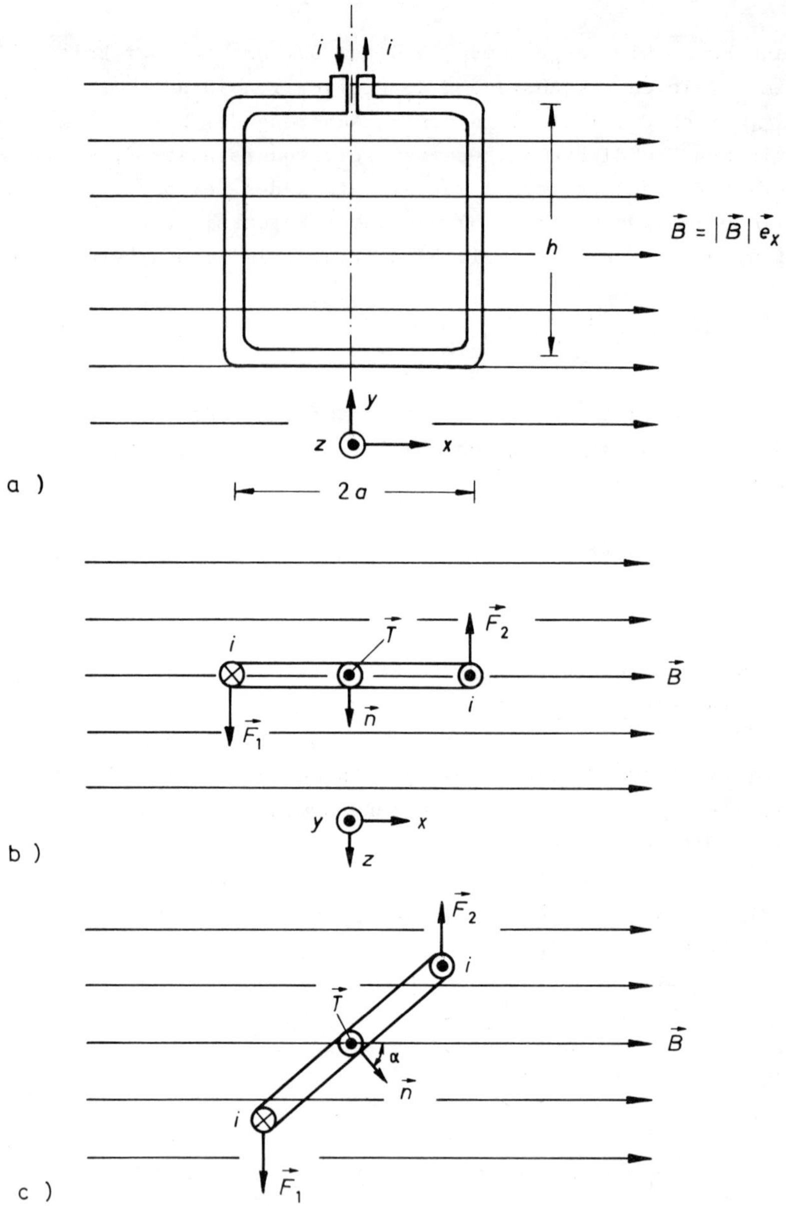

Bild IV.5.2: Leiterschleife im Magnetfeld.

ausgeübt; die Kräfte stehen jeweils senkrecht auf dem stromführenden Leiter und der Richtung der magnetischen Flußdichte. Auf die beiden Leiter der Länge $2a$ wird in der betrachteten Lage keine Kraft ausgeübt, da die Richtung der Leiter parallel zur Richtung der magnetischen Flußdichte ist. Wie aus Bild IV.5.2b) zu erkennen ist, üben die beiden Kräfte auf die Leiterschleife ein Drehmoment

$$|\vec{T}| = |\vec{l} \times \vec{F}| ,$$

$$|\vec{T}| = 2ah|i||\vec{B}| ,$$

$$\vec{T} = T_y \vec{e}_y \qquad \text{(IV.5.5)}$$

aus.

Wird die Leiterschleife aus der in Bild IV.5.2 b) gezeichneten ausgezeichneten Stellung ($\sphericalangle(\vec{n},\vec{B})=\pi/2$) gedreht, so bleiben zwar die Kräfte $\vec{F}_1$ und $\vec{F}_2$ im Absolutbetrag unverändert, da der Winkel zwischen der Richtung des Leiters der Länge h und der magnetischen Flußdichte unverändert gleich $\pi/2$ bleibt, aber der Winkel zwischen $\vec{l}$, dem Hebelarm, und den Kräften $\vec{F}_1$, $\vec{F}_2$ wird kleiner als $\pi/2$, so daß gilt:

$$\vec{T} = 2ahi|\vec{B}|\sin\alpha \; \vec{e}_y = T_y(\alpha)\vec{e}_y \qquad \text{(IV.5.6)}$$

mit α dem Winkel zwischen der Richtung der Flächennormale $\vec{n}$ und der Richtung der magnetischen Flußdichte $\vec{B}$. Die jetzt zusätzlich auf die Leiter der Länge $l=2a$ wirkenden Kräfte führen zu keinem Drehmoment auf die Leiterschleife.

Der den Strom der Stromstärke i führenden Leiterschleife wird ein magnetisches Dipolmoment $\vec{m}$

$$\vec{m} = 2ahi\,\vec{n} = iA\,\vec{n}\,, \tag{IV.5.7}$$

mit A der von der Leiterschleife aufgespannten Fläche, zugeordnet.

Satz 34: Das magnetische Dipolmoment $\vec{m}$ einer stromführenden, geschlossenen Leiterschleife ist im Absolutbetrag gleich der im Leiter fließenden elektrischen Stromstärke i multipliziert mit der von der Leiterschleife berandeten Fläche A. Die Richtung des magnetischen Dipolmoments ist gleich der Richtung der Flächennormale auf der vom Leiter aufgespannten Fläche. Der Richtungssinn des magnetischen Diplomoments ist der Richtung des Bezugspfeils der elektrischen Stromstärke im Rechtschraubensinn zugeordnet. Die Einheit des magnetischen Dipolmoments ist:

$$[\vec{m}] = \mathrm{Am}^2\,.$$

Mit Hilfe des magnetischen Dipolmoments läßt sich das Drehmoment $\vec{T}$ in der Form:

$$\vec{T} = \vec{m} \times \vec{B} \tag{IV.5.8}$$

in Übereinstimmung mit Gl.(IV.5.6) angeben.

Wird die y-Komponente T_y des Drehmoments über dem Winkel α aufgetragen, so ergibt sich Bild IV.5.3. Für den Winkel $\alpha=0$ und den Winkel $\alpha=\pi$ wird das Drehmoment Null; die Schleife befindet sich in einer Gleichgewichtslage. Dabei ist die für den Winkel $\alpha=0$ auftretende Gleichgewichtslage stabil; die für den Winkel $\alpha=\pi$ auftretende Gleichgewichtslage ist labil. Die Art des jeweils herrschenden Gleichgewichts kann erkannt werden, wenn die Leiterschleife leicht aus ihrer Gleichgewichtslage gedreht wird und die aus den dann auftretenden Kräften resultierende Drehrichtung der Leiterschleife untersucht wird. So zeigt Bild

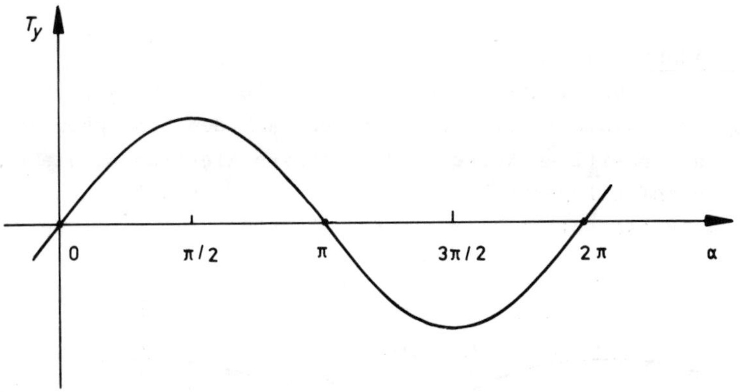

Bild IV.5.3: Die y-Komponente des Drehmoments als Funktion des Winkels α.

IV.5.4a), daß für den Fall $\alpha=0$ stets solche Kräfte auf die Leiterschleife wirken, die die Leiterschleife wieder in die Gleichgewichtslage zurückdrehen. Für den Fall $\alpha=\pi$ hingegen sind die auf die Leiterschleife wirkenden Kräfte so, daß die Leiterschleife weiter aus der Gleichgewichtslage herausgedreht wird und sich somit dreht, bis sie für einen Winkel zwischen Magnetfeld und Flächennormale $\alpha=0$ wieder in eine stabile Gleichgewichtslage kommt.

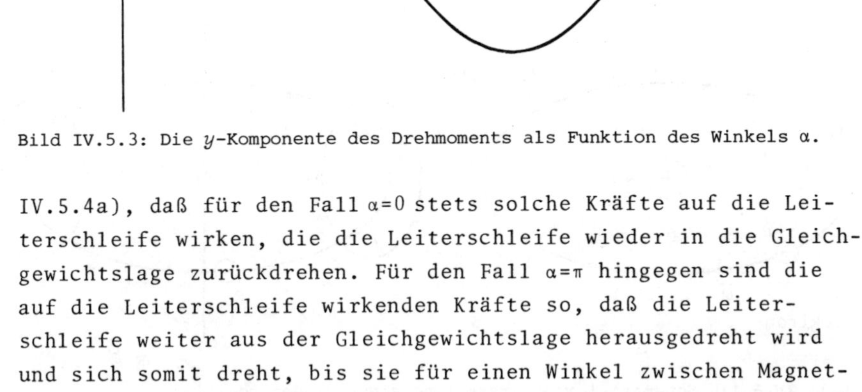

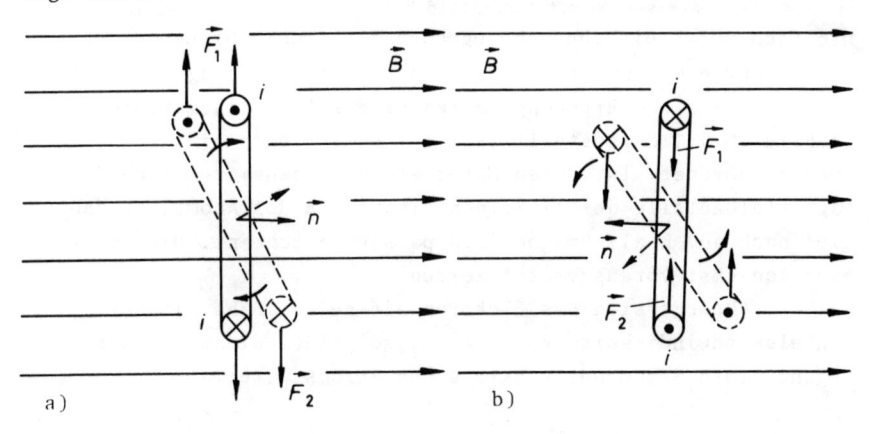

Bild IV.5.4: Stabile a) und labile b) Gleichgewichtslagen sowie die beim Herausdrehen der Schleifen aus den Gleichgewichtslagen auftretenden Rückstellkräfte a) bzw. Umstellkräfte b).

IV.6 MAGNETFELD UND MATERIE

Wir betrachten erneut die Materie als aus Atomen aufgebaut; die Atome ihrerseits bestehen nach dem Bohrschen Atommodell aus positiven Kernen und negativen Elektronen, die den Atomkern auf Ellipsenbahnen fester Abmessungen umkreisen (Bild IV.6.1); diese sollen hier als Kreisbahnen idealisiert werden.

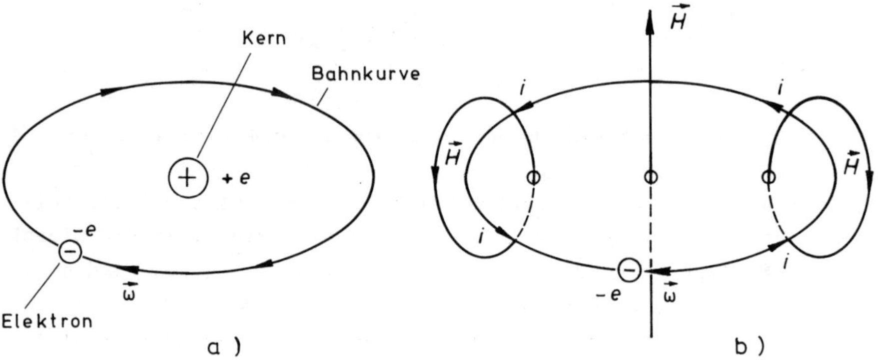

Bild IV.6.1: Schematisierte Darstellung eines um den positiven Atomkern kreisenden Elektrons a) sowie zugeordneter Kreisstrom mit Magnetfeld b).

Die sich auf Kreisbahnen bewegenden Elektronen bilden einen Strom, der ein Magnetfeld der magnetischen Erregung $\vec{H}$ erzeugt. Diese magnetische Erregung, deren Feldverlauf schematisiert in Bild IV.6.1 dargestellt ist, ist somit jedem einzelnen Elektron zugeordnet. In vielen Materialien kompensieren sich die Magnetfeldanteile der einzelnen Elektronen des Atoms, so daß dies nach außen als "magnetisch passiv" erscheint. Dies soll hier zunächst vorausgesetzt werden.

Bewegt sich das Elektron auf seiner Bahn mit der Winkelgeschwindigkeit $|\vec{\omega}| = 2\pi/T$, so bildet diese Ladungsbewegung einen Strom der elektrischen Stromstärke:

$$i = \frac{\mathrm{d}Q}{\mathrm{d}t} = \frac{e}{T} = \frac{|\vec{\omega}|}{2\pi} e \quad , \tag{IV.6.1}$$

mit e der Elementarladung, T der Umlaufzeit des Elektrons auf der Bahnkurve und dem Bezugspfeil der elektrischen Stromstärke nach Bild IV.6.1.

Wie im Fall der dielektrischen Materialien (vgl. Kapitel II.8) soll hier untersucht werden, wie das Material reagiert, wenn es in ein Magnetfeld der magnetischen Erregung $\vec{H}$ und zugeordnet der magnetischen Flußdichte $\vec{B} = \mu_0 \vec{H}$ gebracht wird. Es werden wieder drei physikalische Effekte diskutiert.

1) Der im folgenden zu diskutierende, als *Diamagnetismus* bezeichnete Effekt wird bei vielen Materialien durch andere magnetische Effekte (siehe weiter unten) überdeckt. Um den Diamagnetismus messen zu können, ist es Voraussetzung, daß sich in den einzelnen Atomen des betrachteten Materials die von den Elektronen gebildeten Magnetfeldanteile kompensieren, so daß das Atom nach außen als "magnetisch passiv" erscheint. Dies wird hier zunächst vorausgesetzt.

Ein Modell, das diese Eigenschaften der Atome beschreibt, ist in Bild IV.6.2 in Form zweier übereinanderliegender Elektronenbahnen mit je einem umlaufenden Elektron gezeichnet. Die Umlaufrichtung der Elektronen ist entgegengesetzt zueinander, so daß das gesamte von dieser Anordnung erzeugte Magnetfeld Null ist, da die beiden erzeugten Magnetfelder von gleichem Absolutbetrag, aber entgegengesetzter Richtung sind.

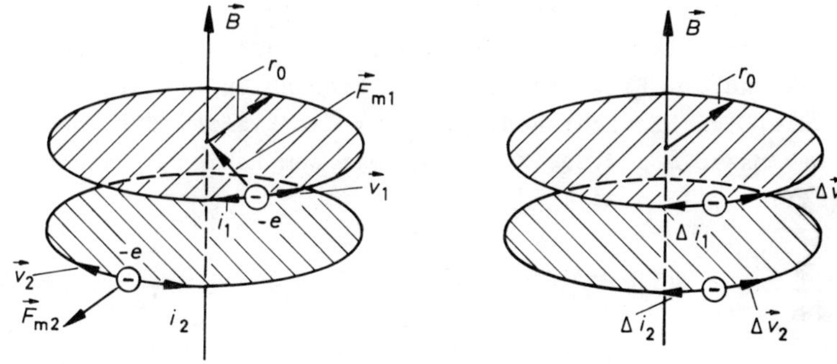

Bild IV.6.2: Zur Erläuterung des Modells für den Diamagnetismus.

Wird ein solches Atom in ein Magnetfeld der magnetischen Flußdichte $\vec{B} = \mu_0\vec{H}$ gebracht, so wird auf die sich auf einer Kreisbahn mit der Geschwindigkeit $\vec{v}$ bewegenden Elektronen eine zusätzliche Kraft $\vec{F}_m = -e(\vec{v} \times \vec{B})$ ausgeübt. Diese Kräfte sind in Bild IV.6.2 als $\vec{F}_{m1}$ für die obere Kreisbahn und $\vec{F}_{m2}$ für die untere Kreisbahn eingezeichnet. Es kann erkannt werden, daß die Kraft $\vec{F}_{m1}$ auf den Mittelpunkt der Kreisbahn zuweist, während die Kraft $\vec{F}_{m2}$ radial nach außen gerichtet ist.

In Kapitel II.6.1 haben wir kennengelernt, daß nach dem Bohr'schen Atommodell die Radien der Elektronen-Kreisbahnen durch eine Quantisierung für den Bahn-Drehimpuls (vgl. Gl. (II.6.25)) stets nur feste vorgegebene Werte nach Gl.(II.6.27) annehmen können. Dies führt zu folgender Überlegung: Da durch das Magnetfeld auf die Elektronen, die sich auf den Kreisbahnen um den Kern bewegen, zusätzliche radiale Kräfte ausgeübt werden, die Zentrifugal- und Zentripetalkräfte sich aber stets das Gleichgewicht halten müssen, wenn die Elektronen nicht die Kreisbahn verlassen sollen, müssen sich zur Anpassung an die neuen Kraftverhältnisse die Geschwindigkeiten der Elektronen auf den Bahnen ändern.

Es soll angenommen werden, daß das angelegte magnetische Feld so schwach ist, daß die auftretenden Änderungen $\Delta\vec{v}_1$, $\Delta\vec{v}_2$ der Geschwindigkeiten $\vec{v}_1$ und $\vec{v}_2$ sehr viel kleiner sind als die Geschwindigkeiten des ursprünglichen Zustands ohne ein angelegtes Magnetfeld.

Da die Kraft auf die obere Leiterschleife (Bild IV.6.2) eine Zentripetalkraft ist, die die Anziehungskraft zwischen dem Kern und dem Elektron auf der Kreisbahn unterstützt, lautet jetzt die Gleichgewichtsbedingung für die Kräfte, die am Elektron der Masse m auf der Kreisbahn mit dem Radius r_0 angreifen (vgl. Gl.(II.6.24)):

$$\frac{z\,e^2}{4\pi\varepsilon_0 r_0^2} + e|\vec{B}|(|\vec{v}_1| + \Delta|\vec{v}_1|) = \frac{m}{r_0}(|\vec{v}_1| + \Delta|\vec{v}_1|)^2 . \quad \text{(IV.6.2a)}$$

Der linke Term ist die Coulombkraft zwischen dem Elektron der Ladung $Q_e = -e$ auf der Kreisbahn und dem Kern der Ladung

$Q_k = +ze$, wenn z die Kernladungszahl ist; die Coulombkraft ist gerade gleich der Zentrifugalkraft $m|\vec{v}_1|^2/r_0$, wie bereits ausführlich in Kapitel IV.6.1 diskutiert wurde. Damit kann für die Änderung der Geschwindigkeit $\Delta|\vec{v}_1|$ folgende Bestimmungsgleichung abgeleitet werden:

$$\Delta|\vec{v}_1|^2 + (2|\vec{v}_1| - \frac{e|\vec{B}|r_0}{m})\Delta|\vec{v}_1| - \frac{e|\vec{B}||\vec{v}_1|r_0}{m} = 0 \,. \qquad \text{(IV.6.3a)}$$

Für $\Delta|\vec{v}_1|$ gilt somit, wie aus der Lösung der quadratischen Gleichung unter Berücksichtigung der Voraussetzungen und Vernachlässigung der quadratisch kleinen Terme folgt:

$$\Delta|\vec{v}_1| \approx \frac{e|\vec{B}|r_0}{2m} \,. \qquad \text{(IV.6.4a)}$$

Die Geschwindigkeit $\vec{v}_1$ wird um $\Delta\vec{v}_1$ vergrößert, dies führt gleichzeitig nach Gl.(IV.6.1) zu einer Erhöhung der elektrischen Stromstärke i_1 um den Wert:

$$\Delta i_1 = \frac{\Delta|\vec{v}_1|}{2\pi\ r_0}\, e = \frac{e^2|\vec{B}|}{4\pi\ m} \,. \qquad \text{(IV.6.5a)}$$

Entsprechend gilt für die untere Elektronenbahn (Bild IV.6.2), für die die Kraft $\vec{F}_{m2}$ radial nach außen weist, also die Zentrifugalkraft unterstützt, folgende Gleichgewichtsbedingung für die Kräfte, die am Elektron auf der Kreisbahn angreifen:

$$\frac{ze^2}{4\pi\varepsilon_0 r_0^2} = \frac{m}{r_0}\,(|\vec{v}_2| + \Delta|\vec{v}_2|)^2 + e|\vec{B}|(|\vec{v}_2| + \Delta|\vec{v}_2|) \qquad \text{(IV.6.2b)}$$

und mit gleicher Argumentation wie oben die Bestimmungsgleichung für die Änderung $\Delta|\vec{v}_2|$ der Geschwindigkeit $\vec{v}_2$:

$$\Delta|\vec{v}_2|^2 + (2|\vec{v}_2| + \frac{e|\vec{B}|r_0}{m})\,\Delta|\vec{v}_2| + \frac{e|\vec{B}||\vec{v}_2|r_0}{m} = 0 \qquad \text{(IV.6.3b)}$$

mit der Näherungslösung:

$$\Delta|\vec{v}_2| \approx -\frac{e|\vec{B}|r_0}{2m} \quad . \qquad \text{(IV.6.4b)}$$

Das heißt, im Gegensatz zur Geschwindigkeit $\vec{v}_1$ wird die Geschwindigkeit $\vec{v}_2$ verkleinert, der Vektor $\Delta\vec{v}_2$ zeigt in Gegenrichtung zu $\vec{v}_2$ damit aber in gleicher Richtung wie der Vektor $\Delta\vec{v}_1$ (siehe Bild II.6.2). Damit wird auch in der unteren Leiterschleife eine Änderung der elektrischen Stromstärke i_2 der Größe

$$\Delta i_2 = \frac{\Delta|\vec{v}_2|}{2\pi\ r_0}e = \frac{e^2|\vec{B}|}{4\pi\ m} \qquad \text{(IV.6.5b)}$$

durch das Magnetfeld hervorgerufen. Δi_1 und Δi_2 haben dieselbe Bezugspfeilrichtung (siehe Bild IV.6.2).

Damit ergeben sich die in Bild IV.6.3 skizzierten Stromverhältnisse: Die elektrischen Stromstärken i_1 und i_2 haben entgegengesetzte Bezugspfeilrichtungen, sie kompensieren sich in ihrer Wirkung; die beiden Änderungen der elektrischen Strom-

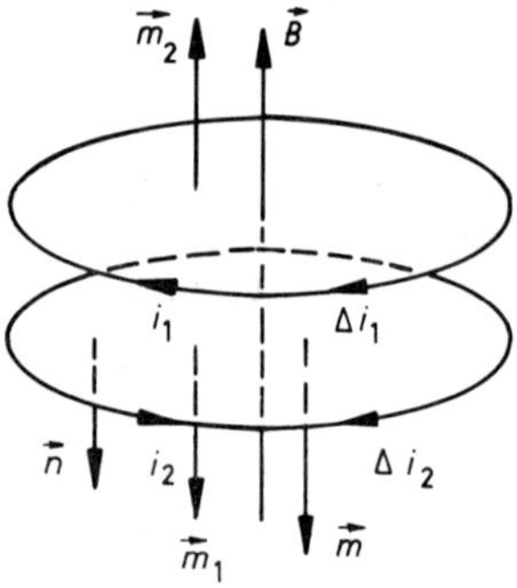

Bild II.6.3: Zur Veranschaulichung der resultierenden magnetischen Momente in einem diamagnetischen Material.

stärken Δi_1, Δi_2 aber haben dieselbe Bezugspfeilrichtung; in ihrer Wirkung können sie also zusammengefaßt werden zu einer durch das Magnetfeld $\vec{B}$ erzeugten elektrischen Stromstärke der Größe

$$\Delta i = \Delta i_1 + \Delta i_2 = \frac{e^2 |\vec{B}|}{2\pi\; m} \quad . \tag{IV.6.5}$$

Da einer Leiterschleife, die die Fläche $A = \pi r_0^2$ aufspannt und die die elektrische Stromstärke i führt, nach Gl.(IV.5.7) ein magnetisches Dipolmoment der Größe

$$\vec{m} = i\; A\; \vec{n} \tag{IV.6.6}$$

zugeordnet werden kann (wobei die Richtung des Flächennormalen-Einheitsvektors $\vec{n}$ und die Richtung des Bezugspfeils der elektrischen Stromstärke i einander im Rechtsschraubensinn zugeordnet sind), erzeugt die elektrische Stromstärke i_1 das magnetische Dipolmoment $\vec{m}_1$, die elektrische Stromstärke i_2 das magnetische Dipolmoment $\vec{m}_2$ (Bild IV.6.3); beide Dipolmomente sind im Absolutbetrag gleich groß, haben aber entgegengesetzte Richtung. Sie kompensieren sich voraussetzungsgemäß. Die Dipolmomente, die von den Änderungen der elektrischen Stromstärken Δi_1 und Δi_2 erzeugt werden, kompensieren sich hingegen nicht, da die Bezugspfeile von Δi_1 und Δi_2 gleichgerichtet sind; sie rufen mithin ein resultierendes Dipolmoment $\vec{m}$ der Größe:

$$\vec{m} = \frac{e^2 |\vec{B}|}{2\pi\; m}\; \pi r_0^2\; \vec{n} = \frac{e^2 \mu_0 |\vec{H}| r_0^2}{2m}\; \vec{n} \quad ,$$

$$\vec{m} = -\; \frac{e^2 \mu_0 r_0^2}{2m}\; \vec{H} \tag{IV.6.7}$$

hervor. Die Richtung dieses magnetischen Dipolmoments ist entsprechend der durchgeführten Ableitung stets entgegengesetzt zur angelegten magnetischen Erregung $\vec{H}$, so daß stets eine Schwächung des Magnetfelds durch die Atome hervorgerufen wird.

Ist n die Zahl der Atome pro Volumeneinheit eines betrachteten Festkörpervolumens, so ist die *Magnetisierung* $\vec{M}$:

$$\vec{M} = n\,\vec{m} \quad , \quad [\vec{M}] = \frac{\mathrm{A}}{\mathrm{m}} \tag{IV.6.8}$$

das magnetische Dipolmoment pro Volumeneinheit und ein Maß für die durch die Materie beim Anlegen eines Magnetfeldes zusätzlich auftretende magnetische Erregung; diese Aussage ist völlig äquivalent zu der in Kapitel II.8 gemachten Aussage über die die physikalische Bedeutung der elektrischen Polarisation (vgl. Gl.(II.8.6) sowie Gl.(II.8.7)).

Satz 35: Die Magnetisierung $\vec{M}$ ist gleich dem magnetischen Dipolmoment pro Volumeneinheit, das in einem Material unter dem Einfluß eines magnetischen Feldes ausgebildet wird oder dort permanent vorhanden ist (Dauermagnet [1]). Sie ist gleichzeitig ein Maß für die vom Material gegenüber dem Fall des Vakuums zusätzlich aufgebrachte magnetische Erregung.

Damit gilt im Material:

$$\vec{B} = \mu_0\,(\vec{H} + \vec{M}) \tag{IV.6.9}$$

und, da im Fall des diskutierten Diamagnetismus die Magnetisierung im Absolutbetrag der magnetischen Erregung proportional ist (vgl. Gl.(IV.6.7)):

$$\vec{M} = \chi_m\,\vec{H} \tag{IV.6.10}$$

mit χ_m der magnetischen Suszeptibilität, gilt für die im Material auftretende magnetische Flußdichte $\vec{B}$:

$$\vec{B} = \mu_0(1 + \chi_m)\vec{H} = \mu_0\mu_r\vec{H} = \mu\,\vec{H} \quad , \quad \mu_r = 1 + \chi_m \quad . \tag{IV.6.11}$$

μ_r ist die Permeabilitätszahl, das Produkt aus magnetischer Feldkonstante μ_0 und Permeabilitätszahl μ_r heißt die Permeabilität des Materials: $\mu = \mu_0\mu_r$. Im Fall des Diamagnetismus hat, wie die oben durchgeführte Diskussion zeigt, die Magnetisierung eine schwächende Wirkung auf das Magnetfeld, d.h. die magneti-

1) Siehe Kapitel IV.12.

sche Suszeptibilität χ_m ist negativ:

$$\chi_m = -\frac{e^2 \mu_0 r_0^2}{2m} \quad . \qquad (IV.6.12)$$

Da der Absolutbetrag der magnetischen Suszeptibilität sehr klein ist (Tabelle IV.6.1) liegt die Permeabilitätszahl diamagnetischer Materialien knapp unterhalb von eins.

Material	χ_m
Stickstoff, N_2	$-0{,}06 \cdot 10^{-6}$
Helium, He	$-1{,}90 \cdot 10^{-6}$
Neon, Ne	$-7{,}20 \cdot 10^{-6}$
Wasser, H_2O	$-9 \cdot 10^{-6}$
Kupfer, Cu	$-10 \cdot 10^{-6}$
Argon, Ar	$-19 \cdot 10^{-6}$
Silber, Ag	$-25 \cdot 10^{-6}$
Gold, Au	$-30 \cdot 10^{-6}$
Krypton, Kr	$-32 \cdot 10^{-6}$
Wismut, Bi	$-170 \cdot 10^{-6}$

Tabelle IV.6.1: Magnetische Suszeptibilitäten diamagnetischer Materialien.

2) Bei vielen Materialien kompensieren sich die magnetischen Momente der einzelnen Elektronen eines Atoms nicht, so daß das Atom ein resultierendes magnetisches Dipolmoment besitzt. Ohne den Einfluß eines von außen angelegten Magnetfeldes sind die magnetischen Dipolmomente der Einzelatome jedoch statistisch so verteilt, daß der Festkörper nach außen makroskopisch kein Magnetfeld erzeugt. Die statistische Verteilung der magnetischen Dipolmomente wird durch die Temperaturbewegung hervorgerufen. Wird von außen eine magnetische Erregung an das Material angelegt, so wird nach Gl.(IV.5.8) auf die von den atomaren Kreisströmen erzeugten magnetischen Dipolmomente ein Drehmoment so ausgeübt, daß sich die einzelnen magnetischen Dipole in Richtung der magnetischen Erregung drehen und somit eine Verstärkung der magnetischen Erregung bewirken. Dieser Effekt wird als *Paramagnetismus* bezeichnet. Die Ausrichtung

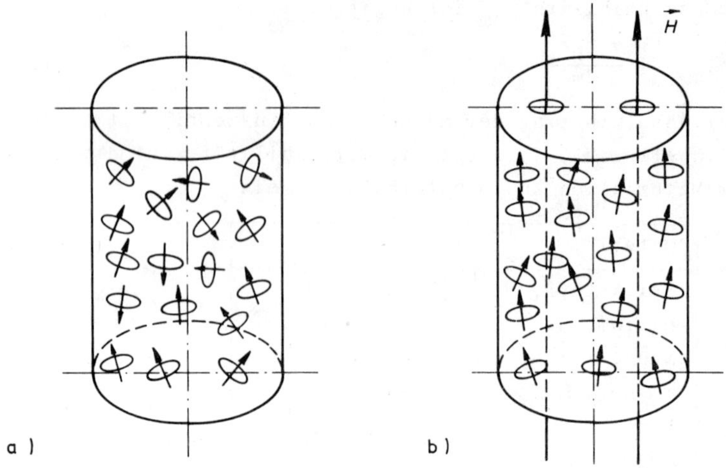

Bild IV.6.4: Veranschaulichende Darstellung des Paramagnetismus.

der magnetischen Dipole in Richtung der magnetischen Erregung hängt von der Größe der angelegten magnetischen Erregung ab, es gilt auch für den Paramagnetismus

$$\vec{M} = \chi_m \vec{H} \qquad \text{(IV.6.13)}$$

mit dem Unterschied, daß χ_m eine positive Zahl ist. In Tabelle IV.6.2 sind die magnetischen Suszeptibilitäten einiger paramagnetischer Materialien zusammengestellt. Es kann erkannt werden, daß die Permabilitätszahlen $\mu_r=1+\chi_m$ paramagnetischer Materialien nur wenig oberhalb des Wertes $\mu_r=1$ liegen.

Der Wirkung der von außen angelegten magnetischen Erregung, die magnetischen Dipole in einer Richtung auszurichten, wirkt stets die Temperaturbewegung der Dipole entgegen, so daß die in Tabelle IV.6.2 angegebenen magnetischen Suszeptibilitäten Funktionen der Temperatur sind. Auf die Berechnung der Temperaturabhängigkeit kann hier nicht eingegangen werden, es wird auf die Literatur der Werkstoffkunde verwiesen.

Material	χ_m
Luft	$+ 0{,}5 \cdot 10^{-6}$
Sauerstoff, O_2	$+ 1{,}8 \cdot 10^{-6}$
Aluminium, Al	$+ 20 \cdot 10^{-6}$
Platin, Pt	$+ 260 \cdot 10^{-6}$
Palladium, Pd	$+ 690 \cdot 10^{-6}$
Mangan, Mn	$+ 1000 \cdot 10^{-6}$

Tabelle IV.6.2: Magnetische Suszeptibilitäten einiger paramagnetischer Materialien.

3) Als dritte Gruppe der magnetischen Eigenschaften von Materialien soll der sogenannte *Ferromagnetismus* kurz erläutert werden. Charakteristische Eigenschaft des Ferromagnetismus ist, daß im betrachteten Material auch ohne das Anlegen eines äußeren magnetischen Feldes bereits Bereiche existieren, in denen magnetische Dipolmomente spontan parallel zueinander ausgerichtet sind. Dies ist in Bild IV.6.5a) qualitativ skizziert. Die einzelnen Bereiche sind im (unmagnetisierten) Material wieder statistisch so verteilt, daß nach außen keine resultierende Magnetisierung festgestellt werden kann.

Die Bezirke, die parallel magnetisiert sind, werden als *Weiß'sche* Bezirke bezeichnet. Die Wände zwischen diesen Bezirken, in denen die Magnetisierung ihre Richtung ändern muß, heißen *Blochwände* (90°- und 180°-Blochwände, Bild IV.6.5a)). Bei Anlegen eines Magnetfeldes von außen an den unmagnetisierten Körper verschieben sich zunächst die Blochwände so, daß die Bereiche mit einer zum Magnetfeld parallelen Magnetisierung vergrößert werden (Bild IV.6.5b)), anschließend werden die Magnetisierungs-Vektoren der verbleibenden Bereiche bei Vergrößerung der angelegten magnetischen Erregung in Richtung der magnetischen Erregung gedreht. Der Zusammenhang zwischen magnetischer Erregung und Magnetisierung wird durch die Neukurve (Bild IV.6.6) be-

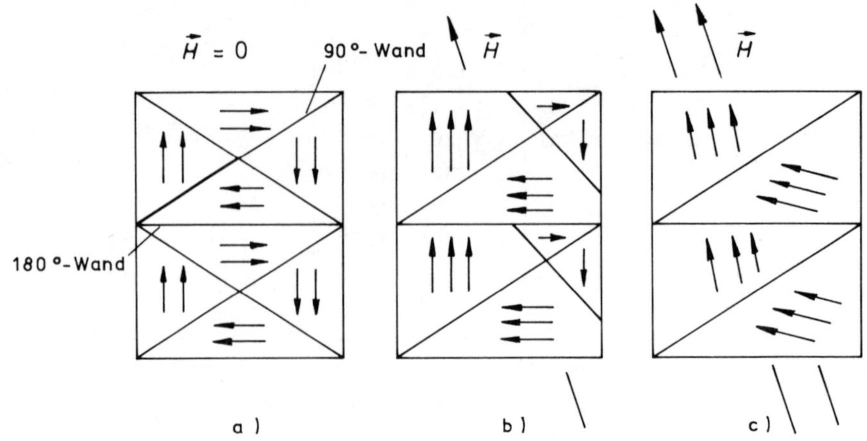

Bild IV.6.5: Spontan magnetisierte (Weiß'sche) Bezirke im ferromagnetischen Material ohne von außen angelegtes Feld a), auftretende Wandverschiebungen b) sowie Drehungen c) der Magnetisierung bei Anlegen eines äußeren Feldes.

schrieben. Sind dann alle Bereiche in Richtung der äußeren magnetischen Erregung gedreht, so nimmt die Magnetisierung ihren maximalen Wert, die Sättigungsmagnetisierung $|\vec{M}_{max}| = M_s$ an. Da die Wandverschiebungen zum Teil ireversibel sind, kommt es ausgehend vom gesättigten Zustand beim Reduzieren der magnetischen Erregung zur Ausbildung der in Bild IV.6.6 gezeichneten *Hysterese-Kurve* für den Zusammenhang zwischen der Magnetisierung $\vec{M}=M\vec{e}_M$ und der magnetischen Erregung $\vec{H}=H\vec{e}_H$ mit $\vec{e}_M$ und $\vec{e}_H$ Einheitsvektoren in Richtung der Felder.

Wird das äußere Magnetfeld Null $\vec{H}=0$, so verbleibt eine remanente Magnetisierung $\vec{M}=M_r\vec{e}_M$; um den Körper zu entmagnetisieren muß eine magnetische Erregung mit entgegengesetzter Richtung zum aufmagnetisierenden Feld: $\vec{H}=-H_k\vec{e}_H$, mit H_k der magnetischen Koerzitiverregung, aufgebracht werden. Bei weiterer Vergrößerung der magnetischen Erregung in dieser Richtung wird das Material wiederum bis in die Sättigung magnetisiert;

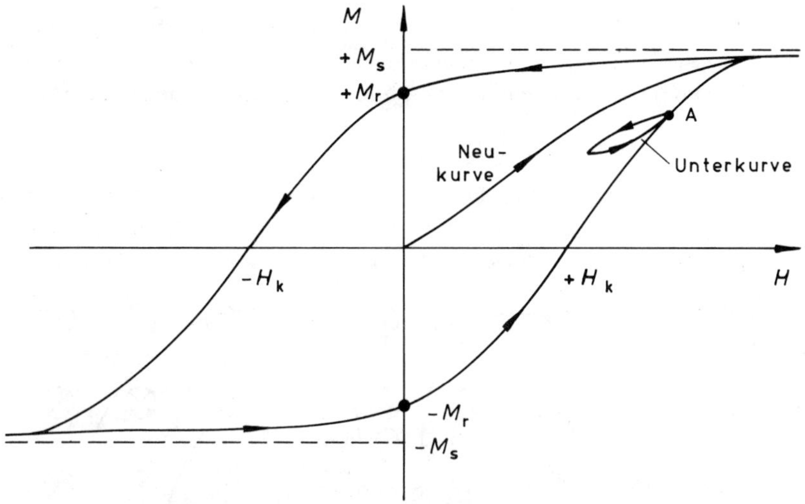

Bild IV.6.6: Abhängigkeit der Magnetisierung M von der magnetischen Erregung H in einem ferromagnetischen Material.

die Magnetisierung besitzt die entgegengesetzte Richtung verglichen mit dem ersten Sättigungszustand.

Es kann festgestellt werden, daß der Zusammenhang zwischen der Magnetisierung $\vec{M}$ und der magnetischen Erregung $\vec{H}$, damit aber auch der Zusammenhang zwischen der magnetischen Flußdichte $\vec{B}$ und der magnetischen Erregung $\vec{H}$

$$\vec{B} = \mu_0 \, (\vec{H} + \vec{M}) = f(\vec{H}) \qquad \text{(IV.6.14)}$$

erstens nicht mehr eindeutig ist, sondern von der magnetischen "Vorgeschichte" des Materials abhängt (vgl. z.B. auch die "Unterkurve" in Bild IV.6.6, die sich beim Rückstellen der magnetischen Erregung im Arbeitspunkt A ergibt), und zweitens nichtlinear ist, so daß eine konstante Permeabilitätszahl μ_r für ferromagnetische Materialien nicht mehr definiert werden kann.

Materialien (gleicher Sättigungsmagnetisierung M_s) mit grosser Koerzitiverregung werden als *magnetisch hart*, Materialien mit kleiner Koerzitiverregung als *magnetisch weich* bezeichnet.

IV.7 DAS INDUKTIONSGESETZ

Wir betrachten ein Leiterstück der Länge l, charakterisiert durch den Längenvektor $\vec{l}$ (Bild IV.7.1), das sich mit der Geschwindigkeit $\vec{v}$ in einem Feld der magnetischen Flußdichte $\vec{B}$ bewegt.

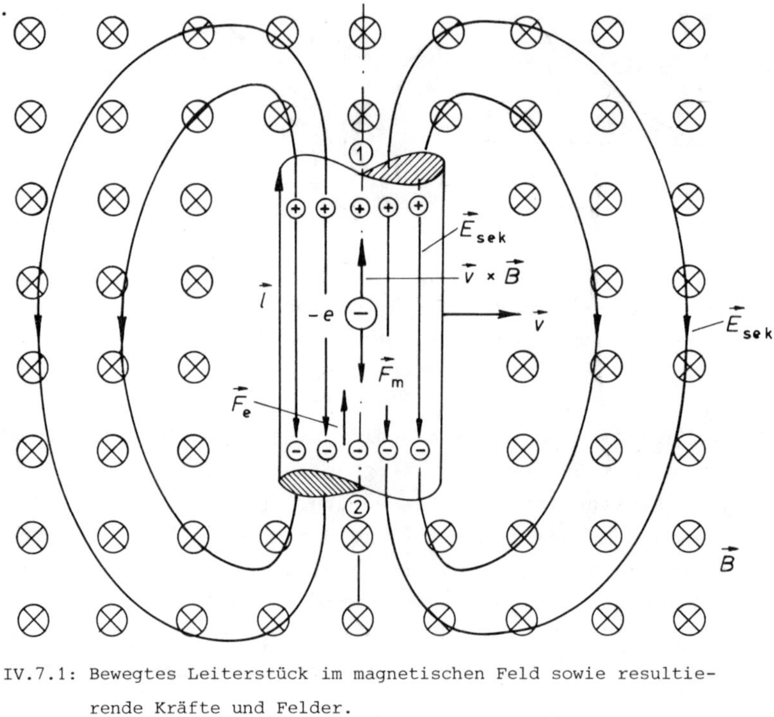

Bild IV.7.1: Bewegtes Leiterstück im magnetischen Feld sowie resultierende Kräfte und Felder.

Aufgrund der Bewegung wird auf die Ladungsträger (Elektronen) in dem Leiter die Kraft gemäß Gl.(IV.2.10):

$$\vec{F}_m = Q(\vec{v} \times \vec{B}) = -e(\vec{v} \times \vec{B}) \qquad \text{(IV.7.1)}$$

ausgeübt. Die im Leiter frei beweglichen Ladungsträger, die negativen Elektronen, werden unter dem Einfluß dieser Kraft $\vec{F}_m$ (hervorgerufen durch das Magnetfeld) an das untere Ende (Bild IV.7.1) des Leiterstücks gedrängt. Am oberen Ende des Leiters verbleibt damit eine positive Überschußladung der Atomrümpfe. Aufgrund der im Leiter getrennten Ladungen wird ein elektrisches Feld $\vec{E}_{sek}$ ausgebildet, das eine rücktreibende Kraft $\vec{F}_e$ auf die Elektronen ausübt und das im Gleichgewichtszustand zur Kompensation der Kräfte auf die Elektronen im Leiter führt:

$$\vec{F}_m + \vec{F}_e = 0 ,$$

$$\vec{F}_m = - e(\vec{v} \times \vec{B}) = - \vec{F}_e = - (-e \vec{E}_{sek}) ,$$

$$\vec{E}_{sek} = - (\vec{v} \times \vec{B}) . \qquad \text{(IV.7.2)}$$

Damit kann erkannt werden, daß die Kraft $\vec{F}_m$ auf die bewegten Ladungen im Magnetfeld auch als von einem elektrischen Feld

$$\vec{E}_{ind} = \vec{v} \times \vec{B} \qquad \text{(IV.7.3)}$$

hervorgerufen betrachtet werden kann; das so eingeführte elektrische Feld $\vec{E}_{ind}$ wird als induzierte elektrische Feldstärke bezeichnet. Im Leiter wird dieses Feld gerade durch die in Gl.(IV.7.2) angegebene sekundäre elektrische Feldstärke $\vec{E}_{sek}$ kompensiert, so daß der Leiter feldfrei ist und auf die frei beweglichen Ladungsträger keine Kräfte mehr ausgeübt werden.

Satz 36 : Durch die Bewegung eines Leiters in einem magnetischen Feld der magnetischen Flußdichte $\vec{B}$ wird in dem Leiter ein elektrisches Feld $\vec{E}_{ind} = \vec{v} \times \vec{B}$ induziert.

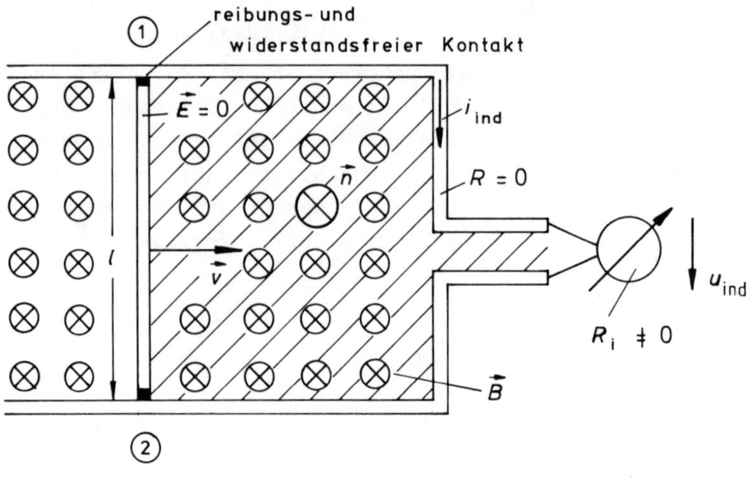

Bild IV.7.2: Zur Definition der induzierten Spannung.

Da der bewegte Leiter (Bild IV.7.1) im Innern kein elektrisches Feld besitzt, wird zwischen den beiden Endflächen (1) und (2) auch keine Spannung zu messen sein, wenn ein Integrationsweg C zur Berechnung des Spannungsintegrals gewählt wird, der im Leiter verläuft; es gilt also:

$$u_{12} = \int_{C,\,(1)}^{(2)} \vec{E} \cdot d\vec{s} = 0,$$

falls C im Innern des Leiters liegt.

Wegen

$$\vec{E} = \vec{E}_{ind} + \vec{E}_{sek} = 0 \qquad \text{(IV.7.4)}$$

im Innern des Leiters gilt damit auch:

$$\int\limits_{\substack{① \\ C_{\text{innen}}}}^{②} (\vec{E}_{\text{ind}} + \vec{E}_{\text{sek}}) \cdot d\vec{s} = \int\limits_{\substack{① \\ C_{\text{innen}}}}^{②} \vec{E}_{\text{ind}} \cdot d\vec{s} + \int\limits_{\substack{① \\ C_{\text{innen}}}}^{②} \vec{E}_{\text{sek}} \cdot d\vec{s} = 0, \qquad \text{(IV.7.5)}$$

beziehungsweise:

$$\int\limits_{\substack{① \\ C_{\text{innen}}}}^{②} \vec{E}_{\text{ind}} \cdot d\vec{s} = -\int\limits_{\substack{① \\ C_{\text{innen}}}}^{②} \vec{E}_{\text{sek}} \cdot d\vec{s} = \int\limits_{\substack{② \\ C_{\text{innen}}}}^{①} \vec{E}_{\text{sek}} \cdot d\vec{s} \, . \qquad \text{(IV.7.6)}$$

Das durch die Ladungstrennung hervorgerufene, sekundäre elektrische Feld $\vec{E}_{\text{sek}}$ hat diesselben Eigenschaften, wie die in Kapitel II behandelten elektrostatischen Felder, da es ein von elektrischen Ladungen hervorgerufenes Feld ist, insbesondere gilt:

$$\oint_C \vec{E}_{\text{sek}} \cdot d\vec{s} = 0 \, , \qquad \text{(IV.7.7)}$$

gleichgültig, ob der geschlossene Integrationsweg im Innern des Leiters liegt oder über den Außenbereich geschlossen wird. Das Integral über einen geschlossenen Integrationsweg und die induzierte elektrische Feldstärke $\vec{E}_{\text{ind}} = \vec{v} \times \vec{B}$ dagegen ist nur dann Null, wenn der geschlossene Integrationsweg ganz im Innern des bewegten Leiters der Länge l liegt; wird der Integrationsweg aber außen geschlossen, dann ist das Integral stets von Null verschieden, da die induzierte elektrische Feldstärke nur im bewegten Leiter auftritt.

Wird, wie in Bild IV.7.2 gezeichnet, der im Magnetfeld bewegte Leiter über zwei reibungsfreie und widerstandsfreie Kontakte an einen ortsfesten, unbewegten Leiter so angeschlossen, daß sich ein geschlossener Leiterkreis ergibt, so wird unter dem Einfluß des im Außenraum des Leiters auftretenden elektrischen Feldes ($\vec{E}_{\text{sek}}$) in dem Leiter ein Strom der elektrischen Stromstärke i_{ind} fließen. Nehmen wir an, daß alle Leiter widerstandsfrei sind und daß in den Leiterkreis ein Spannungsmeßinstrument (mit dem "Innenwiderstand" R_i) eingebaut ist, so zeigt dieses Meßinstrument die im Außenraum zwischen den Flächen ① und ② des bewegten Leiters auftretende Spannung an:

$$u_{12} = \int_{①, C_{\text{außen}}}^{②} \vec{E}_{\text{sek}} \cdot \mathrm{d}\vec{s} \neq 0 \quad . \tag{IV.7.8}$$

Nach Gl.(IV.7.7) gilt aber:

$$\oint \vec{E}_{\text{sek}} \cdot \mathrm{d}\vec{s} = \int_{①, C_{\text{außen}}}^{②} \vec{E}_{\text{sek}} \cdot \mathrm{d}\vec{s} + \int_{②, C_{\text{innen}}}^{①} \vec{E}_{\text{sek}} \cdot \mathrm{d}\vec{s} = 0, \tag{IV.7.9}$$

falls ein geschlossener Integrationsweg sowohl über den Außenbereich und den Innenbereich gewählt wird. Damit gilt mit Hilfe von Gl.(IV.7.6) für die Spannung u_{12}:

$$u_{12} = \int_{①, C_{\text{außen}}}^{②} \vec{E}_{\text{sek}} \cdot \mathrm{d}\vec{s} = - \int_{②, C_{\text{innen}}}^{①} \vec{E}_{\text{sek}} \cdot \mathrm{d}\vec{s} = - \int_{①, C_{\text{innen}}}^{②} \vec{E}_{\text{ind}} \cdot \mathrm{d}\vec{s} \quad ,$$

$$u_{12} = \int_{②, C_{\text{innen}}}^{①} \vec{E}_{\text{ind}} \cdot \mathrm{d}\vec{s} = \int_{②, C_{\text{innen}}}^{①} (\vec{v} \times \vec{B}) \cdot \mathrm{d}\vec{s} = |\vec{v}|\, l\, |\vec{B}| \quad ,$$

$$u_{12} = u_{\text{ind}} = l\, |\vec{v}|\,|\vec{B}| . \tag{IV.7.10}$$

Obwohl der Bereich im Innern des Leiters frei von elektrischem Feld ist, messen wir außen zwischen den Enden des bewegten Leiters eine Spannung, die durch die Beziehung (IV.7.10) beschrieben wird und mit der Bezugspfeilrichtung nach Bild IV.7.2 als induzierte Spannung u_{ind} bezeichnet wird.

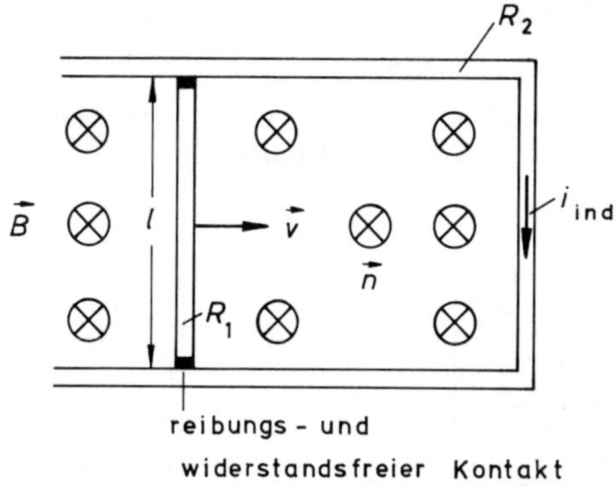

Bild IV.7.3: Zur Berechnung des induzierten Stroms.

Wird die Versuchsanordnung, wie in Bild IV.7.3 gezeichnet, abgeändert, indem angenommen wird, daß die Leiter jeweils einen Widerstand R_1 und R_2 haben und einen geschlossenen Stromkreis bilden, so kann festgestellt werden, daß bei Bewegung des Leiters der Länge l (Widerstand R_1) in dem Stromkreis ein Strom der elektrischen Stromstärke

$$i_{ind} = \frac{u_{ind}}{R_{ges}} = \frac{u_{ind}}{R_1 + R_2} = \frac{l\,|\vec{v}|\,|\vec{B}|}{R_1 + R_2} \qquad \text{(IV.7.11)}$$

fließt; dieser Strom wird als induzierter Strom bezeichnet. Die induzierte Spannung fällt längs des gesamten geschlossenen Leiters ab. Wird in dem Experiment nach Bild IV.7.3 mit der vorgegebenen Bewegungsrichtung des Leiters (Geschwindigkeitsvektor $\vec{v}$) eine Flächennormale $\vec{n}$ auf die von der Leiterschleife eingeschlossene Fläche in Richtung der magnetischen Induktion eingeführt, so zeigt das Experiment und die oben durchgeführte Überlegung, daß der Bezugspfeil eines positiven induzierten Stromes der Flächennormalen-Richtung im Rechtsschraubensinn zugeordnet ist.

IV.8 DER MAGNETISCHE FLUß UND DAS INDUKTIONSGESETZ

Im vorigen Kapitel wurde für das in Bild IV.8.1 nochmals dargestellte Experiment eines im Magnetfeld bewegten Leiters festgestellt, daß im Außenraum zwischen

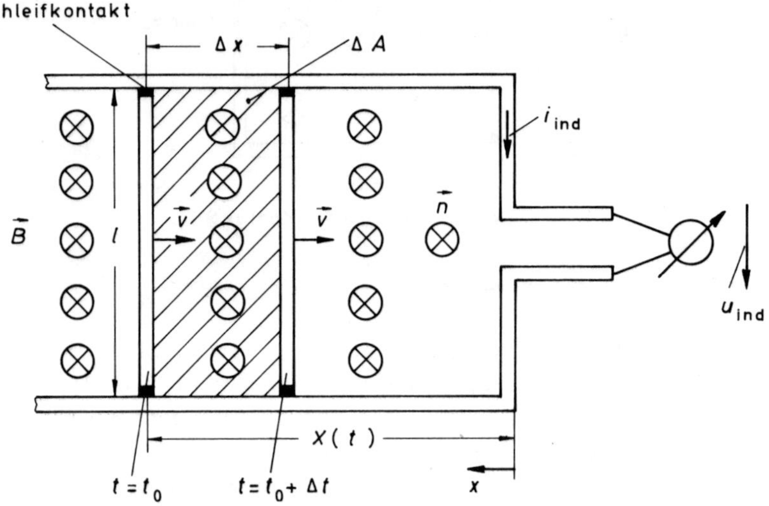

Bild IV.8.1: Zur Berechnung des Zusammenhangs zwischen induzierter Spannung und magnetischem Fluß.

den Enden des Leiters die induzierte Spannung (vgl. Gl.(IV.7.10)):

$$u_{ind} = l\,|\vec{v}|\,|\vec{B}| \tag{IV.8.1}$$

auftritt. Wird die Geschwindigkeit $\vec{v}=v_x\vec{e}_x$ des Leiters durch die Länge Δx, die der Leiter in der Zeit Δt durchläuft, ausgedrückt:

$$v_x = \frac{\Delta x}{\Delta t}\ , \tag{IV.8.2}$$

so ist, da der Leiter der Länge l sich in negativer x-Richtung bewegt, Δx negativ (d.h. die Länge $x(t)$ wird in der Zeit Δt um den Wert $|\Delta x|$ verkleinert) und die nach Gl.(IV.8.1) positive induzierte Spannung läßt sich als

$$u_{\text{ind}} = -|\vec{B}|\, l \frac{\Delta x}{\Delta t} \qquad \text{(IV.8.3)}$$

beschreiben. Das Produkt $|\Delta A| = l|\Delta x|$ ist gerade gleich dem Flächeninhalt, den der Leiter in der Zeit Δt überstreicht (in Bild IV.8.1 schraffiert eingezeichnet). ΔA ist gleichzeitig auch der Flächeninhalt, um den die im Zeitpunkt $t=t_0$ von der Leiteranordnung aufgespannte Flächen $A = xl$ bis zur Zeit $t=t_0+\Delta t$ verringert wird:

$$u_{\text{ind}} = -|\vec{B}|\, \frac{\Delta A}{\Delta t} \ . \qquad \text{(IV.8.4)}$$

Wie Gl.(IV.8.4) zeigt, spielt bei der Berechnung der induzierten Spannung das Produkt aus der magnetischen Flußdichte $\vec{B}$, die die Fläche ΔA durchsetzt, und der Änderung ΔA der Fläche A eine große Rolle. Wir betrachten daher die in Bild IV.8.2 gezeichnete beliebige, kleine Fläche ΔA, deren Lage im Raum durch die Angabe eines Flächennormalen-Einheitsvektors $\vec{n}$ gekennzeichnet sein möge. Das Produkt aus der Komponente

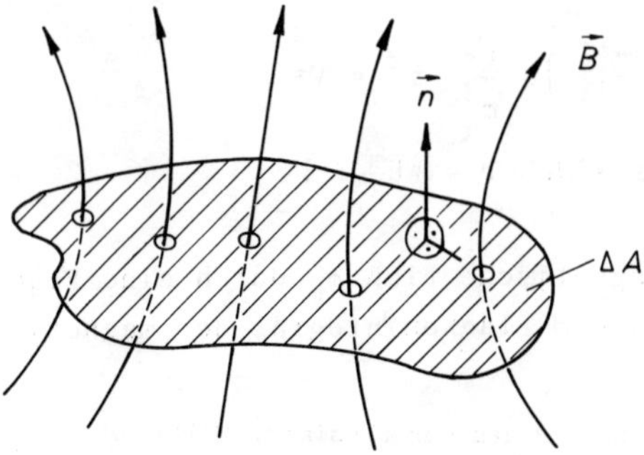

Bild IV.8.2: Vom Magnetfeld durchsetztes Flächenelement.

der magnetischen Flußdichte senkrecht zur Fläche und der durchsetzten Fläche wird als der magnetische Fluß $\Delta\Phi_m$ durch das Flächenelement bezeichnet:

$$\Delta\Phi_m = |\vec{B}|\cos(\sphericalangle(\vec{n},\vec{B}))\,\Delta A \quad ,$$

$$\Delta\Phi_m = |\vec{B}|\,|\vec{n}|\cos(\sphericalangle(\vec{n},\vec{B}))\,\Delta A \quad ,$$

$$\Delta\Phi_m = \vec{B}\cdot\vec{n}\;\;\Delta A. \qquad \text{(IV.8.5a)}$$

Betrachten wir eine beliebig gestaltete, nicht notwendig ebene, Fläche A, so zerlegen wir diese in k Flächenelemente und berechnen den magnetischen Gesamtfluß Φ_m durch die Fläche aus der Summe der Teilflüsse durch die Flächenelemente:

$$\Phi_m = \sum_{\nu=1}^{k} \vec{B}_\nu\cdot\vec{n}_\nu\;\;\Delta A_\nu. \qquad \text{(IV.8.5b)}$$

Diese Summe geht im Grenzfall sehr kleiner Flächenelemente ΔA_ν in das Flächenintegral

$$\Phi_m = \int_A \vec{B}\cdot\vec{n}\;\mathrm{d}A \qquad \text{(IV.8.5c)}$$

über. Die Einheit des magnetischen Flusses ist gemäß:

$$[\Phi_m] = [\,|\vec{B}|\;A] = \frac{\mathrm{Vs}}{\mathrm{m}^2}\;\mathrm{m}^2 = \mathrm{Vs}\;,$$

$$[\Phi_m] = \mathrm{Vs} = \mathrm{Weber} = \mathrm{Wb}$$ [1] .

Satz 37 : Der magnetische Fluß Φ_m durch eine Fläche A ist gleich dem Flächenintegral der magnetischen Fluß-

---

[1] Wilhelm Eduard Weber, deutscher Physiker, 1804-1891.

dichte $\vec{B}$ über die Fläche A. Ist das Feld der magnetischen Flußdichte homogen und die Fläche nicht gekrümmt, so ist der magnetische Fluß gleich dem Skalarprodukt aus magnetischer Flußdichte $\vec{B}$ und dem Flächenvektor $A\vec{n}$.

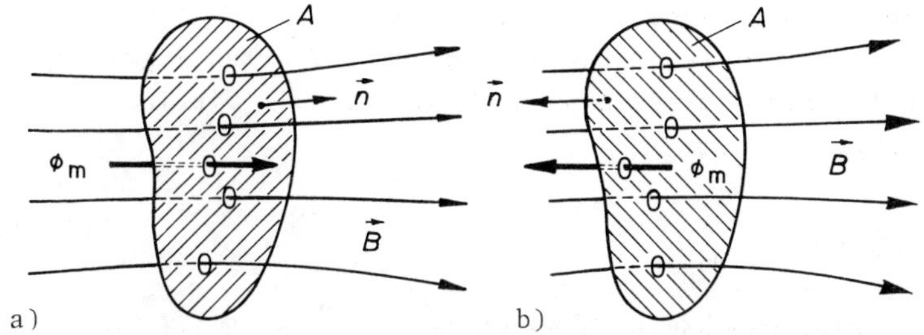

Bild IV.8.3: Zur Definition des Bezugspfeils des magnetischen Flusses Φ_m.

Der magnetische Fluß nach Gl.(IV.8.5) kann je nach Wahl der Richtung des Flächennormalenvektors $\vec{n}$ bzw. bei fest vorgegebenem Vektor $\vec{n}$ je nach Richtung der magnetischen Flußdichte $\vec{B}$ positive oder negative Werte annehmen. Zur Charakterisierung des Vorzeichens wird für den skalaren magnetischen Fluß Φ_m ein Bezugspfeil (kein Vektorpfeil!) (Bild IV.8.3) eingeführt. Wird der Bezugspfeil in Richtung des Flächennormalenvektors $\vec{n}$ eingeführt, so ist der magnetische Fluß Φ_m in Richtung des Bezugspfeils positiv zu zählen, wenn die magnetische Flußdichte $\vec{B}$ in Richtung des Flächennormalenvektors $\vec{n}$ zeigt (Bild IV.8.3a)); sind $\vec{B}$ und $\vec{n}$ entgegengesetzt zueinander gerichtet, so muß Φ_m negativ gezählt werden (Bild IV.8.3b)).

Wird umgekehrt zunächst willkürlich ein Bezugspfeil für den magnetischen Fluß Φ_m eingeführt und ergibt sich aus einer Rechnung unter Berücksichtigung dieses Bezugspfeils ein positiver Wert für Φ_m, so kann dieser so interpretiert werden, daß Gl.(IV.8.5) nach Einführen eines Flächennormalenvektors $\vec{n}$ in Richtung des Bezugspfeils ein positives Ergebnis liefert, die magnetische Flußdichte also (zumindest überwiegend) in Richtung des Flächennormalenvektors $\vec{n}$ gerichtet ist. Im Fall eines negativen Ergebnisses für den magnetischen Fluß gilt entsprechend, daß die Richtung der magnetischen Flußdichte zu der Richtung des Flächennormalenvektors $\vec{n}$ (zumindest überwiegend) entgegengesetzt ist.

Unter Benutzung des neu eingeführten Begriffs des magnetischen Flusses kann nach Gl.(IV.8.4) die induzierte Spannung in Form:

$$u_{\text{ind}} = -\frac{\Delta\Phi_{\text{m}}}{\Delta t} \qquad \text{(IV.8.6 a)}$$

bzw. unter Verwendung sehr kleiner Zeitabschnitte $\Delta t \rightarrow \mathrm{d}t$ als:

$$u_{\text{ind}} = -\frac{\mathrm{d}\Phi_{\text{m}}}{\mathrm{d}t} \qquad \text{(IV.8.6 b)}$$

geschrieben werden.

Wir halten dieses Ergebnis fest in

<u>Satz 38 :</u> Ändert sich der magnetische Fluß durch die Fläche, die von einer Leiterschleife aufgespannt wird, so wird in der Leiterschleife eine Spannung induziert, die gleich der Abnahme des magnetischen Flusses mit der Zeit ist. Wird eine Flächennormale $\vec{n}$ auf der Fläche der Leiterschleife mit willkürlichem Richtungssinn eingeführt, so ist der Bezugspfeil der in der Leiterschleife induzierten Spannung nach Gl.(IV.8.6) der Richtung des Flächennormalen-Vektors $\vec{n}$ im Rechtsschraubensinn zugeordnet.

In Bild IV.8.4 sind die in Satz 38 festgelegten Vorzeichenregeln für die induzierte Spannung und den hieraus resultierenden induzierten Strom dargestellt. Nach einer willkürlichen Festlegung eines Flächennormalen-Einheitsvektors $\vec{n}$ wird der im Stromkreis induzierte Strom i_{ind} bzw. die an einem Widerstand im Stromkreis (z.B. Innenwiderstand des Meßinstruments) abfallende induzierte Spannung der Richtung der Flächennormalen im Rechtsschraubensinn zugeordnet. Nimmt der magnetische Fluß durch die vom Leiter berandete Fläche zu ($d\Phi_m/dt > 0$, Bild IV.8.4a)) so ist der nach oben eingeführter Regel festgelegte induzierte Strom bzw. die zugeordnete induzierte Spannung negativ; ist $d\Phi_m/dt < 0$, nimmt der magnetische Fluß also ab (Bild IV.8.4b)), so sind i_{ind} und u_{ind} in der eingezeichneten Richtung positiv. Es kann erkannt werden, daß der induzierte Strom stets so gerichtet ist, daß er ein Magnetfeld erzeugt, das der vorgegebenen Flußänderung entgegenwirkt (Lenz'sche Regel von der Gegenwirkung)[1]; vgl. $\vec{H}_{\text{sek}}$ in Bild IV.8.4.

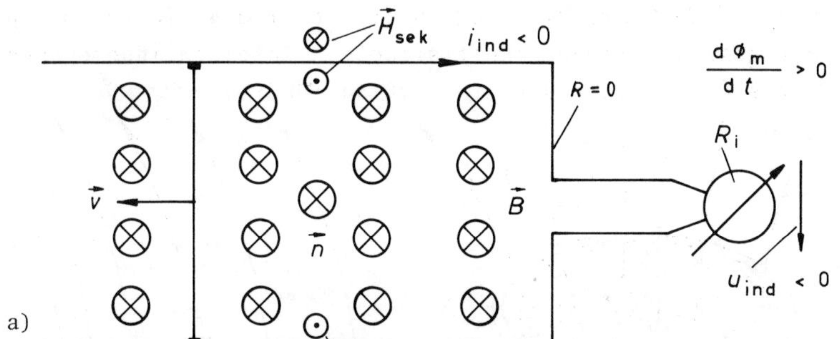

Bild IV.8.4: Zur Festlegung der Bezugspfeilrichtungen für die induzierte Spannung und den induzierten Strom (Bild IV.8.4b siehe nächste Seite).

[1] Heinrich Friedrich Emil Lenz, 1804-1865, Physiker in Petersburg.

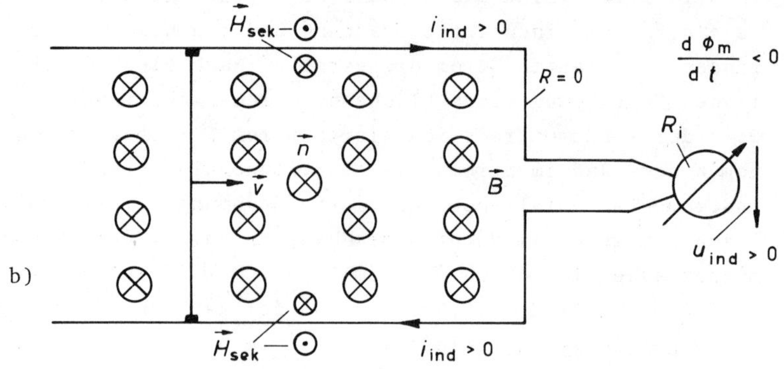

Bild IV.8.4: Zur Festlegung der Bezugspfeilrichtungen für die induzierte Spannung und den induzierten Strom.

Es bleibt die Frage zu klären, ob in einer Leiterschleife auch dann eine Spannung nach Gl.(IV.8.6) induziert wird, wenn die Änderung des magnetischen Flusses $d\Phi_m$ dadurch hervorgerufen wird, daß die magnetische Flußdichte $\vec{B}$ ihren Absolutbetrag oder ihre Richtung ändert oder daß die Leiterschleife mit konstanter Querschnittsfläche A in einem inhomogenen Magnetfeld bewegt wird (Bild IV.8.5a) und b)).

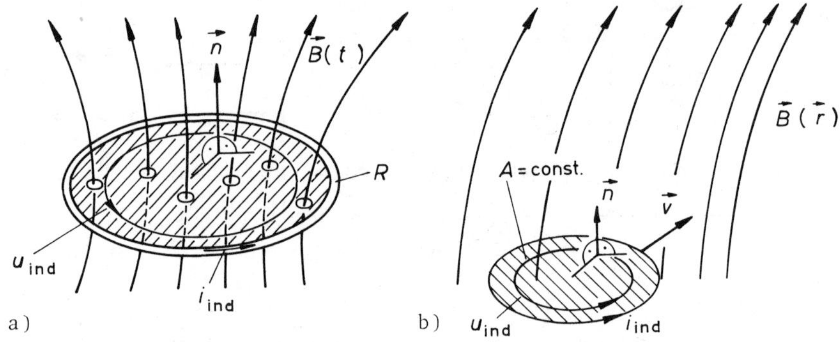

Bild IV.8.5: Induzierter Strom und induzierte Spannung in einer Leiterschleife konstanten Querschnitts A im zeitlich veränderlichen Feld $\vec{B}(t)$ (a) bzw. in einer Leiterschleife konstanten Querschnitts A, die in einem inhomogenen Magnetfeld bewegt wird (b) .

Das Experiment zeigt, daß unabhängig von der Ursache der Flußänderung die induzierte Spannung immer durch Gl.(IV.8.6) beschrieben wird, so daß Satz 38 für alle Fälle, in denen durch eine Änderung des magnetischen Flusses in einer Leiterschleife eine Spannung induziert wird, gültig ist.

Als Beispiel betrachten wir die in Bild IV.8.6 skizzierte geschlossene Leiterschleife in Form eines gleichseitigen Dreiecks, die mit der Geschwindigkeit $\vec{v}$ in ein Magnetfeld der magnetischen Flußdichte $\vec{B}$ im Bereich $x > 0$ eintaucht. $\vec{B}$ ist ein zeitlich konstantes, homogenes Vektorfeld.

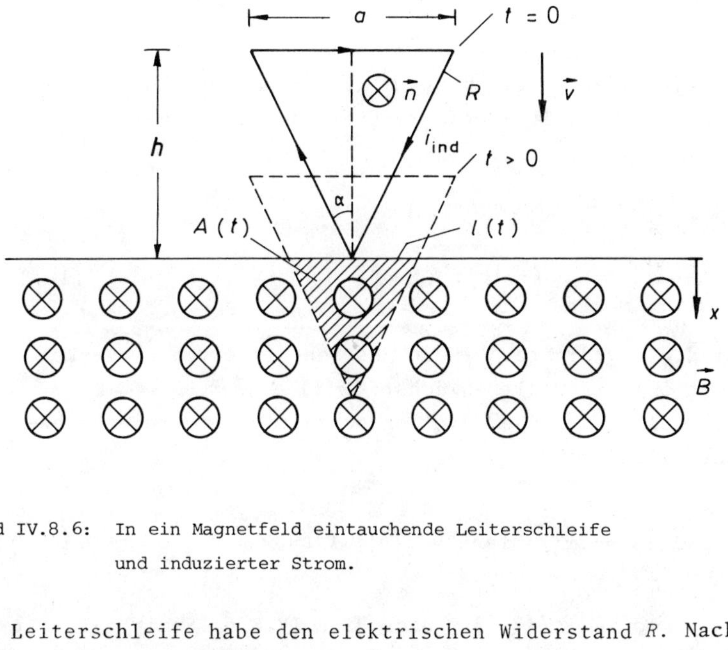

Bild IV.8.6: In ein Magnetfeld eintauchende Leiterschleife und induzierter Strom.

Die Leiterschleife habe den elektrischen Widerstand R. Nach Einführen einer Flächennormale $\vec{n}$ und Festlegen der Bezugspfeile für den induzierten Strom (deren Richtung der Richtung des Flächennormalen-Vektors im Rechtsschraubensinn zugeordnet ist) berechnen wir:

$$i_{ind} = \frac{u_{ind}}{R} = -\frac{1}{R}\frac{d\Phi_m(t)}{dt} . \quad \text{(IV.8.7)}$$

Da der Flächennormalen-Vektor $\vec{n}$ und die magnetische Flußdichte $\vec{B}$ parallel sind, gilt:

$$i_{ind} = -\frac{1}{R}|\vec{B}|\frac{dA(t)}{dt} , \quad \text{(IV.8.8)}$$

wobei $A(t)$ die im Zeitpunkt $t > 0$ vom Magnetfeld durchsetzte Fläche ist (Bild IV.8.6 schraffiert). Hierfür gilt:

$$A(t) = \frac{1}{2}\, l(t)x(t) ,$$

$$A(t) = \frac{1}{2}\, l(t)|\vec{v}|t , \quad \text{(IV.8.9)}$$

wobei die Koordinate x (Höhe des schraffierten Dreiecks) proportional zur Zeit anwächst: $x(t) = |\vec{v}|t$.
Die Grundseiten-Länge $l(t)$ des schraffierten Dreiecks berechnet sich aus

$$l(t) = 2x(t)\tan\alpha = 2|\vec{v}|t\tan\alpha , \quad \text{(IV.8.10)}$$

mit $\alpha = \arctan\,(a/(2h))$ nach Bild IV.8.6. Somit gilt für den induzierten Strom:

$$i_{ind} = -\frac{1}{R}|\vec{B}|\frac{d}{dt}(|\vec{v}|^2 t^2 \tan\alpha) ,$$

$$i_{\text{ind}} = -\frac{1}{R}2|\vec{B}||\vec{v}|^2 t \tan\alpha \quad ,$$

$$i_{\text{ind}} = -\frac{1}{R}|\vec{B}||\vec{v}|^2 \frac{a}{h} t \,. \qquad \text{(IV.8.11)}$$

Der induzierte Strom ist negativ, er fließt also in entgegengesetzter Richtung zu dem in Bild IV.8.6 eingeführten Bezugspfeil. Der Absolutbetrag der elektrischen Stromstärke $|i_{\text{ind}}|$ wächst linear mit der Zeit, bis der Leiter voll in das Magnetfeld eingetaucht ist; dann ändert sich der Fluß durch die Leiterschleife nicht mehr, die induzierte Spannung und damit der induzierte Strom wird gleich Null. In Bild IV.8.7 ist der zeitliche Verlauf der induzierten elektrischen Stromstärke $|i_{\text{ind}}|$ gezeichnet.

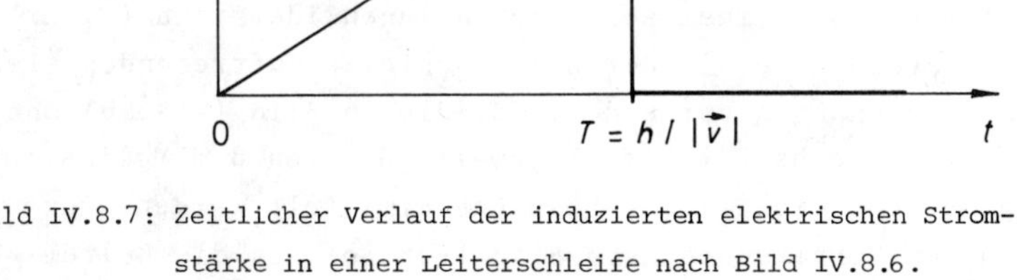

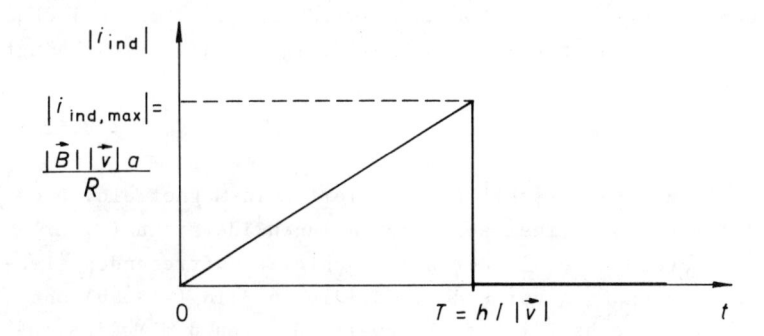

Bild IV.8.7: Zeitlicher Verlauf der induzierten elektrischen Stromstärke in einer Leiterschleife nach Bild IV.8.6.

Wie aus Gl.(IV.8.11) im Vergleich mit Gl.(IV.8.7) erkannt werden kann, kann die in der Leiterschleife induzierte elektrische Spannung auch so berechnet werden, als ob ein fiktiver Leiter der Länge $l(t)$ (Breite des Dreiecks an der Stelle des Eintritts in das Magnetfeld, Bild IV.8.6) sich mit der Geschwindigkeit $\vec{v}$ im Magnetfeld bewegt:

$$u_{ind} = -|\vec{B}||\vec{v}|(2|\vec{v}|t\ \tan\alpha) \ ,$$

$$u_{ind} = -|\vec{B}||\vec{v}|(2x(t)\ \tan\alpha) \ ,$$

$$u_{ind} = -|\vec{B}||\vec{v}|l(t) \ , \qquad \text{(IV.8.12)}$$

in Übereinstimmung mit dem Ausgangspunkt der Überlegungen in diesem Kapitel.

Als zweites Beispiel für die Anwendung des Induktionsgesetzes betrachten wir das in Bild IV.8.8 skizzierte Problem: Eine Leiterschleife aus vier geraden Einzelleitern habe die Seitenlängen a und b, die elektrischen Widerstände dreier Leiter der Leiterschleife seien R_1, der vierte Leiter hat den elektrischen Widerstand R_2 (Bild IV.8.8a)). Die Fläche, die von den Leitern aufgespannt wird, wird von einer magnetischen Flußdichte durchsetzt, die cosinusförmig von der Zeit abhängt:

$$B = \hat{B}\cos(\omega t) \ . \qquad \text{(IV.8.13)}$$

Außerhalb der Leiterschleife existiert kein Magnetfeld. Ein Meßinstrument mit einem sehr großen Innenwiderstand ($R_i \to \infty$) wird zur Messung der in der Leiterschleife auftretenden elektrischen Spannungen verwendet. Für die in Bild IV.8.8b) und c) gezeichneten sechs Fälle soll jeweils die von dem Meßinstrument gemessene elektrische Spannung ermittelt werden.

In den Schaltungen nach Bild IV.8.8b) ist die Leiterschleife jeweils unterbrochen, so daß in der Leiterschleife kein elektrischer Strom fließen kann. Damit wird von dem Meßinstrument nur dann eine elektrische Spannung angezeigt, wenn der Leiterkreis aus Meßinstrument, Zuführungsdrähten des Meß-

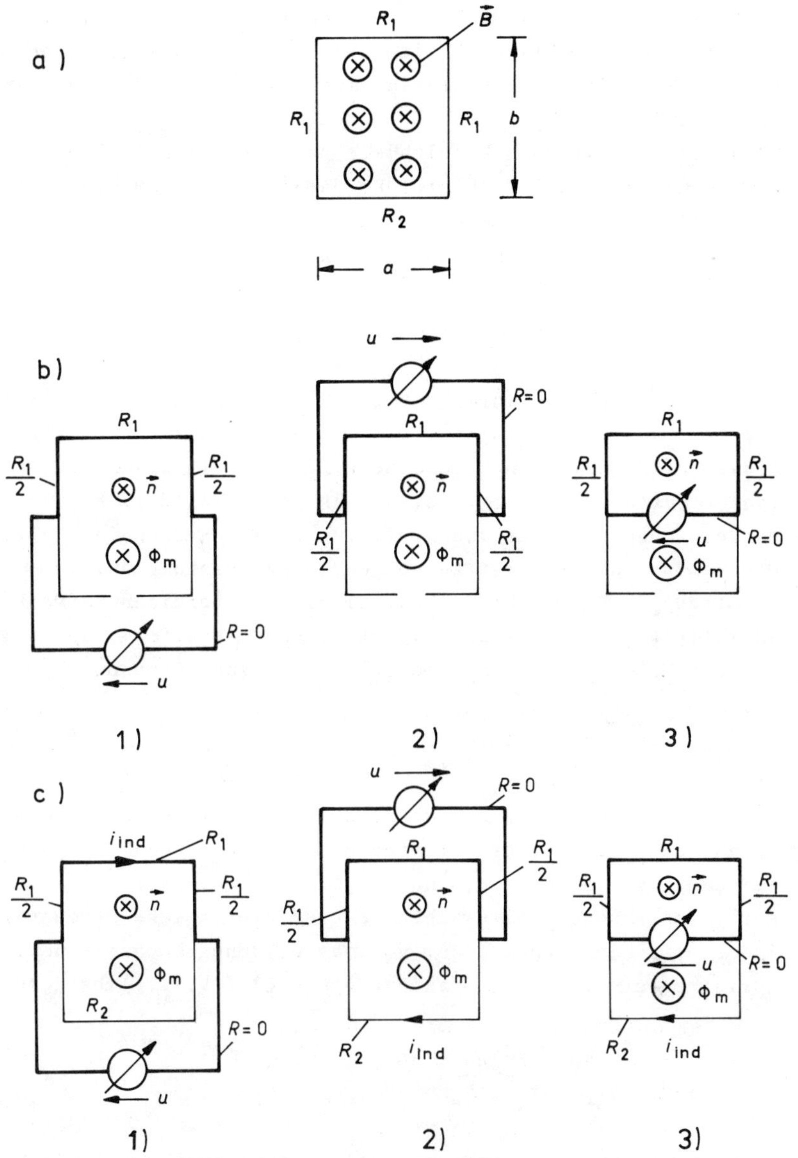

Bild IV.8.8: Rechteckförmige Leiterschleife im Magnetfeld (a) sowie untersuchte Schaltungen zur Messung der elektrischen Spannung u.

instruments sowie einem Teil der rechteckförmigen Leiterschleife (in Bild IV.8.8b) dick eingezeichnet) einen magnetischen Fluß umschließt, so daß hierin eine elektrische Spannung induziert wird. Damit gilt für die drei Fälle nach Bild IV.8.8b):

Schaltung 1: Der oben bezeichnete Leiterkreis umschließt den vollen magnetischen Wechselfluß; damit ist die am Meßinstrument anliegende elektrische Spannung u gleich der im Meßkreis induzierten elektrischen Spannung $u_{ind} = -d\Phi_m/dt$:

$$u = -\frac{d\Phi_m}{dt} = -\frac{d}{dt}\{ \hat{B}\, ab\cos(\omega t)\} \;,$$

$$u = \hat{B}\, ab\omega \sin(\omega t) = u_{ind} \;. \qquad (IV.8.14)$$

Schaltung 2: Der oben bezeichnete Leiterkreis umschließt keinen magnetischen Fluß, somit ist die in dem in Bild IV.8.8b) dick eingezeichneten Kreis induzierte elektrische Spannung Null. Das Meßinstrument zeigt keine gemessene Spannung an.

Schaltung 3: Der in Bild IV.8.8b) dick eingezeichnete Meßkreis umschließt nur den halben magnetischen Wechselfluß, somit ist die vom Meßinstrument angezeigte elektrische Spannung:

$$u = \frac{1}{2}\, \hat{B}\, ab\omega\sin(\omega t) \;. \qquad (IV.8.15)$$

In den Schaltungen nach Bild IV.8.8c) ist die Leiterschleife aus den vier Leiterelementen der Längen a und b mit den elektrischen Widerständen R_1 und R_2 geschlossen. Damit wird in dieser geschlossenen Leiterschleife eine elektrische Stromstärke induziert, die sich aus der vom magnetischen Wechselfluß induzierten elektrischen Spannung gemäß Gl.(IV.7.11) berechnet:

$$i_{ind} = \frac{u_{ind}}{R_{ges}} = \frac{u_{ind}}{3R_1 + R_2} \;. \qquad (IV.8.16)$$

Da die geschlossene Leiterschleife den gesamten magnetischen Wechselfluß umschließt, gilt für die induzierte elektrische Spannung:

$$u_{\text{ind}} = \hat{B}\ \omega ab\ \sin(\omega t)\ . \tag{IV.8.17}$$

Somit gilt für die in Bild IV.8.8c) gezeichneten Einzelschaltungen:

Schaltung 1: Da die elektrische Spannung längs des in Bild IV.8.8c), Schaltung 1 dick eingezeichneten Meßkreises sich einerseits als die Summe der Einzelspannungen dieses Kreises (vgl. Kapitel II.6 und die Definition der elektrischen Spannung) berechnet, andererseits aber auch gleich der induzierten Spannung nach Gl.(IV.8.17) sein muß, weil der gesamte magnetische Wechselfluß von dem dick gezeichneten Kreis umschlossen wird, gilt mit u der elektrischen Spannung am Meßinstrument:

$$u + (\tfrac{1}{2}R_1 + R_1 + \tfrac{1}{2}R_1)i_{\text{ind}} = u_{\text{ind}}\ ,$$

$$u = u_{\text{ind}}(1 - \frac{2R_1}{3R_1+R_2})\ ,$$

$$u = \hat{B}\ ab\omega\ \frac{R_1+R_2}{3R_1+R_2}\ \sin(\omega t)\ . \tag{IV.8.18}$$

Dasselbe Ergebnis wird selbstverständlich auch erhalten, wenn der Kreis aus Meßinstrument und dem dünn eingezeichneten Teilleiterkreis in Bild IV.8.8c), Schaltung 1 betrachtet wird. Da dieser Kreis keinen magnetischen Fluß einschließt, muß die gesamte elektrische Spannung in diesem Kreis Null sein (vgl. auch Gl.(II.6.20)), das heißt, es gilt mit den eingezeichneten Bezugspfeilen:

$$u - i_{\text{ind}}(2\frac{R_1}{2} + R_2) = 0\ ,$$

$$u = \frac{R_1+R_2}{3R_1+R_2}\ u_{\text{ind}} \tag{IV.8.19}$$

in Übereinstimmung mit Gl.(IV.8.18).

Schaltung 2: Mit entsprechender Argumentation ergibt sich für die Schaltung 2 in Bild IV.8.8c), wenn der dick eingezeichnete Meßkreis, der keinen magnetischen Fluß einschließt, betrachtet wird:

$$u - \left(\frac{R_1}{2} + R_1 + \frac{R_1}{2}\right) i_{ind} = 0 \quad ,$$

$$u = \frac{2R_1}{3R_1 + R_2}\, u_{ind} = \frac{2R_1}{3R_1 + R_2}\, \hat{B}\, ab\omega \, \sin(\omega t) \quad . \qquad (IV.8.20)$$

Schaltung 3: In der Schaltung 3 nach Bild IV.8.8c) umschließt der Meßkreis jeweils nur den halben magnetischen Wechselfluß, so daß in ihm jeweils auch nur die halbe Spannung $u_{ind}/2$ gemäß Gl.(IV.8.17) induziert wird. Damit gilt z.B. für den dick eingezeichneten Meßkreis:

$$u + \left(\frac{1}{2}R_1 + R_1 + \frac{1}{2}R_1\right) i_{ind} = \frac{1}{2}\, u_{ind} \quad ,$$

$$u = \frac{R_2 - R_1}{2(3R_1 + R_2)}\, \hat{B}\, ab\omega \, \sin(\omega t) \quad . \qquad (IV.8.21)$$

Die hier abgeleiteten Beziehungen haben eine große Bedeutung für die Messung elektrischer Spannungen in Anwesenheit von magnetischen Wechselfeldern. Treten im Meßraum magnetische Wechselfelder auf, ist die Messung von Spannungen davon abhängig, wie die Zuführungsleitungen des Meßinstruments geführt werden.

IV.8.1 DAS MAGNETISCHE FLUSSGESETZ

Wir betrachten eine geschlossene Fläche[1], z.B. eine Hohlkugel, wie sie in Bild IV.8.9 skizziert ist, und fragen uns, wie groß der magnetische Fluß ist, der durch diese Fläche tritt. Aufgrund der Tatsache, daß die Feldlinien der magnetischen Flußdichte $\vec{B}$ (und im homogenen, isotropen Material auch die Feldlinien der magnetischen Erregung) stets geschlossene

1) Eine geschlossene Fläche wird dadurch charakterisiert, daß sie im Gegensatz zu einer offenen Fläche keine Randkurve besitzt.

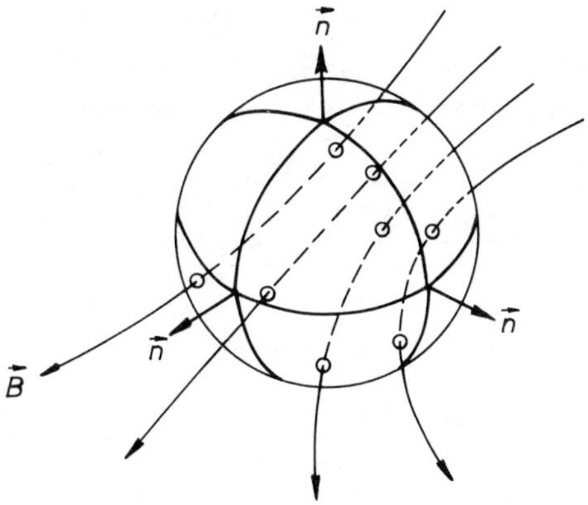

Bild IV.8.9: Zum magnetischen Flußgesetz.

Linien sind, also keinen Anfang und kein Ende besitzen (d.h. es gibt keine "magnetischen Quellen"), können wir feststellen, daß alle Feldlinien, die durch die Oberfläche in die Hohlkugel eindringen, diese auch wieder verlassen müssen. Führen wir einen Flächennormalen-Vektor $\vec{n}$ senkrecht auf der geschlossenen Fläche ein, der ins Äußere der Hohlkugel weist, so wird der magnetische Fluß auf der Seite, auf der die Feldlinien die Hohlkugel verlassen, positiv; auf der Seite, auf der die Feldlinien in die Hohlkugel eintreten, wird der magnetische Fluß negativ. Der magnetische Gesamtfluß, der die Oberfläche der Kugel durchsetzt, ist Null:

$$\oint_A \vec{B} \cdot \vec{n} \, dA = 0 \quad , \qquad \text{(IV.8.22)}$$

das heißt, im Innern der Hohlkugel existieren keine Anfangs- und Endpunkte der magnetischen Feldlinien, wie wir dies im Fall der elektrischen Erregung (vgl. Kapitel II.5, Gl.(II.5.19)) kennengelernt hatten. In diesem Punkt unterscheiden sich die Magnetfelder fundamental von den elektrischen Feldern nach Kapitel II. Gl.(IV.8.22) ist neben dem Durchflutungsgesetz Gl.(IV.4.4)) und dem Induktionsgesetz (Gl.(IV.8.6)) das dritte wichtige Grundgesetz der Magnetfelder.

Satz 39: Der magnetische Fluß Φ_m durch eine geschlossene Fläche A ist immer gleich Null; das heißt, es gibt keine magnetischen Quellen oder Senken.

IV.9 DIE GRENZBEDINGUNGEN FÜR DAS MAGNETFELD

Betrachtet wird eine Grenzschicht zwischen zwei magnetisch verschiedenen Materialien mit den Permeabilitäten μ_1 und μ_2 (Bild IV.9.1).

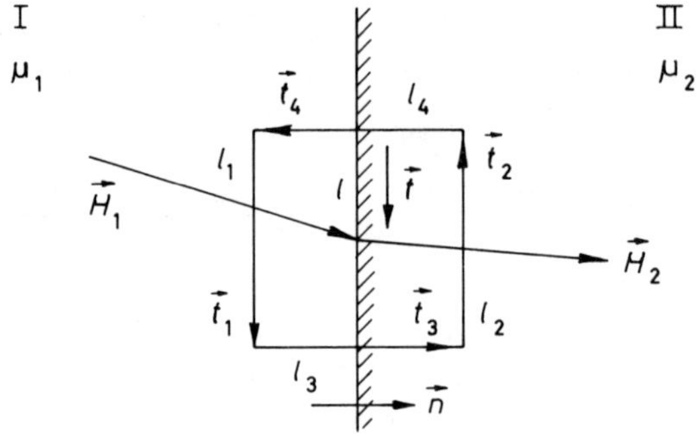

Bild IV.9.1: Zur Ableitung der Grenzbedingung der magnetischen Erregung.

Der betrachtete Ausschnitt der Grenzschicht im Schnitt sei so kurz, daß die Grenzschicht in diesem Bereich als eben angesehen werden kann. Es sei vorausgesetzt, daß in der Grenzschicht kein elektrischer Strom fließt. Seien $\vec{t}$ und $\vec{t}_\nu$ (ν = 1,2,3,4) Einheits-Tangentenvektoren, wie in Bild IV.9.1 eingezeichnet, dann ergibt die Anwendung des Durchflutungsgesetzes auf den in Bild IV.9.1 eingezeichneten Integrationsweg, der teils im Bereich I und teils im Bereich II verläuft:

$$\oint_C \vec{H}\cdot d\vec{s} = \vec{H}_1\cdot\vec{t}_1 l_1 + \vec{H}_1\cdot\vec{t}_3 \frac{l_3}{2} + \vec{H}_2\cdot\vec{t}_3 \frac{l_3}{2} + \vec{H}_2\cdot\vec{t}_2 l_2 + \vec{H}_2\cdot\vec{t}_4 \frac{l_4}{2} + \vec{H}_1\cdot\vec{t}_4 \frac{l_4}{2} = 0 \quad . \qquad \text{(IV.9.1)}$$

Bei dieser Auswertung des Durchflutungsgesetzes ist davon ausgegangen worden, daß die Wegabschnitte l_1, l_2, l_3 und l_4 des geschlossenen Integrationsweges nach Bild IV.9.1 klein sind, so daß angenommen werden kann, daß der Betrag der magnetischen Erregung über der Länge des jeweiligen Wegabschnitts als konstant angenommen werden kann und daß die magnetische Erregung im Bereich des Wegabschnitts nicht ihre Richtung ändert. Damit kann das Wegintegral längs der einzelnen geraden Wegabschnitte wie in Gl.(IV.9.1) angegeben ausgewertet werden.

Werden die Längen l_3 und l_4 sehr klein (im Grenzfall zu Null) gemacht, so fallen die Teilstücke des Weges C der Länge l_1 und l_2 in die Grenzschicht; es gilt auch bei gekrümmter Grenzschicht $l_1 = l_2 = l$, und aus Gl.(IV.9.1) kann eine Aussage über die Größe der magnetischen Erregung im Bereich I und im Bereich II gemacht werden:

Grenzfall $l_3, l_4 \to 0$: $\vec{H}_1 \cdot \vec{t}_1 l + \vec{H}_2 \cdot \vec{t}_2 l = 0$,

$$\vec{H}_1 \cdot \vec{t}_1 + \vec{H}_2 \cdot \vec{t}_2 = 0. \qquad \text{(IV.9.2)}$$

Nach Bild IV.9.1 gilt aber: $\vec{t}_1 = -\vec{t}_2 = \vec{t}$,
so daß Gl.(IV.9.2) als:

$$\vec{H}_1 \cdot \vec{t} - \vec{H}_2 \cdot \vec{t} = 0,$$

$$\vec{H}_1 \cdot \vec{t} = \vec{H}_2 \cdot \vec{t} \qquad \text{(IV.9.3)}$$

geschrieben werden kann. Wie ein Vergleich mit Gl.(II.9.3) und Gl.(II.9.4) zeigt, können wir Gl.(IV.9.3) auch als

$$\vec{n} \times (\vec{H}_2 - \vec{H}_1) = 0 \qquad \text{(IV.9.4)}$$

mit $\vec{n}$ dem Flächennormalen-Vektor auf der Grenzschicht, schreiben.

Dieses Ergebnis formulieren wir als:

Satz 40 : Die Tangentialkomponente der magnetischen Erregung in einer Grenzschicht zwischen zwei magnetisch verschiedenen Materialien (besser: die Projektion der magnetischen Erregung auf die Ebene der Grenzschicht) ist stetig, wenn in der Grenzschicht kein Strom fließt.

Betrachten wir dieselbe Grenzschicht und wenden wir auf sie Gl.(IV.8.22) an, so erhalten wir eine Aussage über das Verhalten der magnetischen Flußdichte in der Grenzschicht.

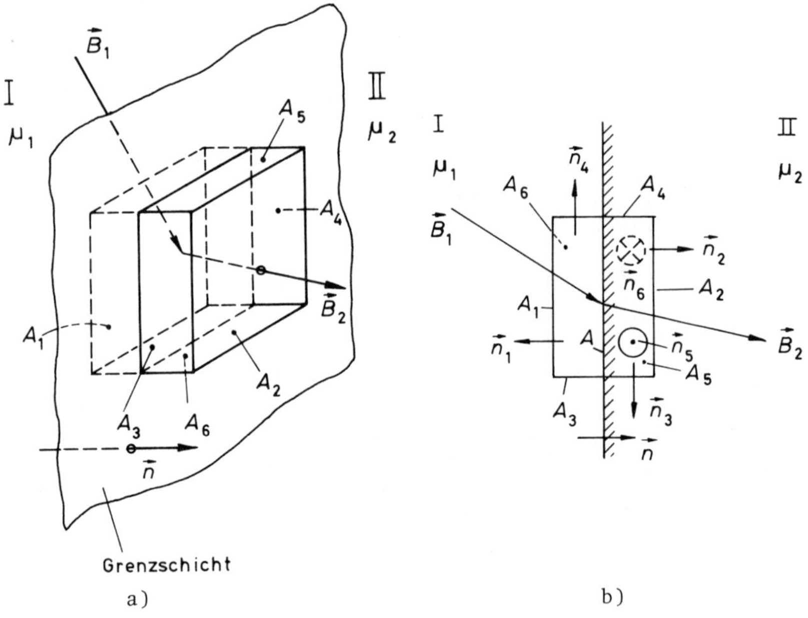

Bild IV.9.2: Geschlossene Fläche zur Ableitung der Grenzbedingung der magnetischen Flußdichte, a) perspektivisch, b) im Schnitt.

Dazu legen wir eine geschlossene Fläche in Form eines Quaders so in die Grenzschicht, daß diese den Quader halbiert (Bild IV.9.2). Dann ergibt die Auswertung von Gl.(IV.8.22) für diese als klein angesehene Fläche:

$$\oint_A \vec{B}\cdot\vec{n}\,dA = \vec{B}_1\cdot\vec{n}_1 A_1 + \vec{B}_1\cdot\vec{n}_3 \frac{A_3}{2} + \vec{B}_2\cdot\vec{n}_3 \frac{A_3}{2} +$$

$$+ \vec{B}_2\cdot\vec{n}_2 A_2 + \vec{B}_1\cdot\vec{n}_4 \frac{A_4}{2} + \vec{B}_2\cdot\vec{n}_4 \frac{A_4}{2} +$$

$$+ \vec{B}_1\cdot\vec{n}_5 \frac{A_5}{2} + \vec{B}_2\cdot\vec{n}_5 \frac{A_5}{2} +$$

$$+ \vec{B}_1\cdot\vec{n}_6 \frac{A_6}{2} + \vec{B}_2\cdot\vec{n}_6 \frac{A_6}{2} \,. \qquad \text{(IV.9.5)}$$

Wird dieses Ergebnis im Grenzfall $A_3, A_4, A_5, A_6 \to 0$ betrachtet, so daß die Flächen A_1 und A_2 in der Grenzschicht (Fläche A) zusammenfallen, so gilt:

$$\vec{B}_1\cdot\vec{n}_1\, A + \vec{B}_2\cdot\vec{n}_2\, A = 0,$$

$$\vec{B}_1\cdot\vec{n}_1 + \vec{B}_2\cdot\vec{n}_2 = 0, \qquad \text{(IV.9.6)}$$

bzw. bei Berücksichtigung von : $-\vec{n}_1 = \vec{n}_2 = \vec{n}$:

$$\vec{n}\cdot(\vec{B}_2 - \vec{B}_1) = 0,$$

$$\vec{B}_1\cdot\vec{n} = \vec{B}_2\cdot\vec{n} \,. \qquad \text{(IV.9.7)}$$

Dieses Ergebnis formulieren wir als

Satz 41: Die Normalkomponente der magnetischen Flußdichte in einer Grenzschicht zwischen zwei magnetisch verschiedenen Materialien (besser: die Projektion der magnetischen Flußdichte auf die Richtung der Flächennormalen auf der Grenzschicht) ist stets stetig.

Aus den beiden Bedingungen für die Tangentialkomponente der magnetischen Erregung und die Normalkomponente der magnetischen Flußdichte folgt das sogenannte Brechungsgesetz für das Magnetfeld an einer Grenzschicht zwischen zwei magnetisch verschiedenen Materialien. Es gilt nach

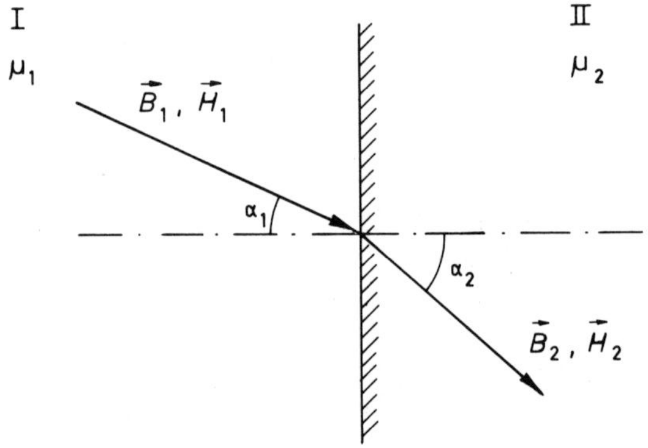

Bild IV.9.3: Zur Ableitung des Brechungsgesetzes.

Gl.(IV.9.3) und Gl.(IV.9.7) mit den Größen aus Bild IV.9.3 und unter Verwendung des Zusammenhangs $\vec{B} = \mu\vec{H}$:

$$\frac{\begin{aligned} |\vec{H}_1|\sin\alpha_1 &= |\vec{H}_2|\sin\alpha_2 \\ \mu_1|\vec{H}_1|\cos\alpha_1 &= \mu_2|\vec{H}_2|\cos\alpha_2 \end{aligned}}{\frac{1}{\mu_1}\tan\alpha_1 = \frac{1}{\mu_2}\tan\alpha_2}$$

beziehungsweise:

$$\frac{\tan\alpha_1}{\tan\alpha_2} = \frac{\mu_1}{\mu_2} \quad . \qquad (IV.9.8)$$

Ist $\mu_1>\mu_2$, so ist der Winkel α_1 stets größer als der Winkel α_2; umgekehrt gilt, daß für $\mu_2>\mu_1$ der Winkel α_2 stets größer als α_1 ist.

IV.10 DER ENERGIEINHALT DES MAGNETISCHEN FELDES

Fließt in einer langen ($l >> d$) Spule im Vakuum ein Strom der elektrischen Stromstärke $i>0$ mit dem Bezugspfeil nach Bild IV.10.1, so wird in der Spule ein Magnetfeld aufgebaut.

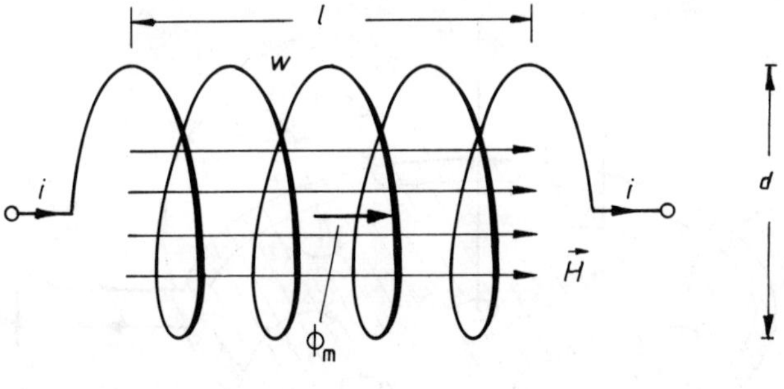

Bild IV.10.1: Spule und Magnetfeld.

Der Absolutbetrag der magnetischen Erregung in der Spule berechnet sich aus (vgl. Gl.(IV.3.1))

$$|\vec{H}| = \frac{wi}{l} \quad . \qquad (IV.10.1)$$

Der magnetischen Erregung $\vec{H}$ ist die magnetische Flußdichte $\vec{B}$:

$$|\vec{B}| = \mu_0 |\vec{H}| = \mu_0 \frac{wi}{l} \tag{IV.10.2}$$

zugeordnet, so daß die Spule von dem magnetischen Fluß Φ_m :

$$\Phi_m = |\vec{B}| \; A = \mu_0 \frac{wi}{l} \frac{\pi d^2}{4} \tag{IV.10.3}$$

durchsetzt wird.

Es soll angenommen werden, daß der in der Spule fließende Strom der elektrischen Stromstärke i um einen kleinen Wert di vergrößert wird, dann resultiert aus dieser Vergrößerung der elektrischen Stromstärke eine Vergrößerung des magnetischen Flusses um den Wert

$$d\Phi_m = \frac{\mu_0 \pi d^2}{4l} w \; di \; . \tag{IV.10.4}$$

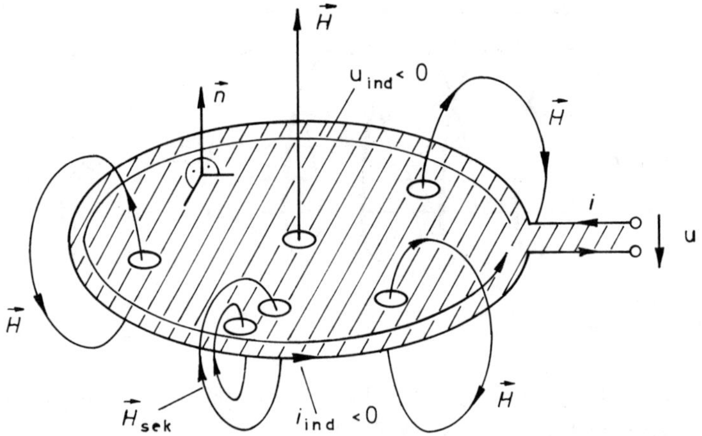

Bild IV.10.2: Zum Begriff der gegeninduzierten Spannung.

Aus der Flußänderung resultiert gemäß Gl.(IV.8.6) (Induktionsgesetz) eine *in jeder Windung* der Spule induzierte elektrische Spannung:

$$u_{\mathrm{ind}} = - \frac{\mathrm{d}\Phi_{\mathrm{m}}}{\mathrm{d}t} = - \frac{\mu_0 \pi d^2}{4l} w \frac{\mathrm{d}i}{\mathrm{d}t} . \qquad \text{(IV.10.5)}$$

In Bild IV.10.2 sind die Verhältnisse für eine Windung der Spule gezeichnet. Es kann erkannt werden, daß bei Vergrößerung der elektrischen Stromstärke um den Wert $\mathrm{d}i$ eine Spannung u_{ind} induziert wird, die der Änderung entgegenwirkt, also die Erhöhung des Stroms zu verhindern sucht (Lenz'sche Regel von der Gegenwirkung). Die induzierte Spannung u_{ind} muß also überwunden werden, um die elektrische Stromstärke um den Wert $\mathrm{d}i$ zu erhöhen. Hierzu muß die Arbeit (vgl. Gl.III.8.10)

$$\mathrm{d}A_{\mathrm{m}} = -u_{\mathrm{ind}} i \, \mathrm{d}t = i \frac{\mu_0 \pi d^2}{4l} w \frac{\mathrm{d}i}{\mathrm{d}t} \mathrm{d}t \quad ,$$

$$\mathrm{d}A_{\mathrm{m}} = w \frac{\mu_0 \pi d^2}{4l} i \, \mathrm{d}i \qquad \text{(IV.10.6)}$$

von außen aufgebracht werden (vgl. negatives Vorzeichen in oben stehender Gleichung), die als Energie im Magnetfeld gegespeichert wird. Wird also die elektrische Stromstärke in einer Spule *mit w Windungen* (in der also der w-fache Wert der Spannung nach Gl.(IV.10.5) induziert wird) vom Wert $i=0$ auf den Wert $i=i_{\mathrm{Spule}}$ erhöht, so kann die bei Fließen des Stromes der elektrischen Stromstärke i_{Spule} im Magnetfeld gespeicherte Energie aus der Aufaddition aller Arbeitsanteile entsprechend dem w-fachen Wert nach Gl.(IV.10.6) berechnet werden. Damit gilt für den Energieinhalt des Magnetfelds der Integralausdruck:

$$W_{\mathrm{m}} = \int_0^{i_{\mathrm{Spule}}} w^2 \frac{\mu_0 \pi d^2}{4l} i \, di ,$$

$$W_{\mathrm{m}} = w^2 \frac{\mu_0 \pi d^2}{4l} \frac{i^2_{\mathrm{Spule}}}{2} . \qquad \text{(IV.10.7)}$$

Wie Gl.(IV.10.7) zeigt, ist der Energieinhalt des Magnetfelds einer stromdurchflossenen Spule proportional zum Quadrat der elektrischen Stromstärke in der Spule und proportional zu einem Faktor, der die geometrischen und elektrischen Eigenschaften der Spule beschreibt. Unter Berücksichtigung der geltenden Beziehungen Gl.(IV.10.1) und Gl.(IV.10.2) kann Gl.(IV.10.7) auch in der Form:

$$W_{\mathrm{m}} = \frac{1}{2} |\vec{H}| \; |\vec{B}| \; \frac{\pi d^2}{4} l ,$$

$$W_{\mathrm{m}} = \frac{1}{2} |\vec{H}| \; |\vec{B}| \; V , \qquad \text{(IV.10.8)}$$

mit $V = l \, \pi d^2/4 = l \, A$ dem Volumen der Spule, dem das Magnetfeld zugeordnet wird, geschrieben werden (lange Spule, siehe oben). Demgemäß kann

$$w_{\mathrm{m}} = \frac{W_{\mathrm{m}}}{V} = \frac{1}{2} |\vec{H}| \; |\vec{B}| \qquad \text{(IV.10.9)}$$

als die pro Volumeneinheit im Magnetfeld gespeicherte Energie interpretiert werden.

Satz 42: In einem homogenen Magnetfeld der magnetischen Erregung $|\vec{H}|$ und der magnetischen Flußdichte $|\vec{B}|$, das einem Raum des Volumens V zugeschrieben wird, ist der Energieinhalt:

$$W_m = w_m V = \frac{1}{2}|\vec{H}||\vec{B}|V \qquad \text{(IV.10.10)}$$

gespeichert.

IV.11 MAGNETISCHE KREISE

Betrachtet wird zunächst die in Bild IV.11.1 gezeichnete lange ($l >> d$) Spule, in die ein Eisenkern mit halbkreisförmigem Querschnitt und sehr großer Permeabilität $\mu = \mu_0 \mu_r$ ($\mu_r >> 1$) eingeschoben ist.

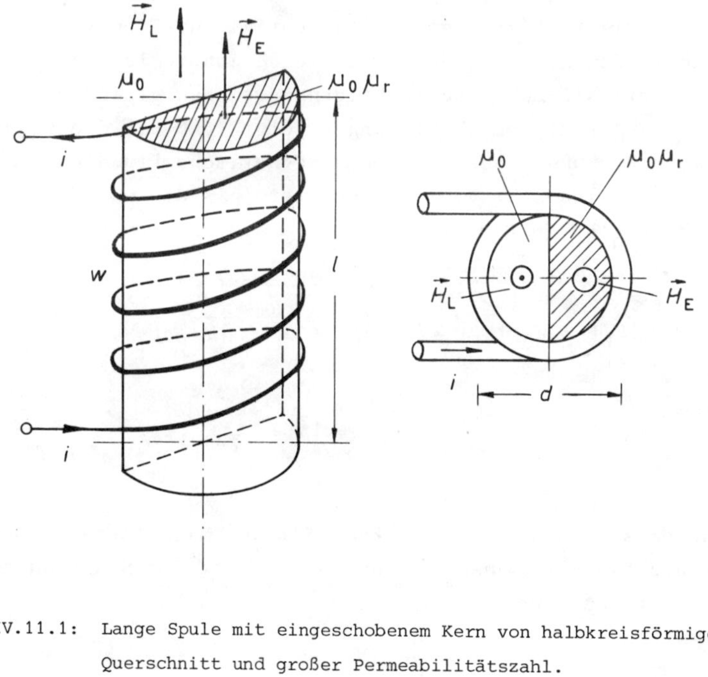

Bild IV.11.1: Lange Spule mit eingeschobenem Kern von halbkreisförmigem Querschnitt und großer Permeabilitätszahl.

Wird die magnetische Erregung im Innern der Spule berechnet, so ist diese gemäß ihrer Definition in Kapitel IV.3 völlig unabhängig von dem Material, in dem sie auftritt, und berechnet sich somit sowohl im Eisenkern als auch im Luftbereich innerhalb der Spule aus Gl.(IV.3.1):

$$|\vec{H}_E| = |\vec{H}_L| = |\vec{H}| = \frac{w|i|}{l} \quad . \tag{IV.11.1}$$

Diese Aussage ist auch in Übereinstimmung mit dem in Satz 40 formulierten Grenzschichtverhalten der magnetischen Erregung; Satz 40 fordert, daß die tangentiale Komponente der magnetischen Erregung in einer Grenzschicht zwischen zwei magnetisch verschiedenen Materialien gleich groß sein muß. Da die magnetische Erregung im Innern der Spule in Richtung der Spulenachse gerichtet ist, ist sie tangential zur Grenzschicht zwischen dem Kern und dem Luftbereich innerhalb der Spule gerichtet; sie muß also in beiden Bereichen gleich groß sein.

Aus diesen Überlegungen folgt, daß die die magnetischen Wirkungen beschreibende magnetische Flußdichte $\vec{B}_L$ im Luftbereich sehr viel kleiner ist, als die magnetische Flußdichte $\vec{B}_E$ im Eisenkern:

$$|\vec{B}_L| = \mu_0 \, |\vec{H}_L| \ll |\vec{B}_E| = \mu_0\mu_r \, |\vec{H}_E| \, ,$$

$$|\vec{H}_L| = |\vec{H}_E| = |\vec{H}| = \frac{w|i|}{l} \quad . \tag{IV.11.2}$$

Eine entsprechende Aussage kann für den magnetischen Fluß, der den Eisenkern und den Luftquerschnitt der Spule durchsetzt, gemacht werden.

Der magnetische Fluß durch den Querschnitt des Eisenkerns Φ_{mE} bzw. durch den halbkreisförmigen, luftgefüllten Querschnitt der Spule Φ_{mL} berechnet sich aus:

$$\Phi_{mE} = (\vec{B}_E \cdot \vec{n}) A_E = \mu_0 \mu_r \frac{wi}{l} \frac{\pi d^2}{8} ,$$

$$\Phi_{mL} = (\vec{B}_L \cdot \vec{n}) A_L = \mu_0 \frac{wi}{l} \frac{\pi d^2}{8} . \qquad \text{(IV.11.3)}$$

Das heißt, daß auch der magnetische Fluß durch den Eisenkern sehr viel größer ist, als der magnetische Fluß, der durch den luftgefüllten Querschnitt der Spule hindurchtritt, $\Phi_{mE} \gg \Phi_{mL}$.

Aus diesen Überlegungen kann geschlossen werden: Wird von einer Spule, die um einen Eisenkern gewickelt wird, ein Magnetfeld erzeugt, so tritt die zugeordnete magnetische Flußdichte bzw. der magnetische Fluß unter der Voraussetzung sehr großer Permeabilitätszahl des Kerns ($\mu_r \gg 1$) im wesentlichen innerhalb des Eisenkerns auf; das Feld außerhalb des Eisenkerns kann in erster Näherung vernachlässigt werden.

Wird diese Überlegung auf die in Bild IV.11.2 gezeichnete Anordnung eines *magnetischen Kreises* angewendet, so kann geschlossen werden, daß die von der Spule mit w Windungen erzeugte magnetische Flußdichte in erster Näherung nur im Eisenkern auftritt, außerhalb des Eisenkerns aber verschwindet. Der Kern *führt* das Magnetfeld längs der Achse des Eisenkerns in einem geschlossenen "Kreis". Ein magnetischer Kreis, der diese idealisierenden Annahmen erfüllt, soll als *streuungsfrei* bezeichnet werden. Ein realer Magnetkreis, der die oben gemachte Annahme sehr großer Permeabilitätszahl erfüllt, hat näherungsweise die Eigenschaft der Streuungsfreiheit.

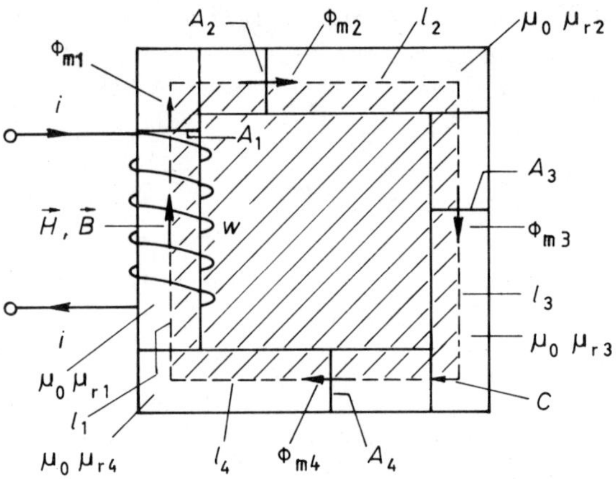

Bild IV.11.2: Magnetischer Kreis.

Es soll vorausgesetzt werden, daß die Ecken und Verbindungen im in Bild IV.11.2 gezeichneten magnetischen Kreis keinen Einfluß auf die Ausbildung des Magnetfeldes haben. Der magnetische Kreis sei aus vier Eisenkernen unterschiedlicher Länge, verschiedenen Querschnitts und verschiedener Permeabilitätszahlen aufgebaut. Zur Berechnung der im Eisenkern auftretenden magnetischen Erregung wird eine Näherungsrechnung durchgeführt, indem die magnetische Erregung auf einer mittleren Linie C (Bild IV.11.2) der mittleren Länge $l = l_1 + l_2 + l_3 + l_4$ mit Hilfe des Durchflutungsgesetzes bestimmt wird. Da die vom Weg C umschlossene Fläche (in Bild IV.11.2 schraffiert) von der elektrischen Durchflutung $\Theta = wi$ durchsetzt wird, gilt:

$$\oint_C \vec{H} \cdot d\vec{s} = wi,$$

$$|\vec{H}_1|\; l_1 + |\vec{H}_2|\; l_2 + |\vec{H}_3|\; l_3 + |\vec{H}_4|\; l_4 = w|i| \; . \qquad \text{(IV.11.4)}$$

Bei dieser Auswertung des Durchflutungsgesetzes wurde angenommen, daß die magnetische Erregung auf der Mittellinie der Eisenkernabschnitte im Absolutbetrag jeweils konstant ist und die Richtung der Mittellinie des jeweils betrachteten Eisenkernabschnitts besitzt, so daß das Linienintegral des Durchflutungsgesetzes stückweise als das Produkt aus magnetischer Erregung und Länge des Eisenkerns ausgewertet werden kann. Es soll vorausgesetzt werden, daß die so festgelegte magnetische Erregung auf der Mittellinie des Eisenkerns in erster Näherung identisch ist mit dem Wert der magnetischen Erregung im gesamten Kernquerschnitt.

Die magnetische Erregung $\vec{H}_\nu$ $(\nu = 1,2,3,4)$ in den einzelnen Teilbereichen wird durch die zugeordnete magnetische Flußdichte $\vec{B}_\nu$ gemäß $\vec{H}_\nu = \vec{B}_\nu/(\mu_0 \mu_{r\nu})$ ersetzt:

$$\frac{|\vec{B}_1|}{\mu_0 \mu_{r1}}\, l_1 + \frac{|\vec{B}_2|}{\mu_0 \mu_{r2}}\, l_2 + \frac{|\vec{B}_3|}{\mu_0 \mu_{r3}}\, l_3 + \frac{|\vec{B}_4|}{\mu_0 \mu_{r4}}\, l_4 = w|i| \; .$$

(IV.11.5)

Durch Erweitern der Beziehung mit dem Querschnitt A_ν des jeweiligen Kernabschnitts ergibt sich:

$$|\vec{B}_1|\, A_1 \frac{l_1}{\mu_0 \mu_{r1} A_1} + |\vec{B}_2|\, A_2 \frac{l_2}{\mu_0 \mu_{r2} A_2} + |\vec{B}_3|\, A_3 \frac{l_3}{\mu_0 \mu_{r3} A_3} +$$

$$+ |\vec{B}_4|\, A_4 \frac{l_4}{\mu_0 \mu_{r4} A_4} = w|i| \; . \qquad \text{(IV.11.6)}$$

Das Produkt $|\vec{B}_\nu| A_\nu$ ist der magnetische Fluß $\Phi_{m\nu}$ im ν-ten Kernabschnitt. Die Größe

$$R_{m\nu} = \frac{l_\nu}{\mu_0 \mu_{r\nu} A_\nu} \quad , \quad \nu = (1,2,3,4) \qquad \text{(IV.11.7)}$$

wird als *magnetischer Widerstand* des ν-ten Kernabschnitts bezeichnet.

Da die Bezugspfeile für die magnetischen Flüsse $\Phi_{m\nu}$ in den einzelnen Kernabschnitten entsprechend Bild IV.11.2 jeweils in Richtung der magnetischen Flußdichten gewählt wurden, entsprechen die in Gl.(IV.11.6) auftretenden Produkte $|\vec{B}_\nu| A_\nu$ stets den positiven Werten der magnetischen Flüsse $\Phi_{m\nu}$, so daß gilt:

$$\Phi_{m1} R_{m1} + \Phi_{m2} R_{m2} + \Phi_{m3} R_{m3} + \Phi_{m4} R_{m4} = wi \quad . \qquad \text{(IV.11.8)}$$

Wird das in Gl.(IV.8.22) angegebene Flußgesetz:

$$\oint_A \vec{B} \cdot \vec{n} \, dA = 0 \qquad \text{(IV.11.9)}$$

auf die in Bild IV.11.3 gezeichnete Verbindung z.B. des zweiten und des dritten Kernabschnitts angewendet, so kann es wie folgt ausgewertet werden: Dem skalaren magnetischen Fluß $\Phi_{m\nu}$ des ν-ten Kernabschnitts wird willkürlich ein Bezugspfeil zugeordnet, der angibt, ob der magnetische Fluß positiv oder negativ zu zählen ist (vgl. Kapitel IV.8). Diese Bezugspfeile wurden bereits in Bild IV.11.2 eingezeichnet.

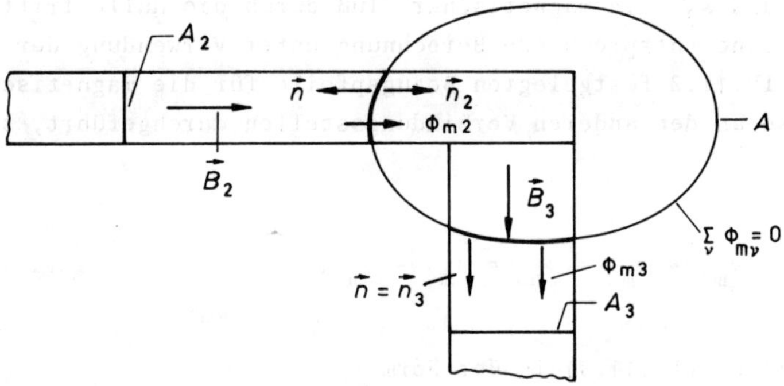

Bild IV.11.3: Zur Bestimmung der Verknüpfung der magnetischen Flüsse in den Teilabschnitten des Eisenkerns.

Um die Verbindungsstelle der beiden Kernabschnitte wird eine geschlossene Fläche A (Bild IV.11.3) gelegt und hierauf Gl.(IV.11.9) angewendet. Entsprechend der Definition der Bezugspfeile für den magnetischen Fluß in Kapitel IV.8 muß nach Einführung eines Flächennormalenvektors $\vec{n}$, der aus der Hülle A herausweist, der magnetische Fluß Φ_{m2}, dessen Bezugspfeil der Richtung von $\vec{n}$ entgegengesetzt gerichtet ist, negativ gezählt werden, während der magnetische Fluß Φ_{m3} positiv gezählt wird. Unter Berücksichtigung dieser Vorzeichenzuordnung kann Gl.(IV.11.9) in der Form:

$$- \Phi_{m2} + \Phi_{m3} = 0,$$

$$\Phi_{m2} = \Phi_{m3} \qquad \text{(IV.11.10)}$$

ausgewertet werden, da nur im Bereich der Querschnittsflächen A_2 und A_3 ein magnetischer Fluß durch die Hülle tritt. Wird eine entsprechende Berechnung unter Verwendung der in Bild IV.11.2 festgelegten Bezugspfeile für die magnetischen Flüsse an den anderen Verbindungsstellen durchgeführt, so gilt:

$$\Phi_{m1} = \Phi_{m2} = \Phi_{m3} = \Phi_{m4} = \Phi_m , \qquad \text{(IV.11.11)}$$

so daß Gl.(IV.11.8) in der Form

$$R_{m1}\,\Phi_m + R_{m2}\,\Phi_m + R_{m3}\,\Phi_m + R_{m4}\,\Phi_m = wi ,$$

$$\Phi_m(R_{m1} + R_{m2} + R_{m3} + R_{m4}) = wi \qquad \text{(IV.11.12)}$$

geschrieben werden kann und nach dem magnetischen Fluß Φ_m aufgelöst werden kann:

$$\Phi_m = \frac{wi}{R_{m1}+R_{m2}+R_{m3}+R_{m4}} \; . \qquad \text{(IV.11.13)}$$

Aus dem so berechneten magnetischen Fluß ergeben sich die magnetischen Feldgrößen zu:

$$|\vec{B}_\nu| = \frac{|\Phi_m|}{A_\nu} = \frac{w\,|i|}{A_\nu(R_{m1}+R_{m2}+R_{m3}+R_{m4})} , \quad (\nu=1,2,3,4) \qquad \text{(IV.11.14)}$$

bzw. mit Gl.(IV.11.7):

$$|\vec{B}_\nu| = \frac{w\,|i|}{A_\nu\left(\frac{l_1}{\mu_0\mu_{r1}A_1} + \frac{l_2}{\mu_0\mu_{r2}A_2} + \frac{l_3}{\mu_0\mu_{r3}A_3} + \frac{l_4}{\mu_0\mu_{r4}A_4}\right)} \quad \text{(IV.11.15)}$$

$$(\nu = 1,2,3,4).$$

Für die magnetische Erregung im ν-ten Kernabschnitt gilt dann:

$$|\vec{H}_\nu| = \frac{|\vec{B}_\nu|}{\mu_0\mu_{r\nu}} = \frac{w\,|i|}{A_\nu\mu_0\mu_{r\nu}\left(\frac{l_1}{\mu_0\mu_{r1}A_1} + \frac{l_2}{\mu_0\mu_{r2}A_2} + \frac{l_3}{\mu_0\mu_{r3}A_3} + \frac{l_4}{\mu_0\mu_{r4}A_4}\right)} .$$

$$(\nu = 1,2,3,4). \quad \text{(IV.11.16)}$$

Als Anwendungsbeispiel für die abgeleiteten Überlegungen betrachten wir den in Bild IV.11.4 skizzierten magnetischen Kreis mit Luftspalt. Es sei vorausgesetzt, daß der Eisenkern aus einem Material besteht, dessen Permeabilitätszahl μ_r sehr viel größer als eins ist. Darüber hinaus möge gelten, daß der betrachtete Eisenkern überall den gleichen Querschnitt A_E hat und daß die mittlere Eisenkernlänge gleich l_E ist. An den Ecken des Eisenkerns soll keine Störung des magnetischen Feldes auftreten und die Permeabilitätszahl μ_r sei so groß, daß das magnetische Feld in erster Näherung nur im Eisenkern auftritt; das heißt, das in der Realität immer auftretende "Streufeld" im Luftbereich wird vernachlässigt. Als zusätzliche Näherung wird bei der Berechnung des Magnetfeldes im Eisenkern, wie bereits oben durchgeführt, angenommen, daß die magnetische Erregung und die magnetische Flußdichte auf der mittleren Umfangslinie des Eisenkerns als Maß für die magnetische Erregung und die magnetische Flußdichte im ganzen Eisenkernquerschnitt verwendet werden kann, so daß das Durchflutungsgesetz in einfacher Weise ausgewertet werden kann.

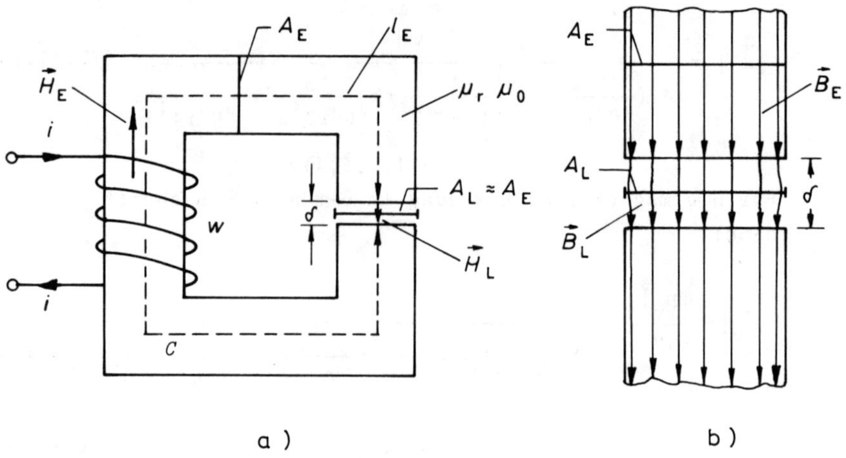

Bild IV.11.4 Magnetischer Kreis mit Luftspalt a) und Feld im Luftspalt b).

Die Länge δ des Luftspaltes möge so klein sein, daß das Magnetfeld an den Kanten des Luftspaltes ein vernachlässigbar kleines Streufeld besitzt und somit die Fläche A_L durchsetzt, die in erster Näherung gleich der Querschnittsfläche A_E des Eisenkerns ist (Bild IV.11.4b)).

Das Magnetfeld im Eisenkern wird von einer Spule mit w Windungen, die den Eisenkern umschließt und die vom Strom der elektrischen Stromstärke i durchflossen wird, erzeugt, so daß die Durchflutung $\Theta = wi$ durch die von der mittleren Umfangslinie C aufgespannte Fläche hindurchtritt. Unter den gemachten Voraussetzungen lautet die Auswertung des Durchflutungsgesetzes:

$$\oint_C \vec{H} \cdot d\vec{s} = wi \ ,$$

$$|\vec{H}_E|\ l_E + |\vec{H}_L|\ \delta = w|i| \ , \qquad \text{(IV.11.17)}$$

mit $\vec{H}_E$ der magnetischen Erregung im Eisenkern und $\vec{H}_L$ der magnetischen Erregung im Luftspalt. Da nach den oben durchgeführten Überlegungen der magnetische Fluß im Eisenkern und im Luftspalt gleich groß sind, da unter den gemachten Voraussetzungen auch die vom Feld durchsetzten Flächen A_E und A_L (ungefähr) gleich groß ($A_E \approx A_L = A$) sind, gilt:

$$\Phi_{mE} = \Phi_{mL} ,$$

$$|\vec{B}_E| A_E = |\vec{B}_L| A_L ,$$

$$|\vec{B}_E| = \mu_0 \mu_r |\vec{H}_E| = |\vec{B}_L| = \mu_0 |\vec{H}_L| . \qquad \text{(IV.11.18)}$$

Die magnetische Erregung im Eisenkern (Gl.(IV.11.17)) kann also durch die magnetische Erregung im Luftspalt ersetzt werden:

$$|\vec{H}_E| = \frac{1}{\mu_r} |\vec{H}_L| . \qquad \text{(IV.11.19)}$$

Damit gilt nach Gl.(IV.11.17):

$$\frac{1}{\mu_r} |\vec{H}_L| l_E + |\vec{H}_L| \delta = w|i| ,$$

$$|\vec{H}_L| = \frac{w|i|}{\delta + l_E/\mu_r} . \qquad \text{(IV.11.20)}$$

Aus Gl.(IV.11.20) kann erkannt werden, daß die Länge l_E bei der Berechnung der magnetischen Erregung im Luftspalt nur einen sehr geringen Einfluß hat, da sie durch die sehr große Permeabilitätszahl μ_r dividiert wird. Die physikalische Ursache hierfür ist, daß die magnetische Erregung im wesentlichen im Luftspalt auftritt.

Entsprechend gilt dann für die magnetische Erregung im Eisenkern:

$$|\vec{H}_E| = \frac{1}{\mu_r}\,|\vec{H}_L| = \frac{w|i|}{\mu_r\delta + l_E} \ . \qquad \text{(IV.11.21)}$$

Da μ_r sehr viel größer als eins angenommen wurde, zeigt sich, daß im magnetischen Kreis nach Bild IV.11.4 die magnetische Erregung im Eisenkern verschwindend klein gegenüber der magnetischen Erregung im Luftspalt ist. Die magnetische Flußdichte und der magnetische Fluß sind dagegen im Eisenkern und im Luftspalt gleich groß:

$$|\vec{B}_L| = |\vec{B}_E| = \frac{\mu_0 w|i|}{\delta + l_E/\mu_r} = \frac{\mu_0\mu_r w|i|}{\mu_r\delta + l_E} \ ,$$

$$\Phi_m = (\vec{B}_L\cdot\vec{n})A_L = (\vec{B}_E\cdot\vec{n})A_E = \frac{\mu_0\mu_r wA}{\mu_r\delta + l_E}\, i \ . \qquad \text{(IV.11.22)}$$

Dieses Ergebnis ist in voller Übereinstimmung mit den in Kapitel IV.9 abgeleiteten Grenzbedingungen für die magnetischen Felder. Da an der Grenzschicht zwischen Luftspalt und Eisenkern unter der Voraussetzung sehr großer Permeabilitätszahl des Eisenkerns die magnetische Flußdichte nach Kapitel IV.9 senkrecht aus dem Eisenkern austritt und da nach Kapitel IV.9 die normale magnetische Flußdichte stets stetig ist, müssen die magnetische Flußdichte im Luftspalt und im Eisenkern gleich groß sein. Die magnetische Erregung im Luftspalt verhält sich zur magnetischen Erregung im Eisenkern hingegen wie die Permeabilitätszahl zu eins.

Als weiteres Beispiel wird der in Bild IV.11.5 gezeichnete magnetische Kreis betrachtet. Für ihn mögen alle bisher eingeführten Voraussetzungen gelten.

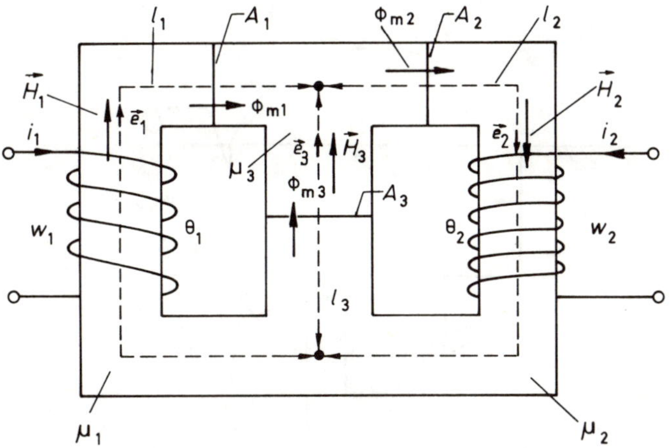

Bild IV.11.5: Magnetischer Kreis.

Da für dieses Beispiel auch bei Kenntnis der Vorzeichen der elektrischen Stromstärken i_1 und i_2 in den Spulen von vorneherein keine eindeutige Aussage über die Richtung der magnetischen Erregung im Eisenkern gemacht werden kann, wird von einer Komponentenschreibweise gemäß $\vec{H}_1=H_1\vec{e}_1$, $\vec{H}_2=H_2\vec{e}_2$, $\vec{H}_3=H_3\vec{e}_3$ mit $\vec{e}_1$, $\vec{e}_2$ und $\vec{e}_3$ Einheitsvektoren in Richtung der Mittellinien der drei Kernabschnitte (Bild IV.11.5) Gebrauch gemacht. Wird das Durchflutungsgesetz auf die drei möglichen Integrationswege durch die Eisenkerne angewendet, so gilt:

$$\begin{aligned} H_1 l_1 - H_3 l_3 &= w_1 i_1 = \Theta_1 \quad , \\ H_2 l_2 + H_3 l_3 &= w_2 i_2 = \Theta_2 \quad , \\ H_1 l_1 + H_2 l_2 &= w_1 i_1 + w_2 i_2 = \Theta_1 + \Theta_2 \quad . \end{aligned} \tag{IV.11.23}$$

Wie sofort erkannt werden kann, ist die dritte dieser Gleichungen die Summe der beiden ersten Gleichungen, so daß sie keine neue Information liefert. Damit stehen zur Bestimmung der drei Größen H_1, H_2, H_3 nur zwei Gleichungen zur Verfügung. Eine dritte Gleichung kann gefunden werden, wenn das Flußgesetz Gl.(IV.8.22) auf die in Bild IV.11.6 gezeichnete Verbindung der drei Eisenkernabschnitte angewendet wird.

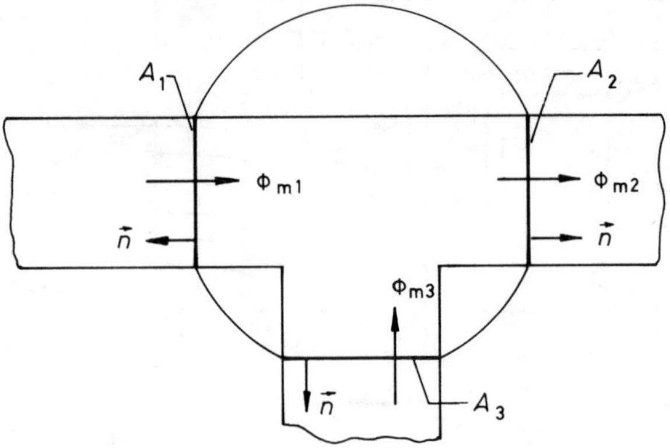

Bild IV.11.6: Zur Berechnung der Verknüpfung der magnetischen Flüsse.

Unter Verwendung der schon in Bild IV.11.5 festgelegten Bezugspfeile für die magnetischen Flüsse in den drei Eisenkernabschnitten gilt somit:

$$- \Phi_{m1} + \Phi_{m2} - \Phi_{m3} = 0. \quad \text{(IV.11.24)}$$

Damit stehen drei Gleichungen mit drei Unbekannten zur Verfügung. Werden die ersten beiden Gleichungen der Gln. (IV.11.23) unter Verwendung der magnetischen Widerstände formuliert, so gilt:

$$\Phi_{m1} R_{m1} - \Phi_{m3} R_{m3} = \Theta_1,$$

$$\Phi_{m2} R_{m2} + \Phi_{m3} R_{m3} = \Theta_2,$$

$$- \Phi_{m1} + \Phi_{m2} - \Phi_{m3} = 0. \quad \text{(IV.11.25)}$$

Die Lösung dieses Gleichungssystems zur Bestimmung der magnetischen Flüsse in den Kernabschnitten und damit der magnetischen Feldgrößen kann in elementarer Weise gefunden werden.

Als letztes Beispiel für einen einfachen magnetischen Kreis wird der in Bild IV.11.7 gezeichnete ferromagnetische Eisenkern mit Luftspalt und Spule betrachtet. Im Gegensatz zu dem in Bild IV.11.4 gezeichneten Kreis soll das hier zu behandelnde Beispiel erstens ein Streufeld im Luftspaltbereich haben, und zweitens sollen die magnetischen Eigenschaften des Kerns durch eine Hysteresekurve $\vec{B}_E = f(\vec{H}_E)$ nach Kapitel IV.6 beschrieben werden; der Zusammenhang ist also nichtlinear, eine Permeabilitätszahl kann nicht mehr in einfacher Weise definiert werden.

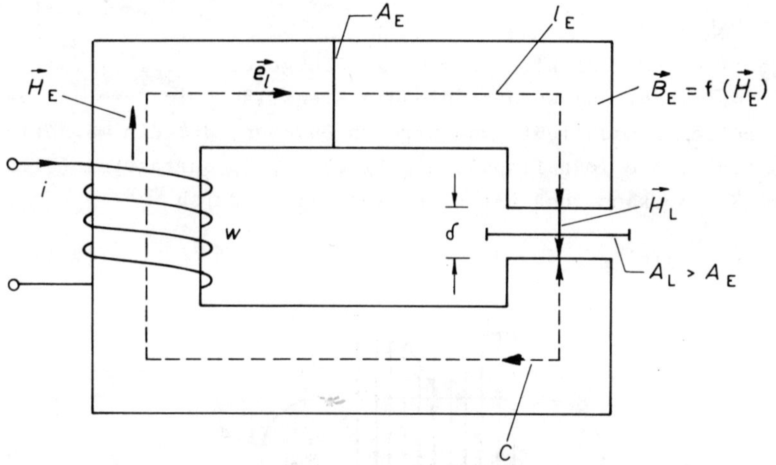

Bild IV.11.7: Magnetischer Kreis mit Streuung im Luftspalt und ferromagnetischem Eisenkern, dessen Eigenschaften durch eine Hysteresekennlinie $\vec{B}_E = f(\vec{H}_E)$ beschrieben werden.

Wie im vorigen Beispiel wird auch hier für die magnetische Erregung im Eisenkern $\vec{H}_E = H_E \vec{e}_l$ und im Luftspalt $\vec{H}_L = H_L \vec{e}_l$ sowie für die magnetische Flußdichte im Eisenkern $\vec{B}_E = B_E \vec{e}_l$ und im Luftspalt $\vec{B}_L = B_L \vec{e}_l$ eine Schreibweise in Komponentenform mit $\vec{e}_l$ einem Einheitsvektor in Richtung der Mittellinie der Anordnung nach Bild IV.11.7 angegeben, weil das Magnetfeld in Abhängigkeit von der elektrischen Stromstärke der felderzeugenden Spule sowohl in positiver $\vec{e}_l$-Richtung als auch in negativer $\vec{e}_l$-Richtung untersucht werden soll.

Unter den oben gemachten Voraussetzungen kann das Duchflutungsgesetz in der Form:

$$\oint_C \vec{H} \cdot d\vec{s} = wi = \Theta \ ,$$

$$H_E l_E + H_L \delta = wi \qquad \text{(IV.11.26)}$$

ausgewertet werden; wird jedoch das Flußgesetz Gl.(IV.11.9) auf eine Fläche angewendet, die die Grenzfläche im Bereich des Luftspaltes einschließt, und wird angenommen, daß die magnetische Flußdichte im Luftspalt die Fläche $A_L > A_E$ durchsetzt (Bild IV.11.8), so kann zunächst eine Streuziffer durch

$$A_L = (1+\sigma) A_E \ , \ \sigma > 0 \qquad \text{(IV.11.27)}$$

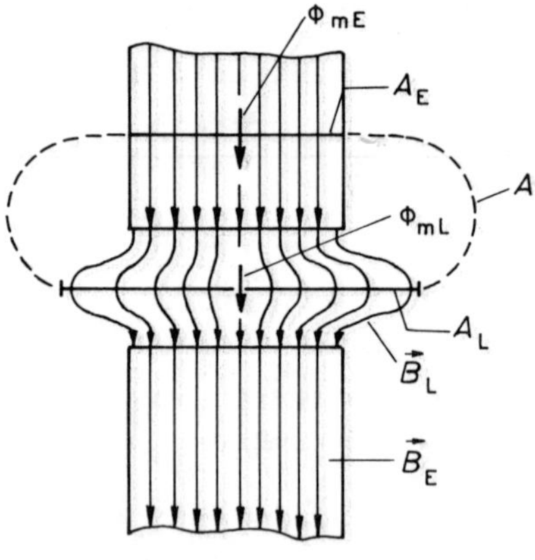

Bild IV.11.8: Zur Auswertung des Flußgesetzes im Luftspalt.

zur Bestimmung der Fläche A_L aus der Fläche A_E eingeführt werden. Darüber hinaus liefert das Flußgesetz (Bild IV.11.8) den Zusammenhang:

$$\Phi_{mE} = \Phi_{mL} \quad ,$$

$$B_E A_E = B_L A_L = B_L(1+\sigma)A_E \quad . \qquad \text{(IV.11.28)}$$

Damit gilt der Zusammenhang zwischen der magnetischen Flußdichte im Eisen und der magnetischen Flußdichte im Luftspalt:

$$B_E = B_L(1+\sigma) \quad . \qquad \text{(IV.11.29)}$$

Da im Luftspalt der Zusammenhang zwischen der magnetischen Flußdichte und der magnetischen Erregung in der Form

$$B_L = \mu_0 H_L \qquad \text{(IV.11.30)}$$

gültig ist, kann Gl.(IV.11.26) auch in der Form:

$$H_E l_E + \frac{B_L}{\mu_0}\delta = wi \quad ,$$

$$H_E l_E + \frac{B_E}{\mu_0(1+\sigma)}\delta = wi \qquad \text{(IV.11.31)}$$

geschrieben werden. Damit gilt für die magnetische Erregung im Eisenkern:

$$H_E = \frac{wi}{l_E} - \frac{B_E \delta}{\mu_0 l_E (1+\sigma)} \quad . \qquad \text{(IV.11.32)}$$

Dieser lineare Zusammenhang zwischen der magnetischen Erregung H_E und der magnetischen Flußdichte B_E im Eisenkern muß zusätzlich zu dem nichtlinearen Zusammenhang $B_E = f(H_E)$ der Hysteresekurve, die das Materialverhalten des Eisenkerns beschreibt, erfüllt werden.

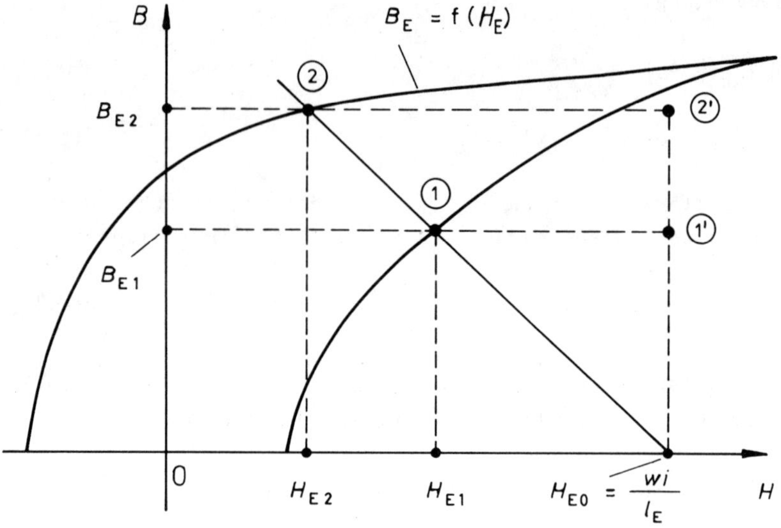

Bild IV.11.9: Bestimmung der "gescherten" Arbeitskennlinie des ferromagnetischen Kreises mit Luftspalt.

Die zu lösende Aufgabe kann also wie folgt formuliert werden: Gesucht ist die magnetische Erregung H_E und die magnetische Flußdichte B_E im Eisenkern, die bei einem vorgegebenen Wert der elektrischen Stromstärke i in der Spule sowohl der nichtlinearen Beziehung $B_E = f(H_E)$ (Hysteresekurve) als auch der Geradengleichung (IV.11.32) genügt. Dieses Problem kann graphisch gelöst werden. In Bild IV.11.9 ist die Hysteresekurve, die das Materialverhalten des ferromagnetischen Kerns für Werte $B_E>0$ beschreibt, sowie die der Gl.(IV.11.32) entsprechende Gerade eingezeichnet. Die Gerade ist gekennzeichnet durch ihre negative Steigung, die nach Gl.(IV.11.32) im wesentlichen durch die Länge des Eisenkerns und die Länge des Luftspaltes festgelegt ist, sowie durch ihren Schnittpunkt mit der H-Achse, der durch die Windungszahl w , die Eisenkernlänge l_E

und den Wert der elektrischen Stromstärke festgelegt ist. Die Gerade und die Hysteresekurve schneiden sich in den Punkten ① ②, die die gesuchten Werte der magnetischen Erregung H_{E1}, H_{E2} und der magnetischen Flußdichte B_{E1}, B_{E2} festlegen. Wird die elektrische Stromstärke in der Spule verändert, so ändert sich der Schnittpunkt $H_{E0}=wi/l_E$ (Bild IV.11.9) und die bestehende Aufgabe lautet, die dem jeweiligen Wert von H_{E0} zugeordnete magnetische Flußdichte B_E und magnetische Erregung H_E im Eisenkern zu bestimmen. Diese Aufgabe könnte leicht gelöst werden, wenn neben der bekannten Hysteresekurve $B_E=f(H_E)$ eine weitere Kurve für den Zusammenhang $B_E=f(H_{E0})$ bekannt wäre. Die den beiden Schnittpunkten ① und ② in Bild IV.11.9 entsprechenden Punkte der gesuchten neuen Kurve müßten an den Stellen ①' und ②' (Bild IV.11.9) liegen. Eine solche Kurve kann aber leicht nach dem in Bild IV.11.10 skizzierten Verfahren konstruiert werden.

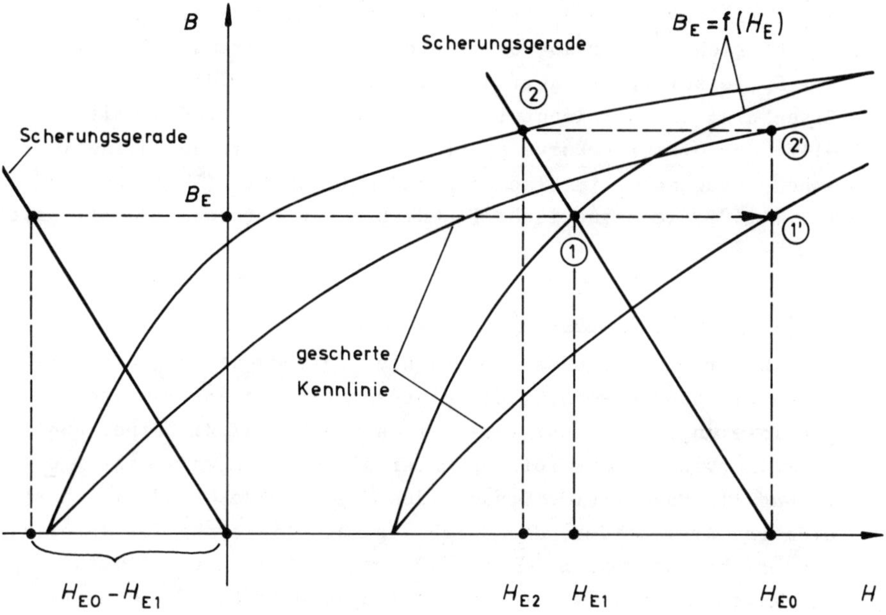

Bild IV.11.10: Scherungsgerade und gescherte Kennlinie $B_E=f(H_{E0})$.

Dazu wird von Gl.(IV.11.32) ausgegangen und unter Verwendung der Abkürzung $H_{E0} = wi/l_E$ diese Beziehung zwischen der magnetischen Erregung im Eisenkern und der magnetischen Flußdichte im Eisenkern in der Form

$$-(H_{E0} - H_E) = -\frac{\delta}{\mu_0 l_E (1+\sigma)} B_E \qquad (IV.11.33)$$

geschrieben. Gl.(IV.11.33) beschreibt eine Gerade, die im zweiten Quadranten des B_E-H_E-Diagramms liegt. Die Gerade wird aufgetragen und alle Punkte der Hysteresekurve werden parallel zur Abzisse um den dem jeweiligen Wert der magnetischen Flußdichte B_E zugeordneten Wert $H_{E0}-H_E$ in positiver Abzissenrichtung verschoben (z.B. Punkt ① nach Punkt ①'). Wird dies für die Gesamtheit aller Hysteresekurven-Punkte getan, so wird die *gescherte Kennlinie* $B_E = f(H_{E0})$ erhalten. Aus dieser Kennlinie ergibt sich bei Vorgabe einer elektrischen Stromstärke i in der Spule sofort der Wert der magnetischen Flußdichte B_E im Eisenkern; aus der Kenntniss dieses Wertes folgt dann mit Hilfe der Hysteresekurve $B_E = f(H_E)$ auch der Wert der magnetischen Erregung H_E im Eisenkern und mit den Gln.(IV.11.29) und (IV.11.30) die magnetische Flußdichte und Erregung im Luftspalt.

IV.12 DAUERMAGNET-KREISE

Unter Dauermagneten sollen hier ferromagnetische Materialien verstanden werden, die eine spontane und permanente Magnetisierung $\vec{M}$ in einer Vorzugsrichtung besitzen. Körper endlicher Abmessungen aus solchen Materialien erzeugen in ihrer Umgebung ein Magnetfeld. Ursache des Magnetfeldes sind die inneratomaren Kreisströme, die durch die Magnetisierung des Materials beschrieben werden. Bild IV.12.1 zeigt das typische Feldbild des Magnetfelds im Außenraum eines zylindrischen Dauermagneten.

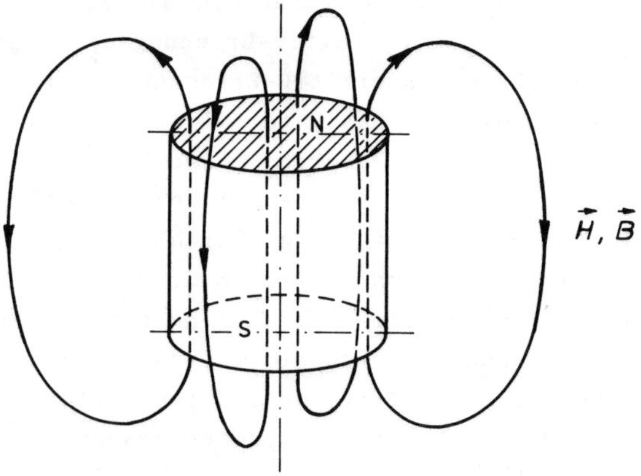

Bild IV.12.1: Qualitative Skizze des Magnetfelds eines Dauermagneten.

Die Feldlinien der magnetischen Flußdichte $\vec{B}$ und der magnetischen Erregung $\vec{H}$ im Außenraum "entspringen" am sogenannten *Nordpol* (N) des Dauermagneten und treten am *Südpol* (S) wieder in das Material ein. Selbstverständlich bilden auch in diesem Fall die Feldlinien der magnetischen Flußdichte $\vec{B}$ geschlossene Linien; die Feldlinien der magnetischen Erregung $\vec{H}$ hingegen beginnen, wie sich zeigen wird, auf der Nordpol-Fläche und enden auf der Südpolfläche, sie haben damit im Dauermagnet eine Orientierung in entgegengesetzter Richtung zu der der Feldlinien der magnetischen Flußdichte.

Als kennzeichnende Größe des Dauermagneten wird die Magnetisierungskennlinie im zweiten Quadranten der Hysteresekurve $B_E = f(H_E)$ mit den Kennwerten: Koerzitiv-Erregung H_k und remanente Flußdichte B_r angesehen. Bild IV.12.2 zeigt diese sogenannte *Entmagnetisierungs-Kennlinie* des Magnetma-

materials. Wie sich zeigen wird, muß der Arbeitspunkt H_E, B_E des Dauermagneten in diesem Teil der Kennlinie liegen.
Das Material 1 hat eine große remanente magnetische Flußdichte B_{r1}, aber eine kleine Koerzitiv-Erregung H_{k1}; das Material 2 hat eine grössere Koerzitiv-Erregung, aber eine kleinere remanente Flußdichte. Das Material 1 wird als *magnetisch weich*, das Material 2 als *magnetisch hart* bezeichnet. Ein Material wird als umso magnetisch härter bezeichnet, je größer seine Koerzitiv-Erregung ist, je größer also die magnetische Erregung ist, die aufgebracht werden muß, um das Material zu entmagnetisieren. In Tabelle IV.12.1 sind einige ferromagnetische Materialien und ihre Kenngrößen zusammengestellt.
Das Produkt aus Koerzitiv-Erregung und remanenter Flußdichte ist ein Maß für die im Feld des Magneten gespeicherte Energie pro Volumeneinheit und damit eine Kenngröße für die Leistungsfähigkeit des Magneten.

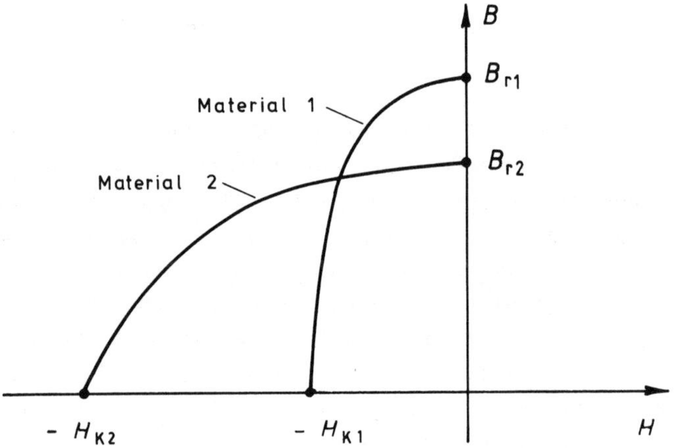

Bild IV.12.2: Entmagnetisierungskennlinie zweier Dauermagnete.

Wie die Tabelle zeigt, kann durch die Legierung verschiedener Metalle sowohl die Koerzitiv-Erregung als auch die remanente Flußdichte,damit aber auch das Produkt aus beiden Größen, in weitem Umfang geändert werden.

Material	H_k A/m	B_r Vs/m^2	H_kB_r AVs/m^3
Kohlenstoffstahl, 99%Fe,1%C	$5\cdot10^3$	0,8	4000
Wolframstahl, 94%Fe,6%W	$5\cdot10^3$	1,1	5500
Kobaltstahl, 31%Co+andere, 69%Fe	$18\cdot10^3$	0,84	15120
Cr-Ni-Stahl, 18%Cr,10%Ni, 72%Fe	$32\cdot10^3$	0,3	9600
AlNi120,13%Al,27%Ni, 70%Fe	$38\cdot10^3$	0,54	20520
AlNiCo 160, 12%Al,24%Ni, 12%Co,4%Cu 48%Fe	$50\cdot10^3$	0,64	32000

Tabelle IV.12.1: Ferromagnetische Materialien und ihre Kennwerte.

Wir betrachten den Dauermagnetkreis nach Bild IV.12.3, der aus dem eigentlichen Dauermagneten, zwei *Polschuhen* aus Weicheisen und dem Luftspalt besteht. Die Polschuhe aus Weicheisen mögen die Eigenschaft haben, daß ihr Material zwar eine sehr große Permeabilitätszahl besitzt, aber keine spontane Magnetisierung und keine Hystereseeigenschaften aufweist. Dann kann nach den Überlegungen in Kapitel IV.11 angenommen werden, daß die magnetische Erregung in den Polschuhen vernachlässigbar klein ist und somit nur die magnetische Erregung im Dauermagnet und im Luftspalt bei der Auswertung z.B. des Durchflutungsgesetzes berücksichtigt zu werden braucht.

Aus der Anwendung des Flußgesetzes auf die einzelnen Trenn- bzw. Grenzflächen des Dauermagnetkreises (vgl. Bild IV.11.3) gilt, daß der magnetische Fluß im Dauermagnet Φ_{mE} und im Polschuh Φ_{mP}, sowie der magnetische Fluß im Luftspalt Φ_{mL} gleich groß sind:

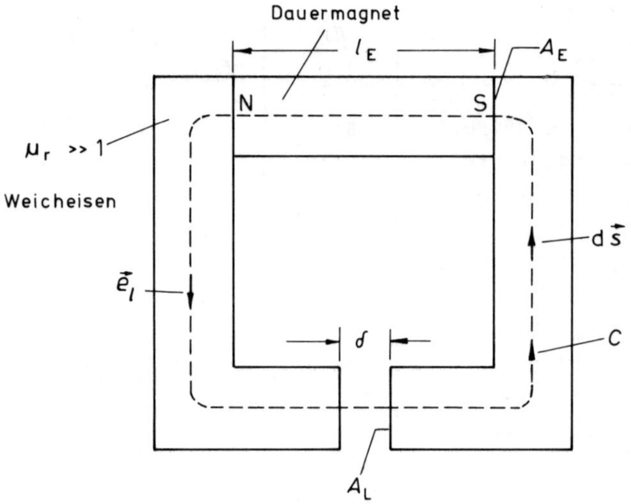

Bild IV.12.3: Dauermagnet-Kreis .

$$\Phi_{mE} = \Phi_{mP} = \Phi_{mL} \quad . \tag{IV.12.1}$$

Die Querschnittsfläche des Dauermagneten sei A_E; die im Luftspalt vom Magnetfeld durchsetzte Fläche sei A_L. Dann gilt für die magnetische Flußdichte $\vec{B}_E = B_E \vec{e}_l$ im Dauermagneten und $\vec{B}_L = B_L \vec{e}_l$ im Luftspalt mit $\vec{e}_l$ einem Einheitsvektor in Richtung der Mittellinie der Anordnung nach Gl.(IV.12.1):

$$\Phi_{mE} = B_E A_E = \Phi_{mL} = B_L A_L \quad ,$$

$$B_E = \frac{A_L}{A_E} B_L \quad . \tag{IV.12.2}$$

Wird die magnetische Erregung im Weicheisen-Polschuh als vernachlässigbar klein angesehen und wird die magnetische Erregung im Dauermagneten mit $\vec{H}_E$, die magnetische Erregung im Luftspalt mit $\vec{H}_L$ bezeichnet, so ergibt die Anwendung des Durchflutungsgesetzes auf den in Bild IV.12.3 eingezeichneten Integrationsweg C:

$$\oint_C \vec{H}\cdot d\vec{s} = |\vec{H}_E|\, l_E \cos(\sphericalangle(d\vec{s},\vec{H}_E)) + |\vec{H}_L|\,\delta\cos(\sphericalangle(d\vec{s},\vec{H}_L)) = 0 \quad ,$$

$$|\vec{H}_E|\, l_E \cos(\sphericalangle(d\vec{s},\vec{H}_E)) = -|\vec{H}_L|\,\delta\cos(\sphericalangle(d\vec{s},\vec{H}_L)) \quad . \qquad (IV.12.3)$$

Da der Integrationsweg C außerhalb des Dauermagneten vom Nordpol zum Südpol gerichtet ist (Bild IV.12.3), ist der Winkel zwischen dem Wegelement $d\vec{s}$ und der magnetischen Erregung $\vec{H}_L$ gleich Null. Damit folgt aus Gl.(IV.12.3), daß

$$\cos(\sphericalangle(d\vec{s},\vec{H}_E)) = -1 \quad ,$$

$$\sphericalangle(d\vec{s},\vec{H}_E) = 180° \qquad (IV.12.4)$$

ist. Dies bedeutet, daß zunächst für die Absolutbeträge der magnetischen Erregung im Dauermagneten und im Luftspalt der Zusammenhang

$$|\vec{H}_E|\, l_E = |\vec{H}_L|\,\delta \qquad (IV.12.5)$$

gilt. Darüberhinaus folgt aus Gl.(IV.12.4) die Aussage, daß die magnetische Erregung im Dauermagnet entgegengesetzt zur Richtung des Integrationsweges gerichtet ist, also im Innern des Dauermagneten auch vom Nord- zum Südpol verläuft. Da aber die magnetische Flußdichte immer geschlossene Feldlinien besitzen muß (vgl. Kapitel IV.8) und die magnetische Flußdichte und die magnetische Erregung im Luftspalt aufgrund des Zusammenhangs $\vec{B} = \mu_0\vec{H}$ parallel verlaufen, muß die magnetische Flußdichte im Dauermagnet vom Südpol zum Nordpol verlaufen (siehe Bild IV.12.4). Damit sind die magnetische Erregung $\vec{H}_E$ und die magnetische Flußdichte $\vec{B}_E$ im Dauermagnet von entgegengesetzter Richtung.

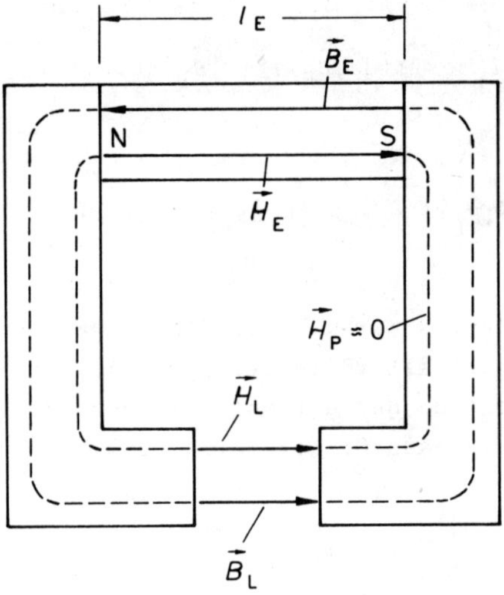

Bild IV.12.4: Magnetische Flußdichte und magnetische Erregung im Dauermagnetkreis.

Für die magnetische Erregung im Dauermagnet gilt mit Gl.(IV.12.5) und unter Berücksichtigung des Zusammenhangs $\vec{B}_L = \mu_0 \vec{H}_L$ sowie mit Gl.(IV.12.2):

$$|\vec{H}_E| = \frac{\delta}{l_E} |\vec{H}_L| = \frac{\delta}{l_E} \frac{|\vec{B}_L|}{\mu_0} = \frac{\delta}{l_E} \frac{A_E}{A_L} \frac{|\vec{B}_E|}{\mu_0} , \qquad \text{(IV.12.6)}$$

bzw. unter Berücksichtigung der Richtungen:

$$\vec{H}_E = -\frac{\delta}{l_E} \frac{A_E}{A_L} \frac{1}{\mu_0} \vec{B}_E \quad . \qquad \text{(IV.12.7)}$$

Gl.(IV.12.7) beschreibt einen linearen Zusammenhang zwischen der magnetischen Erregung $\vec{H}_E$ und der magnetischen Flußdichte $\vec{B}_E$ im Dauermagnete, der durch die im zweiten Quadranten des B_E-H_E-Diagramms liegende Gerade (Bild IV.12.5) charakterisiert wird. Da außerdem die Magnetisierungskennlinie $B_E=f(H_E)$ (Hysteresekurve) zur Beschreibung der Materialeigenschaften des Dauermagneten gültig ist, stellt sich im Dauermagnet eine magnetische Flußdichte und eine magnetische Erregung ein, die den Werten beider Größen im Schnittpunkt der Geraden nach Gl.(IV.12.7) und der Magnetisierungskennlinie entspricht (Bild IV.12.5). Der Schnittpunkt liegt immer im zweiten Quadranten

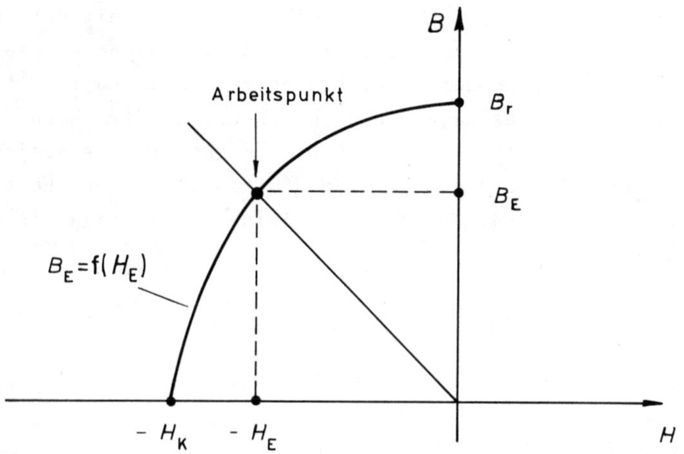

Bild IV.12.5: Zur Bestimmung der magnetischen Erregung und der magnetischen Flußdichte im Dauermagnetkreis.

des B_E-H_E-Diagramms; aus diesem Grund wird bei der Berechnung von Dauermagnetkreisen üblicherweise nur noch dieser Teil der Magnetisierungkennlinie gezeichnet. Dieser Kennlinienabschnitt reicht zur Beschreibung der Eigenschaften eines Dauermagneten vollständig aus.

Da die sich im Dauermagneten einstellende magnetische Flußdichte immer zwischen dem Wert der remanenten Flußdichte B_r und dem Wert Null liegt, der Dauermagnet durch den magnetischen Kreis also *entmagnetisiert* wird, wird der im zweiten Quadranten des B_E-H_E-Diagramms liegende Teil der Magnetisierungskurve auch als *die Entmagnetisierungskurve* des Dauermagneten bezeichnet.

Wie aus Gl.(IV.12.7) erkannt werden kann, hängt die Steigung der Geraden, die dem Durchflutungsgesetz entspricht, damit aber auch die sich einstellende magnetische Erregung $|\vec{H}_E|$ und magnetische Flußdichte $|\vec{B}_E|$ von den geometrischen Abmessungen des Dauermagneten und des Luftspalts ab. Es bleibt also die Frage zu klären, wie die Abmessungen des Dauermagneten und des Luftspalts zu wählen sind, damit der Dauermagnetkreis optimal ausgelegt ist. Da Dauermagnetkreise aufgebaut werden, um durch Feldkonzentration im Luftspalt ein möglichst großes Magnetfeld zu erzeugen, betrachten wir als optimalen Arbeitszustand des Dauermagnetkreises denjenigen, für den die im Magnetfeld des Luftspalts gespeicherte Energie maximal wird. Für den Energieinhalt des Magnetfelds im Luftspalt gilt:

$$W_{mL} = \frac{1}{2} |\vec{H}_L| |\vec{B}_L| V_L = \frac{1}{2} |\vec{H}_L| |\vec{B}_L| A_L \delta . \qquad \text{(IV.12.8)}$$

Unter Verwendung von Gl.(IV.12.6) und Gl.(IV.12.2) wird hieraus:

$$W_{mL} = \frac{1}{2} \frac{l_E}{\delta} |\vec{H}_E| \frac{A_E}{A_L} |\vec{B}_E| A_L \delta ,$$

$$W_{mL} = \frac{1}{2} |\vec{H}_E| |\vec{B}_E| A_E l_E = \frac{1}{2} |\vec{H}_E| |\vec{B}_E| V_E , \qquad \text{(IV.12.9)}$$

mit $V_E = A_E l_E$ dem Volumen des Dauermagneten. Damit wird der Energieinhalt des Magnetfelds im Luftspalt bei vorgegebenem Volumen V_E des Dauermagneten maximal, wenn das Produkt $|\vec{H}_E|\ |\vec{B}_E|$ maximal wird.

In Bild IV.12.6 ist gezeigt, wie der Maximalwert von $H_E B_E$ graphisch leicht gefunden werden kann, indem über der Koordinate B_E das Produkt $H_E B_E$ bestimmt und aufgetragen wird. Die Werte der magnetischen Flußdichte und der magnetischen Erregung im Dauermagneten, für die das Produkt $H_E B_E$ maximal wird, legen den optimalen Arbeitspunkt des Dauermagneten fest. In diesem Arbeitspunkt hat der Dauermagnet bei gefordertem Energieinhalt des Magnetfelds im Luftspalt gemäß Gl.(IV.12.9) sein kleinstmögliches Volumen und damit auch seinen kleinsten Preis. Wie Bild IV.12.6 zeigt, kann dieser Arbeitspunkt *näherungsweise* so bestimmt werden, daß das Rechteck mit den Seitenkanten der Länge B_r und H_k in das $B_E = f(H_E)$-Diagramm eingezeichnet wird und der Schnittpunkt der Diagonalen vom Nullpunkt des Koordinatensystems aus mit der Entmagnetisierungskennlinie bestimmt wird. Wie Bild IV.12.6 auch zeigt, wird unter Verwendung einer solchen vereinfachten Bestimmungsmethode für den optimalen Arbeitspunkt ein Fehler gemacht, der für den praktischen Entwurf von Dauermagnetkreisen tragbar ist.

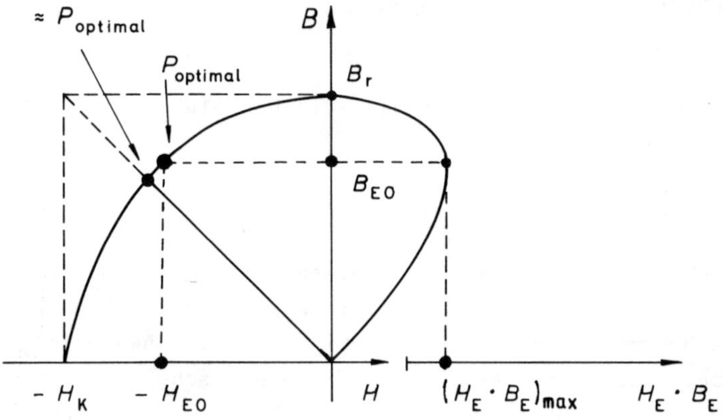

Bild IV.12.6: Zur graphischen Bestimmung des optimalen Arbeitspunktes des Dauermagnetkreises.

Aus der Kenntnis der Arbeitsgeraden und ihrer Steigung nach Gl.(IV.12.7) (Bild IV.12.6):

$$H_{E0} = -\frac{\delta}{l_E}\frac{A_E}{A_L}\frac{1}{\mu_0}B_{E0} \qquad \text{(IV.12.10)}$$

kann bei vorgegebener Länge δ und Querschnittsfläche A_L des Luftspaltes und damit (unter Verwendung des graphisch bestimmten maximalen Wertes des Produkts $H_E B_E$) bei festgelegtem Wert V_E des Volumens des Dauermagneten (vgl. Gl.(IV.12.9)):

$$V_E = \frac{2W_{mL}}{H_{E0}B_{E0}} = A_E l_E \qquad \text{(IV.12.11)}$$

der Wert der Querschnittsfläche A_E und der Länge l_E des Dauermagneten aus dem geforderten Ernergieinhalt W_{mL} des Magnetfelds im Luftspalt so bestimmt werden, daß der Magnet im optimalen Arbeitspunkt arbeitet:

$$A_E = \frac{|\vec{B}_L|}{|\vec{B}_{E0}|}A_L \quad , \quad l_E = \frac{|\vec{B}_L|\,\delta}{\mu_0|\vec{H}_{E0}|}$$

mit $|\vec{B}_L|$ dem Absolutbetrag der magnetischen Flußdichte im Luftspalt.

IV.13 KRAFTBERECHNUNGEN IN MAGNETISCHEN KREISEN

Ein magnetischer Kreis kann verwendet werden, um auf ein ferromagnetisches Material eine Kraft auszuüben. Als Modell für einen Hebemagneten, der z.B. geeignet ist, schwere ferromagnetische Teile anzuheben, wird der magnetische Kreis nach Bild IV.13.1 betrachtet. Der Kreis besteht aus zwei Eisenteilen, dem eigentlichen Hebemagnet aus Eisenkern und aufgewickelter Spule und der anzuhebenden Last. Die Abmessungen des Magnetkreises seien bekannt, die Permeabilitätszahl des Magneten sei μ_{r1}, die der Last μ_{r2}, zwischen Last und Hebemagnet befinden sich zwei Luftspalte der Breite δ.

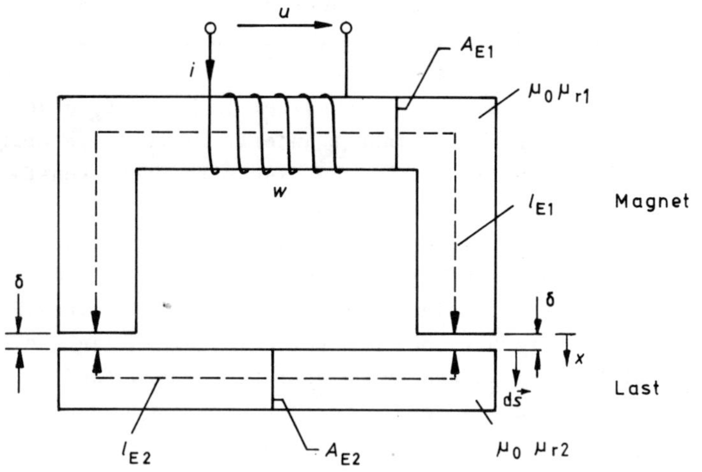

Bild IV.13.1: Magnetischer Kreis als Modell für einen Hebemagneten.

Es soll die Kraft auf die Last mit Hilfe des Prinzips der virtuellen Verschiebung (vgl. Kapitel II.11) bestimmt werden. Wie im Fall des in Kapitel II.11 betrachteten Plattenkondensators müssen auch hier bei der Behandlung der gestellten Aufgabe zur Berechnung der Kraft zwei verschiedene Betriebszustände unterschieden werden. Wurden in Kapitel II.11 die Betriebszustände 1) Q = const. auf den Elektroden des Kondensators und 2) U = const. an den Elektroden des Kondensators untersucht, so müssen hier entsprechend die beiden Zustände: 1) magnetischer Fluß Φ_m = const. im Eisenkern des Magneten und 2) elektrische Stromstärke i = const. in der Spule des Magneten unterschieden werden. Der erste Betriebszustand stellt sich ein, wenn z.B. ein Gleichstrommagnet durch eine Gleichstromquelle gespeist wird, die stets einen konstanten Strom liefert; der zweite Betriebszustand kann realisiert werden, wenn ein Wechselstrommagnet mit einer elektrischen Spannung konstanten Scheitelwerts betrieben wird.

Wir untersuchen zunächst den Fall, daß der magnetische Fluß im Eisenkern konstant gehalten wird, Φ_m = const. Zur Berechnung der Kraft des Magneten auf die Last wird der Luftspalt der Breite δ virtuell dadurch um den Wert dx in x-Richtung (Bild IV.13.1) vergrößert, daß die Last um das entsprechende Wegelement verschoben wird; sodann wird untersucht, wie sich bei dieser Verschiebung der im Magnetfeld des Magneten gespeicherte Energieinhalt ändert. Da vorausgesetzt wurde, daß der magnetische Fluß im Eisenkern stets konstant bleiben soll, wird bei der Vergrößerung des Luftspaltes der magnetische Fluß durch die Spule des Magneten nicht geändert und in der Spule bei dem Verschiebungsvorgang keine Spannung induziert. Damit wird die Quelle, die den elektrischen Strom in der Spule erzeugt, bei dem Verschiebungsvorgang keine Energie liefern oder aufnehmen. Dieser Betriebszustand entspricht also dem Zustand Q = const. bei der Untersuchung des Kondensators in Kapitel II.11. Es tritt während des Verschiebungsvorgangs nur eine Änderung der im Magnetfeld des Magneten gespeicherten Energie auf.

Aus dem Energieerhaltungssatz (Kapitel II.11) können wir also folgern, daß die Summe der bei dem Verschiebungsvorgang auftretenden Energieänderungen sich aus der bei der Verschiebung der Last um das Wegelement $d\vec{s} = dx\vec{e}_x$ geleisteten Arbeit und der Änderung des Energieinhalts des Magnetfeldes zusammensetzt und gleich Null ist:

$$\vec{F}\cdot d\vec{s} + dW_m = 0 \qquad \text{(IV.13.1)}$$

und daß damit gilt:

$$\vec{F}\cdot d\vec{s} = -dW_m \,,$$

$$\vec{F}\cdot\vec{e}_x\,dx = -dW_m \,,$$

$$\vec{F}\cdot\vec{e}_x = -\frac{dW_m}{dx} \,, \qquad \text{(IV.13.2)}$$

in völliger Übereinstimmung mit der entsprechenden Beziehung für das elektrische System nach Gl.(II.11.2). Für das Skalarprodukt der linken Seite von Gl.(IV.13.2) gilt wieder:

$$\vec{F}\cdot\vec{e}_x = |\vec{F}|\cos(\sphericalangle(\vec{F},\vec{e}_x)) \,. \qquad \text{(IV.13.3)}$$

Der Energieinhalt des Magnetfeldes des Magneten berechnet sich gemäß Kapitel IV.10, Gl.(IV.10.8) aus dem Produkt aus magnetischer Flußdichte, magnetischer Erregung und Feldvolumen, also für den Magneten nach Bild IV.13.1 aus:

$$W_m = \frac{1}{2}\left[|\vec{H}_{E1}||\vec{B}_{E1}|V_{E1} + |\vec{H}_{E2}||\vec{B}_{E2}|V_{E2} + |\vec{H}_L||\vec{B}_L|V_L\right] \quad \text{(IV.13.4)}$$

mit V_{E1} und V_{E2} den Volumina der Eisenbereiche und V_L dem Volumen der beiden Luftspalte. Wird angenommen, daß der Querschnitt des Luftspaltes, der von dem magnetischen Feld durchsetzt wird, A_L ist, so gilt für einen Luftspalt der Breite $\delta = x$:

$$W_m = \frac{1}{2}\left[|\vec{H}_{E1}||\vec{B}_{E1}|A_{E1}l_{E1} + |\vec{H}_{E2}||\vec{B}_{E2}|A_{E2}l_{E2} + |\vec{H}_L||\vec{B}_L|A_L 2x\right]. \quad \text{(IV.13.5)}$$

Da der magnetische Fluß in allen Bereichen des Magneten gleich groß sein muß, können die magnetische Erregung und die magnetische Flußdichte der vier Feldbereiche entsprechend $|\vec{H}_\nu| = \Phi_m/(\mu_0\mu_{r\nu}A_\nu)$, $|\vec{B}_\nu| = \Phi_m/A_\nu$ durch den magnetischen Fluß Φ_m ersetzt werden:

$$W_m = \frac{\Phi_m^2}{2}\left\{\frac{l_{E1}}{\mu_0\mu_{r1}A_{E1}} + \frac{l_{E2}}{\mu_0\mu_{r2}A_{E2}} + \frac{2x}{\mu_0 A_L}\right\} . \quad \text{(IV.13.6)}$$

Unter der Voraussetzung $\Phi_m = \text{const.}$ kann damit die auf die Last ausgeübte Kraft aus Gl.(IV.13.2) berechnet werden:

$$\vec{F}\cdot\vec{e}_x = |\vec{F}|\cos(\sphericalangle(\vec{F},\vec{e}_x)) = -\frac{\Phi_m^2}{\mu_0 A_L} ,$$

$$|\vec{F}|\cos(\sphericalangle(\vec{F},\vec{e}_x)) = -\frac{|\vec{B}_L|^2 A_L}{\mu_0} = -|\vec{B}_L||\vec{H}_L|A_L . \quad \text{(IV.13.7)}$$

Die Kraft auf die Last hat somit wegen des negativen Vorzeichens der rechten Seite von Gl.(IV.13.7) negative x-Richtung, die Last wird vom Magneten angezogen. Für die Kraft gilt:

$$\vec{F} = -\frac{|\vec{B}_L|^2 A_L}{\mu_0}\,\vec{e}_x\ . \qquad \text{(IV.13.8)}$$

Wie Gl.(IV.13.6) und Gl.(IV.13.7) zeigen, reicht es unter der Voraussetzung Φ_m = const. zur Berechnung der Kraft aus, den Energieinhalt des Magnetfeldes im Luftspalt bei der Auswertung von Gl.(IV.13.2) zu differenzieren, da bei der Verschiebung der Last um das Wegelement $|d\vec{s}| = dx$ der Energieinhalt des Magnetfeldes in den Eisenbereichen nicht geändert wird.

Um die Kraft des Hebemagneten unter der Voraussetzung i = const. bestimmen zu können, wird der Zusammenhang zwischen dem magnetischen Fluß Φ_m und der elektrischen Stromstärke i benötigt, um in Gl.(IV.13.6) Φ_m durch i ersetzen zu können. Hierzu wird das Durchflutungsgesetz Gl.(IV.4.4) auf einen Integrationsweg durch den Eisenkern des Hebemagneten, die Luftspalte und die Last (Bild IV.13.1) angewendet; es gilt:

$$\oint_C \vec{H}\cdot d\vec{s} = |\vec{H}_{E1}|\,l_{E1} + |\vec{H}_{E2}|\,l_{E2} + 2|\vec{H}_L|\,\delta = w|i|. \qquad \text{(IV.13.9)}$$

Die magnetische Erregung in den drei Bereichen kann durch die magnetische Flußdichte der Bereiche und damit durch den magnetischen Fluß Φ_m, der in allen drei Bereichen gleich groß ist, ausgedrückt werden:

$$|\vec{H}_{E1}| = \frac{|\vec{B}_{E1}|}{\mu_0\mu_{rE1}} = \frac{|\Phi_m|}{\mu_0\mu_{rE1}A_{E1}}\ ,$$

$$|\vec{H}_{E2}| = \frac{|\vec{B}_{E2}|}{\mu_0\mu_{rE2}} = \frac{|\Phi_m|}{\mu_0\mu_{rE2}A_{E2}}\ , \qquad \text{(IV.13.10)}$$

$$|\vec{H}_L| = \frac{|\vec{B}_L|}{\mu_0} = \frac{|\Phi_m|}{\mu_0 A_L}\ .$$

Werden diese Werte in Gl.(IV.13.9) eingesetzt, folgt der gesuchte Zusammenhang:

$$\Phi_m \left\{\frac{l_{E1}}{\mu_0\mu_{rE1}A_{E1}} + \frac{l_{E2}}{\mu_0\mu_{rE2}A_{E2}} + \frac{2\delta}{\mu_0 A_L}\right\} = wi \quad ,$$

$$\Phi_m = \frac{wi}{\dfrac{l_{E1}}{\mu_0\mu_{rE1}A_{E1}} + \dfrac{l_{E2}}{\mu_0\mu_{rE2}A_{E2}} + \dfrac{2\delta}{\mu_0 A_L}} \quad . \qquad \text{(IV.13.11)}$$

Wird diese Verknüpfung zwischen dem magnetischen Fluß Φ_m und der elektrischen Stromstärke i benutzt, so kann nach Gl.(IV.13.6) der im Magnetfeld der Anordnung nach Bild IV.13.1 gespeicherte Energieinhalt mit $\delta = x$ als:

$$W_m = \frac{1}{2}\frac{w^2}{\dfrac{l_{E1}}{\mu_0\mu_{rE1}A_{E1}} + \dfrac{l_{E2}}{\mu_0\mu_{rE2}A_{E2}} + \dfrac{2x}{\mu_0 A_L}}\, i^2 \qquad \text{(IV.13.12)}$$

geschrieben werden.

Wird vorausgesetzt, daß bei der durchzuführenden virtuellenen Verschiebung der Last um das Wegelement $d\vec{s} = dx\,\vec{e}_x$ die elektrischen Stromstärke i durch eine äußere Quelle konstant gehalten wird, so wird sich beim Ändern der Luftspaltbreite $\delta = x$ nach Gl.(IV.13.11) der magnetische Fluß durch den Querschnitt des Magneten ändern. Damit wird in der Spule des Magneten eine elektrische Spannung u_{ind} induziert. Um den Strom trotz dieser gegeninduzierten Spannung konstant zu halten, muß die Quelle die Arbeit

$$dA_{Quelle} = -u_{ind}\, i\, dt = w\frac{d\Phi_m}{dt}\, i\, dt = wi\, d\Phi_m \qquad \text{(IV.13.13)}$$

leisten, wobei dt die Zeit ist, in der die Verschiebung $d\vec{s}$ durchgeführt wird. Die in der Spule induzierte elektrische Spannung ist $u_{ind} = -w d\Phi_m/dt$, weil in jeder Windung die elektrische Spannung $-d\Phi_m/dt$ induziert wird.

Aus der Energiebilanz des Verschiebungsvorgangs (vgl. auch Kapitel II.11) gilt dann:

$$\vec{F}\cdot d\vec{s} + dW_m = dA_{Quelle} = wi\,d\Phi_m \quad , \qquad \text{(IV.13.14)}$$

bzw. unter Berücksichtigung von Gl.(IV.13.11) und Gl.(IV.13.12) sowie $d\vec{s} = dx\,\vec{e}_x$:

$$\vec{F}\cdot\vec{e}_x = \frac{d}{dx}\left\{\frac{1}{2}\,\frac{w^2}{\frac{l_{E1}}{\mu_0\mu_{rE1}A_{E1}} + \frac{l_{E2}}{\mu_0\mu_{rE2}A_{E2}} + \frac{2x}{\mu_0 A_L}}\right\} i^2 \qquad \text{(IV.13.15)}$$

und damit die Kraft $\vec{F}$:

$$\vec{F} = \frac{-\,w^2 i^2}{\mu_0 A_L\left\{\frac{l_{E1}}{\mu_0\mu_{rE1}A_{E1}} + \frac{l_{E2}}{\mu_0\mu_{rE2}A_{E2}} + \frac{2x}{\mu_0 A_L}\right\}^2}\,\vec{e}_x\,, \qquad \text{(IV.13.16)}$$

die bei konstanter elektrischer Stromstärke i eine Funktion der Koordinate x ist. Unter Verwendung von Gl.(IV.13.11) kann leicht gezeigt werden, daß die sich aus Gl.(IV.13.16) berechnende Kraft für einen festen Wert $x=\delta$ identisch ist mit der in Gl.(IV.13.8) berechneten Kraft für den Fall Φ_m = const.. Die Kraft nach Gl.(IV.13.16) ist aber im Gegensatz zu der unter der Bedingung Φ_m = const. berechneten Kraft stets eine Funktion der Luftspaltbreite; diese Tatsache besitzt bei der Behandlung von Gleichgewichtsproblemen eine entscheidende Bedeutung (vgl. Kapitel II.11).

V. BAUELEMENTE DER ELEKTROTECHNIK

V.1 VORAUSSETZUNGEN

Bauelemente der Elektrotechnik sind physikalische Geräte, die die in den vorangegangenen Kapiteln abgeleiteten Grundgesetze des elektrischen Feldes und des magnetischen Feldes benutzen, um bestimmte, gewünschte funktionale Zusammenhänge zwischen z.B. der elektrischen Spannung und dem elektrischen Strom oder dem elektrischen Strom und dem magnetischen Fluß zu realisieren. Wir unterscheiden grundsätzlich zwei Klassen von Bauelementen:

1) Die passiven Bauelemente,
2) die aktiven Bauelemente.

Passive Bauelemente haben die Eigenschaft, daß sie elektrische Energie entweder in Wärme umwandeln ("*Verbraucher*") oder speichern oder übertragen. Sie sind daran erkennbar, daß ohne ein Anlegen einer elektrischen Spannung von außen an diese Bauelemente kein elektrischer Strom in ihnen fließt[1]. Wichtige passive Bauelemente sind:

1) der Widerstand,
2) der Kondensator,
3) die Spule,
4) der Transformator.

Aktive Bauelemente haben die Eigenschaft, daß in ihnen ohne das Anlegen einer Spannung von außen ein elektrischer Strom fließen kann. Ein Oberbegriff für die aktiven Bauelemente ist die Bezeichnung: *Elektrische Quellen*. Dieser Begriff ist nicht sehr glücklich gewählt, weil es "Quellen" im Sinn der "Energiequellen" nicht gibt. Vielmehr sind alle Bauelemente, die als Quelle elektrischer Energie dienen, *Energiewandler*, die

---

1) Bei der Formulierung dieser Aussage wurde von den immer im Material nachweisbaren mikroskopischen Strömen infolge der Wärmebewegung der Ladungsträger ("Rauschen") (vgl. Kapitel III.3) abgesehen.

Energie anderer Erscheinungsformen (z.B. mechanische Energie, Wärmeenergie, chemische Bindungsenergie usw.) direkt oder über Zwischenumwandlungen in elektrische Energie umwandeln. Da bei der Betrachtung nur der elektrischen Eigenschaften ein solches Bauelement als "Ursache" für das Auftreten der elektrischen Erscheinungen angesehen werden kann, hat sich die Bezeichnung "Quelle" eingebürgert und soll auch hier beibehalten werden.

Obwohl zunächst vorausgesetzt werden soll, daß sich alle elektrischen Größen wie die elektrische Spannung, der elektrische Strom und der magnetische Fluß beliebig mit der Zeit ändern dürfen, wird einschränkend festgelegt, daß die zeitliche Änderung der genannten Größen so klein ist, daß im Bereich der Bauelemente das elektrische Feld und das magnetische Feld in seiner *räumlichen Struktur* von der Zeit unabhängig ist. Das heißt, daß sich zwar der Absolutbetrag der Felder mit der Zeit ändern darf, daß diese Änderung in jedem Punkt des Raumes im Bereich des Bauelements aber gleichzeitig im gleichen Maße, das heißt gleichphasig, geschehen muß; eine wellenförmige Änderung des elektrischen und des magnetischen Feldes soll nicht zugelassen sein. Diese Bedingung ist erfüllt, wenn die geometrischen Abmessungen der Bauelemente sehr viel kleiner sind als die der Änderungsfrequenz der Zeitfunktionen zugeordneten Wellenlängen [1]. Bauelemente, die diese Eigenschaft haben, werden als *konzentrierte Bauelemente* bezeichnet. Bauelemente mit Linearabmessungen in der Größenordnung von 1 cm bis 10 cm können bis zu einer Frequenz von ca. 100 MHz (λ_0=3m) mit guter Genauigkeit als konzentrierte Bauelemente betrachtet werden.

Elektrische Bauelemente werden zu elektrischen Schaltungen zusammengeschaltet. Um die Eigenschaften solcher Schaltungen analysieren zu können, werden allen Bauelementen sogenannte *Netzwerkelemente* zugeordnet. Die Netzwerkelemente haben die Bedeutung eines mathematischen Modells für die Bauelemente; sie idealisieren die realen Bauelemente in vieler Hinsicht, indem sie die "Haupteigenschaften" der Bauelemente be-

---

1) Wellenlänge im freien Raum $\lambda_0=c_0/f$ mit $c_0 = 3\cdot 10^8$ m/s der Lichtgeschwindigkeit im freien Raum und $f=1/T$ der Frequenz, wenn T die Periodendauer z.B. einer periodischen Zeitfunktion ist.

schreiben; weniger wichtige oder unerwünschte Eigenschaften (sogenannte "parasitäre" Eigenschaften) werden zunächst vernachlässigt.

Allen Netzwerkelementen wird ein Symbol (Bild V.1.1 zeigt das Symbol für ein "allgemeines" Netzwerkelement) zuge-

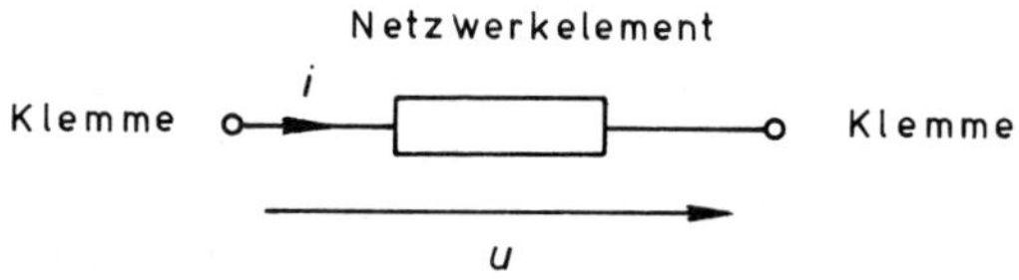

Bild V.1.1: Schaltsymbol für ein allgemeines Netzwerkelement.

ordnet, das seine eindeutige Kurzbeschreibung in einem *Schaltplan* ermöglicht. Die Zusammenschaltung der Netzwerkelemente entsprechend der Zusammenschaltung der realen Bauelemente zu Schaltungen wird als elektrisches Netzwerk bezeichnet. Es wird eine wichtige Aufgabe der folgenden Kapitel sein, nach der Besprechung der Eigenschaften der Bauelemente die Analyse solcher elektrischer Schaltungen vorzubereiten und durchzuführen.

V.2 DIE BEZUGSPFEILE

Bei der Definition der elektrischen Spannung, der elektrischen Stromstärke sowie des magnetischen Flusses haben wir für diese Größen Bezugspfeile eingeführt, die das Vorzeichen dieser Größen festlegen sollen. Es wird nochmals darauf hingewiesen, daß es sich bei den drei genannten Größen um *skalare* Größen handelt und daß der Bezugspfeil nicht mit der Darstellung eines Vektors durch einen Vektorpfeil verwechselt werden darf[1]. Die Bezugspfeile und ihre Bedeutung für die Behandlung der Netzwerkelemente und der elektrischen Netzwerke sollen hier nochmals diskutiert und zusammengestellt werden.

---

[1] Leider steht keine andere Möglichkeit als die Verwendung eines Bezugspfeils, der mit einem Vektorpfeil verwechselt werden kann, zur Verfügung.

V.2.1 DER BEZUGSPFEIL DER ELEKTRISCHEN SPANNUNG

Existiert in einem Leiterelement die elektrische Feldstärke $\vec{E}$, so führen wir zunächst ein Wegelement $d\vec{s}$ in Richtung des Leiters mit *willkürlichem* Richtungssinn ein und definieren einen Bezugspfeil der elektrischen Spannung in Richtung des Wegelements $d\vec{s}$ (Bild V.2.1).

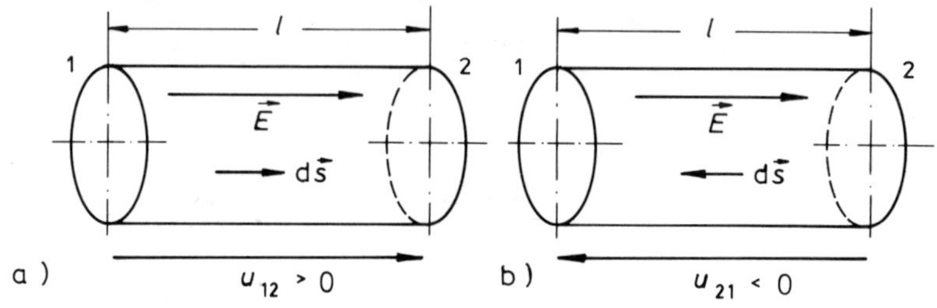

Bild V.2.1: Zur Definition des Bezugspfeils der elektrischen Spannung.

Wird die elektrische Spannung

$$u = \int \vec{E} \cdot d\vec{s} \qquad (V.2.1)$$

in Richtung des Wegelements berechnet, so wird die Spannung u positiv, wenn die Richtung des Wegelements (und damit die Richtung des Bezugspfeils) mit der Richtung der elektrischen Feldstärke $\vec{E}$ längs des Weges C zumindest überwiegend übereinstimmt (Bild V.2.1a)), im anderen Fall negativ (Bild V.2.1b)). Umgekehrt kann der Bezugspfeil der Spannung zunächst völlig willkürlich festgelegt werden. Ergibt eine z.B. bei der Berechnung eines Netzwerkes durchzuführende Rechnung unter Berücksichtigung des Bezugspfeils der Spannung, daß die elektrische Spannung u eine positive Größe ist, so bedeutet dies, daß die Auswertung des Integrals Gl.(V.2.1) in Richtung eines Wegelements $d\vec{s}$, das die gleiche Richtung hat, wie der Bezugspfeil, positiv ist und somit die elektrische Feldstärke im Leiterelement in Richtung des Bezugspfeils gerichtet ist. Ist die Spannung u negativ berechnet worden, so liegt die elektrische Feldstärke im Leiterelement in Gegenrichtung zur Richtung des Bezugspfeils.

V.2.2 DER BEZUGSPFEIL DER ELEKTRISCHEN STROMSTÄRKE

Betrachtet wird erneut ein Leiterelement, in dem ein elektrischer Strom, beschrieben durch die elektrische Stromdichte $\vec{S}$ existiert (Bild V.2.2). Es wird ein Flächennormalen-Einheitsvektor $\vec{n}$ senkrecht zum Querschnitt des Leiters mit *willkürlichem* Richtungssinn und ein Bezugspfeil der elektrischen Stromstärke i in gleicher Richtung eingeführt.

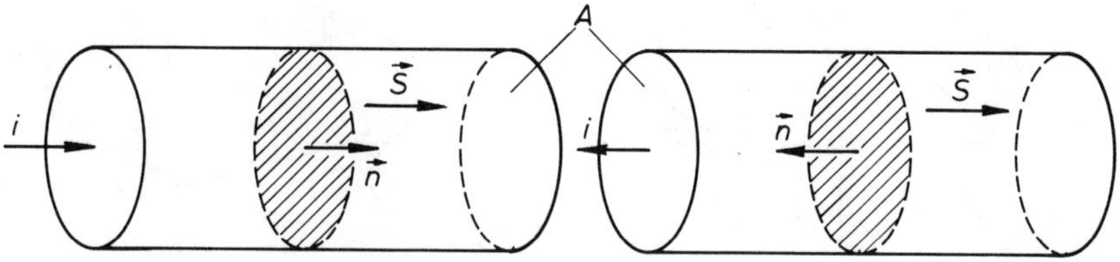

a) $i > 0$ b) $i < 0$

Bild V.2.2: Zur Definition des Bezugspfeils der elektrischen Stromstärke.

Sind der Flächennormalenvektor $\vec{n}$ und die elektrische Stromdichte $\vec{S}$ im Leiter gleichgerichtet, so wird die elektrische Stromstärke

$$i = \int_A \vec{S} \cdot \vec{n} \, dA \qquad \text{(V.2.2)}$$

positiv (Bild V.2.2a)); sind $\vec{n}$ und $\vec{S}$ entgegengesetzt gerichtet, so wird die elektrische Stromstärke i negativ (Bild V.2.2b)). Wird umgekehrt eine elektrische Stromstärke i unter Angabe eines Bezugspfeils positiv vorgegeben, so bedeutet dies, daß nach Einführung eines Flächennormalenvektors $\vec{n}$ in Richtung des Bezugspfeils die Stromdichte $\vec{S}$ und der Flächennormalenvektor $\vec{n}$ die gleiche Richtung haben. Die elektrische Stromdichte hat also die Richtung des Bezugspfeils der elektrischen Stromstärke;

ist die elektrische Stromstärke i negativ, so ist die Richtung von $\vec{S}$ entgegengesetzt zur Richtung des Bezugspfeils.

V.2.3 DER BEZUGSPFEIL DES MAGNETISCHEN FLUSSES

Fließt in einer geschlossenen Leiterschleife ein Strom der elektrischen Stromstärke i, so können wir diesem Strom zunächst willkürlich einen Bezugspfeil zuordnen (Bild V.2.3).

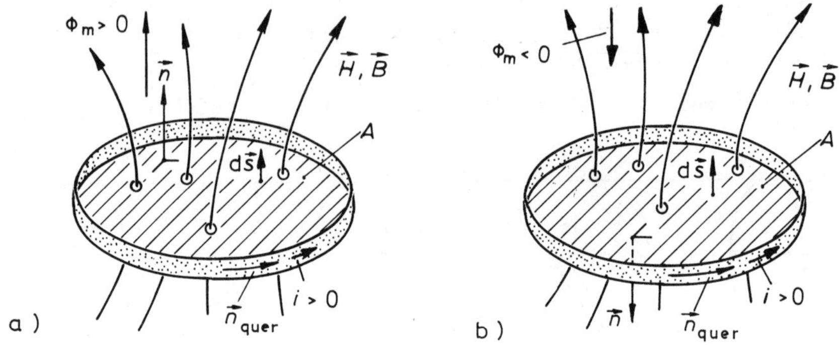

Bild V.2.3: Zur Definition des Bezugspfeils des magnetischen Flusses.

Nach dem Durchflutungsgesetz

$$\oint_C \vec{H}\cdot d\vec{s} = i = \int_{A_{\text{Leiter}}} \vec{S}\cdot\vec{n}_{\text{Quer}}\, dA_{\text{Quer}} \qquad (V.2.3)$$

ist die Richtung des vom elektrischen Strom erzeugten Magnetfelds der felderzeugenden "Stromrichtung" im Rechtsschraubensinn zugeordnet. Dies bedeutet im Einzelnen: Wird im Innern des stromführenden Leiters zunächst willkürlich ein Flächennormalenvektor $\vec{n}_{\text{Quer}}$ und damit ein Bezugspfeil für die elektrische Stromstärke i eingeführt, so ist i je nach Richtung der elektrischen Stromdichte $\vec{S}$ im Leiter positiv oder negativ. Wird nun ein Wegelement $d\vec{s}$ dem Flächennormalenvektor $\vec{n}_{\text{Quer}}$ und damit der Richtung des Bezugspfeils der elektrischen Stromstärke i im Rechtsschraubensinn zugeordnet, so ergibt sich das vom elektrischen Strom erzeugte Magnetfeld gemäß Gl.(V.2.3).

Ist die vorgegebene Stromstärke unter Beachtung ihres Bezugspfeils in Bild V.2.3 positiv, so ergeben sich die dort eingezeichneten Richtungen für die magnetische Erregung $\vec{H}$ und zugeordnet für die magnetische Flußdichte $\vec{B}$.

Soll der magnetische Fluß gemäß der Beziehung

$$\Phi_m = \int_A \vec{B}\cdot\vec{n} \, dA \tag{V.2.4}$$

eingeführt werden, so wird hierzu wieder willkürlich ein Flächennormalenvektor $\vec{n}$ auf der vom Leiter aufgespannten Fläche A eingeführt. In Richtung des Flächennormalenvektors wird ein Bezugspfeil für den magnetischen Fluß eingeführt. Sind der Flächennormalenvektor $\vec{n}$ und die magnetische Flußdichte $\vec{B}$ gleichgerichtet (bzw. schließen sie einen Winkel $\alpha < 90^o$ ein), so ist der magnetische Fluß Φ_m positiv (Bild V.2.3a)); sind $\vec{B}$ und $\vec{n}$ entgegengesetzt gerichtet ($\sphericalangle(\vec{B}, \vec{n}) > 90^o$), so ist Φ_m negativ (Bild V.2.3b)).

Zur Auswertung des Induktionsgesetzes:

$$u_{ind} = -\frac{d\Phi_m}{dt} = -\frac{d}{dt}\int_A \vec{B}\cdot\vec{n} \, dA \tag{V.2.5}$$

ordnen wir der induzierten Spannung u_{ind} einen Bezugspfeil zu, der dem Bezugspfeil des magnetischen Flusses, damit auch der Richtung des eingeführten Flächennormalen-Einheitsvektor $\vec{n}$ im *Rechtsschraubensinn* zugeordnet ist (Bild V.2.4).

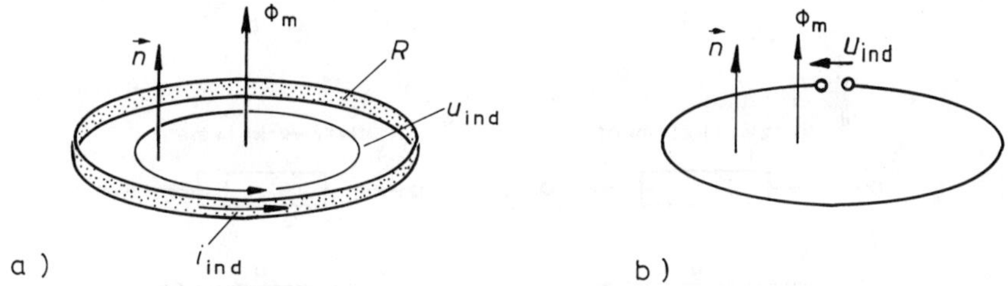

Bild V.2.4: Bezugspfeilzuordnungen bei der Anwendung des Induktionsgesetzes a) in einer geschlossenen, b) in einer offenen Leiterschleife.

Wird der magnetische Fluß von einer geschlossenen Leiterschleife umschlossen, so fließt in dieser Leiterschleife, hervorgerufen durch die induzierte Spannung, ein Strom der elektrischen Stromstärke i_{ind}, dessen Bezugspfeil bei Anwendung der Beziehung

$$i_{\text{ind}} = \frac{u_{\text{ind}}}{R} \tag{V.2.6}$$

dem Bezugspfeil des magnetischen Flusses im Rechtsschraubensinn zugeordnet ist (Bild V.2.4a)).

Ist die Leiterschleife nicht geschlossen (Bild V.2.4b)), so tritt die gesamte induzierte Spannung gemäß den Überlegungen in Kapitel IV.7 und Kapitel IV.8 an den Klemmen des offenen Leiters auf. Der Bezugspfeil der induzierten Spannung ist dem Bezugspfeil des magnetischen Flusses im Rechtsschraubensinn zugeordnet.

V.2.4 NETZWERKELEMENTE UND BEZUGSPFEILE

Gegeben sei ein beliebiges Netzwerkelement, dargestellt durch das allgemeine Schaltsymbol nach Bild V.1.1.

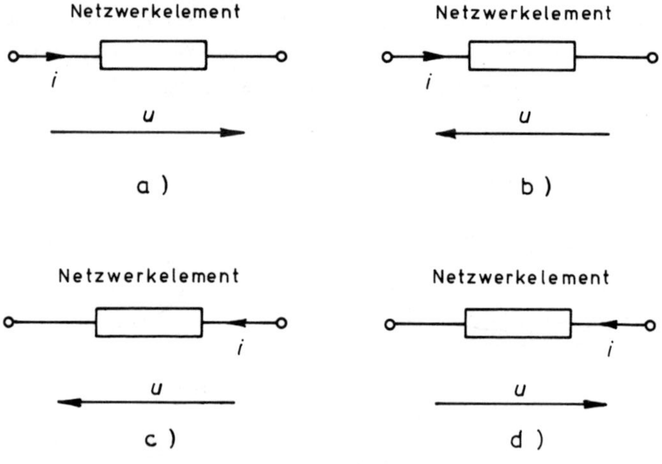

Bild V.2.5: Mögliche Zuordnungen der Bezugspfeile für die elektrische Spannung und die elektrische Stromstärke für ein Netzwerkelement.

Da die Bezugspfeile für die elektrische Spannung und die elektrische Stromstärke nach den vorangegangenen Überlegungen völlig willkürlich eingeführt werden können, ergeben sich für ein Netzwerkelement grundsätzlich die vier in Bild V.2.5 dargestellten Möglichkeiten der Zuordnung der Bezugspfeile. Dabei sind die Möglichkeiten nach Bild V.2.5a) und Bild V.2.5c) sowie die Möglichkeiten nach Bild V.2.5b) und Bild V.2.5d) dadurch einander zugeordnet, daß einmal die Bezugspfeile für die Spannung und die Stromstärke gleichgerichtet und einmal entgegengesetzt zueinander gerichtet sind.

Anhand eines Leiterelements (Bild V.2.6) soll untersucht werden, welche Konsequenzen die verschiedenen Bezugspfeilzuordnungen für die Beschreibung des Zusammenhangs zwischen elektrischer Stromstärke und elektrischer Spannung haben.

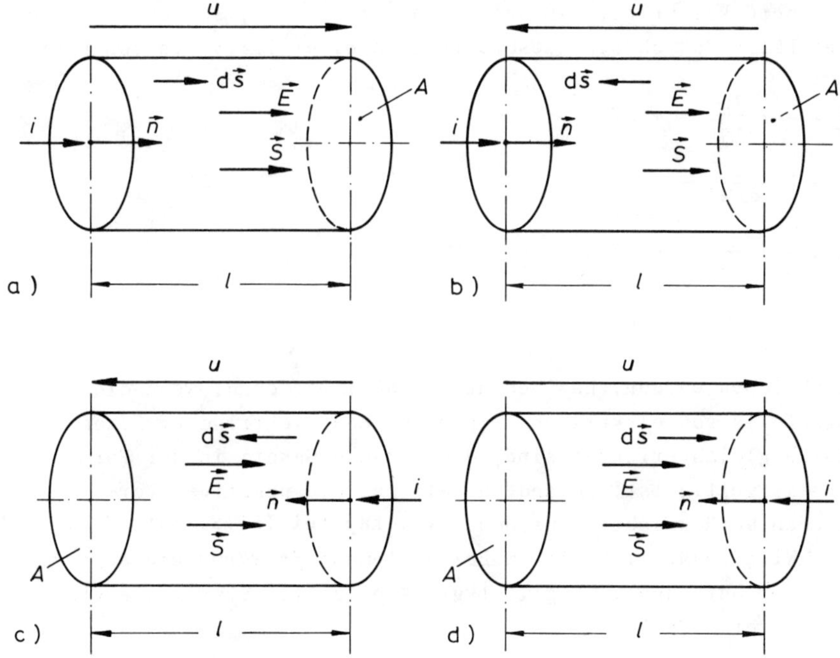

Bild V.2.6: Bezugspfeile und Feldvektoren in einem Leiterelement.

Entsprechend den Festlegungen werden in Richtung des Bezugspfeils der elektrischen Spannung ein Linienelement $d\vec{s}$ und in Richtung des Bezugspfeils der elektrischen Stromstärke ein Flächennormalenvektor $\vec{n}$ eingeführt. Wird vorausgesetzt, daß die Vektoren der elektrischen Feldstärke $\vec{E}$ und der elektrischen Stromdichte $\vec{S}$ die in Bild V.2.6 eingezeichnete Richtung haben, so gilt für die Fälle a) bis d):

$$\begin{aligned} &\text{a)}\quad u = +\,|\vec{E}|\,l, &&\text{b)}\quad u = -\,|\vec{E}|\,l,\\ &\phantom{\text{a)}}\quad i = +\,|\vec{S}|\,A, &&\phantom{\text{b)}}\quad i = +\,|\vec{S}|\,A,\\ &\text{c)}\quad u = -\,|\vec{E}|\,l, &&\text{d)}\quad u = +\,|\vec{E}|\,l,\\ &\phantom{\text{c)}}\quad i = -\,|\vec{S}|\,A, &&\phantom{\text{d)}}\quad i = -\,|\vec{S}|\,A. \end{aligned} \tag{V.2.7}$$

Wird berücksichtigt, daß weiterhin $\vec{S} = \varkappa\vec{E}$ gilt, so kann für die vier Fälle das ohmsche Gesetz (vgl. Kapitel III.5) in der Form:

$$\begin{aligned} &\text{a)}\quad u = +\frac{l}{\varkappa A}i = +Ri\,,\\ &\text{b)}\quad u = -\frac{l}{\varkappa A}i = -Ri\,,\\ &\text{c)}\quad u = +\frac{l}{\varkappa A}i = +Ri\,,\\ &\text{d)}\quad u = -\frac{l}{\varkappa A}i = -Ri \end{aligned} \tag{V.2.8}$$

geschrieben werden. Das bedeutet, daß immer dann, wenn die Bezugspfeile von elektrischer Spannung und elektrischer Stromstärke gleichgerichtet sind, das ohmsche Gesetz in der Form $u = +Ri$ gültig ist; im andern Fall muß ein negatives Vorzeichen berücksichtigt werden (vgl. Kapitel III.5, Satz 26).

Wird zusätzlich die im Leiterelement *in Wärme umgesetzte Leistung* berechnet, so gilt (vgl. Kapitel III.8) für die vier betrachteten Fälle:

$$\begin{aligned} &\text{a)} \quad p = u\,i = Ri^2 = \frac{u^2}{R}\,, \\ &\text{b)} \quad p = -u\,i = Ri^2 = \frac{u^2}{R}\,, \\ &\text{c)} \quad p = u\,i = Ri^2 = \frac{u^2}{R}\,, \\ &\text{d)} \quad p = -u\,i = Ri^2 = \frac{u^2}{R}\,. \end{aligned} \tag{V.2.9}$$

Das Ergebnis zeigt, daß die in einem passiven Netzwerkelement in Wärme umgesetzte Leistung bei Verwendung der gleichgerichteten Bezugspfeilzuordnung nach den Bildern V.2.6 a) und c) aus dem Produkt von elektrischer Spannung und elektrischer Stromstärke stets positiv ist. Umgekehrt ist das Produkt aus elektrischer Spannung und elektrischer Stromstärke für die Bezugspfeilzuordnungen nach den Bildern V.2.6 b) und d) negativ, so daß die in Wärme umgesetzte Leistung aus dem negativen Produkt von u und i zu berechnen ist. Wird dagegen ein aktives Netzwerkelement betrachtet, das Leistung abgibt, so ergibt sich mit entsprechender Überlegung, daß sich die *abgegebene* Leistung als positive Größe aus dem Produkt aus der an dem Netzwerkelement anliegenden elektrischen Spannung und der durch das Netzwerkelement fließenden elektrischen Stromstärke berechnet, wenn der Bezugspfeil für die elektrische Spannung und der Bezugspfeil für die elektrische Stromstärke an diesem Bauelement entgegengesetzt zueinander gerichtet sind. Aus diesem Grund wird hier folgende *Vereinbarung* getroffen: Eingeführt wird das sogenannte *Verbraucherbezugspfeilsystem* nach Bild V.2.7, in dem die Bezugspfeile für die elektrische Spannung und die elektrische Strom-

Bild V.2.7: Zuordnung der Bezugspfeile der elektrischen Spannung u und der elektrischen Stromstärke i für a) ein passives Netzwerkelement und b) ein aktives Netzwerkelement (Verbraucher-Bezugspfeilsystem).

stärke für ein passives Netzwerkelement gleichgerichtet und für ein aktives Netzwerkelement entgegengesetzt gerichtet sind. Die mit Bild V.2.7 eingeführte Zuordnung der Bezugspfeile ist zwar willkürlich, hat aber den oben erläuterten physikalischen Hintergrund und ist aus diesem Grunde sinnvoll. Auf das in wenigen Ländern noch verwendete *Erzeugerbezugspfeilsystem*, das genau die entgegengesetzte Zuordnung der Bezugspfeile verwendet, soll hier nur hingewiesen, aber nicht näher eingegangen werden.

V.3 ELEKTRISCHE QUELLEN

Wie bereits in Kapitel V.1 diskutiert wurde, gibt es elektrische Quellen im eigentlichen Sinn nicht. Vielmehr sind alle Bauelemente, die als Quellen elektrischer Energie dienen, Energiewandler, die Energie in anderen Erscheinungsformen in elektrische Energie umwandeln. Es soll nicht der Sinn dieses Kapitels sein, alle möglichen Formen elektrischer Quellen zu diskutieren, vielmehr soll nach kurzer Vorstellung dreier repräsentativer Beispiele der elektrischen Quellen ein Netzwerkelement "elektrische Quelle" definiert werden, das in einer idealisierenden Darstellung geeignet ist, die Eigenschaften von Quellen in elektrischen Schaltungen zu beschreiben. Auf die speziellen Formen der elektromechanischen Energiewandler wird im dritten Teil dieses Buches zurückgekommen.

Als erstes Beispiel einer elektrischen Quelle soll das *Normalelement von Weston* [1)] kurz beschrieben werden; es ist in Bild V.3.1 skizziert und diente in früheren Jahren (eingeführt 1908) als Normal für die elektrische Spannung. Die Quelle wird durch zwei Elektroden in einem Elektrolyten gebildet, wobei die positive Elektrode aus Quecksilber (Hg) und die negative Elektrode aus Cadmium (Cd) bzw. Cadmiumamalgan besteht. Der Elektrolyt ist eine konzentrierte Cadmiumsulfatlösung ($CdSO_4$), deren Konzentration durch beigefügte $CdSO_4$-Kristalle aufrecht erhalten wird. Die Spannung zwischen den Elektroden, die sich aufgrund der unterschiedlichen elektrochemischen Spannungen ausbildet,

---

[1)] Edward Weston, amerikanischer Elektroingenieur.

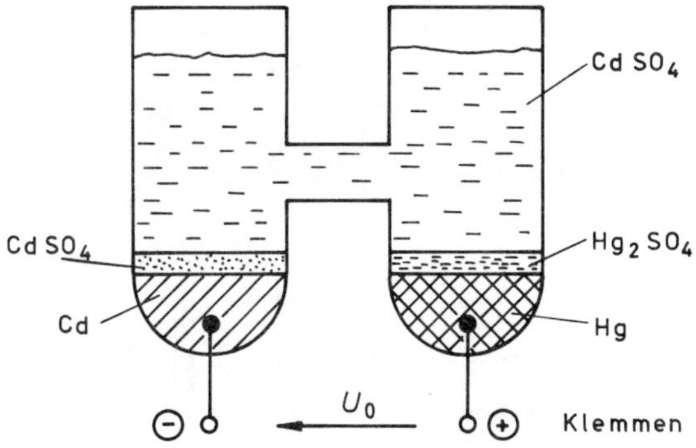

Bild V.3.1: Prinzip des Normalelements von Weston.

ist sehr konstant und nur sehr wenig von der Temperatur abhängig; sie beträgt U_0 = 1,0813 V bei einer Temperatur von 20°C. Bei Stromdurchgang durch das Element wandern negative Cadmiumionen, die an der negativen Elektrode aus der SO_4-Gruppe des Cadmiumsulfats gelöst werden, als Ladungsträger durch die Quelle. Um zu verhindern, daß sich das Cadmium mit der positiven Quecksilberelektrode legiert, befindet sich oberhalb der Quecksilberelektrode eine Schicht aus Quecksilberoxydulsulfat (Hg_2SO_4) (Bild V.3.1), Cadmiumsulfatkristallen und metallischem Quecksilber. Die Cadmiumionen bilden mit dem Quecksilberoxydulsulfat metallisches Quecksilber und Cadmiumsulfat.

Das Westonelement darf nur mit kleinen elektrischen Stromstärken betrieben werden (I < 1 mA), im anderen Fall bricht die elektrische Spannung zwischen den Elektroden zusammen. Das Element wurde früher vor allem bei Kompensationsmessungen (d.h. Vergleich einer zu messenden Spannung mit einer bekannten Spannung) und zu Zwecken der Eichung von Meßinstrumenten verwendet. Es ist ein Beispiel für eine elektrische Quelle, die chemische Bindungsenergie in elektrische Energie umwandelt.

Die zweite elektrische Quelle, die hier vorgestellt werden soll, ist ein elektrischer Energiespeicher, der elektrische Energie zunächst in chemische Bindungsenergie überführt und diese dann wieder in elektrische Energie konvertiert. Bild V.3.2 zeigt den *Blei-Akkumulator*, der auch heute noch in einer grossen Vielzahl z.B. in der Automobil-Elektrotechnik eine große Rolle spielt.

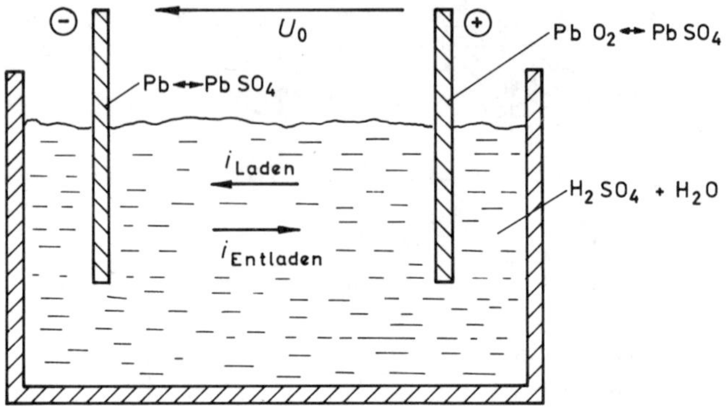

Bild V.3.2: Prinip des Blei-Akkumulators.

Der Blei-Akkumulator besteht im ungeladenen Zustand aus zwei Bleisulfat-Elektroden ($PbSO_4$), die in eine H_2SO_4-Wasser-Lösung eintauchen. Bei Anlegen einer elektrischen Spannung an die Elektroden wandern SO_4^{--}-Ionen zur positiven Elektrode und H_2^{++}-Ionen zur negativen Elektrode; dort bilden sie mit den $PbSO_4$-Elektroden die folgenden chemischen Reaktionen:

1) an der positiven Elektrode:

$$PbSO_4 + SO_4^{--} + 2H_2O - 2(-e) = PbO_2 + 2H_2SO_4 \ ,$$

2) an der negativen Elektrode:

$$PbSO_4 + H_2^{++} + 2(-e) = Pb + H_2SO_4 \ .$$

Beim Ladevorgang werden also an der negativen Elektrode je Ion zwei Elektronen der Ladung ($-e$) benötigt, die von der ladenden Quelle geliefert werden; an der positiven Elektrode werden dagegen je Ion zwei Elektronen an die ladende Quelle abgegeben.

Durch die beschriebenen Reaktionen geht während des Ladevorgangs die positive Elektrode in eine PbO_2-Verbindung und die negative Elektrode in Blei (Pb) über. Der Elektrolyt ist im geladenen Zustand eine gesättigte H_2SO_4-Lösung.

Bei der Entladung des Akkumulators wandern umgekehrt H_2^{++}-Ionen zu der positiven Elektrode und SO_4^{--}-Ionen zu der negativen Elektrode. Sie bilden dort die folgenden chemischen Reaktionen:

1) an der positiven PbO_2-Elektrode:

$$PbO_2 + H_2^{++} + H_2SO_4 = PbSO_4 + 2H_2O - 2(-e) \quad ,$$

2) an der negativen Pb-Elektrode:

$$Pb + SO_4^{--} = PbSO_4 + 2(-e) \quad .$$

An der positiven Elektrode werden beim Entladevorgang also je Ion zwei Elektronen aufgenommen, an der negativen Elektrode zwei Elektronen abgegeben. Im ungeladenen Zustand befindet sich zwischen den $PbSO_4$-Elektroden im wesentlichen Wasser.

Die Spannung zwischen den Elektroden des Akkumulators fällt während des Entladevorgangs zunächst nur geringfügig, am Ende des Entladevorgangs dann sehr schnell ab (Bild V.3.3).

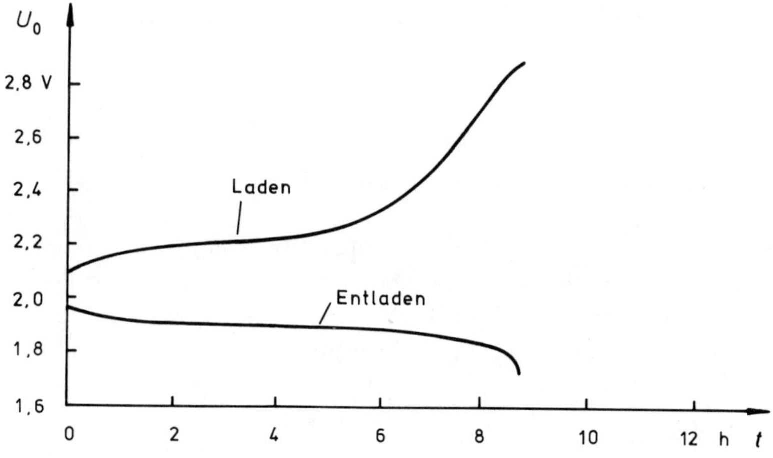

Bild V.3.3: Spannung eines Blei-Akkumulators beim Lade- und Entladevorgang.

Im frisch geladenen Zustand kann die elektrische Spannung aber über eine bestimmte Zeit als nahezu konstant angesehen werden. Darüber hinaus ist die elektrische Spannung des Akkumulators von der Größe der im Entladeprozeß fließenden elektrischen Stromstärke abhängig.

Ein drittes, ganz anderes Prinzip einer elektrischen Quelle zeigt Bild V.3.4 in Form eines elektromechanischen Energiewandlers. Eine rechteckige Leiterschleife der Seitenlängen a und b

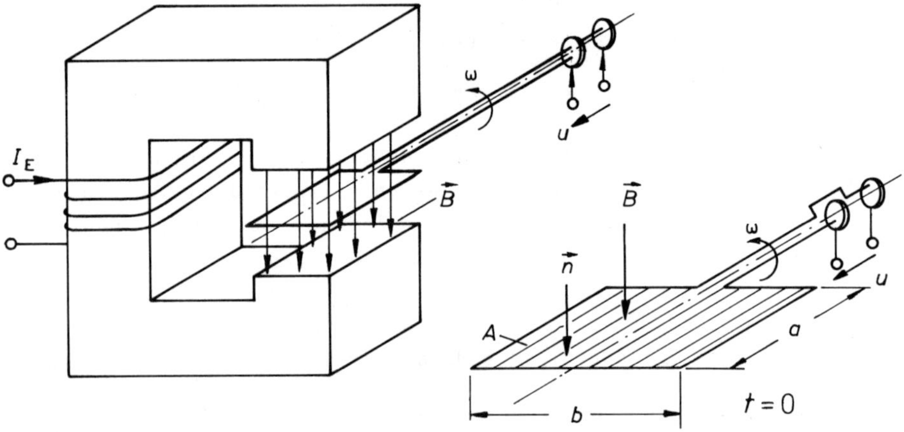

Bild V.3.4: Prinzip eines Induktionsgenerators.

dreht sich in einem magnetischen Gleichfeld der magnetischen Flußdichte $\vec{B}$ mit der Winkelgeschwindigkeit ω. Aufgrund des Induktionsprinzips (vgl. Kapitel IV.8) wird hierbei in der Leiterschleife die elektrische Spannung u:

$$u = -\frac{d\Phi_m}{dt} = -\frac{d}{dt}\{|\vec{B}|\; ab \cos(\omega t)\} ,$$

$$u = |\vec{B}| ab\,\omega \sin(\omega t) = \hat{u} \sin(\omega t) \qquad (V.3.1)$$

induziert, die z.B. über zwei Schleifringe von außen abgegriffen werden kann (Bild V.3.4). Bei Belastung der herausgeführten Klemmen mit einem passiven Netzwerkelement ("Verbraucher") fließt ein elektrischer Strom, der Quelle kann Energie entzogen werden, die aus der die Welle antreibenden Bewegungsenergie gewonnen wird.

Die elektrische Spannung nach Gl.(V.3.1) ist sinusförmig von der Zeit abhängig, sie hat einen *Scheitelwert* $\hat{u}$, der gemäß $\hat{u} = \omega ab|\vec{B}|$ von der Drehwinkelgeschwindigkeit ω, der Schleifenfläche $A = ab$ und dem Absolutbetrag der magnetischen Flußdichte $|\vec{B}|$ abhängt. Bei konstanter Drehwinkelgeschwindigkeit und unveränderlichen Systemkenngrößen $a,b,|\vec{B}|$ ist der Scheitelwert der elektrischen Spannung u konstant. Andererseits kann der Scheitelwert der elektrischen Spannung durch Verändern z.B. des Absolutbetrags der magnetischen Flußdichte geändert und somit z.B. durch Verändern des Erregerstroms I_E (Bild V.3.4) gesteuert werden. Auch die Größe der elektrischen Stromstärke des bei Belastung der Quelle fließenden Stromes hat einen Einfluß auf die elektrische Spannung an den Klemmen der Quelle.

Zur Beschreibung der elektrischen Quellen in elektrischen Schaltungen werden zwei Netzwerkelemente: a) die starre elektrische Quelle und b) die gesteuerte elektrische Quelle eingeführt. Diese Netzwerkelemente sind Schaltelemente, die die Eigenschaften realer Quellen insoweit idealisiert beschreiben, als sie die unerwünschten Nebeneigenschaften aller realer Quellen, hier z.B. insbesondere die Änderung der elektrischen Spannung der Quellen in Abhängigkeit von der elektrischen Stromstärke durch die Quelle, vernachlässigen.

Das Netzwerkelement *starre elektrische Spannungsquelle* wird durch die Schaltsymbole nach Bild V.3.5 beschrieben. Bild V.3.5a) beschreibt die allgemeine starre elektrische Spannungsquelle, deren elektrische Spannung u_0 eine beliebige, periodische Zeitabhängigkeit haben kann oder eine Gleichspannung sein kann, deren Scheitelwert oder Gleichspannungswert aber als konstant, insbesondere auch als unabhängig von der Größe der elektrischen Stromstärke durch die Quelle angesehen wird. Bild V.3.5b) zeigt das Schaltsymbol einer elektrischen Gleichspannungsquelle der

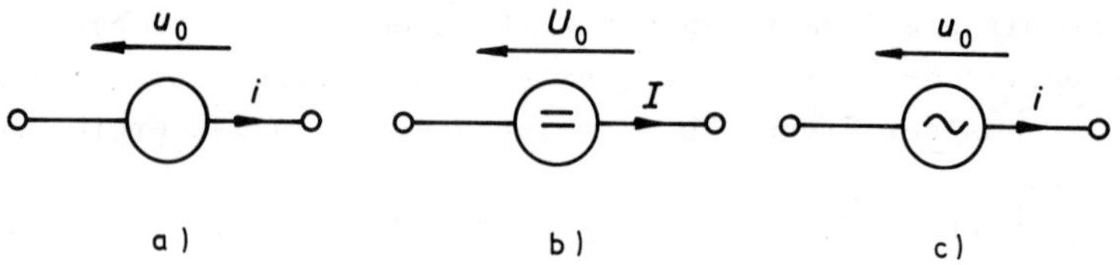

Bild V.3.5: Schaltsymbole der starren elektrischen Spannungsquelle,
a) allgemeine starre elektrische Spannungsquelle,
b) starre elektrische Gleichspannungsquelle,
c) starre elektrische Wechselspannungsquelle.

zeitunabhängigen elektrischen Spannung U_0 und Bild V.3.5c) zeigt schließlich das Schaltsymbol einer Wechselspannungsquelle, deren Spannung u_0 sich zeitlich sinusförmig ändert, deren Scheitelwert aber wiederum konstant, insbesondere stromstärkeunabhängig ist. Bild V.3.5 zeigt gleichzeitig die den Bezugspfeilen der elektrischen Spannung nach Kapitel V.2 zugeordneten Bezugspfeile der elektrischen Stromstärke, die in einem an die Quelle angeschlossenen Stromkreis auftritt.

Ist die elektrische Spannung der Spannungsquelle starr und von der elektrischen Stromstärke durch die Quelle unabhängig, oder, wie auch gesagt wird: *eingeprägt*, so wird sie als *elektrische Urspannung* der elektrischen Quelle bezeichnet; eine elektrische Quelle mit eingeprägter elektrischer Spannung wird als *elektrische Urspannungsquelle* bezeichnet.

Satz 43: Eine ideale, starre elektrische Spannungsquelle wird als Urspannungsquelle bezeichnet. Sie hat eine eingeprägte, d.h. konstante und insbesondere von der Größe der elektrischen Stromstärke durch die Quelle unabhängige elektrische Urspannung zwischen ihren Klemmen.

Neben einer elektrischen Quelle, die eine eingeprägte elektrische Spannung zwischen ihren Klemmen hat, ist auch eine Quelle denkbar (und sie kann mit Hilfe der Elektronik näherungsweise realisiert werden), die stets eine eingeprägte elektrische Stromstärke liefert. Eine solche Quelle soll als *Urstromquelle* bezeichnet werden; ihr Schaltsymbol ist in Bild V.3.6 gezeichnet.

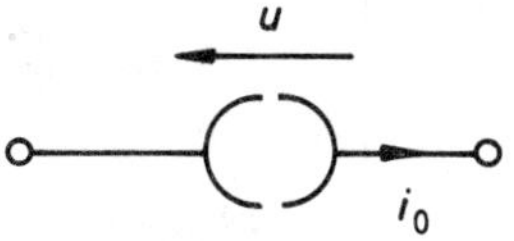

Bild V.3.6: Schaltsymbol der elektrischen Urstromquelle.

An ihr fällt die elektrische Spannung u mit dem Bezugspfeil nach Bild V.3.6 ab. Die *elektrische Urstromstärke* i_0 ist stets konstant und unabhängig von der Größe der anliegenden elektrischen Spannung.

Satz 44: Eine ideale elektrische Stromquelle wird als Urstromquelle bezeichnet; sie erzeugt in einem Stromkreis eine eingeprägte, das heißt konstante und insbesondere von der Größe der an ihr anliegenden elektrischen Spannung unabhängige elektrische Stromstärke.

Im Gegensatz zu den starren Quellen haben die *gesteuerten Quellen* elektrische Spannungen bzw. elektrische Stromstärken, die von außen, z.B. über eine andere elektrische Spannung oder eine andere elektrische Stromstärke gesteuert werden können. Ein Beispiel für eine solche Quelle ist der Energiewandler nach Bild V.3.4; der Scheitelwert der an den Klemmen dieser Quelle verfügbaren elektrischen Spannung kann mit Hilfe der elektrischen Erregerstromstärke I_E, die das Feld der magnetischen Flußdichte $\vec{B}$ bestimmt, eingestellt werden.

Bild V.3.7 zeigt die Schaltsymbole der vier möglichen Arten von gesteuerten Quellen: a) der spannungsgesteuerten elektrischen Spannungsquelle, b) der stromgesteuerten elektrischen Spannungsquelle, c) der spannungsgesteuerten elektrischen Stromquelle und d) der stromgesteuerten elektrischen Stromquelle.

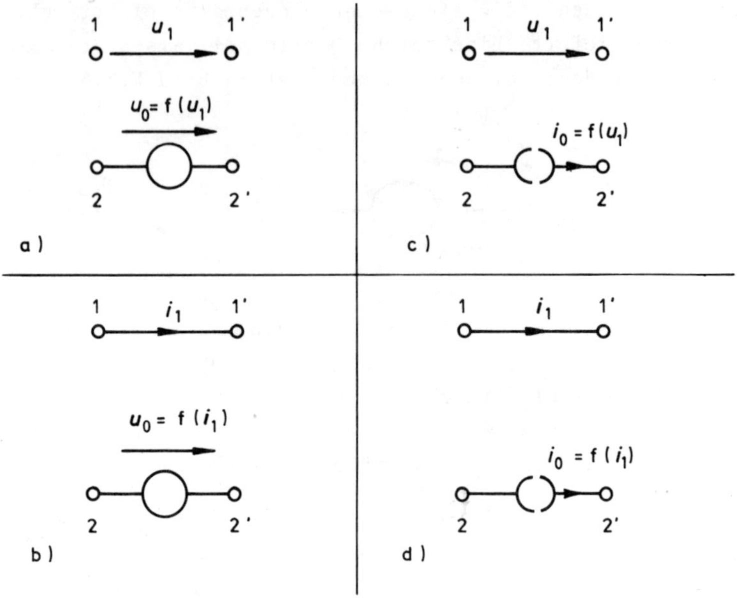

Bild V.3.7: Schaltsymbole der a) spannungsgesteuerten elektrischen Spannungsquelle, b) der stromgesteuerten elektrischen Spannungsquelle, c) der spannungsgesteuerten elektrischen Stromquelle und d) der stromgesteuerten elektrischen Stromquelle.

Alle gesteuerten Quellen sollen die idealisierte Eigenschaft haben, daß die elektrischen Spannungen der Spannungsquellen und die elektrischen Stromstärken der Stromquellen nur von den Steuergrößen, nicht aber von den elektrischen Stromstärken durch die Spannungsquellen bzw. der an den Stromquellen anliegenden elektrischen Spannungen abhängig sind. Für konstante Steuergrößen verhalten sich die gesteuerten Quellen definitionsgemäß wie die starren Quellen, die elektrischen Spannungen der Spannungsquellen und die elektrischen Stromstärken der Stromquellen sind eingeprägt; die Quellen sind also unter dieser Voraussetzung Urspannung- bzw. Urstromquellen.

Die einfachste Form des Zusammenhangs zwischen den Steuergrößen u_1, i_1 und der Quellenspannung u_0 bzw. dem Quellenstrom i_0, der in Bild V.3.7 durch eine allgemeine Funktion f gegeben ist, ist der lineare Zusammenhang zwischen beiden Größen; unter diesen Voraussetzungen, die häufig zu realisieren versucht wird, ist die Quellenspannung bzw. die Quellenstromstärke der steuernelektrischen Spannung bzw. elektrischen Stromstärke direkt proportional, z.B.: $u_0 = \alpha u_1$, mit α einer konstanten Größe.

V.4 DAS BAUELEMENT ELEKTRISCHER WIDERSTAND

Wie wir bereits in Kapitel III.5 gezeigt haben, ist z.B. für einen metallenen Leiter, in dem ein Strom fließt, der Zusammenhang zwischen der an den Leiter angelegten elektrischen Spannnung u und der elektrischen Stromstärke i linear, es gilt unter Voraussetzung der in Bild V.4.1 gezeichneten Bezugspfeile für die elektrische Spannung u und die elektrische Stromstärke i(vgl. Gl. (III.5.4)):

$$u = R\,i \quad . \tag{V.4.1}$$

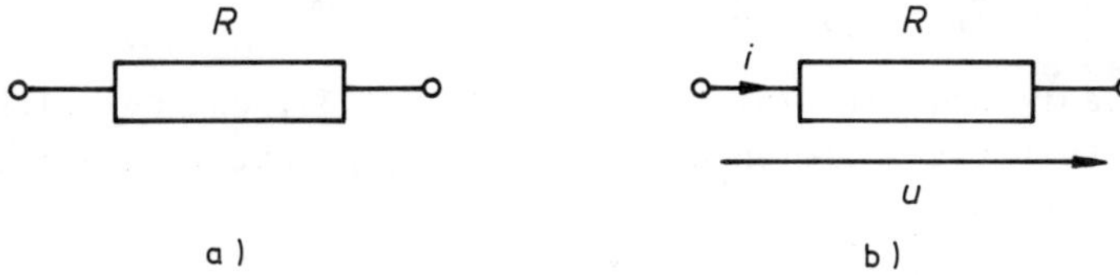

Bild V.4.1: Schaltsymbol für den elektrischen Widerstand sowie verwendete Bezugspfeile für die elektrische Spannung und die elektrische Stromstärke.

R ist der elektrische Widerstand des Leiters, er errechnet sich für einen zylindrischen Leiter des Querschnitts A, der Länge l und für ein Material der elektrischen Leitfähigkeit $\varkappa$ zu (Gl.(III.5.5)):

$$R = \frac{l}{\varkappa\,A} \quad . \tag{V.4.2}$$

Es wird ein Bauelement (und zugeordnet ein Netzwerkelement)

elektrischer Widerstand [1] eingeführt, das im einfachsten Fall aus einem Stück eines leitenden Materials bestehen kann. Für einen idealen elektrischen Widerstand, das heißt, für das Netzwerkelement elektrischer Widerstand, gilt der in Gl.(V.4.1) angegebene lineare Zusammenhang zwischen der elektrischen Spannung u und der elektrischen Stromstärke i exakt. Das reale Bauelement hat davon abweichend andere Eigenschaften, auf die erst später eingegangen werden soll.

Der proportionale Zusammenhang zwischen der elektrischen Spannung u und der elektrischen Stromstärke i nach Gl.(V.4.1) kann für den Fall eines nichtverschwindenden elektrischen Widerstandes $R \neq 0$ auch in der Form

$$i = \frac{1}{R} u = G u \tag{V.4.3}$$

angegeben werden. G wird als der elektrische Leitwert bezeichnet, er hat gemäß

$$G = \frac{i}{u} \tag{V.4.4}$$

die Einheit:

$$[G] = \left[\frac{i}{u}\right] = \frac{\mathrm{A}}{\mathrm{V}} = \mathrm{S}\ ^{2)}.$$

Es gilt aufgrund der Gln. (V.4.1) und (V.4.3), daß der elektrische Leitwert G gleich dem Kehrwert des elektrischen Widerstandes ist.

$$\begin{aligned} R &= \frac{u}{i} = \frac{1}{G}\,, \\ G &= \frac{i}{u} = \frac{1}{R}\,. \end{aligned} \tag{V.4.5}$$

---

1) Für dieses Bauelement ist es nicht möglich, eine unterschiedliche Bezeichnung für das Bauelement und die physikalische Größe anzugeben (vgl. Bemerkungen in Kapitel I.2.1).

2) 1S = 1 Siemens = 1 A/V; vgl. Tabelle I.2.2. Werner von Siemens, deutscher Ingenieur und Industrieller, 1816-1892.

<u>Satz 45:</u> Die elektrische Spannung u über dem Netzwerkelement *elektrischer Widerstand* ist der elektrischen Stromstärke i direkt proportional. Der Proportionalitätsfaktor ist der elektrische Widerstand R. Umgekehrt ist die elektrische Stromstärke i der elektrischen Spannung u direkt proportional, der Proportionalitätsfaktor ist der elektrische Leitwert G.

In Bild V.4.2 ist der lineare Zusammenhang zwischen der elektrischen Spannung u und der elektrischen Stromstärke i für drei elektrische Widerstände $R_1 = 1\Omega$, $R_2 = 5\Omega$ und $R_3 = 10\Omega$, entsprechend für die elektrischen Leitwerte $G_1 = 1S$, $G_2 = 0{,}2S$, $G_3 = 0{,}1S$ dargestellt.

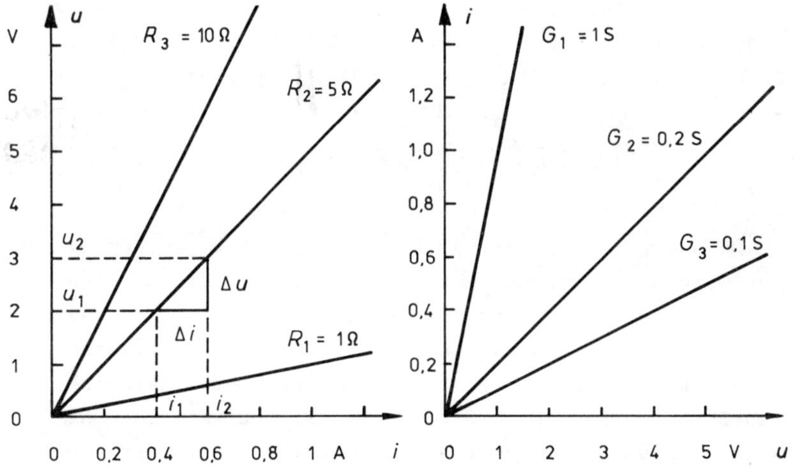

Bild V.4.2: Linearer Zusammenhang zwischen elektrischer Spannung u und elektrischer Stromstärke i für drei elektrische Widerstände.

Wird die elektrische Stromstärke in einem elektrischen Widerstand um den Wert Δi (z.B. für den elektrischen Widerstand R_2, Bild V.4.2, $\Delta i = 0{,}2$ A) erhöht, so erhöht sich die elektrische Spannung, die über dem Widerstand abfällt, um den Wert Δu (z.B. um den Wert $\Delta u = 1$ V, Bild V.4.2). Der Quotient aus der Änderung der elektrischen Spannung Δu und der Änderung der elektrischen Stromstärke Δi ist gleich dem Wert des elektrischen Widerstandes R des betrachteten Netzwerkelementes:

$$R = \frac{\Delta u}{\Delta i} = \frac{u_2 - u_1}{i_2 - i_1} \quad , \qquad \text{(V.4.6)}$$

umgekehrt gilt auch:

$$G = \frac{\Delta i}{\Delta u} \quad . \qquad \text{(V.4.7)}$$

Der elektrische Widerstand bzw. der elektrische Leitwert ist demnach ein Maß für die Steigung der linearen Funktionen nach Bild V.4.2.

Entsprechend den Überlegungen in Kapitel III wird in einem elektrischen Widerstand stets elektrische Energie irreversibel in Wärmeenergie überführt. Es gilt für die vom elektrischen Feld aufgebrachte, in Wärme umgesetzte Leistung p(vgl. Gl. (III.8.9)):

$$p = u\, i = R\, i^2 = \frac{u^2}{R} \quad . \qquad \text{(V.4.8)}$$

mit der Einheit: $[p] = [u\, i] = \mathrm{V\,A} = \mathrm{W}$ [1].

Da die Leistung nach Gl.(V.4.8) dem elektrischen System entzogen wird und in Wärme überführt wird, wird die Leistung nach Gl.(V.4.8) in einer nicht ganz exakten Bezeichnungsweise auch als *Verlustleistung* bezeichnet. Der Zusammenhang zwischen der Leistung p und der elektrischen Spannung u bzw. der elektrischen Stromstärke i nach Gl.(V.4.8) ist quadratischer Natur, bei Verdopplung der elektrischen Spannung u bzw. der elektrischen Stromstärke i wird die in Wärme umgesetzte Wärme vervierfacht. Bild V.4.3 zeigt den Zusammenhang zwischen der Leistung p und der elektrischen Spannung u bzw. der elektrischen Stromstärke i für zwei elektrische Widerstände $R_1 = 1\ \Omega$ und $R_2 = 4\ \Omega$.

---

[1] 1W = 1 Watt; James Watt, 1736-1819, englischer Ingenieur und Erfinder.

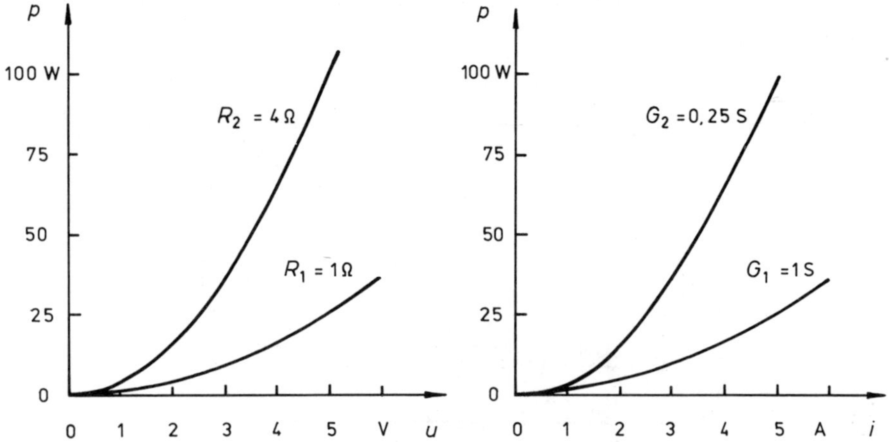

Bild V.4.3: Zusammenhang zwischen der in einem elektrischen Widerstand in Wärme umgesetzten Leistung p und der elektrischen Spannung u bzw. der elektrischen Stromstärke i.

V.4.1 TECHNISCHE BAUFORMEN ELEKTRISCHER WIDERSTÄNDE

Widerstände werden in verschiedenen Bauformen realisiert. Wird ein Draht aus elektrisch leitendem Material (Widerstandsdraht, vgl. Tabelle III.5.1, Seite 125) auf einen Wickelkörper (Bild V.4.4) aufgewickelt, so entsteht die Bauform des *Drahtwiderstandes*.

Als Widerstandsdraht werden z.B. die Materialien Konstantan, Nickelin und Manganin, also Kupfer-Nickel-Mangan-Legierungen verwendet, die den Vorteil eines kleinen Temperaturkoeffizienten (vgl. Tabelle III.5.2 und die Diskussion der Temperaturabhängigkeit des elektrischen Widerstandes in Kapitel III.5) besitzen. In der Form der Drahtwiderstände können Widerstandswerte zwischen 1 Ω und 100 kΩ realisiert werden. Drahtwiderstände sind relativ teuer, dafür lassen sich die Widerstandswerte durch vorherige genaue Bestimmung der Drahtlängen sehr genau einstellen; aus diesem Grund werden sie oft als Meßwiderstände verwendet. Ihr elektrischer Widerstand berechnet sich nach Gl. (V.4.2).

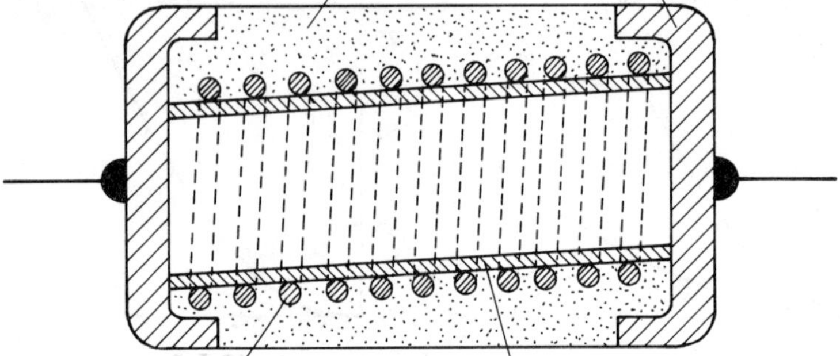

Bild V.4.4: Bauform des Drahtwiderstandes.

Bild V.4.5 zeigt einen sogenannten *Massewiderstand*, der aus einem Körper homogener Widerstandsmasse hergestellt ist.

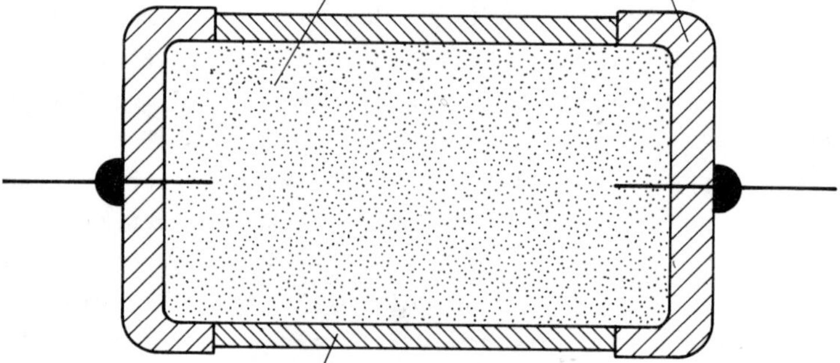

Bild V.4.5: Bauform des Massewiderstandes.

Als Widerstandsmaterialien werden Ruß und Graphit mit einem Bindemittel verwendet. Der elektrische Widerstand des Massewiderstandes berechnet sich nach Gl.(V.4.2). Der Massewiderstand hat den Vorteil sehr geringer Herstellungskosten, dafür sind die Toleranzen seiner Widerstandswerte groß. Er wird vornehmlich in der Konsumelektronik in Schaltungen eingesetzt, in denen elektrische Widerstände mit hohen Toleranzwerten verwendet werden können. Die realisierbaren Widerstandswerte liegen für Massewiderstände zwischen 10 Ω und 10^9 Ω.

In Bild V.4.6 ist ein *Schichtwiderstand* gezeichnet; der elektrische Widerstand dieses Bauelementes wird durch eine dün-

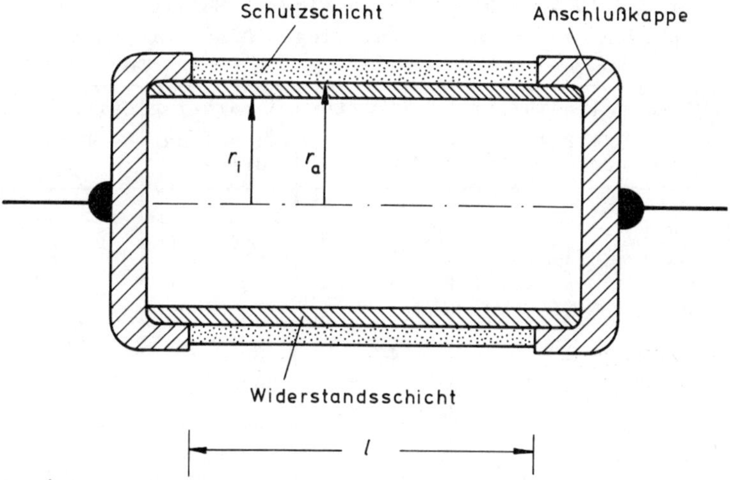

Bild V.4.6: Bauform des Schichtwiderstandes.

ne Metall- oder Kohleschicht auf der Oberfläche eines nichtleitenden Trägerkörpers gebildet. Der elektrische Widerstand dieses Bauelementes berechnet sich aus den in Bild V.4.6 angegebenen geometrischen Abmessungen und der elektrischen Leitfähigkeit $\varkappa$ zu:

$$R = \frac{l}{\varkappa A} = \frac{l}{\varkappa \pi (r_a^2 - r_i^2)} \quad . \qquad \text{(V.4.9)}$$

Schichtwiderstände können durch genaue Kontrolle der Schichtdicken und der Leiterlänge mit relativ kleinen Toleranzwerten im Wertebereich von 1 Ω bis ca. 100 kΩ und höher hergestellt werden.

Zur Kennzeichnung der Widerstandswerte des Bauelementes wird ein Farbcode verwendet; auf den Widerstand werden vier Farbringe (oder Farbpunkte) aufgebracht. Der erste Ring ist normalerweise am äußeren Ende oder auf der Schutzkappe des Bauelementes angebracht. Die Farbe des ersten Farbringes kennzeichnet die erste Ziffer, die Farbe des zweiten Farbringes die zweite Ziffer des Zahlenwertes des elektrischen Widerstandes. Die Zuordnung der Ziffern zu den Farben ist in Tabelle V.4.1 dargestellt. Der dritte Farbring gibt an,wieviel Nullen den Ziffern entsprechend den beiden ersten Farbringen hinzuzufügen sind, um

Es bedeuten: Farbe	1.Farbring 1.Ziffer	2.Farbring 2.Ziffer	3.Farbring Anzahl der Nullen	4.Farbring Toleranz
schwarz	0	0	keine	-
braun	1	1	0	1%
rot	2	2	00	2%
orange	3	3	000	-
gelb	4	4	0000	-
grün	5	5	00000	-
blau	6	6	000000	-
violett	7	7	0000000	-
grau	8	8	-	-
weiß	9	9	-	-
silber	-	-	× 0,01	10%
gold	-	-	× 0,1	5%
ohne	-	-	-	20%

Tabelle V.4.1: Zuordnung von Farbwerten und Zahlenwerten des Farbcodes zur Bestimmung des Zahlenwertes von elektrischen Widerständen.

den Wert des Widerstandes in Ohm zu erhalten. Der vierte Ring gibt die Toleranzklasse des Widerstandes an.

V.5 DAS BAUELEMENT KONDENSATOR

Betrachtet wird die in Bild V.5.1 gezeichnete Anordnung zweier planparalleler Elektroden, die jeweils die Fläche A besitzen und im Abstand d zueinander angeordnet sind. Zwischen den Elektroden befinde sich ein Dielektrikum der Permittivitätszahl ε_r.

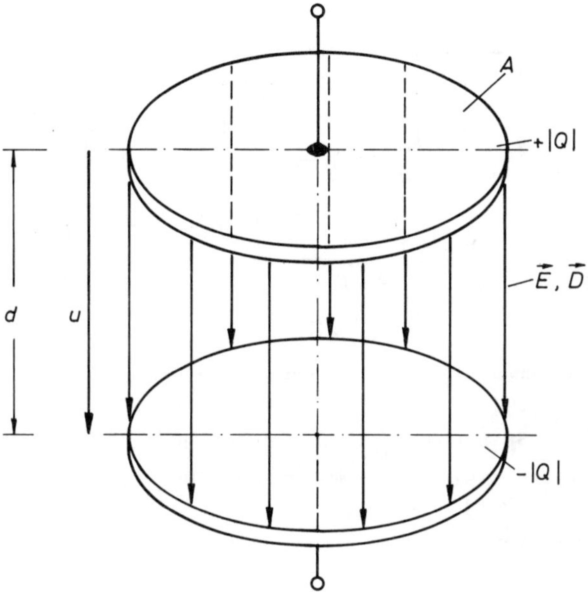

Bild V.5.1: Plattenkondensator.

Wie bereits in Kapitel II diskutiert wurde, bildet sich zwischen den Elektroden ein elektrisches Feld aus, wenn, z.B. von einer elektrischen Quelle geliefert, auf die eine Elektrode die Ladung $+|Q|$, auf die andere Elektrode die Ladung $-|Q|$ gebracht wird. Ein sich ausbildendes elektrisches Streufeld (vgl. Kapitel II.4) wird vernachlässigt und insofern eine idealisierte Anordnung betrachtet. Zwei solche sich gegenüberstehende Elektroden, die bei Anlegen einer elektrischen Spannung ein elektrisches Feld aufbauen, werden unabhängig von der geometrischen Form der Elektroden ein *Kondensator* genannt.

Wird z.B. die obere Elektrode des Kondensators an den positiven Pol einer Gleichspannungsquelle, also einer elektrischen Quelle mit zeitunabhängiger elektrischer Spannung U_0, angelegt, so können wir folgenden Vorgang beobachten (Bild V.5.2):

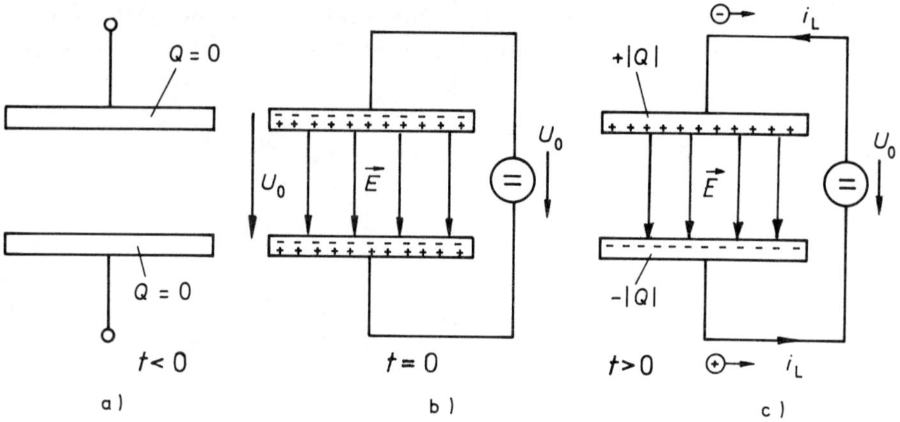

Bild V.5.2: Zur Veranschaulichung des Ladevorgangs eines Kondensators.

Nach Anlegen der Spannung U_0 an die ungeladenen Elektroden des Kondensators (Bild V.5.2a)) kommt es aufgrund des sich zwischen den Elektroden ausbildenden elektrischen Feldes in den Elektroden zu einer Ladungstrennung (Influenz, vgl. Kapitel II.5); auf den Elektroden werden die frei beweglichen, negativen Ladungsträger (Elektronen) jeweils an die obere Deckfläche gezogen, so daß die untere Deckfläche eine positive Überschußladung erhält (Bild V.5.2b)). Die negative Ladung der oberen Elektrode und die positive Ladung der unteren Elektrode werden von der elektrischen Quelle "abgesaugt", im Verbindungsdraht zwischen Quelle und Kondensator fließt für kurze Zeit ein *Ladestrom* i_L (Bild V.5.2c)). Die abgesaugten Ladungen kompensieren sich in der Quelle und zurück bleibt ein Zustand des Kondensators, in dem dessen obere Elektrode eine positive, die untere Elektrode eine negative Ladung trägt. Dieser Zustand kann auch so interpretiert werden, daß die Spannungsquelle eine positive Ladung auf die obere und eine negative Ladung auf die untere Elektrode geliefert hat. Die Ladung auf den Elektroden bleibt, solange nichts am System geändert wird, konstant. Dies gilt selbst, wenn die Spannungsquelle vom Kondensator getrennt wird, da die Ladungen auf dem Kondensator dann keine Möglichkeit haben, sich auszugleichen; die Ladungen werden also auf den Elektroden *gespeichert*. Die Ladungen können von den Elektroden z.B. durch Anbringen eines die Elektroden kurzschließenden Drahtes wieder entfernt werden. Beim Anbringen eines solchen Kurzschlußdrahtes fließt ein *Entladestrom* im Draht; die positiven Ladungen der oberen Elektrode und die negativen Ladungen der unteren Elektrode gleichen sich aus bis beide Elektroden ungeladen sind.

Mit dem Auftreten der Ladungen auf den Elektroden baut sich zwischen den Elektroden ein elektrisches Feld auf, das, abgesehen von der Zeit, in der der Ladevorgang geschieht, zeitunabhängig ist. Damit wird im elektrischen Feld des Kondensators (vgl. Kapitel II.10) Energie gespeichert. Der Kondensator ist also ein Energiespeicher. Ist der Ladevorgang abgeschlossen, so kann im Zuleitungsdraht kein elektrischer Strom mehr fließen, der Kondensator verhindert (sperrt) also bei Anlegen einer Gleichspannung (abgesehen vom Ladestrom) die Ausbildung eines Stromes in dem Stromkreis.

Satz 46: Bei Anlegen einer Gleichspannung an einen Kondensator fließt, abgesehen von einem Ladestrom, kein elektrischer Strom über den Kondensator.

Anders sehen die Verhältnisse aus, wenn eine Wechselspannungsquelle an den Kondensator angeschlossen wird (Bild V.5.3). Ändert sich z.B. die elektrische Spannung der elektrischen Quelle sinusförmig mit der Zeit, so wird sich zwischen den Elektroden ein ebenfalls sinusförmig von der Zeit abhängiges elektrisches Feld aufbauen, das zu einer gleichfalls zeitabhängigen Ladungstrennung auf den Elektroden führt. Wächst die Spannung $u(t)$ z.B. vom Wert Null aus an, so wird durch den bereits oben beschriebenen Ladevorgang auch die Ladung auf den Elektroden laufend erhöht. Für die folgenden Ausführungen wird vereinbart, daß als Ladung stets diejenige verwendet wird, die sich auf der Elektrode befindet, an der der Bezugspfeil der elektrischen Spannung beginnt; da damit nach Kapitel II.7, Gl.(II.7.7) der Zusammenhang (vgl. auch den Hinweis auf Seite 95):

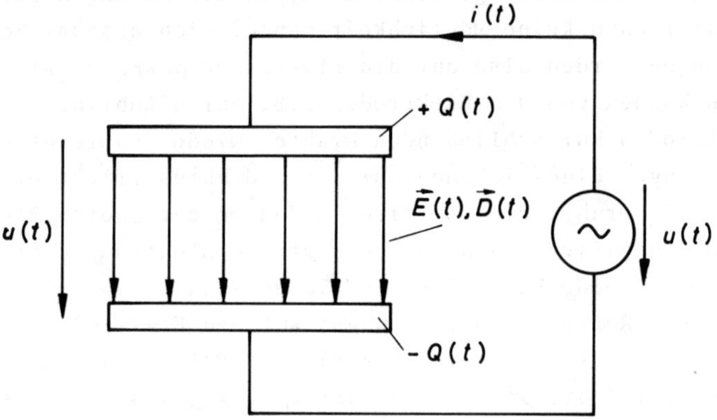

Bild V.5.3: Zur Ableitung des Zusammenhangs zwischen elektrischer Stromstärke und elektrischer Spannung an einem Kondensator.

$$Q = \frac{\varepsilon_0 \varepsilon_r A}{d} u \qquad \text{(V.5.1)}$$

besteht, ändert sich die Ladung proportional mit der zeitabhängigen Spannung

$$Q(t) = \frac{\varepsilon_0 \varepsilon_r A}{d} u(t) \; . \qquad \text{(V.5.2)}$$

Die Proportionalitätskonstante zwischen der Ladung und der elektrischen Spannung

$$Q = C\,u$$

$$C = \frac{Q}{u} \; , \qquad [C] = \frac{\mathrm{As}}{\mathrm{V}} = \mathrm{Farad} = \mathrm{F}^{\;1)} \qquad \text{(V.5.3)}$$

wird als die Kapazität des Kondensators bezeichnet; sie ist ein Maß für die Fähigkeit des Kondensators bei angelegter Spannung u eine Ladung Q zu speichern. Die Kapazität ist nur eine Funktion der geometrischen und elektrischen Parameter der Elektrodenanordnung; für den idealen Plattenkondensator, der mit einem Dielektri-

---

1) 1F = 1 Farad; Michael Faraday, engl.Physiker und Chemiker, 1791-1867.

kum der Permittivitätszahl ε_r gefüllt ist, ergibt sich die Kapazität zu:

$$C = \frac{\varepsilon_0 \varepsilon_r A}{d} , \tag{V.5.4}$$

sie ist also direkt proportional der Permittivität des Dielektrikums zwischen den Elektroden und der Elektrodenfläche A , sowie umgekehrt proportional dem Elektrodenabstand d.

<u>Satz 47</u>: Die Kapazität C eines Kondensators ist gleich dem Quotienten aus der Ladung Q auf den Elektroden und der elektrischen Spannung u zwischen den Elektroden des Kondensators. Die Kapazität ist ein Maß für die Fähigkeit des Kondensators Ladung zu speichern. Die Einheit der Kapazität ist As/V = Farad. Bei Berücksichtigung der Bezugspfeilvereinbarung (Seite 295) ist sie stets positiv.

Wie wir oben festgestellt haben, wächst die Ladung auf den Elektroden proportional zur an den Elektroden anliegenden Spannung an; das heißt aber, daß Ladung von der Quelle auf die Elektroden (oder umgekehrt) transportiert wird. Damit fließt, solange die Spannung sich zeitlich ändert, in den Zuführungsdrähten zwischen Quelle und Kondensator ein Strom, der gleich der Änderung der Ladung auf den Elektroden mit der Zeit sein muß. Bei Vorgabe der Bezugspfeile für die elektrische Stromstärke und die elektrische Spannung gemäß Bild V.5.3 ist die zeitliche Änderung der Ladung auf den Elektroden mit der elektrischen Stromstärke i über:

$$i(t) = \frac{dQ(t)}{dt} = \frac{\varepsilon_0 \varepsilon_r A}{d} \frac{du(t)}{dt} = C \frac{du(t)}{dt} \tag{V.5.5}$$

verknüpft, wobei von Gl.(V.5.2) und Gl.(V.5.4) Gebrauch gemacht worden ist.

Als Ergebnis halten wir fest:

<u>Satz 48</u>: Die elektrische Stromstärke $i(t)$ durch einen Kondensator ist direkt proportional zur zeitlichen Ableitung der elektrischen Spannung $u(t)$ am Kondensator nach der Zeit. Die Proportionalitätskonstante ist die Kapazität C des Kondensators.

Es wird ein *Netzwerkelement* Kondensator eingeführt, dessen Schaltsymbol in Bild V.5.4 gezeigt ist. Das Netzwerkelement ist ein idealisiertes Modell des realen Bauelements Kondensator. Für das Netzwerkelement soll immer der Zusammenhang nach Gl.(V.5.5) zwischen der elektrischen Stromstärke und der elektrischen Spannung gelten.

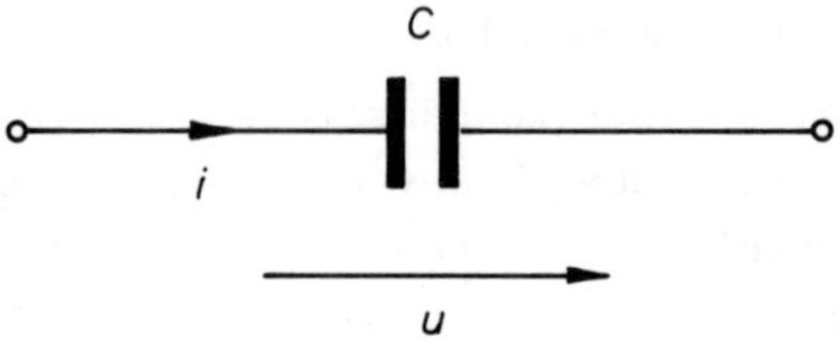

Bild V.5.4: Schaltsymbol des Netzwerkelements Kondensator.

Die Eigenschaften des realen Bauelements, die von den durch Gl.(V.5.5) beschriebenen Eigenschaften abweichen, werden später behandelt (vgl. Band 2 des Buches).

Bild V.5.5 zeigt den Zusammenhang zwischen der Ladung, der elektrischen Spannung und der elektrischen Stromstärke an einem Kondensator in Abhängigkeit von der Zeit a) für den Fall einer sinusförmigen Zeitabhängigkeit der Größen und b) für den Fall, daß die elektrische Spannung und damit die Ladung nach einer Dreieckfunktion und gemäß Gl.(V.5.5) die elektrische Stromstärke nach einer Rechteckfunktion von der Zeit abhängen.

Aus den Bildern können zwei wichtige Erkenntnisse gezogen werden:

1) Die elektrische Stromstärke hat stets dann einen Nulldurchgang, wenn die elektrische Spannung einen Extremwert annimmt; diese Aussage gilt auch umgekehrt. Das heißt, die Nulldurchgänge der elektrischen Stromstärke sind gegenüber denen der elektrischen Spannung um ein Viertel der Periodendauer T der angenommenen periodischen Zeitabhängigkeit auf der Zeitachse nach links verschoben. Dies bedeutet, daß die elektrische Stromstärke ihre Nulldurchgänge um die Zeit $T/4$ früher als die elektrische Spannung durchläuft. Etwas unexakter wird auch formuliert: *Die elektrische Stromstärke eilt der elektrischen Spannung um eine Viertelperiodenzeit voraus.*

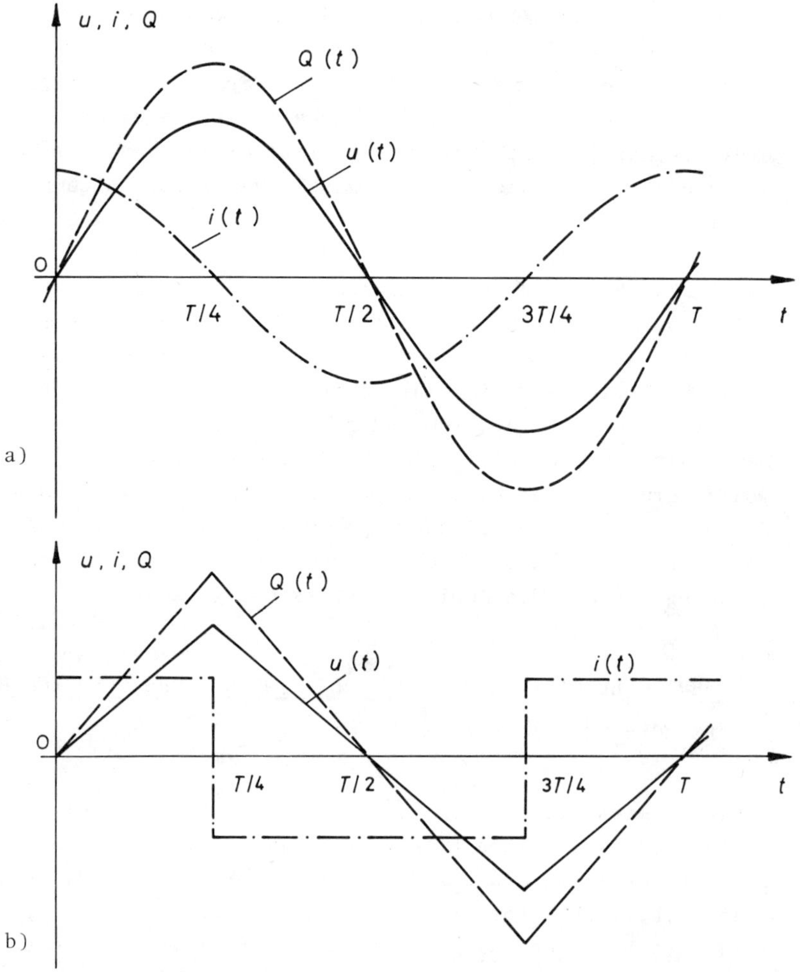

Bild V.5.5: Zeitlicher Verlauf von Ladung, elektrischer Spannung und elektrischer Stromstärke eines Kondensators für a) den Fall sinusförmig von der Zeit abhängiger elektrischer Spannung und b) den Fall, daß die elektrische Spannung nach einer Dreiecksfunktion von der Zeit abhängt.

2) Wie aus Bild V.5.5a) und Gl.(V.5.5) zu erkennen ist, hat die elektrische Stromstärke im Fall der sinusförmigen Zeitabhängigkeit der elektrischen Spannung auch eine sinusförmige Zeitabhängigkeit. Die äußere Form der Zeitabhängigkeit von elektrischer Stromstärke und elektrischer Spannung ist (bis auf die Amplitude und die oben beschriebene Verschiebung bezüglich der Zeitachse) also gleich. Auf der anderen Seite hat die elektrische Stromstärke für den Fall einer anderen Zeitabhängigkeit der elektrischen Spannung (z.B. für den in Bild V.5.5b) gezeichneten Zeitverlauf) nicht mehr diesselbe zeitliche Abhängigkeit wie die elektrische Spannung; die Dreieckfunktion wird in eine Rechteckfunktion umgewandelt. Dies ist ein grundsätzlich anderes Verhalten des Bauelements als z.B. im Fall des elektrischen Widerstandes, für den aufgrund der direkten Proportionalität von elektrischer Stromstärke und elektrischer Spannung ($u(t) = R \cdot i(t)$) die Zeitfunktion von elektrischer Stromstärke und elektrischer Spannung bis auf die Amplitude stets die gleiche ist.

V.5.1 DER IM ELEKTRISCHEN FELD EINES KONDENSATORS GESPEICHERTE ENERGIEINHALT

Wie bereits weiter oben beschrieben wurde, kann der Kondensator Ladungen auf seinen Elektroden speichern, auch wenn er nach dem Ladevorgang von der Quelle getrennt wird. Da die Ladungen ein elektrisches Feld zwischen den Elektroden aufbauen, ein elektrisches Feld aber nach Kapitel II.10 Energie speichert, ist der Kondensator (im Gegensatz zum elektrischen Widerstand, der nur Energie in Wärme überführt) ein Energiespeicher. Gemäß Gl.(II.10.9) berechnet sich der im elektrischen Feld des idealen Plattenkondensators (d.h. die auftretenden Streufelder werden nicht berücksichtigt) gespeicherte Energieinhalt aus der elektrischen Feldstärke $\vec{E}$, der elektrischen Erregung $\vec{D}$ und dem Volumen des Feldraumes V zu:

$$W_{el} = \frac{1}{2} \, |\vec{E}| \; |\vec{D}| \; V \quad . \tag{V.5.6}$$

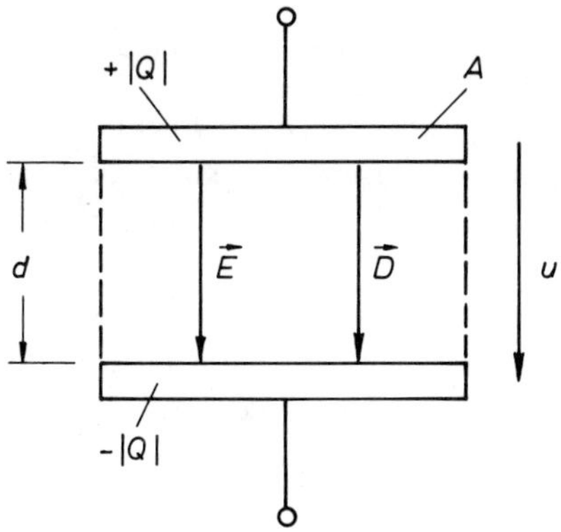

Bild V.5.6: Zur Berechnung des elektrischen Energieinhalts, der im Feld eines Kondensators gespeichert wird.

Für den hier betrachteten Fall des einfachen Plattenkondensators nach Bild V.5.6 gilt also:

$$W_{el} = \frac{1}{2}\,\frac{u}{d}\,\frac{Q}{A}\,A\,d = \frac{1}{2}\,Q\,u\;,$$

$$W_{el} = \frac{1}{2}\,\frac{u}{d}\,\varepsilon_0\varepsilon_r\,\frac{u}{d}\,Ad = \frac{1}{2}\,\frac{\varepsilon_0\varepsilon_r A}{d}\,u^2 = \frac{1}{2}\,Cu^2\;,$$

$$W_{el} = \frac{1}{2}\,\frac{Q}{\varepsilon_0\varepsilon_r A}\,\frac{Q}{A}\,Ad = \frac{1}{2}\,\frac{d}{\varepsilon_0\varepsilon_r A}\,Q^2 = \frac{1}{2}\,\frac{Q^2}{C}\;. \qquad \text{(V.5.7)}$$

Alle drei Formulierungen sind gleichwertig gültig, sie ergeben sich jeweils durch Berücksichtigung der Beziehung $\vec{D} = \varepsilon_0\varepsilon_r\vec{E}$ zwischen elektrischer Erregung und elektrischer Feldstärke.

Satz 49: Im elektrischen Feld eines Kondensators wird Energie gespeichert. Die gespeicherte Energie wird aus der elektrischen Spannung u zwischen den Elektroden des Kondensators, der Ladung Q auf den Elektroden des Kondensators sowie der Kapazität C des Kondensators berechnet:

$$W_{el} = \frac{1}{2}\,Qu = \frac{1}{2}\,Cu^2 = \frac{1}{2}\,\frac{Q^2}{C}\;. \qquad \text{(V.5.8)}$$

V.5.2 SPEZIELLE BAUFORMEN VON KONDENSATOREN

Neben dem in den vorangegangenen Kapiteln behandelten Plattenkondensator mit planparallelen Elektroden sollen hier noch zwei andere wichtige Formen von Kondensatoren, nämlich der Kugelkondensator und der Zylinderkondensator, kurz diskutiert werden.

Der *Kugelkondensator* besteht aus der konzentrischen Anordnung zweier Kugelelektroden des Radius der Innenelektrode r_i und des inneren Radius der Außenelektrode r_{ai} sowie des Außenradius der Außenelektrode r_a. Die Elektroden haben definitions-

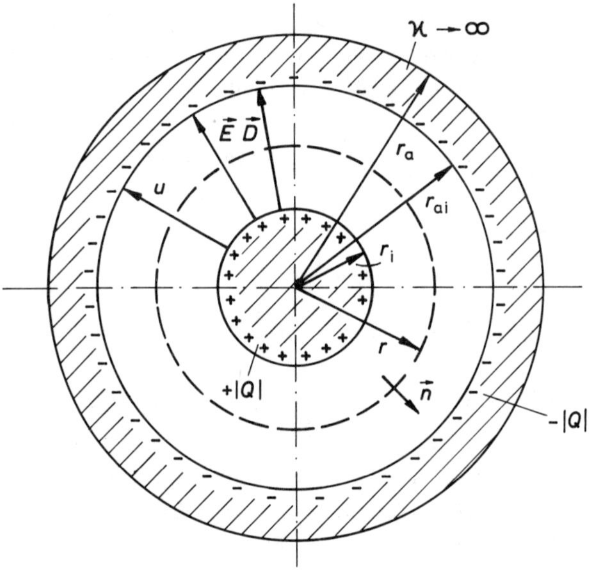

Bild V.5.7: Der Kugelkondensator.

gemäß eine sehr große (im Grenzfall unendliche) Leitfähigkeit; zwischen den Elektroden befindet sich ein Dielektrikum der Permittivitätszahl ε_r. Wird die innere Elektrode auf die Ladung $+|Q|$, die äußere auf die Ladung $-|Q|$ aufgeladen, so bildet sich zwischen den Elektroden ein elektrisches Feld $\vec{E}, \vec{D}$ und damit die elektrische Spannung u aus. Die positiven Ladungen der Innenelektrode sammeln sich an der Oberfläche ($r = r_i$), die negativen Ladungen der Außenelektrode an der Innenfläche ($r = r_{ai}$) (Bild V.5.7) an.

Zur Berechnung der elektrischen Erregung aus der Ladung auf den Elektroden legen wir eine konzentrische, kugelförmige Hüllfläche vom Radius r in den Feldraum (Bild V.5.7) und berechnen den elektrischen Fluß Φ_e durch die Hüllfläche:

$$\Phi_e = \oint_A \vec{D} \cdot \vec{n} \, dA = +|Q| \ , \qquad \text{(V.5.9)}$$

der nach Gl.(II.5.19) gleich der von der Hüllfläche umschlossenen Ladung $+|Q|$ sein muß.

Zur Auswertung von Gl.(V.5.9) machen wir von folgenden Überlegungen Gebrauch:

1) Aus Symmetriegründen wird das elektrische Feld im Kondensator (Bild V.5.7) rein radial gerichtet sein; da der Flächennormalen-Einheitsvektor $\vec{n}$ senkrecht auf der konzentrischen Hüllfläche steht, ist er auch radial gerichtet. $\vec{D}$ und $\vec{n}$ haben also in jedem Punkt auf der Hüllfläche dieselbe Richtung und deshalb gilt:

$$\oint_A \vec{D} \cdot \vec{n} \, dA = \oint_A |\vec{D}| \, |\vec{n}| \, dA = \oint_A |\vec{D}| \, dA \ . \qquad \text{(V.5.10)}$$

2) Da gemäß Gl.(II.5.18) das Hüllenintegral als eine Summe des Produkts aus dem Absolutbetrag der elektrischen Erregung und dem Flächenelement *auf der Hüllfläche* ausgewertet werden muß, kann eine weitere Symmetriebetrachtung angewendet werden. Es gibt keinen Grund dafür, daß der Absolutbetrag der elektrischen Erregung auf der Kugeloberfläche A verschiedene Werte annehmen kann; aus Symmetriegründen muß also $|\vec{D}|$ auf der Kugeloberfläche A konstant sein und kann somit als konstanter Faktor vor das Integral gezogen werden:

$$\oint_A \vec{D} \cdot \vec{n} \, dA = |\vec{D}| \oint_A dA \ . \qquad \text{(V.5.11)}$$

Das verbleibende Restintegral ist aber nur die Aufaddition aller

Flächenelemente d*A* der Kugelfläche vom Radius r und damit gleich der Kugeloberfläche. Also gilt:

$$\oint_A \vec{D}\cdot\vec{n}\,\mathrm{d}A = 4\pi r^2|\vec{D}| = +|Q| \quad . \qquad \text{(V.5.12)}$$

Somit ergibt sich für den Absolutbetrag der elektrischen Erregung im Kugelkondensator an der Stelle mit dem Abstand r vom Mittelpunkt der Kugel:

$$|\vec{D}| = \frac{|Q|}{4\pi r^2} \qquad \text{(V.5.13)}$$

und damit unter Verwendung von Gl.(II.5.8) und Gl.(II.5.9):

$$|\vec{E}| = \frac{|Q|}{4\pi\varepsilon_0\varepsilon_r r^2} \qquad \text{(V.5.14)}$$

für den Absolutbetrag der elektrischen Feldstärke.

Dieses Feld tritt im Bereich des Dielektrikums zwischen den Elektroden auf. Der Absolutbetrag sowohl der elektrischen Erregung als auch der elektrischen Feldstärke ist umgekehrt proportional zum Quadrat des Abstandes des Punktes, in dem das Feld bestimmt wird, vom Kugelmittelpunkt. Das Feld ist rein radial gerichtet und zwar unter den gemachten Voraussetzungen von der Innenelektrode zur Außenelektrode. In den leitenden Elektroden ist das elektrische Feld Null (vgl. Kapitel II.4). Bild V.5.8 zeigt den Verlauf des Absolutbetrags der elektrischen Feldstärke in Abhängigkeit vom Radius r . Der Maximalwert der elektrischen Feldstärke tritt am Innenradius r_i auf, der Minimalwert an der Innenfläche der Außenelektrode ($r = r_{ai}$):

$$|\vec{E}|_{max} = \frac{|Q|}{4\pi\varepsilon_0\varepsilon_r r_i^2} \quad ; \quad |\vec{E}|_{min} = \frac{|Q|}{4\pi\varepsilon_0\varepsilon_r r_{ai}^2} \quad ; \qquad \text{(V.5.15)}$$

außerhalb des Kondensators ($r > r_a$) ist das Feld Null.

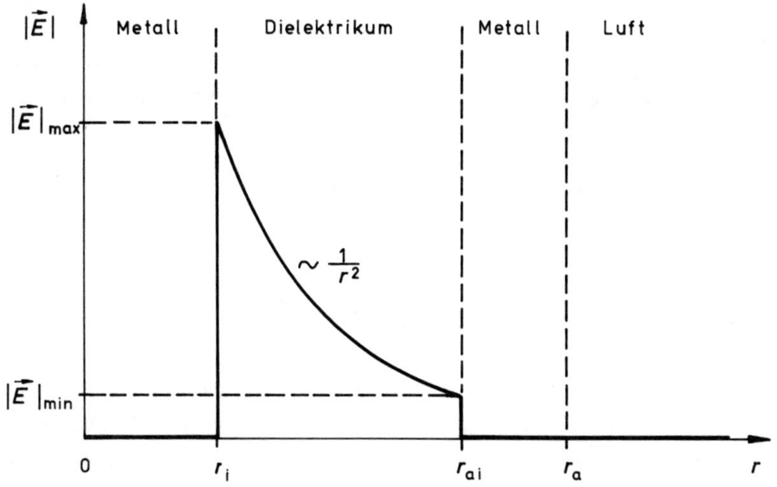

Bild V.5.8: Verlauf des Absolutbetrags der elektrischen Feldstärke in einem Kugelkondensator als Funktion des Abstands vom Mittelpunkt der Kugel.

Die elektrische Spannung zwischen den Elektroden des Kondensators berechnet sich gemäß:

$$u = \int_{r_i}^{r_{ai}} \vec{E}\cdot d\vec{s} = \int_{r_i}^{r_{ai}} \vec{E}\cdot d\vec{r} = \int_{r_i}^{r_{ai}} |\vec{E}|\ |d\vec{r}| \quad ,$$

$$u = \int_{r_i}^{r_{ai}} \frac{|Q|}{4\pi\varepsilon_0\varepsilon_r r^2}\, dr = \frac{|Q|}{4\pi\varepsilon_0\varepsilon_r} \left(-\frac{1}{r}\right)\Bigg|_{r_i}^{r_{ai}} \quad ,$$

$$u = \frac{|Q|}{4\pi\varepsilon_0\varepsilon_r}\, \frac{r_{ai}-r_i}{r_{ai}r_i} \quad . \qquad (V.5.16)$$

Da die elektrische Feldstärke rein radial gerichtet ist und der Integrationsweg beliebig gewählt werden darf (vgl. Kapitel II.6), wird der Integrationsweg in Richtung des radialen Vektors $\vec{r}$ gewählt; damit ist $d\vec{s} = d\vec{r}$. Da $\vec{E}$ und $d\vec{r}$ parallel sind, gilt: $\vec{E} \cdot d\vec{s} = |\vec{E}|\,|d\vec{r}|$.

Damit ergibt sich die Kapazität des Kugelkondensators als der Quotient aus der Ladung auf den Elektroden und der Spannung zwischen den Elektroden zu:

$$C = \frac{Q}{u} = \frac{4\pi\varepsilon_0\varepsilon_r r_i r_{ai}}{r_{ai} - r_i} \quad . \qquad \text{(V.5.17)}$$

Die Kapazität wird sehr groß (im Grenzfall unendlich groß), wenn der Abstand zwischen den Elektroden sehr klein (im Grenzfall Null) wird.

Der *Zylinderkondensator* , der in Bild V.5.9 skizziert ist, läßt sich in entsprechender Weise behandeln, wie der Kugelkondensator. Es soll vorausgesetzt werden, daß an den Enden des Zylin-

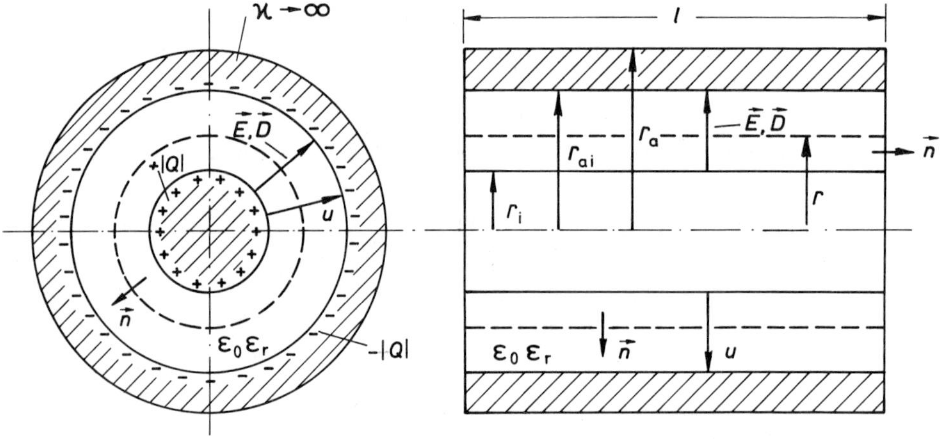

Bild V.5.9: Der Zylinderkondensator.

derkondensators der Länge l kein Streufeld auftritt, daß heißt, daß an der Stirnflächen des Zylinders das Feld wie im gesamten Kondensatorbereich rein radial gerichtet ist. Da dies in der Praxis, vor allem für kurze Kondensatoren mit großem Elektrodenabstand nicht der Fall ist, bedeutet diese Annahme eine weitgehende Idealisierung.

Es wird weiterhin angenommen, daß die Innenelektrode die Ladung $+|Q|$, die Außenelektrode die Ladung $-|Q|$ tragen; die Ladungen befinden sich wieder in der Oberfläche der Innenelektrode und der Innenfläche der Außenelektrode (Bild V.5.9). Zur Berechnung der elektrischen Erregung wird eine Zylinderhüllfläche der Länge l und des Radius r im Feldbereich angenommen (in Bild V.5.9 gestrichelt eingezeichnet) und wie im Fall des Kugelkondensators der elektrische Fluß durch diese Hüllfläche berechnet:

$$\Phi_e = \oint_A \vec{D} \cdot \vec{n} \, dA = \int_{A_M} |\vec{D}| \, |\vec{n}| \, dA = |\vec{D}| \int_{A_M} dA \, . \qquad (V.5.18)$$

Die Entwicklung der Gl.(V.5.18) geschieht mit gleicher Begründung wie im Fall des Kugelkondensators: Da der Vektor der elektrischen Erregung auf den Deckelflächen des Zylinderkondensators senkrecht zum Flächennormalen-Einheitsvektor $\vec{n}$ gerichtet ist, verschwindet dort das Produkt $\vec{D} \cdot \vec{n}$ und zum elektrischen Fluß durch die zylindrische Hüllfläche trägt nur das Feld, das durch die Mantelfläche A_M des Zylinders tritt, bei. Auf der Matelfläche ist die elektrische Erregung $\vec{D}$ aber parallel zum Flächennormalen-Einheitsvektor $\vec{n}$, da das Feld im Kondensator aus Symmetriegründen rein radial gerichtet ist. Darüber hinaus ist die elektrische Erregung auf der Mantelfläche des Zylinders aus Symmetriegründen konstant, so daß Gl.(V.5.18) resultiert. Die in Gl.(V.5.18) zu berücksichtigende Fläche ist aufgrund der oben durchgeführten Diskussion nur die Mantelfläche des Zylinders vom Radius r und der Länge l; damit folgt:

$$\Phi_e = |\vec{D}| \int_{A_M} dA = |\vec{D}| \, 2\pi r l = +|Q| \, . \qquad (V.5.19)$$

Also gilt für den Absolutbetrag der elektrischen Erregung:

$$|\vec{D}| = \frac{|Q|}{2\pi r l} \qquad (V.5.20)$$

und für die elektrische Feldstärke gilt:

$$|\vec{E}| = \frac{|Q|}{2\pi\varepsilon_0\varepsilon_r r l} \quad . \tag{V.5.21}$$

Der Absolutbetrag der elektrischen Erregung und der Absolutbetrag der elektrischen Feldstärke sind also umgekehrt proportional zum Abstand des Punktes, in dem das Feld bestimmt wird, von der Achse des Zylinderkondensators. Bild V.5.10 zeigt den Verlauf des Absolutbetrages der elektrischen Feldstärke in Abhängigkeit vom Achsenabstand r.

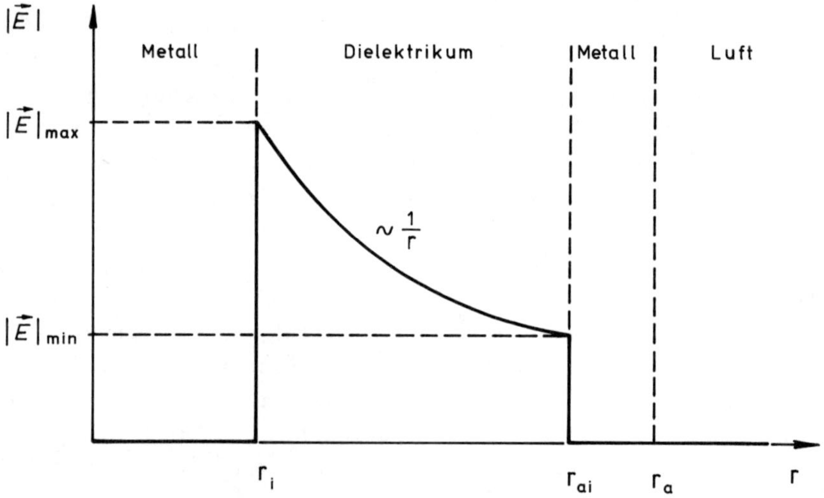

Bild V.5.10: Verlauf des Absolutbetrags der elektrischen Feldstärke in einem Zylinderkondensator über dem Achsenabstand r.

Der Maximalwert des Absolutbetrages der elektrischen Feldstärke an der Innenelektrode beträgt:

$$|\vec{E}|_{max} = \frac{|Q|}{2\pi\varepsilon_0\varepsilon_r r_i l} \quad , \tag{V.5.22}$$

der Minimalwert an der Außenelektrode ist:

$$|\vec{E}|_{min} = \frac{|Q|}{2\pi\varepsilon_0\varepsilon_r r_{ai} l} \quad . \tag{V.5.23}$$

Da die elektrische Feldstärke im Kondensator rein radiale Richtung besitzt, kann die elektrische Spannung zwischen den Elektroden durch Integration in radialer Richtung z.B. von der Innenelektrode zur Außenelektrode berechnet werden:

$$u = \int_{r_i}^{r_{ai}} \vec{E}\cdot d\vec{s} = \int_{r_i}^{r_{ai}} |\vec{E}|\,dr = \int_{r_i}^{r_{ai}} \frac{|Q|}{2\pi\varepsilon_0\varepsilon_r r l}\,dr \ ,$$

$$u = \frac{|Q|}{2\pi\varepsilon_0\varepsilon_r l}\ln\left(\frac{r_{ai}}{r_i}\right) \ . \qquad (V.5.24)$$

Die Kapazität des Zylinderkondensators berechnet sich als Quotient aus der Ladung auf den Elektroden und der Spannung zwischen den Elektroden zu:

$$C = \frac{Q}{u} = \frac{2\pi\varepsilon_0\varepsilon_r l}{\ln\left(\frac{r_{ai}}{r_i}\right)} \ . \qquad (V.5.25)$$

V.5.3 TECHNISCHE BAUFORMEN VON KONDENSATOREN

In Bild V.5.11 sind drei Bauformen von Kondensatoren, wie sie in der Elektronik benutzt werden, gezeichnet. Bild V.5.11a) zeigt einen sogenannten Wickelkondensator, der aus einer Rolle von drei aufeinanderliegenden Folien (Metall-Papier-Metall oder Metall-Kunststoff-Metall) besteht. Die Metallfolien haben eine Dicke von ca. 5 µm, die isolierenden Folien von ca. 5-10 µm. Üblicherweise werden zwei oder drei isolierende Folien verwendet um die Möglichkeit von Fehlstellen (Löchern) in der isolierenden Folie, die zum Kurzschluß zwischen den Metallflächen führen würden, zu vermeiden. Eine Spezialform der Wickelkondensatoren benutzt eine isolierende Folie mit jeweils einer dünnen aufgedampften Metallschicht auf beiden Seiten der Folie.

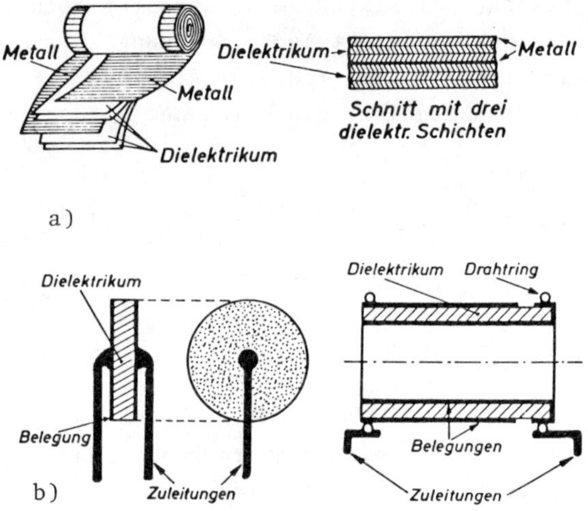

Bild V.5.11: Technische Bauformen von Kondensatoren: a) Wickelkondensator, b) Scheibenkondensator, c) Röhrenkondensator.

Bild V.5.11b) zeigt Keramikkondensatoren in Form von Scheiben- und Röhrenkondensatoren. Sie werden wegen der relativ guten Konstanz ihrer Eigenschaften vor allem im Hochfrequenzbereich verwendet. In dieser Technik lassen sich Kapazitätswerte zwischen 0,1 pF und 0,1 µF herstellen.

Eine weitere Bauform von Kondensatoren, die Elektrolyt-Kondensatoren, sollen hier nur erwähnt werden; sie haben Kapazitätswerte zwischen 0,5 µF und 10 000 µF. Für die anderen Bauformen der Kondensatoren, insbesondere die einstellbaren Kondensatoren und z.B. die Tantalkondensatoren muß auf die Spezialliteratur über elektrische Bauelemente verwiesen werden.

Zur Kennzeichnung der Kapazitätswerte der Kondensatoren gibt es einen internationalen Farbcode, der aus fünf Farbpunkten auf dem Kondensator besteht; die Bedeutung der Farbpunkte ist in Tabelle V.5.1 erläutert.

	1.Punkt	2.Punkt	3.Punkt	4.Punkt	5.Punkt
Bedeutung der Farben	1.Ziffer	2.Ziffer	Zahl der Nullen	Toleranz %	Betriebsspannung in V
schwarz	0	0	0	±0,5	-
braun	1	1	1	± 1	100
rot	2	2	2	± 2	200
orange	3	3	3	± 3	300
gelb	4	4	4	-	400
grün	5	5	5	± 5	500
blau	6	6	6	± 6	600
violett	7	7	-	±12,5	700
grau	8	8	× 0,01	± 30	800
weiß	9	9	× 0,1	± 10	900
gold	-	-	-	± 5	1000
silber	-	-	-	± 10	2000
natur-farben	-	-	-	± 20	500

Tabelle V.5.1: Internationaler Farbcode zur Bestimmung der Kapazitätswerte (in pF) eines Kondensators.

V.6 DAS BAUELEMENT SPULE

Wie bereits weiter vorne besprochen wurde, ist ein zu einer Spule gewickelter elektrischer Leiter (Draht), der von einem elektrischen Strom durchflossen wird, geeignet, ein Magnetfeld aufzubauen. In Kapitel IV.3 (vgl. Bild IV.3.2) wurde eine solche Spule benutzt, um die magnetische Erregung zu definieren. Wir betrachten hier als Beispiel für eine Spule die in Bild V.6.1 skizzierte Toroidspule, die aus einem eng auf einen toroidförmigen Eisenkern gewickelten Leiter besteht. Der Toroid-Eisenkern habe rechteckigen Querschnitt und die Abmessungen nach

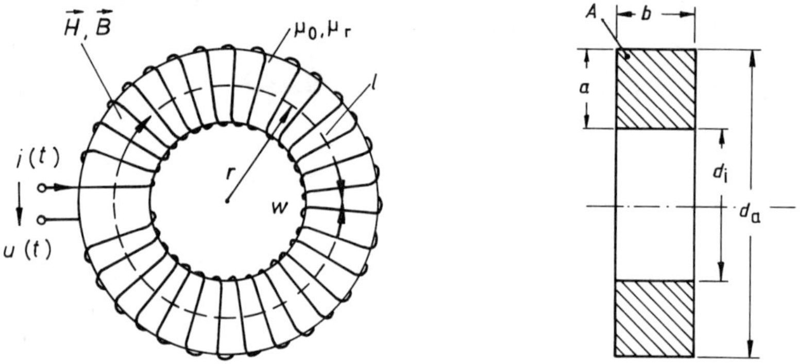

Bild V.6.1: Toroidspule als Beispiel für das Bauelement Spule.

Bild V.6.1; die Permeabilität des Eisenkerns sei $\mu = \mu_r \cdot \mu_0$ mit einer großen Permeabilitätszahl μ_r ($\mu_r > 100$). Unter diesen Voraussetzungen können folgende Annahmen gemacht werden:

1) Das von einem Strom der elektrischen Stromstärke i im Leiter erzeugte Magnetfeld tritt nur im Eisenkern auf, da die Permeabilitätszahl sehr groß ist (vgl. die Diskussion in Kapitel IV.11). Ein eventuell noch vorhandenes magnetisches Streufeld wird vernachlässigt.

2) Das erzeugte Magnetfeld wird in der Richtung der Seitenkante des Eisenkerns mit der Länge b (Bild V.6.1) konstant sein.

Wird an die Spule eine Gleichspannung U angelegt, so wird durch sie ein Gleichstrom fließen, der (abgesehen von einem Einschaltstrom) nur durch den immer vorhandenen elektrischen Widerstand R der Spule begrenzt wird und ein Gleichstrom ist: $I = U/R$; ist der elektrische Widerstand sehr klein, was für eine gute Spule der Fall ist, so wird nur eine sehr kleine elektrische Spannung U erforderlich sein, um einen großen Strom I durch die Spule zu erzeugen. Der Gleichstrom erzeugt im Eisenkern ein zeitunabhängiges Magnetfeld; weitere Effekte können nicht beobachtet werden.

Satz 50: Bei Anlegen einer elektrischen Gleichspannung U an eine Spule fließt durch die Spule ein elektrischer Strom, dessen elektrische Stromstärke I (abgesehen von einem Einschaltstrom) nur durch den elektrischen Widerstand R des Spulendrahts bestimmt wird: $U = RI$.

Ganz anders verhält sich die Spule, wenn an sie eine zeitabhängige elektrische Spannung $u(t)$ angelegt wird. Diese Spannung sei z.B. eine sich sinusförmig mit der Zeit ändernde Wechselspannung $u(t) = \hat{u}\cos(\omega t)$ mit $\hat{u}$ dem Scheitelwert der Spannung und ω der Kreisfrequenz, mit der sich die Spannung ändert. Um für diesen Fall den Zusammenhang zwischen der angelegten elektrischen Spannung und der elektrischen Stromstärke durch die Spule zu erhalten, müssen das erzeugte Magnetfeld und seine Wirkungen näher untersucht werden. Hierzu machen wir zunächst Gebrauch vom Durchflutungsgesetz in der Form (vgl. Gl.(IV.4.4)):

$$\oint_C \vec{H}\cdot d\vec{s} = \Theta \tag{V.6.1}$$

und wenden es auf einen kreisförmigen Integrationsweg C mit dem Radius r (Bild V.6.1) an. Aus Symmetriegründen kann angenommen werden, daß die magnetische Erregung stets parallel zu diesem Integrationsweg verläuft und somit $\vec{H}$ und $d\vec{s}$ den Winkel null Grad einschließen und daß der Absolutbetrag der magnetischen Erregung $\vec{H}$ längs des Integrationswegs konstant ist. Somit läßt sich Gl.(V.6.1) in folgender Form auswerten:

$$\oint_C \vec{H}\cdot d\vec{s} = \oint_C |\vec{H}|\ |d\vec{s}| = |\vec{H}| \oint_C |d\vec{s}| = \Theta\ . \tag{V.6.2}$$

Das verbleibende Integral ist die Aufsummation aller Wegelemente $|d\vec{s}|$ des Integrationsweges und damit gerade gleich dessen Umfang $l = 2\pi r$. Θ ist die gesamte elektrische Durchflutung, die vom Integrationsweg umschlossen wird und somit $\Theta = w\ i$. Damit gilt:

$$\oint_C \vec{H}\cdot d\vec{s} = |\vec{H}|\ l = |\vec{H}|\ 2\pi r = w|i|\ . \qquad (V.6.3)$$

Hieraus kann der Absolutbetrag der magnetischen Erregung zu:

$$|\vec{H}| = \frac{w|i|}{l} = \frac{w|i|}{2\pi r} \qquad (V.6.4)$$

berechnet werden. Bild V.6.2 zeigt den Absolutbetrag der magnetischen Erregung aufgetragen über dem Radius r des Integrations-

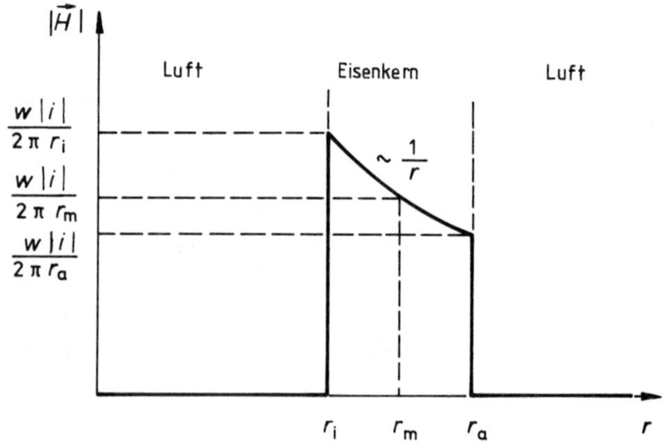

Bild V.6.2: Absolutbetrag der magnetischen Erregung im Eisenkern der Toroidspule nach Bild V.6.1.

weges. Der Betrag der magnetischen Erregung ist maximal an der Innenfläche des Eisenkerns ($r=r_i=d_i/2$) und minimal an der Außenfläche ($r=r_a=d_a/2$); im Bereich des Eisenkerns ist $|\vec{H}|$ umgekehrt proportional zu r.

Der magnetischen Erregung ist gemäß $\vec{B} = \mu_0\mu_r\vec{H}$ eine magnetische Flußdichte der Größe:

$$|\vec{B}| = \frac{\mu_0 \mu_r w |i|}{l} = \frac{\mu_0 \mu_r w |i|}{2\pi r} \qquad (V.6.5)$$

zugeordnet, womit durch der Querschnitt des Eisenkerns der magnetische Fluß

$$\Phi_m = \int_A \vec{B} \cdot \vec{n} \, dA = \frac{\mu_0 \mu_r w \, i}{2\pi} \int_{r_i}^{r_a} \frac{1}{r} \, b \, dr \,, \qquad (V.6.6)$$

$$\Phi_m = \frac{\mu_0 \mu_r w b}{2\pi} \ln\{\frac{r_a}{r_i}\} \, i \qquad (V.6.7)$$

tritt. Da die magnetische Erregung, damit aber auch die magnetische Flußdichte, nur von der radialen Koordinate abhängt, von der Höhe im Eisenkern aber unabhängig ist, ergibt die Integration in Richtung der Seitenkante der Länge b (Bild V.6.1) nur die Multiplikation mit dem Faktor b.

Ist die Breite $a = r_a - r_i$ des Toroidrings nur sehr klein, so kann eine Näherungsrechnung zur Berechnung des magnetischen Flusses durchgeführt werden, indem angenommen wird, daß die magnetische Erregung und damit die magnetische Flußdichte im Eisenkern auch in radialer Richtung konstant und gleich dem Wert der Größe auf dem Kreis mit dem mittleren Radius $r_m = (r_a + r_i)/2$ (Bild V.6.2) ist. Dann gilt:

$$|\vec{B}| \approx |\vec{B}_m| = \frac{\mu_0 \mu_r w |i|}{2\pi r_m} = \frac{\mu_0 \mu_r w |i|}{l} \,, \qquad (V.6.8)$$

und damit, weil $|\vec{B}| = \text{const.}$ gilt:

$$\Phi_m = (\vec{B} \cdot \vec{n}) A = \frac{\mu_0 \mu_r w A}{l} \, i \quad . \qquad (V.6.9)$$

Im weiteren Verlauf der Diskussion sollen beide Rechnungen, die exakte Rechnung nach Gl.(V.6.7) und die Näherungsrechnung nach Gl.(V.6.9) parallel berücksichtigt werden.

Aus Gl.(V.6.7) entnehmen wir zunächst, daß der magnetische Fluß Φ_m durch die Querschnittsfläche des Eisenkerns direkt proportional der elektrischen Stromstärke $i(t)$ durch die Spule ist. Ist $i = i(t)$ eine zeitvariable Größe, z.B. eine Wechselstromstärke, so wird sich der magnetische Fluß mit der gleichen Zeitabhängigkeit ändern:

$$\text{exakt:} \quad \Phi_{\mathrm{m}}(t) = \frac{\mu_0 \mu_{\mathrm{r}} w\, b}{2\pi} \ln\{\frac{r_{\mathrm{a}}}{r_{\mathrm{i}}}\}\, i(t) \quad ,$$

$$\text{genähert:} \quad \Phi_{\mathrm{m}}(t) = \frac{\mu_0 \mu_{\mathrm{r}} w\, A}{l}\, i(t) \quad . \qquad \text{(V.6.10)}$$

Aus der Diskussion des Induktionsgesetzes ist bekannt (vgl. Kapitel IV.8), daß ein zeitlich veränderlicher magnetischer Fluß, der eine Fläche durchsetzt, in der Berandung der Fläche, hier also in der Spule, eine elektrische Spannung induziert. Die in *einer Windung* der Spule induzierte elektrische Spannung ergibt sich nach Gl.(IV.8.6b) zu:

$$\text{exakt:} \quad u_{\mathrm{ind}} = -\frac{\mathrm{d}\Phi_{\mathrm{m}}}{\mathrm{d}t} = -\frac{\mu_0 \mu_{\mathrm{r}} w\, b}{2\pi} \ln\{\frac{r_{\mathrm{a}}}{r_{\mathrm{i}}}\} \frac{\mathrm{d}i(t)}{\mathrm{d}t} \quad ,$$

$$\text{genähert:} \quad u_{\mathrm{ind}} = -\frac{\mu_0 \mu_{\mathrm{r}} w\, A}{l} \frac{\mathrm{d}i(t)}{\mathrm{d}t} \quad . \qquad \text{(V.6.11)}$$

An dieser Stelle muß zur weiteren Behandlung der Spule und ihrer Eigenschaften zunächst erneut über die verwendeten Bezugspfeile für die elektrische Spannung und die elektrische Stromstärke gesprochen werden. Dazu ist in Bild V.6.3 jeweils eine Windung der Spule mit den in Bild V.6.1 verwendeten Bezugspfeilen für die angelegte elektrische Spannung u und die erzeugte elektrische Stromstärke i nach der Verbraucherbezugspfeilsystem (vgl. Kapitel V.2.4) gezeichnet. Es wird angenommen, daß für den in Bild V.6.3a) gezeichneten Zeitaugenblick die elektrische Stromstärke i positiv ($i>0$) ist und daß die elektrische Stromstärke mit der Zeit größer wird ($\mathrm{d}i(t)/\mathrm{d}t > 0$, vgl. Zeitbereich $0 \leq t \leq T/4$ in Bild V.6.5). Dann ist die magnetische Flußdichte $\vec{B}$ wie in Bild V.6.3 gezeichnet gerichtet und nach Wahl des Flächennormaleneinheitsvektors $\vec{n}$ entsprechend Bild V.6.3 wird der magnetische Fluß Φ_{m} positiv berechnet; beide Größen, speziell also auch der magnetische Fluß, werden mit der Zeit größer, das heißt, es gilt: $d\Phi_m/dt > 0$. Wird gemäß Kapitel V.2.3 ein Bezugspfeil für die induzierte Spannung dem gewählten Flächennormaleneinheitsvektor $\vec{n}$ im Rechtsschraubensinn zugeordnet, so ist die induzierte elektrische Spannung u_{ind}:

$$u_{ind} = - \frac{d\Phi_m}{dt} < 0 \qquad \text{(V.6.12)}$$

negativ. Die außen angelegte elektrische Spannung u, deren Be-

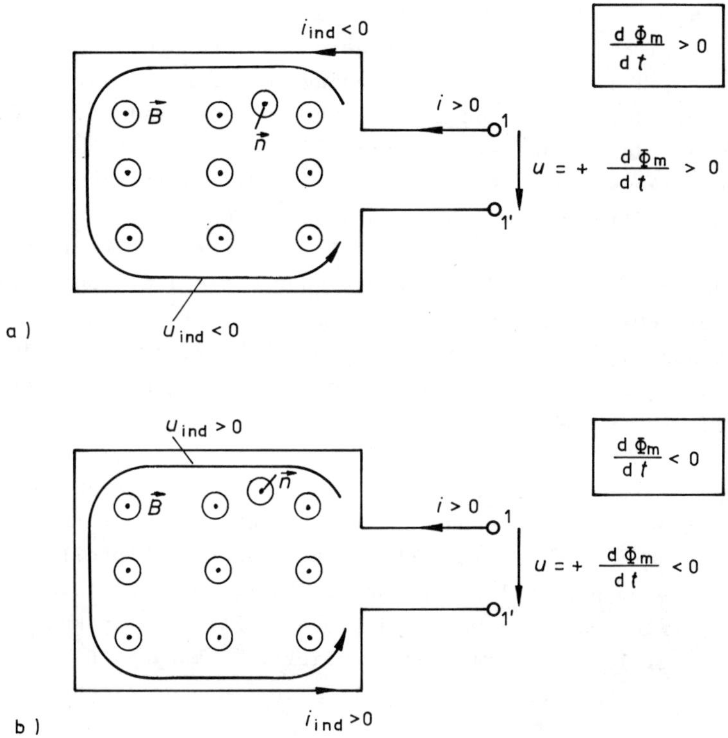

Bild V.6.3: Zur Diskussion des Unterschieds zwischen der induzierten elektrischen Spannung und der induktiven elektrischen Spannung in bzw. an einer Windung einer Spule.

zugspfeil dem Bezugspfeil der in der Leiterschleife induzierten Spannung u_{ind} entgegengesetzt gerichtet ist (dies kann durch einen Spannungsumlauf längs der Windung bzw. durch Antragen des Bezugspfeils der induzierten Spannung an den leerlaufenden Klemmen von Klemme 1' nach Klemme 1 festgestellt werden) berechnet sich also zu:

$$u = -u_{ind} = + \frac{d\Phi_m}{dt} \quad . \tag{V.6.13}$$

Diese Aussage kann auch anhand von Bild V.6.3b) für Zeiten, in denen $d\Phi_m/dt < 0$ ist, überprüft werden.

Dieses Ergebnis kann folgendermaßen interpretiert werden: Fließt durch die Spule ein zeitabhängiger elektrischer Strom, so wird in der Spule eine elektrische Spannung induziert, die den Aufbau des Magnetfelds zu verhindern sucht (Lenz'sche Regel von der Gegenwirkung, siehe Kapitel IV.10). Damit der elektrische Strom fließen kann, muß von außen eine elektrische Spannung angelegt werden, die gerade die induzierte elektrische Spannung kompensiert, die also gleicher Größe aber von entgegengesetztem Vorzeichen ist, wie die induzierte Spannung. Diese Spannung u, die sich nach Gl.(V.6.13) berechnet, wird im Gegensatz zur induzierten elektrischen Spannung als *induktive elektrische Spannung* bezeichnet.

<u>Satz 51</u>: Werden die Bezugspfeile der elektrischen Spannung an einer Spule und der elektrischen Stromstärke durch eine Spule nach dem Verbraucherzählpfeilsystem parallel zueinander gewählt, so ist die an den Klemmen der Spule anliegende elektrische Spannung gleich der negativen induzierten Spannung. Diese Spannung wird als induktive Spannung bezeichnet.

Die nach Gl.(V.6.13) berechnete elektrische Spannung u ist die an einer Windung der Spule an den Klemmen anliegende elektrische Spannung, wenn diese Windung von einem zeitlich veränderlichen magnetischen Fluß Φ_m durchsetzt wird. Hat die Spule aber w Windungen, so umschließt der Spulendraht das

Magnetfeld w-mal; anders ausgedrückt, der magnetische Fluß Φ_m durchsetzt w-mal eine Windungsfläche (Bild V.6.4) und an den äußeren Klemmen der Spule tritt eine elektrische Spannung auf, die gleich der negativen Summe aller in den einzelnen Windungen induzierten elektrischen Spannungen ist:

$$u = w \frac{d\Phi_m}{dt} = \frac{d\Psi}{dt} \quad . \tag{V.6.14}$$

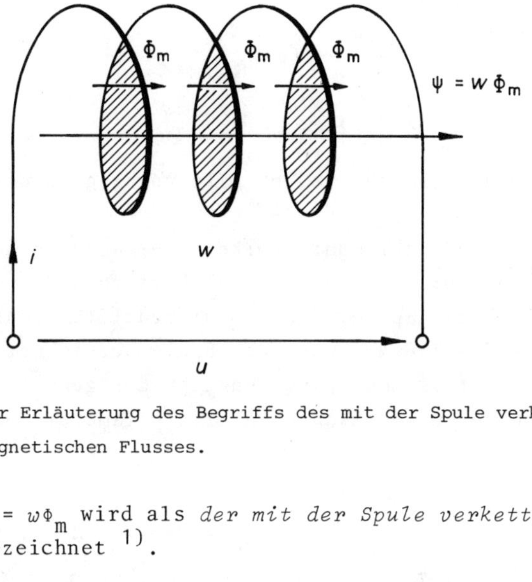

Bild V.6.4: Zur Erläuterung des Begriffs des mit der Spule verketteten magnetischen Flusses.

Die Größe $\Psi = w\Phi_m$ wird als *der mit der Spule verkettete magnetische Fluß* bezeichnet [1].

<u>Satz 52</u>: Der mit einer Spule von w Windungen verkettete magnetische Fluß Ψ ist gleich dem Wert des magnetischen Flusses Φ_m, der durch eine Windungsfläche tritt, multipliziert mit der Anzahl w der Windungen der Spule:

$$\Psi = w\,\Phi_m, \quad [\Psi] = [\Phi_m] = \mathrm{Vs} = \mathrm{Weber} = \mathrm{W}. \tag{V.6.15}$$

[1] Für eine weitergehende Definition des verketteten magnetischen Flusses wird auf die Literatur der theoretischen Elektrotechnik verwiesen.

Die Einheit des verketteten magnetischen Flusses ist gleich der Einheit des magnetischen Flusses Φ_m:
$[\Psi]$ = Vs = Weber = W.

Unter Verwendung dieser Ergebnisse und mit Hilfe von Gl.(V.6.7) kann zunächst der mit der Toroidspule nach Bild V.6.1 verkettete magnetische Fluß zu:

exakt: $$\Psi(t) = w\,\Phi_m(t) = \frac{\mu_0 \mu_r w^2 b}{2\pi} \ln\{\frac{r_a}{r_i}\}\, i(t) ,$$

genähert: $$\Psi(t) = \frac{\mu_0 \mu_r w^2 A}{l}\, i(t) ,$$

allgemein: $$\Psi(t) = L\, i(t) \qquad \text{(V.6.16)}$$

berechnet werden. Das heißt, es gilt verallgemeinert:

Satz 53: Der mit einer Spule verkettete magnetische Fluß Ψ ist direkt proportional der elektrischen Stromstärke i durch die Spule. Die Proportionalitätskonstante L wird als die *Induktivität* der Spule bezeichnet. Die Induktivität ist nur eine Funktion des geometrischen Aufbaus und der magnetischen Materialparameter der Spule:

$$\Psi = L\, i ,$$

$$L = \frac{\Psi}{i} , \quad [L] = \frac{\text{Vs}}{\text{A}} = \text{Henry} = \text{H}^{\,1)} . \qquad \text{(V.6.17)}$$

Die Induktivität ist der Quotient aus dem mit der Spule verketteten magnetischen Fluß Ψ und der elektrischen Stromstärke durch die Spule; ihre Einheit ist 1 Vs/A = 1 Henry = 1 H. Sie ist ein Maß für die Eigenschaft der Spule, bei Fließen eines elektrischen Stromes durch die Spule einen magnetischen Fluß durch den Querschnitt der Spule zu erzeugen. Sie ist stets positiv, wenn der Bezugspfeil des magnetischen Flusses dem Bezugspfeil der elektrischen Stromstärke im Rechts-

---
1) Joseph Henry, 1797-1878, amerikanischer Physiker.

schraubensinn zugeordnet ist.

Für die Toroidspule nach Bild V.6.1 ergibt sich die Induktivität damit zu:

$$\text{exakt:} \quad L = \frac{\mu_0 \mu_r w^2 b}{2\pi} \ln\{\frac{r_a}{r_i}\} \quad ,$$

$$\text{genähert:} \quad L = \frac{\mu_0 \mu_r w^2 A}{l} \quad . \qquad (V.6.18)$$

Wie aus dem genäherten Ausdruck für die Induktivität deutlich zu erkennen ist, ist die Induktivität einer Spule mit konstantem magnetischen Feld über ihrem Querschnitt direkt proportional dem Quadrat der Windungszahl w und der Querschnittsfläche A sowie umgekehrt proportional zur Länge l der Spule. Ferner ist die Induktivität der Spule direkt proportional der Permeabilitätszahl des Materials, das die Spule füllt. Für kompliziertere Feldstrukturen des Magnetfeldes innerhalb der Spule ist auch die Abhängigkeit der Induktivität von der Geometrie der Spule nicht mehr so einfach (vgl. das Ergebnis der exakten Rechnung nach Gl.(V.6.18)).

Mit Hilfe von Gl.(V.6.11) sowie unter Verwendung des abgeleiteten Zusammenhangs zwischen der induzierten Spannung und der induktiven Spannung, kann die elektrische Spannung, die an den Klemmen der Spule anliegt, berechnet werden:

$$u(t) = w \frac{d\Phi_m}{dt} = \frac{d\Psi(t)}{dt} = \frac{\mu_0 \mu_r w^2 b}{2\pi} \ln\{\frac{r_a}{r_i}\} \frac{di(t)}{dt} \quad ,$$

$$u(t) = L \frac{di(t)}{dt} \quad , \qquad (V.6.19)$$

ein entsprechendes Ergebnis gilt für die Näherungsrechnung.

Satz 54: Die an den Klemmen einer Spule anliegende elektrische Spannung u ist direkt proportional dem Differentialquotienten der elektrischen Stromstärke i nach der Zeit t. Die Proportionalitätskonstante zwischen beiden Größen ist die Induktivität L.

Bild V.6.5 zeigt den zeitlichen Verlauf der elektrischen Stromstärke $i(t) = \hat{i}\,\sin(\omega t)$ durch eine Spule und die hieraus resultierende Abhängigkeit des mit der Spule verketteten magnetischen Flusses $\Psi(t)$ und der an den Klemmen anliegenden elektrischen Spannung $u(t)$. Es kann erkannt werden, daß die Null-

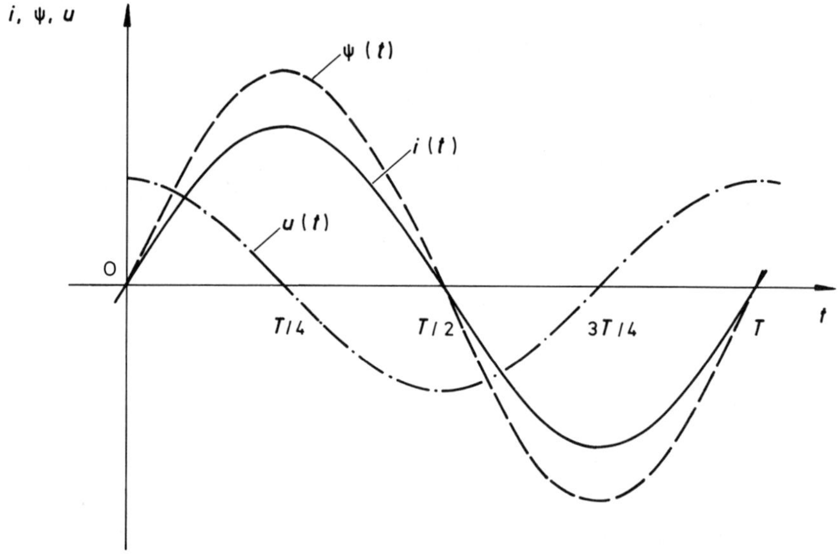

Bild V.6.5: Zeitlicher Verlauf der elektrischen Stromstärke durch eine Spule, des mit der Spule verketteten magnetischen Flusses sowie der an der Spule anliegenden elektrischen Spannung.

durchgänge der elektrischen Spannung gegenüber denen der elektrischen Stromstärke um eine Viertelperiodendauer $T/4$ früher auftreten, oder, nicht ganz exakt ausgedrückt: "Die elektrische Spannung $u(t)$ an einer Spule eilt der elektrischen Stromstärke $i(t)$ durch die Spule um eine Viertelperiode voraus".

Zur Beschreibung der Eigenschaften einer Spule in einem elektrischen Netzwerk wird ein *Netzwerkelement Spule* eingeführt, das sich von dem realen Bauelement durch bestimmte Idealisierungen unterscheidet. Für das Netzwerkelement Spule soll der nach Gl.(V.6.19) abgeleitete Zusammenhang zwischen der elektrischen Spannung $u(t)$ und der elektrischen Stromstärke $i(t)$ als Definitionsgleichung gültig sein. Bild V.6.6 zeigt zwei mögliche Schaltsymbole für das Netzwerkelement sowie die Zuord-

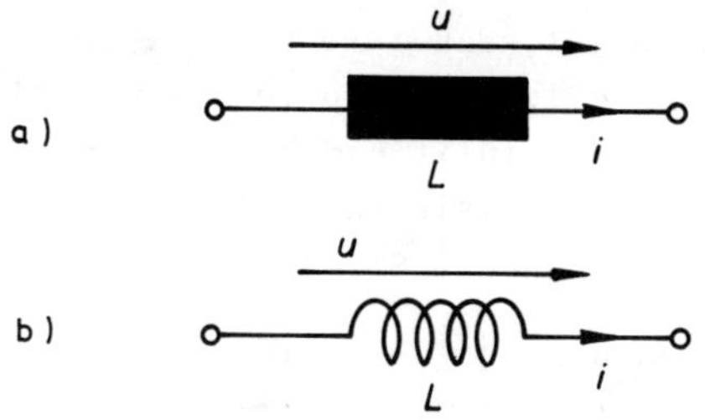

Bild V.6.6: Schaltsymbole sowie Bezugspfeilzuordnung für das Netzwerkelement Spule.

nung der Bezugspfeile von elektrischer Spannung und elektrischer Stromstärke. Das Netzwerkelement ist ein idealisiertes Gebilde, das z.B. den stets vorhandenen elektrischen Widerstand des Spulendrahtes vernachlässigt, so daß beim Anlegen einer elektrischen Gleichspannung an das Netzwerkelement die elektrische Stromstärke durch das Netzwerkelement unendlich groß wird. Die zwischen den Spulenwindungen stets auftretende *Wicklungskapazität* wird ebenfalls vernachlässigt. Wie eine der Realität näher kommende Beschreibung des wirklichen Bauelements vorgenommen wird, wird im zweiten Teil des Buches beschrieben.

V.6.1 DER IM MAGNETFELD DER SPULE GESPEICHERTE ENERGIEINHALT

Fließt durch eine Spule ein elektrischer Strom, so wird im Bereich der Spule ein Magnetfeld aufgebaut. Ein Magnetfeld der magnetischen Erregung $\vec{H}$ und der magnetischen Flußdichte $\vec{B}$, das in einem Volumen V existiert, speichert entsprechend Kapitel IV.10 (vgl. Gl.(IV.10.8)) die Energie:

$$W_m = \frac{1}{2} \, |\vec{H}| \, |\vec{B}| \, V \quad . \qquad (V.6.20)$$

Die Spule ist also wie der Kondensator ein Energiespeicher.

Im Gegensatz zum Kondensator, der Energie im elektrischen Feld speichert, speichert die Spule Energie im Magnetfeld.

Gl.(V.6.20) soll anhand der in Bild V.6.7 gezeigten einfachen Spule ausgewertet werden. Dazu wird angenommen, daß die Spule lang in dem Sinn ist, daß ihre Länge l sehr viel größer als ihre Querabmessung a ist. Die Spule sei mit einem Material der Permeabilität $\mu=\mu_r\mu_0$ gefüllt und habe w Windungen. Das Magnetfeld soll in einer idealisierenden Annahme nur im Innern der Spule auftreten; das äußere Streufeld wird vernachlässigt.

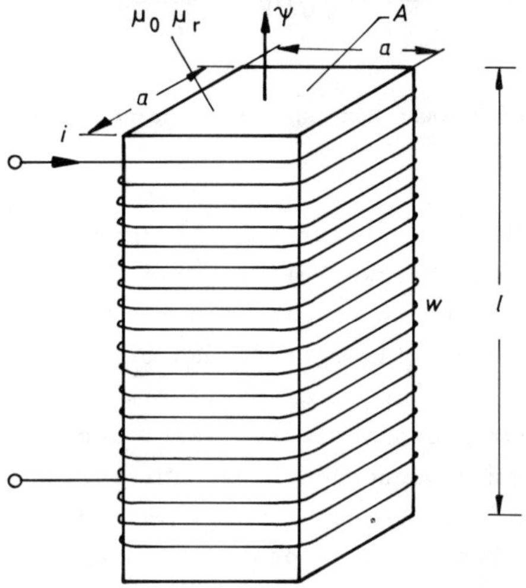

Bild V.6.7: Ideale Spule zur Berechnung des gespeicherten Energieinhalts.

Unter den gemachten Voraussetzungen gilt für den Absolutbetrag der magnetischen Erregung (vgl. Gl.(IV.3.1)) in der Spule:

$$|\vec{H}| = \frac{w\,|i|}{l} \quad , \tag{V.6.21}$$

und die magnetische Flußdichte im Innern der Spule ist:

$$|\vec{B}| = \frac{\mu_0\mu_r w}{l}\,|i| \quad . \tag{V.6.22}$$

Der mit der Spule verkette magnetische Fluß Ψ berechnet sich demnach zu:

$$\Psi = w\ \Phi_m = w(\vec{B}\cdot\vec{n})A = w(\vec{B}\cdot\vec{n})a^2 \ ,$$

$$\Psi = \frac{\mu_0\mu_r w^2 a^2}{l}\ i = \frac{\mu_0\mu_r w^2 A}{l}\ i \qquad \text{(V.6.23)}$$

mit $A=a^2$ der Querschnittsfläche der Spule. Entsprechend ihrer Definition ergibt sich hieraus die Induktivität der Spule (vgl. Gl.(V.6.17)) zu:

$$L = \frac{\Psi}{i} = \frac{\mu_0\mu_r w^2 A}{l} = \frac{\mu_0\mu_r w^2 a^2}{l} \ . \qquad \text{(V.6.24)}$$

Dieser Ausdruck für die Induktivität der idealen Spule ist identisch mit der in Gl.(V.6.16) für die Toroidspule näherungsweise berechneten Induktivität.

Werden die abgeleiteten Beziehungen in Gl.(V.6.20) für den Energieinhalt des Magnetfeldes eingesetzt, so gilt zunächst:

$$W_m = \frac{1}{2}\ \frac{w|i|}{l}\ \frac{\mu_0\mu_r w|i|}{l} V = \frac{1}{2}\ \frac{w^2\mu_0\mu_r}{l^2}\ Al\ i^2 \ , \qquad \text{(V.6.25)}$$

wenn das Volumen innerhalb der Spule, in dem das magnetische Feld existiert, als Produkt aus der Länge l und dem Querschnitt A der Spule geschrieben wird. Damit kann der Energieinhalt, der im Magnetfeld der Spule gespeichert wird, in folgenden Formen geschrieben werden:

$$W_m = \frac{1}{2}\ \frac{\mu_0\mu_r w^2 A}{l}\ i^2 = \frac{1}{2}\ Li^2 \ ,$$

$$W_m = \frac{1}{2}\ \frac{\mu_0\mu_r w^2 A}{l}\ i\ i = \frac{1}{2}\ \Psi i \ , \qquad \text{(V.6.26)}$$

$$W_m = \frac{1}{2}\ \frac{l}{\mu_0\mu_r w^2 A}\ \Psi\ \Psi = \frac{1}{2}\ \frac{\Psi^2}{L} \ .$$

Alle drei Formulierungen sind gleichwertig gültig, sie ergeben sich jeweils durch Anwenden des Zusammenhangs Gl.(V.6.23) auseinander.

Satz 55: Im magnetischen Feld einer Spule wird Energie gespeichert. Die gespeicherte Energie kann aus der elektrischen Stromdichte i durch die Spule, dem mit der Spule verketteten magnetischen Fluß Ψ und der Induktivität L berechnet werden:

$$W_m = \frac{1}{2}\,\Psi i = \frac{1}{2}\,L i^2 = \frac{1}{2}\,\frac{\Psi^2}{L} \quad . \tag{V.6.27}$$

Wie die Beziehungen (V.6.27) erkennen lassen, kann die Induktivität einer Spule also nicht nur z.B. aus dem verketteten Fluß nach Gl.(V.6.17) berechnet werden, sondern bei Kenntnis des Energieinhalts W_m des Magnetfeldes in Abhängigkeit von der elektrischen Stromstärke i kann die Induktivität L auch aus:

$$L = \frac{2W_m}{i^2} \tag{V.6.28}$$

bestimmt werden. Diese Beziehung wird vor allem zur Berechnung der sogenannten "inneren Induktivitäten" (siehe nächstes Kapitel) verwendet.

V.6.2 DIE BERECHNUNG SPEZIELLER INDUKTIVITÄTEN

In den vorangegangenen zwei Kapiteln wurde der Begriff der Induktivität zunächst für das Bauelement Spule als ein Maß dafür definiert, wie groß bei Fließen einer elektrischen Stromstärke i durch die Spule der mit der Spule verkettete magnetische Fluß Ψ ist. Über diese Definition als Kenngröße einer Spule hinaus kann die Induktivität jedoch für alle Strukturen, in denen eine elektrische Stromstärke einen (verketteten) magnetischen Fluß erzeugt, als Proportionalitätsfaktor zwischen dem verketteten magnetischen Fluß Ψ und der elektrischen Stromstärke i definiert werden:

$$\Psi = L\,i\;,$$

$$L = \frac{\Psi}{i}\;. \tag{V.6.29}$$

Darüber hinaus besteht, wie bereits im letzten Kapitel erwähnt, die Möglichkeit, die Induktivität L aus dem Energieinhalt des zugeordneten Magnetfelds

$$L = \frac{2W_{\mathrm{m}}}{i^2} \tag{V.6.30}$$

zu berechnen.

Es sollen hier zwei Beispiele für die Berechnung der Induktivität nichtspulenförmiger Bauelemente behandelt werden: 1) die unendlich lange, gerade Doppelleitung und 2) die unendlich lange, koaxiale Leitung.

1) Zur Berechnung der Induktivität der unendlich langen, geraden Doppelleitung im Vakuum ($\mu = \mu_0$), die gegensinnig von einer elektrischen Stromstärke gleicher Größe i durchflossen wird, betrachten wir Bild V.6.8, in dem ein Ausschnitt der Länge l der unendlich langen Leitung gezeichnet ist. Bereits in Kapitel

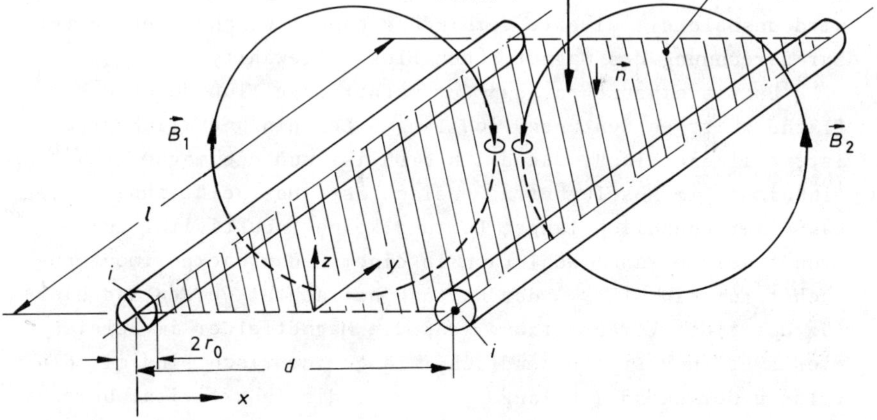

Bild V.6.8: Zur Berechnung der Induktivität der Doppelleitung.

IV.4 haben wir das Magnetfeld dieser Leitung berechnet; Bild IV.4.7a) zeigt z.B. die berechneten Feldlinien der magnetischen Erregung und in Gl.(IV.4.12) ist die magnetische Erregung in der Ebene A (Bild V.6.8) zwischen den Leitern angegeben; es gilt für $r_0 \leqq x \leqq d-r_0$:

$$\vec{H} = -\frac{i}{2\pi x}\vec{e}_z - \frac{i}{2\pi(d-x)}\vec{e}_z \ . \qquad \text{(V.6.31)}$$

Dies ist zunächst nur das Feld der magnetischen Erregung, das zwischen den Leiterachsen außerhalb der Leiter auftritt; wie aus der Diskussion des Magnetfeldes der Doppelleitung in Kapitel IV.4 bekannt ist, tritt auch im Innern des Leiters ein Magnetfeld auf (vgl.Bild IV.4.9a)).Dieses Feld soll hier im ersten Schritt der Diskussion zunächst vernachlässigt werden.

Zur Berechnung der Induktivität der Leiteranordnung nach Bild V.6.8 muß der mit dem Strom der elektrischen Stromstärke i in den Leitern verkettete magnetische Fluß, der durch die Fläche A zwischen den beiden Leitern tritt, bestimmt werden. Da alle Feldlinien der magnetischen Flußdichte durch diese Fläche treten (Bild IV.4.7a)), ist es gleichgültig, wie die Fläche aussieht, durch die der magnetische Fluß bestimmt wird, wenn sie nur von den Achsen, bzw. in diesem ersten Schritt der Diskussion, von den Oberflächen der Leiter berandet wird. Es wird deshalb die direkte Verbindungsebene zwischen den Leitern zur Berechnung des magnetischen Flusses gewählt.

Es ist einzusehen, daß der magnetische Fluß durch die Fläche zwischen den unendlich langen Leitern unendlich groß ist, weil die Fläche unendlich groß ist und die magnetische Flußdichte im Absolutbetrag endlich ist. Das heißt zunächst, daß einer unendlich langen Leitung keine Induktivität zugeordnet werden kann; wohl kann in einem Gedankenexperiment zunächst nur ein Stück l der Leitung betrachtet werden und hierfür unter der Voraussetzung, daß die Magnetfelder im Bereich dieses Leitungsstückes endlicher Länge identisch sind mit den Feldern der unendlich langen Leitung, die Induktivität berechnet werden. Aus dem so bestimmten Wert kann dann später durch

Beziehen auf die Abschnittslänge der Leitung eine Induktivität pro Längeneinheit als Kenngröße für die unendlich lange Leitung definiert werden.

Zur Berechnung der Induktivität des Leitungsabschnittes nach Bild V.6.8 wird zunächst gemäß den Voraussetzungen nur der mit dem Leitungsstrom verkettete magnetische Fluß durch die Fläche A im Bereich $r_0 \leq x \leq d-r_0$ und das Magnetfeld in diesem Bereich berücksichtigt; die so berechnete Induktivität wird, da sie nur das Feld außerhalb der Leiter berücksichtigt, als *äußere Induktivität* L_a bezeichnet. Weil die magnetische Flußdichte $\vec{B}$ immer senkrecht auf der Verbindungsebene A zwischen den Leitern steht und weil der mit dem Strom der elektrischen Stromstärke i verkettete magnetische Fluß Ψ_a durch die Fläche A außerhalb des Leiters identisch ist mit dem magnetischen Fluß Φ_{ma} durch die Fläche A (der Strom umschließt den magnetischen Fluß w = 1-mal und die Berandung der Fläche A ist eindeutig definiert), gilt:

$$\Psi_a = \Phi_{ma} = \int_A \vec{B} \cdot \vec{n} \, dA = \frac{\mu_0 i}{2\pi} l \int_{r_0}^{d-r_0} \left(\frac{1}{x} + \frac{1}{d-x}\right) dx \, . \qquad (V.6.32)$$

Da sowohl der gewählte Flächennormalen-Einheitsvektor $\vec{n}$ als auch die magnetische Flußdichte in der Fläche A negative z-Richtung haben (Bild V.6.8), wird Ψ_a positiv. Die Integration über die y-Richtung liefert, da das Magnetfeld von dieser Koordinate nicht abhängt, nur die Multiplikation mit der betrachteten Leitungsabschnitts-Länge l.

Die Auswertung des Integrals nach Gl.(V.6.32) ergibt für den verketteten magnetischen Fluß den Wert:

$$\Psi_a = \frac{\mu_0 l}{2\pi} i \left[\ln\{\frac{d-r_0}{r_0}\} - \ln\{\frac{r_0}{d-r_0}\}\right] ,$$

$$\Psi_a = \frac{\mu_0 l}{\pi} i \ln\{\frac{d-r_0}{r_0}\} , \qquad (V.6.33)$$

so daß die zugeordnete äußere Induktivität des Leitungsabschnittes der Länge l gleich:

$$L_a = \frac{\Psi_a}{i} = \frac{\mu_0 l}{\pi} \ln\{\frac{d-r_0}{r_0}\} \qquad (V.6.34)$$

ist. Für Abstände d, die sehr viel größer als der Radius r_0 sind ($d \gg r_0$) kann der Ausdruck $\ln(d-r_0/r_0)$ in Gl.(V.6.34) durch $\ln(d/r_0)$ angenähert werden.

Zwischen den Achsen der beiden Leiter und deren Außenberandung wird ebenfalls noch eine Fläche aufgespannt, durch die ein verketteter magnetischer Fluß Ψ_i (innerer Fluß) tritt. Die Bestimmung dieses Flusses ist nicht so einfach, wie die Berechnung des äußeren Flusses und bedarf zusätzlicher Überlegungen. Hierzu ist in Bild V.6.9 nochmals der Leiter 1 der Anordnung nach Bild V.6.8 gezeichnet. Eingezeichnet ist die Fläche $A = A_1 + A_2$, durch die der verkettete magnetische Fluß bestimmt werden muß. Aufgrund der Symmetrie der Leitungsanordnung nach Bild V.6.8 reicht es aus, den Fluß durch die Fläche A in einem Leiter zu berechnen (z.B. Leiter 1); der Gesamtfluß durch beide Leiter ergibt sich dann durch Multiplikation mit dem Faktor zwei.

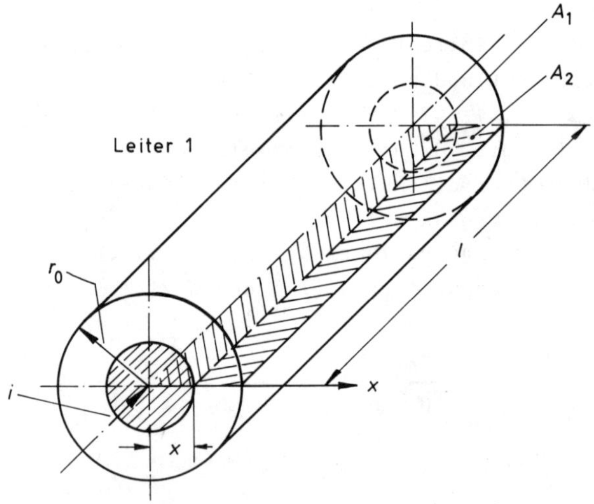

Bild V.6.9: Zur Berechnung der inneren Induktivität.

Das Magnetfeld im Innern des Leiters 1 setzt sich aus zwei Anteilen, dem Feld des Leiters 2 und dem Feld des Leiters 1 zusammen; beide Felder stehen senkrecht auf der in Bild V.6.9 eingezeichneten Ebene und haben dieselbe Richtung. Zur Vereinfachung des Problems wollen wir annehmen, daß der Abstand d zwischen den beiden Leitern groß gegenüber deren Radius r_0 ist, unter diesen Voraussetzungen können wir annehmen, daß der Beitrag des Leiters 2 zum Magnetfeld im Leiter 1 vernachlässigbar klein ist. Es bleibt also das Magnetfeld des Leiters 1 zu berücksichtigen.

Soll der verkettete magnetische Fluß z.B. durch die Fläche A_2 (Bild V.6.9) der Länge l und der Breite $d-x$ im Innern des Leiters 1 ($x \leq r_0$) berechnet werden, so müssen wir feststellen, daß der magnetische Fluß durch diese Fläche nicht mehr mit der gesamten elektrischen Stromstärke i durch den Leiter verkettet ist (das heißt, daß die Fläche, durch die der Fluß berechnet wird, nicht mehr von dem Gesamtstrom umschlossen wird), sondern nur noch mit dem Anteil des Stromes, der durch die in Bild V.6.9 schraffierte Querschnitts-Kreisfläche des Radius $r=x$ tritt. Dieser Strom hat die elektrische Stromstärke:

$$i' = i\frac{\pi x^2}{\pi r_0^2} = i\frac{x^2}{r_0^2} , \qquad \text{(V.6.35)}$$

wie leicht aus dem Verhältnis der Querschnittsfläche πr_0^2 des Leiters zur Kreisfläche des Radius $r=x$ bestimmt werden kann, wenn die Stromstärke als gleichmäßig über dem Leiter verteilt angenommen wird. Zur Anwendung der Beziehung Gl.(V.6.29) bedarf es zur Berechnung der inneren Induktivität einer erweiterten und verallgemeinerten Definition des verketteten magnetischen Flusses, auf die hier verzichtet werden muß, um den Rahmen des Buches nicht zu sprengen. Es wird in diesem Zusammenhang auf die Literatur der theoretischen Elektrotechnik verwiesen.

Um die Verständnisschwierigkeiten zu umgehen, die sich bei der Berechnung der inneren Induktivität aus Gl.(V.6.29) ohne eine erweiterte Definition des verketteten magnetischen

Flusses immer ergeben, machen wir hier zur Berechnung der inneren Induktivität Gebrauch von Gl.(V.6.30), mit deren Hilfe die innere Induktivität aus dem Energieinhalt des magnetischen Feldes im Innern des Leiters berechnet werden kann. Da die magnetische Erregung $\vec{H}$ und die magnetische Flußdichte $\vec{B}$ im Absolutbetrag im Innern des Leiters 1 nach den gemachten Voraussetzungen (Vernachlässigung des Feldanteils des Leiters 2) durch die Beziehungen (vgl. Gl.(IV.4.9)):

$$|\vec{H}| = \frac{|i|}{2\pi r_0^2}\, r \quad , \qquad |\vec{B}| = \frac{\mu_0 \mu_r |i|}{2\pi r_0^2}\, r \qquad \text{(V.6.36)}$$

mit μ_r der Permeabilitätszahl des Leitermaterials in Abhängigkeit vom Achsenabstand r beschrieben werden können, da ferner die Felder reine azimutale Richtung haben und parallel zueinander sind, wird in einem kleinen Volumenelement dV in Form eines Hohlzylinders des Radius r und der Wandstärke dr (Bild V.6.10) gemäß Gl.(IV.10.10) der Energieinhalt:

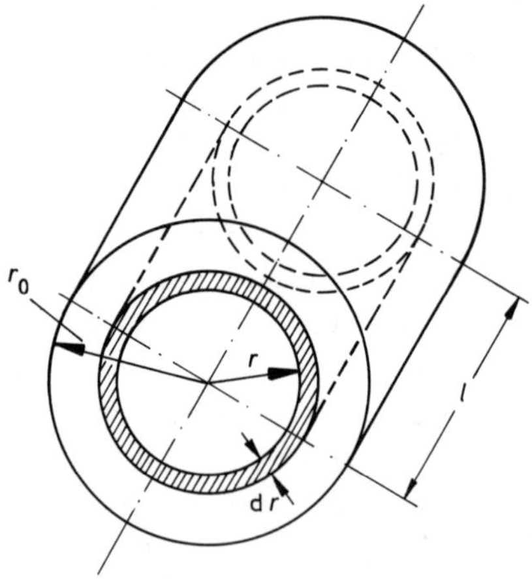

Bild V.6.10: Zur Berechnung des Energieinhalts des Magnetfelds im Leiter.

$$dW_{mi} = \frac{1}{2}\,|\vec{B}|\,|\vec{H}|\,dV \tag{V.6.37}$$

gespeichert. Der Volumeninhalt des betrachteten Volumenelements ist: $dV = 2\pi r l dr$, so daß der gesamte im Innern des Leiters im Magnetfeld gespeicherte Energieinhalt sich aus der Aufsummation der Anteile dW_{mi}, die in allen Hohlzylindern im Bereich $0 \leq r \leq r_0$ gespeichert sind, ergibt:

$$W_{mi} = \int_0^{r_0} \frac{1}{2}\,|\vec{H}|\,|\vec{B}|\; 2\pi r l dr \quad ,$$

$$W_{mi} = \frac{i^2 \mu_0 \mu_r 2\pi l}{8\pi^2 r_0^4} \int_0^{r_0} r^3\, dr = \frac{i^2 l \mu_0 \mu_r}{4\pi r_0^4}\,\frac{r_0^4}{4} \quad . \tag{V.6.38}$$

Aus dem so bestimmten Energieinhalt kann die innere Induktivität unter Berücksichtigung des zweiten Leiters gemäß Gl.(V.6.30) zu:

$$L_i = 2\,\frac{2W_m}{i^2} = 2\,\frac{\mu_0 \mu_r l}{8\pi} = \frac{\mu_0 \mu_r l}{4\pi} \tag{V.6.39}$$

berechnet werden. Die Gesamtinduktivität der Leiteranordnung nach Bild V.6.8 berechnet sich damit aus L_a und L_i für Werte $d \gg r_0$ zu:

$$L = L_a + L_i \approx \frac{\mu_0 l}{\pi} \ln\{\frac{d}{r_0}\} + \frac{\mu_0 \mu_r l}{4\pi} \quad . \tag{V.6.40}$$

Da, wie bereits oben erwähnt, die Angabe einer Induktivität für eine unendlich lange Leiteranordnung nicht möglich ist, ist es sinnvoll, die auf die Leiterlänge l bezogene Induktivität, die als *Induktivitätsbelag* L' der Leitung bezeichnet wird, anzugeben. Für die unendlich lange, gerade Doppelleitung ist der Induktivitätsbelag als Maß für die Induktivität pro Längeneinheit näherungsweise (d.h. für $d \gg r_0$):

$$L' = \frac{L}{l} \approx \frac{\mu_0}{\pi}\left[\ln\{\frac{d}{r_0}\} + \frac{\mu_r}{4}\right] \quad . \qquad (V.6.41)$$

Bild V.6.11 zeigt die Abhängigkeit des äußeren Induktivitätsbelags L'_a in Abhängigkeit vom Abstand d zwischen den beiden Leitern für verschiedene Radien der Leiter.

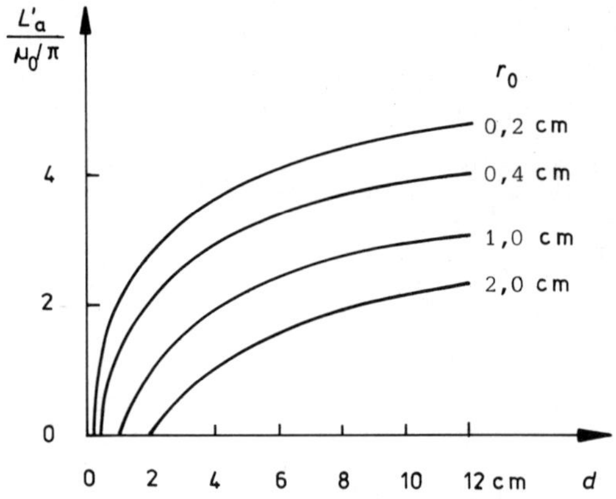

Bild V.6.11: Abhängigkeit des äußeren Induktivitätsbelags zweier paralleler, unendlich langer, gerader Leiter vom Abstand d zwischen den Leitern für vier verschiedene Radien r_0 der Leiter.

In völlig analoger Weise, wie oben die innere und die äussere Induktivität der Doppelleitung bestimmt wurde, kann die Induktivität der koaxialen Leitung nach Bild V.6.12 berechnet werden. Die Abhängigkeit der magnetischen Erregung $\vec{H}$ innerhalb der koaxialen Leitung ($0 \leq r \leq r_a$) haben wir bereits in Kapitel IV.4 bestimmt. Nach den Gln.(IV.4.14),(IV.4.15) und (IV.4.17) gilt in den drei Feldbereichen, in denen ein Magnetfeld auftritt, für die magnetische Flußdichte im Absolutbetrag:

$$|\vec{B}| = \frac{\mu_0 \mu_r |i|}{2\pi r_i^2}\, r, \quad 0 \leq r \leq r_i \quad ,$$

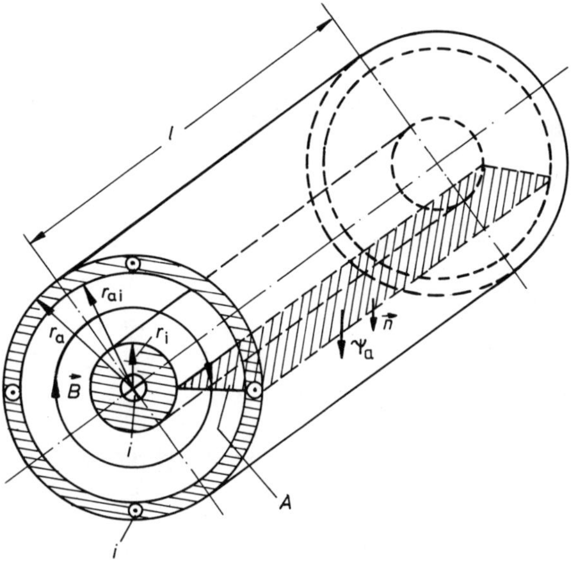

Bild V.6.12: Zur Berechnung der Induktivität der koaxialen Leitung.

$$|\vec{B}| = \frac{\mu_0 |i|}{2\pi r} \quad , \; r_i \leq r \leq r_{ai} \quad ,$$

$$|\vec{B}| = \frac{\mu_0 \mu_r |i|}{2\pi r}\left(1 - \frac{r^2 - r_{ai}^2}{r_a^2 - r_{ai}^2}\right) \quad , \quad r_{ai} \leq r \leq r_a \quad . \qquad \text{(V.6.42)}$$

Hierin ist μ_0 die Permeabilität des Materials zwischen den beiden Leitern (Luft) und μ_r die Permeabilitätszahl des Leitermaterials. Die magnetische Flußdichte $\vec{B}$ hat in allen Bereichen rein azimutale Richtung und ist außerhalb der Leitung Null.

Zur Berechnung der äußeren Induktivität wird zunächst wieder nur ein Leiterabschnitt der Länge l betrachtet (siehe Diskussion oben sowie Bild V.6.12) und der verkettete magnetische Fluß Ψ_a, der identisch mit dem magnetischen Fluß Φ_{ma} ist, durch die Fläche A (Bild V.6.12) zwischen den Leitern bestimmt.

Da die magnetische Flußdichte diese Fläche senkrecht durchsetzt, gilt:

$$\Psi_a = \Phi_{ma} = \int_A \vec{B} \cdot \vec{n} \, dA = \int_{r_i}^{r_{ai}} \frac{\mu_0 i}{2\pi r} \, l \, dr \quad ,$$

$$\Psi_a = \Phi_{ma} = \frac{\mu_0 i l}{2\pi} \ln\{\frac{r_{ai}}{r_i}\} \quad . \qquad (V.6.43)$$

Damit kann die äußere Induktivität des Leitungsabschnittes zu:

$$L_a = \frac{\mu_0 l}{2\pi} \ln\{\frac{r_{ai}}{r_i}\} \qquad (V.6.44)$$

berechnet werden.

Zur Ermittlung der inneren Induktivität ist es zweckmäßig, wie bereits die oben stehende Diskussion für die Doppelleitung gezeigt hat, den Energieinhalt zu berechnen, der im Magnetfeld innerhalb der Leiter gespeichert ist. Hierzu werden wieder Volumenelemente in Form von Hohlzylindern (vgl. Bild V.6.10) gewählt und der Beitrag des Innenleiterfeldes und des Außenleiterfeldes zum Energieinhalt addiert. Unter Verwendung der in Gl.(V.6.42) angegebenen Beziehungen für die magnetische Flußdichte kann für den im Innern der Leiter im Magnetfeld gespeicherten Energieinhalt nach kurzen Zwischenrechnungen der Ausdruck:

$$W_{mi} = \frac{\mu_0 \mu_r l}{16\pi} i^2 + \frac{\mu_0 \mu_r l}{4\pi} i^2 \Big[(1 + 2\frac{r_{ai}^2}{r_a^2 - r_{ai}^2} + \frac{r_{ai}^4}{(r_a^2 - r_{ai}^2)^2}) \ln\{\frac{r_a}{r_{ai}}\} - 1 - \frac{r_{ai}^2}{r_a^2 - r_{ai}^2} + \frac{r_a^2 + r_{ai}^2}{4(r_a^2 - r_{ai}^2)} \Big] \qquad (V.6.45)$$

und somit für die innere Induktivität der koaxialen Leitung der Ausdruck:

$$L_i = \frac{\mu_0\mu_r l}{8\pi}$$

$$+ \frac{\mu_0\mu_r l}{2\pi}\Big[\Big(1 + 2\frac{r_{ai}^2}{r_a^2-r_{ai}^2} + \frac{r_{ai}^4}{(r_a^2-r_{ai}^2)^2}\Big)\ \ln\{\frac{r_a}{r_{ai}}\}$$

$$- 1 - \frac{r_{ai}^2}{r_a^2-r_{ai}^2} + \frac{r_a^2+r_{ai}^2}{4(r_a^2-r_{ai}^2)}\Big] \qquad \text{(V.6.46)}$$

angegeben werden. Der erste Term in Gl.(V.6.46) ist der Beitrag des Innenleiters zur inneren Induktivität, er hängt nicht von den Querschnittsabmessungen der Leitung ab. Der zweite Term ist der Beitrag des Außenleiters, er ist normalerweise gegenüber dem Beitrag des Innenleiters zur inneren Induktivität vernachlässigbar klein; dies gilt insbesondere für große Werte von r_{ai}. Das heißt, für den Induktivitätsbelag der Koaxialleitung kann näherungsweise die Beziehung:

$$L' = L'_a + L'_i \approx \frac{\mu_0\mu_r}{8\pi} + \frac{\mu_0}{2\pi}\ \ln\{\frac{r_{ai}}{r_i}\} \qquad \text{(V.6.47)}$$

angegeben werden.

Bild V.6.13 zeigt einen Vergleich der Induktivitätsbeläge (normiert jeweils auf $\mu_0/(8\pi)$) der Koaxialleitung für ein Material mit der Permeabilitätszahl $\mu_r = 1$ (z.B. Messing) und zwei verschiedene Werte des Innendurchmessers in Abhängigkeit vom Innendurchmesser des Außenleiters. Dabei wurde die Wandstärke $r_a - r_{ai}$ des Außenleiters konstant zu 0,2 cm gewählt. Wie das Bild zeigt, weicht die innere Induktivität für alle Werte von r_{ai} nur sehr wenig von dem Wert $L_i = \mu_0/(8\pi)$ ab, das heißt, der Beitrag des Magnetfeldes im Innern des Außenleiters zur inneren Induktivität ist sehr klein. Wie das Bild weiterhin zeigt, kann der Beitrag der inneren Induktivität zur Gesamtinduktivität eines Leiterabschnittes beträchtlich sein, wenn der Innenradius r_i groß und die Permeabilitätszahl größer als eins ist.

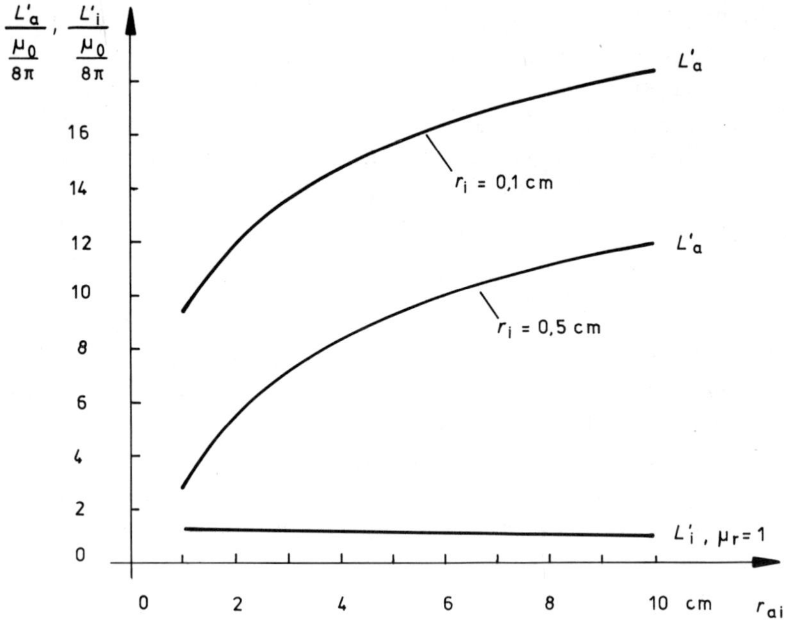

Bild V.6.13: Abhängigkeit des äußeren und des inneren Induktivitätsbelags einer koaxialen Leitung vom Innendurchmesser des Außenleiters bei konstanter Wandstärke des Außenleiters für zwei verschiedene Werte des Durchmessers des Innenleiters.

V.6.3 BAUFORMEN TECHNISCHER SPULEN

Technische Spulen bestehen in der überwiegenden Zahl aus einer Wicklung und einem magnetischen Kreis; eine Ausnahme hiervon bilden die Spulen im oberen Hochfrequenzbereich (f > 500 MHz), die fast ausschließlich in der Form von Luftspulen gebaut werden. Wegen der großen Vielfalt und der geforderten verschiedenen Eigenschaften werden Spulen nur selten als fertige Bauelemente angeboten, sie werden meistens für den speziellen Zweck selbst hergestellt.

Gegenüber dem in Kapitel V.6 definierten idealen Bauelement Spule muß bei technisch realisierten Spulen stets berücksichtigt werden, daß der zur Herstellung der Spule verwendete Draht stets einen *elektrischen Widerstand* besitzt; darüber hinaus besitzt der magnetische Kreis, auf dem die Spule aufgebracht wird, stets Verluste. Auf diese sogenannten *Kernverluste* wird im dritten Teil dieses Buches genauer eingegangen werden. Darüber hinaus bilden die Windungen der Spule eine Kondensatorwirkung gegeneinander aus, die durch die Größe der sogenannten *Wicklungskapazität* beschrieben wird.

Bis zu Frequenzen von einigen tausend Hertz werden Spulen auf Transformatorblech-Kerne gewickelt. Transformatorblech-Kerne bestehen, wie der Name sagt, aus Blechen, die eine sehr große Permeabilität haben und durch Papierzwischenlagen voneinander isoliert zu einem Kern gestapelt werden. Die Dicke der Bleche liegt zwischen 0,2 mm und 0,02 mm.

Im Frequenzbereich bis zu einigen Megahertz werden fast ausschließlich nur noch Ferritkerne verwendet. Ferrite sind Materialien keramischer Natur mit magnetischen Eigenschaften, die aus der Verbindung zweiwertiger Metalle und Eisenoxid hergestellt werden. Mit Ferritkernen sind Permeabilitäten zwischen 100 und 10 000 erreichbar, sie werden überwiegend als Schalenkerne hergestellt. Im unteren Hochfrequenzbereich werden die Ferritkerne nicht als geschlossene magnetische Kreise, sondern als Schraub- und Zylinderkerne in auf Wickelkörper gewickelten Spulen verwendet. Im oberen Hochfrequenzbereich schließlich werden, wie bereits oben erwähnt, reine Luftspulen verwendet.

V.7 GEKOPPELTE SPULEN

Neben der einfachen Spule, wie sie in Kapitel V.6 besprochen wurde, spielen Bauelemente, die im Prinzip aus zwei gekoppelten Spulen bestehen, eine große Rolle, weil es mit ihnen möglich ist, elektrische Energie von einem Schaltkreis auf einen zweiten galvanisch getrennten Schaltkreis zu übertragen. Die wichtigste Anwendung solcher gekoppelten Spulen ist der Transformator oder Übertrager; er wird im nächsten Kapitel besprochen werden.

Bild V.7.1 zeigt zwei über ihr Magnetfeld miteinander verkoppelte Spulen. In Bild V.7.1a) ist angenommen worden, daß zunächst nur durch die Spule 1 ein Strom der elektrischen Stromstärke i_1 fließt, der in der Spule und im Bereich außerhalb der Spule (reale Spule) ein Magnetfeld der magnetischen Flußdichte $\vec{B}_1$ erzeugt; die elektrische Stromstärke durch die Spule 2 sei Null. Alle Feldlinien dieser Flußdichte treten durch den

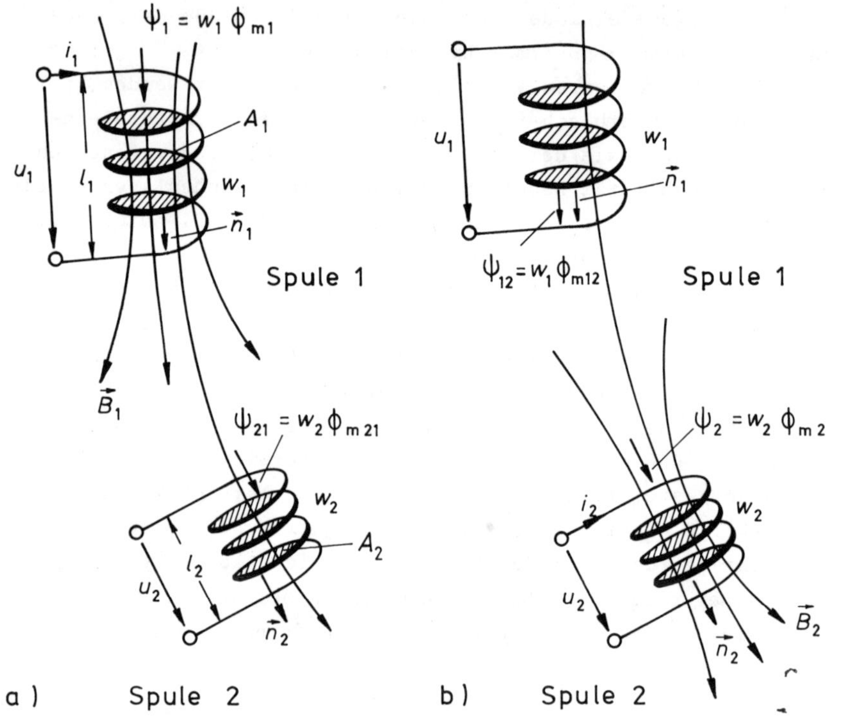

Bild V.7.1: Zur Definition der Gegeninduktivität.

Querschnitt A_1 der Spule 1 und erzeugen einen magnetischen Fluß Φ_{m1} bzw. den mit der Spule 1 verketteten magnetischen Fluß $\Psi_1 = w_1\ \Phi_{m1}$ durch den Querschnitt der Spule 1; er berechnet sich aus:

$$\Psi_1 = w_1\ \Phi_{m1} = w_1 \int_{A_1} \vec{B}_1 \cdot \vec{n}_1\ \mathrm{d}A \quad , \tag{V.7.1}$$

mit $\vec{n}_1$ dem Flächennormalen-Einheitsvektor auf der Querschnittsfläche A_1. Außerhalb der Spule bildet sich ein magnetisches Streufeld aus, das dazu führt, daß ein Teil der Feldlinien der magnetischen Flußdichte $\vec{B}_1$ auch durch den Querschnitt A_2 der Spule 2 tritt und somit den magnetischen Fluß $\Phi_{m2} = \Phi_{m21}$ bzw. den mit der Spule 2 verketteten magnetischen Fluß $\Psi_2 = \Psi_{21}$ hervorruft:

$$\Psi_{21} = w_2\ \Phi_{m21} = w_2 \int_{A_2} \vec{B}_1 \cdot \vec{n}_2\ \mathrm{d}A \quad . \tag{V.7.2}$$

$\vec{n}_2$ ist der Flächennormalen-Einheitsvektor auf der Querschnittsfläche A_2 der Spule 2. Da dieser magnetische Fluß, der die Spule 2 durchsetzt, vom Magnetfeld der Spule 1 hervorgerufen wird, bezeichnen wir ihn als Φ_{m21} bzw. den verketteten magnetischen Fluß als Ψ_{21}.

Die magnetische Flußdichte $\vec{B}_1$ ist der elektrischen Stromstärke i_1 direkt proportional, somit ist auch der verkettete magnetische Fluß Ψ_1 sowie der verkettete magnetische Fluß Ψ_{21} der felderzeugenden elektrischen Stromstärke i_1 proportional. Wie im Fall der einfachen Spule (Kapitel V.6) wird für die gekoppelten Spulen definiert:

$$\Psi_1 = L_1\ i_1 \quad , \tag{V.7.3}$$

mit L_1 der Induktivität, oder, zur deutlichen Unterscheidung der anschließend definierten Größen, der *Eigeninduktivität* der Spule 1. Sie hat dieselbe Bedeutung, wie sie bereits in Kapitel V.6 besprochen wurde. Entsprechend wird der Proportionalitätsfaktor M_{21}:

$$\Psi_{21} = M_{21}\ i_1 \quad , \tag{V.7.4}$$

der ein Maß für den verketteten magnetischen Fluß durch die Spule 2 ist, als die *Gegeninduktivität* zwischen Spule 1 und Spule 2 bezeichnet. Die Gegeninduktivität hängt entsprechend ihrer Definition von der Geometrie und der Lage der Spulen 1 und 2 zueinander sowie von der Permeabilität des Mediums zwischen und in den Spulen ab.

Umgekehrt ergibt sich (Bild V.7.1b)), wenn nur eine elektrische Stromstärke i_2 in der Spule 2 fließt, die elektrische Stromstärke i_1 aber Null ist, daß mit der Spule 2 ein magnetischer Fluß

$$\Psi_2 = w_2 \, \Phi_{m2} = w_2 \int_{A_2} \vec{B}_2 \cdot \vec{n}_2 \, dA \tag{V.7.5}$$

verkettet ist, der vom Magnetfeld der magnetischen Flußdichte $\vec{B}_2$, das von der elektrischen Stromstärke i_2 in der Spule 2 hervorgerufen wird, erzeugt wird. Ein Teil der Feldlinien der magnetischen Flußdichte $\vec{B}_2$ durchsetzt den Querschnitt A_1 der Spule 1, so daß mit ihr der magnetische Fluß

$$\Psi_{12} = w_1 \, \Phi_{m12} = w_1 \int_{A_1} \vec{B}_2 \cdot \vec{n}_1 \, dA \tag{V.7.6}$$

verkettet ist. Mit der gleichen Argumentation wie oben gilt, daß Ψ_2 und Ψ_{12} proportional der felderregenden Stromstärke i_2 sind, so daß entsprechend Gl.(V.7.3) und Gl.(V.7.4) die Eigeninduktivität L_2 der Spule 2 aus:

$$\Psi_2 = L_2 \, i_2 \tag{V.7.7}$$

und die Gegeninduktivität zwischen der Spule 2 und der Spule 1 aus:

$$\Psi_{12} = M_{12} \, i_2 \tag{V.7.8}$$

definiert werden kann. Die Gegeninduktivität M_{12} ist wie M_{21} nur eine Funktion der Geometrie der Spulen, der Lage der Spulen zueinander und der Permeabilität des Mediums zwischen den Spulen und in den Spulen.

Im nächsten Schritt unserer Überlegungen soll angenommen werden, daß gleichzeitig in der Spule 1 die elektrische Stromstärke i_1 und in der Spule 2 die elektrische Stromstärke i_2 fließe. Da alle die Feld- und Systemgrößen beschreibenden Beziehungen linear sind, können wir z.B. die unter dieser Annahme mit den Spulen verketteten magnetischen Flüsse aus der Überlagerung der oben berechneten Einzelflüsse berechnen. Demnach ist mit der Spule 1 der magnetische Fluß

$$\Psi_1 = L_1 i_1 + M_{12} i_2 \tag{V.7.9}$$

und mit der Spule 2 der magnetische Fluß

$$\Psi_2 = M_{21} i_1 + L_2 i_2 \tag{V.7.10}$$

verkettet.

Wir wollen zeigen, daß die Gegeninduktivität M_{12} immer gleich der Gegeninduktivität M_{21} ist. Dazu machen wir folgendes Gedankenexperiment: Wir betrachten wieder die beiden gekoppelten Spulen nach Bild V.7.1 und nehmen an, daß in der Spule 1 ein Strom der zeitunabhängigen elektrischen Stromstärke $i_1 = I_1$ fließt, daß die elektrische Stromstärke i_2 in der Spule 2 aber zunächst Null ist: $i_2 = 0$. Dann ist entsprechend Kapitel V.6.1, Gl.(V.6.26) in der Spule 1 die Energie

$$W_{m1} = \frac{1}{2} L_1 I_1^2 \tag{V.7.11}$$

und in der Spule 2 keine Energie gespeichert. Wird der Strom in der Spule 2 vom Wert Null auf den Endwert $i_2 = I_2$ erhöht, ohne daß die elektrische Stromstärke $i_1 = I_1$ verändert wird, so gelten entsprechend den Untersuchungen in Kapitel IV.10 die folgenden Argumente: Durch die Änderung der elektrischen Stromstärke i_2 vom Wert Null auf den Wert $i_2 = I_2$ wird sich die von der Spule 2 erregte magnetische Flußdichte vom Wert Null auf einen Endwert $\vec{B}_2$ ändern. Demgemäß ändert sich aufgrund der Verkopplung der beiden Spulen miteinander sowohl der mit der Spule 2 als auch der mit der Spule 1 verkettete magnetische Fluß. In beiden Spulen wird also eine elektrische Gegenspannung induziert, die zum Aufbau des magnetischen Feldes überwunden werden muß (vgl. Kapitel IV.10). Diese induzierte elektrische Spannung ist in der Spule 1 vom Wert:

$$u_{\text{ind1}} = -\frac{\mathrm{d}\Psi_{12}}{\mathrm{d}t} = -M_{12}\frac{\mathrm{d}i_2}{\mathrm{d}t} \qquad \text{(V.7.12)}$$

und in der Spule 2 vom Wert:

$$u_{\text{ind2}} = -\frac{\mathrm{d}\Psi_{2}}{\mathrm{d}t} = -L_{2}\frac{\mathrm{d}i_2}{\mathrm{d}t} \quad . \qquad \text{(V.7.13)}$$

Damit berechnet sich die von außen zum Aufbau des Magnetfeldes aufzubringende und somit nach Erreichen der elektrischen Stromstärke $i_2 = I_2$ durch die Spule 2 im Magnetfeld der Spulen gespeicherte Energie:

$$W_\mathrm{m} = \frac{1}{2} L_1 I_1^2 + \int_0^t (-u_{\text{ind1}} I_1 - u_{\text{ind2}} i_2)\,\mathrm{d}t \quad ,$$

$$W_\mathrm{m} = \frac{1}{2} L_1 I_1^2 + \int_0^{I_2} M_{12} I_1 \,\mathrm{d}i_2 + \frac{1}{2} L_2 I_2^2 \quad ,$$

$$W_\mathrm{m} = \frac{1}{2} L_1 I_1^2 + M_{12} I_1 I_2 + \frac{1}{2} L_2 I_2^2 \quad . \qquad \text{(V.7.14)}$$

Der erste Term beschreibt den schon oben berechneten Energieinhalt, der im Magnetfeld der Spule 1, das von der elektrischen Stromstärke I_1 erregt wird, gespeichert ist. Der zweite Term ist die Arbeit, die aufgebracht werden muß, um die in der Spule 1 beim Ändern der elektrischen Stromstärke i_2 induzierte Spannung zu überwinden (deshalb das negative Vorzeichen, vgl. Kapitel IV.10 und Gl.(IV.10.6)); der letzte Term schließlich beschreibt die Arbeit, die zur Überwindung der in der Spule 2 induzierten elektrischen Spannung aufgebracht werden muß, wenn die elektrische Stromstärke i_2 vom Wert Null auf den Wert I_2 verändert wird.

Wird andererseits das Gedankenexperiment so durchgeführt, daß zunächst die Spule 2 die elektrische Stromstärke I_2 führt, die Spule 1 aber stromlos ist und wird dann anschließend die elektrische Stromstärke in der Spule 1 vom Wert Null auf den Wert $i_1 = I_1$ verändert, so gilt für den im Magnetfeld gespeicherten Energieinhalt nach einer vollkommen äquivalenten Überlegung:

$$W_m = \frac{1}{2} L_2 I_2^2 + \int_0^{I_1} M_{21} I_2 \, di_1 + \frac{1}{2} L_1 I_1^2 \quad ,$$

$$W_m = \frac{1}{2} L_2 I_2^2 + M_{21} I_2 I_1 + \frac{1}{2} L_1 I_1^2 \quad . \qquad \text{(V.7.15)}$$

Da im Endzustand in beiden Spulen dieselben elektrischen Ströme fließen, muß auch die im Magnetfeld der Spulen gespeicherte Energie beidesmal gleich groß sein. Aus einem Vergleich der beiden Gln.(V.7.14) und (V.7.15) kann also geschlossen werden, daß die Gegeninduktivität M_{12} zwischen der Spule 2 und der Spule 1 gleich der Gegeninduktivität M_{21} zwischen der Spule 1 und der Spule 2 ist, so daß eine Unterscheidung beider Größen nicht notwendig ist: $M_{12} = M_{21} = M$.

<u>Satz 56</u>: Der mit zwei Spulen, die über ein Magnetfeld miteinander verkoppelt sind, verkettete magnetische Fluß besteht aus zwei Anteilen, die jeweils direkt proportional der elektrischen Stromstärke i_1 bzw. i_2 durch die Spulen sind:

$$\Psi_1 = L_1 i_1 + M i_2 \quad ,$$
$$\Psi_2 = M i_1 + L_2 i_2 \quad . \qquad \text{(V.7.16)}$$

Die Proportionalitätskonstanten sind die Eigeninduktivitäten L_1 und L_2 der Spulen sowie die Gegeninduktivität M zwischen den Spulen. Die Einheit der Gegeninduktivität ist gleich der Einheit der Eigeninduktivitäten:

$$[L_1] = [L_2] = [M] = \mathrm{Vs/A} = \mathrm{Henry} = \mathrm{H}.$$

Damit gilt für den Zusammenhang zwischen den elektrischen Spannungen u_1 und u_2 an zwei gekoppelten Spulen einerseits und den elektrischen Stromstärken i_1 und i_2 durch die Spulen andererseits der Zusammenhang:

$$u_1 = L_1 \frac{\mathrm{d}i_1}{\mathrm{d}t} + M \frac{\mathrm{d}i_2}{\mathrm{d}t} \quad ,$$
$$u_2 = M \frac{\mathrm{d}i_1}{\mathrm{d}t} + L_2 \frac{\mathrm{d}i_2}{\mathrm{d}t} \quad . \qquad \text{(V.7.17)}$$

Satz 57: Die an den Klemmen zweier gekoppelter Spulen anliegenden elektrischen Spannungen u_1 und u_2 setzen sich jeweils aus zwei Anteilen zusammen; ein Anteil der elektrischen Spannungen ist jeweils proportional der zeitlichen Änderung der elektrischen Stromstärke der betrachteten Spule, der andere Anteil jeweils proportional der zeitlichen Änderung der elektrischen Stromstärke durch die angekoppelte Spule. Die Proportionalitätsfaktoren sind jeweils die Eigeninduktivitäten sowie die Gegeninduktivität.

Im Zusammenhang mit Gl.(V.7.17) sollen die Bezugspfeilzuordnungen für die elektrischen Spannungen und die elektrischen Stromstärken an gekoppelten Spulen diskutiert werden. Bild V.7.2 zeigt im Teilbild a) zwei *gleichsinnig gewickelte*, gekoppelte Spulen und im Teilbild b) zwei *gegensinnig gewickelte*, gekoppelte Spulen. Es wird zunächst vereinbart, daß entsprechend dem Verbraucherbezugspfeilsystem (vgl. Kapitel V.2) die Bezugspfeile für die elektrische Spannung und die elektrische Stromstärke an *einer* Spule, wie in Bild V.7.2 gezeichnet, so gewählt werden, daß der Bezugspfeil der elektrischen Spannung außen an der Spule und der Bezugspfeil der elektrischen Stromstärke durch die Spule parallel zueinander liegen (vgl. Bild V.2.7). Wird der Flächennormalen-Vektor $\vec{n}$ auf der Querschnittsfläche der Spule, damit aber auch der Bezugspfeil des magnetischen Flusses bzw.

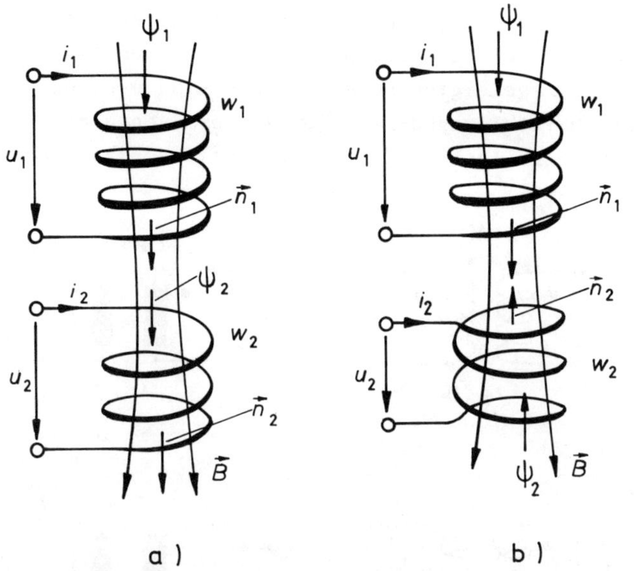

Bild V.7.2: Zur Festlegung der Bezugspfeile für die elektrischen Spannungen und die elektrischen Stromstärken an zwei gekoppelten Spulen.

des verketteten magnetischen Flusses dem Bezugspfeil der elektrischen Stromstärke im Rechtsschraubensinn zugeordnet und gleichzeitig für die Bezugspfeile der Größen an den beiden Spulen eine Zuordnung nach Bild V.7.2 getroffen, so ist zu erkennen, daß einem positiven verketteten Fluß der Spule 1 auch ein positiver verketteter Fluß der Spule 2 entspricht und umgekehrt, wenn die Spulen gleichsinnig gewickelt sind (Bild V.7.2a)). Im Fall der gegensinnig gewickelten Spulen (Bild V.7.2b)) gilt, daß unter den gemachten Voraussetzungen einem positiven verketteten Fluß der Spule 1 ein negativer verketteter Fluß der Spule 2 entspricht und umgekehrt. Dies bedeutet formal, daß im Fall der gleichsinnig gewickelten Spulen nach Bild V.7.2a) bei Verwendung von Gl.(V.7.17) neben den Eigeninduktivitäten L_1 und L_2, die stets positive Grössen sind (vgl. Kapitel V.6), auch die Gegeninduktivität M positiv ist. Im Fall der gegensinnig gewickelten Spulen nach Bild V.7.2b) hingegen wird bei Verwendung von Gl.(V.7.17) die Gegeninduktivität

vität formal negativ.

Für die gekoppelten Spulen werden Schaltsymbole entsprechend Bild V.7.3 eigenführt. Die jeweils in den linken und den rechten Spalten gezeigten Schaltsymbole sind einander gleichwertig. Die Darstellung der Spulen in Form von einzelnen Leiterdrahtwindungen gestattet, den Wicklungssinn der Spulen mit in

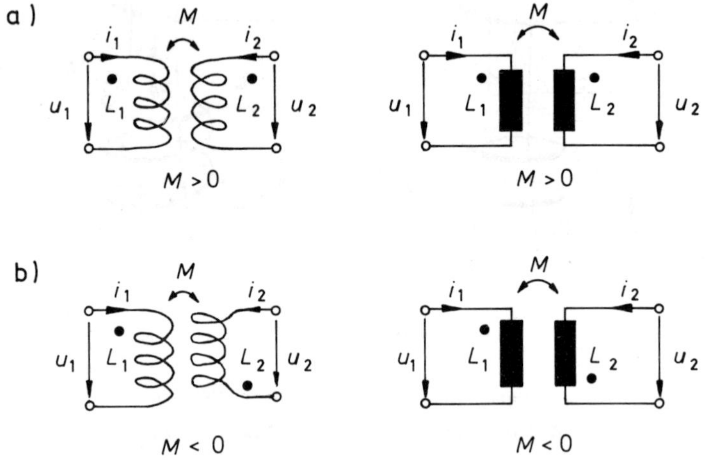

Bild V.7.3: Schaltsymbole der gekoppelten Spulen und Kennzeichnung des Wicklungssinns: a) gleichsinnig gewickelte Spulen, b) gegensinnig gewickelte Spulen.

das Schaltsymbol aufzunehmen; diese Darstellung wird vor allem in der Hochfrequenztechnik verwendet. Die Darstellung der Spulen in Form von schwarzen Rechtecken wird vor allem in der Niederfrequenztechnik einschließlich der Energietechnik verwendet. Da es bei dieser Darstellung der Spulen nicht möglich ist, den Wicklungssinn der Spulen in den Schaltsymbolen zu charakterisieren, wird vereinbart, daß zur Beschreibung des Wicklungssinns eine zusätzliche Information in das Schaltsymbol eingesetzt wird. Diese besteht aus zwei Punkten, die, wie Bild V.7.3 zeigt, an den Enden der Spulen angebracht werden. Befinden sich die Punkte an gleichen Enden der Spulen (Bild V.7.3a)), so sind die Spulen gleichsinnig gewickelt; unter diesen Voraussetzungen gilt Gl.(V.7.17) mit positiven Werten der Gegeninduktivität M. Befinden sich die Punkte an entgegengesetzten Enden der Spulen, so sind die Spulen gegensinnig gewickelt; in diesem Fall gilt Gl. (V.7.17) mit negativen Werten der Gegeninduktivität M. Es ist nach der in Kapitel V.2 eingeführten Definition der Bezugspfeile selbstverständlich, daß bei Änderung der Bezugs-

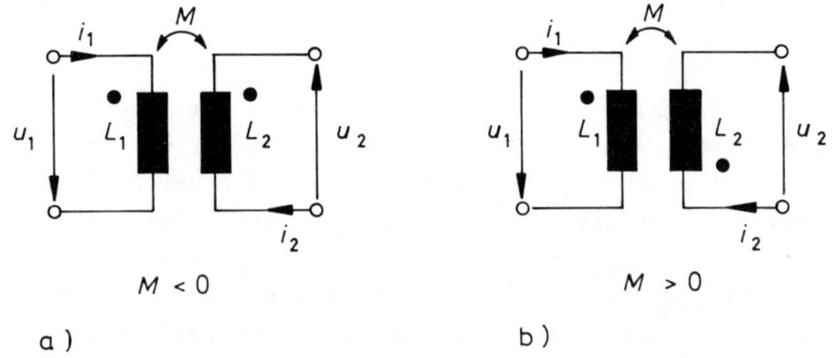

Bild V.7.4: Zur Wahl der Bezugspfeile an zwei gekoppelten Spulen.

pfeile z.B. nur an einer Spule der beiden gekoppelten Spulen die Vorzeichenverhältnisse erneut geändert werden. Ein Beispiel hierzu zeigt Bild V.7.4, in dem die Bezugspfeile der elektrischen Spannung und der elektrischen Stromstärke gegenüber Bild V.7.3 jeweils an der Spule 2 geändert wurden.

Wir betrachten erneut die beiden gekoppelten Spulen nach Bild V.7.1a) und b) und die die Spulen durchsetzenden magnetischen Flüsse und stellen fest, daß im Fall der Spulen nach Bild V.7.1a) die Spule 2 nur von einem Teil des magnetischen Flusses Φ_{m1} und im Fall der Spulen nach Bild V.7.1b) die Spule 1 nur von einem Teil des magnetischen Flusses Φ_{m2} durchsetzt wird. Die Differenzen der jeweils die Spulen durchsetzenden magnetischen Flüsse

$$\Phi_{m\sigma 1} = \Phi_{m1} - \Phi_{m21} ,$$
$$\Phi_{m\sigma 2} = \Phi_{m2} - \Phi_{m12} \qquad \text{(V.7.18)}$$

werden als die *Streuflüsse* der Spulen 1 und 2 bezeichnet. Entsprechend werden die *Streufaktoren* der Spulen 1 und 2 zu:

$$\sigma_1 = \frac{\Phi_{m\sigma 1}}{\Phi_{m1}} = \frac{\Phi_{m1}-\Phi_{m21}}{\Phi_{m1}} = 1 - \frac{w_1 M}{w_2 L_1} \quad ,$$

$$\sigma_2 = \frac{\Phi_{m\sigma 2}}{\Phi_{m2}} = \frac{\Phi_{m2}-\Phi_{m12}}{\Phi_{m2}} = 1 - \frac{w_2 M}{w_1 L_2} \qquad (V.7.19)$$

definiert. Sie sind ein Maß dafür, wie groß der Anteil des magnetischen Flusses der Spule 1 bzw. 2 ist, der die Spule 2 bzw. 1 nicht durchsetzt. Wird der Querschnitt der Spule 2 vom magnetischen Fluß der Spule 1 voll durchsetzt, das heißt, ist $\Phi_{m1} = \Phi_{m21}$, und umgekehrt, das heißt, ist $\Phi_{m2} = \Phi_{m12}$, so ist der magnetische Streufluß jeweils Null und die beiden Streufaktoren σ_1 und σ_2 sind Null. Wird im anderen Extremfall die Spule 2 garnicht vom magnetischen Fluß der Spule 1 durchsetzt, so ist bei nichtverschwindendem Wert von z.B. Φ_{m1} der magnetische Fluß Φ_{m21} Null, so daß $\sigma_1 = 1$ und im entsprechenden anderen Fall $\sigma_2 = 1$ gilt.

Während die Streufaktoren ein Maß für den magnetischen Streufluß der verkoppelten Spulen sind, sind die *Kopplungsfaktoren* entsprechend der Definition

$$k_1 = \frac{\Phi_{m21}}{\Phi_{m1}} \quad ,$$

$$k_2 = \frac{\Phi_{m12}}{\Phi_{m2}} \qquad (V.7.20)$$

ein Maß für die Verkopplung der beiden Spulen miteinander. Es gilt $k_1 = 1$, $k_2 = 1$ für voll gekoppelte Spulen, die von denselben magnetischen Flüssen durchsetzt werden, und es gilt $k_1 = 0$, $k_2 = 0$, falls die Spulen nicht miteinander gekoppelt sind. Wie ein Vergleich von Gl.(V.7.19) mit Gl.(V.7.20) zeigt, gilt:

$$k_1 = 1-\sigma_1 \quad , \quad k_2 = 1-\sigma_2 \quad . \qquad (V.7.21)$$

Für zwei reale gekoppelte Spulen gilt immer: $k_{1,2}<1$ und $\sigma_{1,2}>0$.

Zur Beschreibung der Kopplung zwischen den Spulen wird neben den definierten Größen $k_{1,2}$ und $\sigma_{1,2}$ noch jeweils ein Mittelwert aus beiden Größen verwendet. Die Größe k:

$$k = \sqrt{k_1 k_2} = \sqrt{\frac{\Phi_{m12}\Phi_{m21}}{\Phi_{m1}\Phi_{m2}}} = \sqrt{\frac{M^2}{L_1 L_2}} = \frac{M}{\sqrt{L_1 L_2}} \tag{V.7.22}$$

wird als der Gesamtkopplungsfaktor und die Größe σ:

$$\sigma = 1-k^2 = 1 - \frac{M^2}{L_1 L_2} \tag{V.7.23}$$

als der Gesamtstreufaktor bezeichnet. Aufgrund der oben stehenden Definitionen gilt unter Verwendung von Gl.(V.7.22), daß

$$\sigma = 1-k^2 = 1-k_1 k_2 = 1-(1-\sigma_1)(1-\sigma_2)$$

$$\sigma \approx \sigma_1 + \sigma_2 \tag{V.7.24}$$

für $\sigma_{1,2} \ll 1$ ist. Der Gesamtstreufaktor ist also für kleine Werte der Streufaktoren σ_1 und σ_2 ungefähr gleich der Summe der Streufaktoren σ_1 und σ_2.

V.7.1 BERECHNUNG DER GEGENINDUKTIVITÄT ZWEIER SPEZIELLER GEKOPPELTER SPULEN

Wir betrachten die Anordnung zweier ineinander liegender Spulen nach Bild V.7.5, deren Achsen gegeneinander den Winkel α bilden, und wollen die Gegeninduktivität zwischen den beiden Spulen berechnen. Es soll vorausgesetzt werden, daß die äußere Spule als ideal angesehen werden kann, das heißt, daß das ausserhalb der Spule auftretende magnetische Streufeld vernachlässigbar klein ist. Ferner wird vorausgesetzt, daß die beiden Spulen für einen Winkel α zwischen den Achsen der Spulen, der gleich Null ist, $\alpha=0$, gleichsinnig gewickelt sind. Zur Berech-

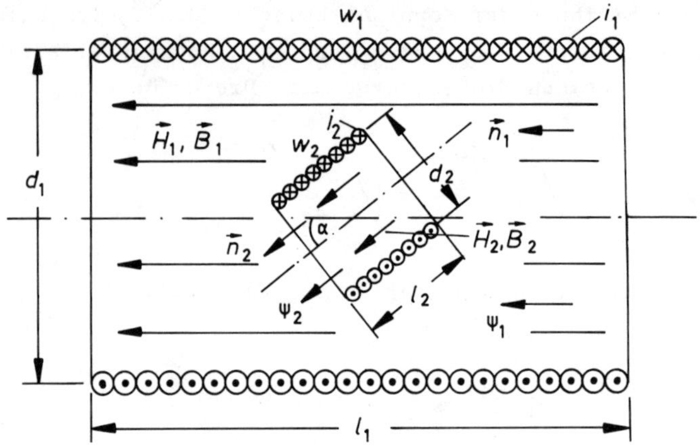

Bild V.7.5: Gekoppelte Spulen.

nung der Gegeninduktivität wird angenommen, daß zunächst nur die äußere Spule den Strom der elektrischen Stromstärke i_1 führt, i_2 aber Null ist. Dann bestimmt sich der Absolutbetrag der magnetischen Erregung der äußeren Spule mit Hilfe von Gl.(IV.4.10) zu:

$$|\vec{H}_1| = \frac{w_1 |i_1|}{l_1} \qquad \text{(V.7.25)}$$

und damit der Absolutbetrag der magnetischen Flußdichte in der äußeren Spule zu:

$$|\vec{B}_1| = \frac{\mu_0 w_1 |i_1|}{l_1} \quad . \qquad \text{(V.7.26)}$$

Unter den gemachten Voraussetzungen ist dieses Feld im Bereich der Spule homogen und in Richtung der Spulenachse gerichtet, wenn zusätzlich angenommen wird, daß die innere Spule den Feldverlauf nicht stört. Damit gilt für den magnetischen Fluß, der durch die Querschnittsfläche der inneren Spule tritt:

$$\Phi_{21} = \int_{A_2} \vec{B}_1 \cdot \vec{n}_2 \, dA = \frac{\mu_0 w_1 i_1}{l_1} \int_{A_2} \cos\alpha \, dA \quad ,$$

$$\Phi_{21} = \frac{\mu_0 w_1 i_1}{l_1} \cos\alpha \, \frac{\pi d_2^2}{4} \; . \tag{V.7.27}$$

Mit der inneren Spule ist also der magnetische Fluß

$$\Psi_{21} = w_2 \Phi_{21} = \frac{\mu_0 w_1 w_2 \pi d_2^2}{4 l_1} \cos\alpha \; i_1 \tag{V.7.28}$$

verkettet, so daß sich die Gegeninduktivität M zu:

$$M = \frac{\Psi_{21}}{i_1} = \frac{\mu_0 w_1 w_2 \pi d_2^2}{4 l_1} \cos\alpha \tag{V.7.29}$$

berechnet.

Grundsätzlich kann die Gegeninduktivität auch so berechnet werden, daß angenommen wird, daß in der inneren Spule ein Strom der elektrischen Stromstärke i_2 fließt, die elektrische Stromstärke i_1 aber Null ist. Da aber die innere Spule innerhalb der äußeren Spule liegt, müßte, um den bei Fließen der elektrischen Stromstärke i_2 mit der äußeren Spule verketteten magnetischen Fluß berechnen zu können, das Magnetfeld der inneren Spule exakt unter Berücksichtigung des Streufeldes berechnet werden können, da auch dieses Streufeld den Querschnitt der äußeren Spule durchsetzt. Da dies sehr aufwendig ist, da zudem bekannt ist, daß allgemein $M_{12} = M_{21} = M$ ist, können wir uns mit dem in Gl.(V.7.29)berechneten Ergebnis begnügen. Gl.(V.7.29) zeigt, daß die Gegeninduktivität M der Anordnung nach Bild V.7.5 eine Funktion des Winkels α zwischen den Achsen der beiden Spulen ist. Für $\alpha=0$ nimmt M seinen größten Wert:

$$M_{max} = \frac{\mu_0 w_1 w_2 \pi d_2^2}{4 l_1} \tag{V.7.30}$$

an. Für $\alpha=\pi/2$ ist $M=0$. Für einen Winkel $\alpha=\pi$ wird $\cos\alpha = -1$, so daß die Gegeninduktivität negativ wird. Dies ist in Übereinstimmung mit der im vorigen Kapitel durchgeführten Diskussion, da bei Drehung der inneren Spule um 180° die beiden Spulen gegensinnig zueinander gewickelt sind. Eine Anordnung nach Bild V.7.5, die gestattet, die Gegeninduktivität zwischen zwei gekoppelten Spulen zu ändern, wird als *Variometer* bezeichnet.

V.8 DER TRANSFORMATOR

Der in diesem Kapitel zu behandelnde *Transformator* besteht aus zwei gekoppelten Spulen der Windungszahlen w_1 und w_2, die auf einen gemeinsamen Eisenkern gewickelt sind, wie es prinzipiell in Bild V.8.1 dargestellt ist. Die Spule der Windungszahl

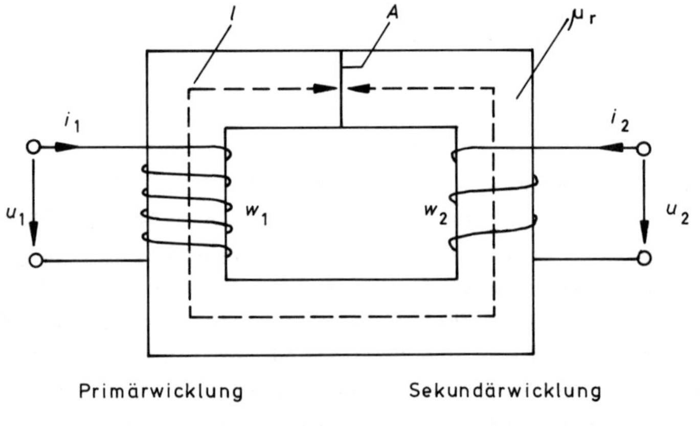

Bild V.8.1: Prinzipieller Aufbau des Transformators.

w_1 wird die *Primärwicklung*, die Spule mit der Windungszahl w_2 die *Sekundärwicklung* genannt. Die Zuordnung der Begriffe "Primärwicklung" und "Sekundärwicklung" zu den realen Spulen ist selbstverständlich willkürlich.

In diesem Kapitel wird vorausgesetzt, daß der Eisenkern, auf den die Spulen gewickelt sind, ferromagnetisch ist, der Zusammenhang zwischen der magnetischen Flußdichte und der magnetischen Erregung aber durch die lineare Beziehung $\vec{B} = \mu_0\mu_r\vec{H}$ beschrieben werden kann. Die Permeabilitätszahl μ_r sei sehr groß (ca. 5.000

bis 10.000); die in der Realität auftretenden Hystereseeigenschaften des ferromagnetischen Materials (vgl. Kapitel IV.6) werden hier noch vernachlässigt. Ihr Einfluß auf die Eigenschaften des Transformators soll erst im dritten Teil des Buches behandelt werden. Auch die in den Transformatoren stets auftretenden Verluste werden in diesem Kapitel nicht berücksichtigt; auf die in den Leiterdrähten der Wicklungen in Wärme umgesetzte elektrische Leistung und die Beschreibung ihres Einflusses auf die Eigenschaften des Transformators wird im zweiten Teil des Buches, auf die im Eisenkern des Transformators zusätzlich auftretenden, sogenannten *Ummagnetisierungsverluste* schließlich wird wiederum im dritten Teil des Buches eingegangen.

In diesem Kapitel wird also zunächst nur ein stark idealisiertes Modell des Transformators betrachtet; dieses Modell wiederum soll in drei Stufen der Idealisierung, ausgehend vom Modell des sogenannten *idealen Transformators* über das Modell des *streuungsfreien, verlustlosen Transformators* bis hin zum Modell des *streuungsbehafteten, verlustlosen Transformators* mehr und mehr der Realität angepaßt werden. Weitere Verbesserungen des Modells werden, wie bereits erwähnt, später vorgenommen.

Die Anordnung nach Bild V.8.1 wird in der Nachrichtentechnik auch als *Übertrager* bezeichnet. Trotz grundsätzlich gleichen Aufbaus des Transformators und des Übertragers unterscheiden sich beide doch im Detail aufgrund ihrer unterschiedlichen Aufgaben in der Energie- und in der Nachrichtentechnik, worauf hier noch nicht näher eingegangen zu werden braucht. Aus diesem Grund wird hier noch keine Differenzierung dieser beiden Begriffe vorgenommen und zunächst nur der Begriff "Transformator" verwendet.

V.8.1 DER IDEALE TRANSFORMATOR

Bild V.8.2 zeigt den prinzipiellen Aufbau eines idealen Transformators mit zwei gleichsinnig gewickelten Spulen, der sich von der in Bild V.8.1 gezeigten Anordnung durch zwei Eigenschaften unterscheidet:

1) Die Permeabilitätszahl des Eisenkerns der idealen Transformators wird als unendlich groß angesehen und

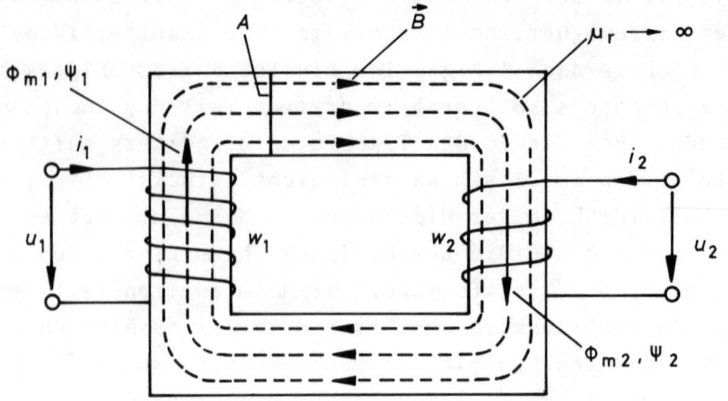

Bild V.8.2: Prinzipieller Aufbau des idealen Transformators.

2) Es wird vorausgesetzt, daß das gesamte Feld der magnetischen Flußdichte ausschließlich im Eisenkern auftritt; magnetische Streufelder im Luftbereich sollen nicht auftreten.

Beide angenommenen Eigenschaften sind weitgehende Idealisierungen von der Realität, die aber zumindest in der Tendenz in jedem Transformator angestrebt werden, indem ein Kern mit möglichst großer Permeabilitätszahl und Wicklungen mit kleinem magnetischen Streufeld verwendet werden.

Es ist Ziel der folgenden Untersuchungen, wie im Fall der gekoppelten Spulen in Kapitel V.7 einen mathematischen Zusammenhang zwischen den elektrischen Strömen und den elektrischen Spannungen des Transformators zu finden. Dazu werden die in Bild V.8.2 eingezeichneten Bezugspfeile für die elektrischen und die magnetischen Größen als vereinbart erklärt.

Der ideale Transformator nach Bild V.8.2 wird als magnetischer Kreis der mittleren Länge l und des konstanten Querschnitts A betrachtet. Aus der Anwendung des Durchflutungsgesetzes folgt für die magnetische Erregung längs der Mittellinie des Eisenkerns:

$$\oint_C \vec{H} \cdot d\vec{s} = |\vec{H}|\, l = |w_1 i_1 + w_2 i_2| \quad ,$$

$$|\vec{H}| = \frac{|w_1 i_1 + w_2 i_2|}{l} \quad , \tag{V.8.1}$$

wenn in der Primärwicklung ein Strom der elektrischen Stromstärke i_1 und in der Sekundärwicklung ein Strom der elektrischen Stromstärke i_2 fließt. Damit gilt für die magnetische Flußdichte, wenn zunächst noch angenommen wird, daß die Permeabilitätszahl μ_r zwar groß aber endlich ist:

$$|\vec{B}| = \mu_0\mu_r|\vec{H}| = \mu_0\mu_r\frac{|w_1i_1+w_2i_2|}{l} \quad , \qquad \text{(V.8.2)}$$

und durch den Eisenkern tritt der magnetische Fluß:

$$\Phi_m = \int_A \vec{B}\cdot\vec{n}\ \mathrm{d}A = (\vec{B}\cdot\vec{n})A = \mu_0\mu_r\frac{w_1i_1+w_2i_2}{l}A \quad . \qquad \text{(V.8.3)}$$

Der nach Gl.(V.8.3) berechnete magnetische Fluß tritt unter den gemachten Voraussetzungen sowohl durch den Querschnitt der Primärwicklung als auch der Sekundärwicklung, da ein Streufeld und damit ein magnetischer Fluß durch den Luftbereich außerhalb des Eisenkerns nicht zugelassen ist. Damit ist mit der Primärwicklung der magnetische Fluß

$$\Psi_1 = w_1\Phi_m \qquad \text{(V.8.4)}$$

und mit der Sekundärwicklung der magnetische Fluß

$$\Psi_2 = w_2\Phi_m \qquad \text{(V.8.5)}$$

verkettet und die an den Klemmen der Primärwicklung und der Sekundärwicklung anliegenden elektrischen Spannungen u_1 und u_2 berechnen sich zu:

$$u_1 = \frac{\mathrm{d}\Psi_1}{\mathrm{d}t} = w_1\frac{\mathrm{d}\Phi_m}{\mathrm{d}t} \quad ,$$

$$u_2 = \frac{\mathrm{d}\Psi_2}{\mathrm{d}t} = w_2\frac{\mathrm{d}\Phi_m}{\mathrm{d}t} \quad . \qquad \text{(V.8.6)}$$

Aus diesen Beziehungen folgt, daß, unabhängig davon wie groß der magnetische Fluß Φ_m in Abhängigkeit von der elektrischen Durchflutung und der Permeabilitätszahl μ_r ist, das Verhältnis aus elektrischer Spannung u_1 an der Primärwicklung und elektrischer Spannung u_2 an der Sekundärwicklung stets

$$\frac{u_1}{u_2} = \frac{w_1}{w_2} = \ddot{u} \qquad (V.8.7)$$

ist. Dieses Ergebnis gilt unter der Voraussetzung der Streuungsfreiheit des Transformators, gleichgültig, wie groß der Wert der Permeabilitätszahl des Eisenkerns ist. Wird angenommen, daß die Wicklungen des Transformators gegensinnig zueinander gewickelt sind, so ist nach den Überlegungen des Kapitels V.7 in Gl.(V.8.7) ein negatives Vorzeichen einzuführen:

$$\frac{u_1}{u_2} = -\frac{w_1}{w_2} = -\ddot{u} \; . \qquad (V.8.8)$$

Das Verhältnis der Windungszahlen w_1/w_2 wird als das *Übersetzungsverhältnis* des idealen Transformators bezeichnet; es ist, wie anschließend gezeigt wird, die charakteristische Kenngröße des idealen Transformators.

Wird die zweite vorausgesetzte Bedingung für den idealen Transformator, daß die Permeabilitätszahl des Eisenkerns unendlich groß werden soll, zusätzlich betrachtet, so kann, ohne daß die oben durchgeführte Diskussion beeinflußt wird, folgendermaßen argumentiert werden: Wird die Permeabilitätszahl μ_r des Eisenkerns sehr groß, so wird sein magnetischer Widerstand

$$R_m = \frac{l}{\mu_0 \mu_r A} \qquad (V.8.9)$$

sehr klein, im Grenzfall $\mu_r \to \infty$ zu Null. Das bedeutet, da der magnetische Fluß in einem Magnetkreis sich aus der Beziehung:

$$\Phi_m R_m = \Theta \qquad (V.8.10)$$

(vgl. Gl.(IV.11.7) und Gl.(IV.11.8)) bestimmt, daß bereits eine sehr kleine elektrische Durchflutung, im Grenzfall $\mu_r \to \infty$ die elektrische Durchflutung $\Theta = w_1 i_1 + w_2 i_2 = 0$ ausreicht, um einen endlichen magnetischen Fluß im Eisenkern zu erzeugen.

Wird eine elektrische Spannung u_1, die z.B. eine sinusförmige Zeitabhängigkeit hat, an die Klemmen der Primärwicklung angelegt, so folgt aus der Verknüpfung der elektrischen Spannung und des verketteten magnetischen Flusses nach Gl.(V.8.6), daß der magnetische Fluß Φ_m im Eisenkern ebenfalls eine periodische und endliche Zeitfunktion sein muß. Ist aber der magnetische Fluß in einem Eisenkern mit unendlich großer Permeabilitätszahl eine endliche Größe, so folgt, daß auch die magnetische Flußdichte $|\vec{B}| = \Phi_m / A$ im Eisenkern endlich ist; damit muß aber nach Gl.(V.8.1) gelten:

$$|\vec{H}| = \frac{|\vec{B}|}{\mu_0 \mu_r} = \frac{|w_1 i_1 + w_2 i_2|}{l} = 0 \quad ,$$

$$w_1 i_1 + w_2 i_2 = 0 \quad ,$$

$$w_1 i_1 = -w_2 i_2 \; . \qquad \text{(V.8.11)}$$

Dieses Ergebnis gilt wieder unter der Voraussetzung, daß die Primärspule und die Sekundärspule gleichsinnig gewickelt sind.

Das Ergebnis nach Gl.(V.8.11) bedeutet, daß die gesamte elektrische Durchflutung, die den Eisenkern des idealen Transformators umschließt, stets gleich Null sein muß, so daß im Eisenkern eine verschwindende magnetische Erregung und damit eine endliche magnetische Flußdichte und ein endlicher magnetischer Fluß auftritt. Aus Gl.(V.8.11) folgt sofort das neben Gl.(V.8.7) bzw. Gl.(V.8.8) zweite wichtige Gesetz für den Zusammenhang der elektrischen Spannungen und Ströme des idealen Transformators:

$$\frac{i_1}{i_2} = -\frac{w_2}{w_1} = -\frac{1}{\ddot{u}} \; . \qquad \text{(V.8.12)}$$

Die Ströme in den (gleichsinnig gewickelten) Spulen eines idealen Transformators verhalten sich umgekehrt wie das negative Windungszahlverhältnis der Spulen zueinander. Für den Fall der gegensinnig gewickelten Spulen gilt entsprechend der Zusammenhang:

$$\frac{i_1}{i_2} = \frac{w_2}{w_1} = \frac{1}{ü} \; . \qquad (V.8.13)$$

Dieses Ergebnis ist in Übereinstimmung mit den Untersuchungen, die in Kapitel V.6 für die einfache Spule durchgeführt wurden. Wird davon ausgegangen, daß z.B. in der Sekundärwicklung des idealen Transformators kein elektrischer Strom fließt ($i_2 = 0$), so gilt nach Gl.(V.8.12) bzw. Gl.(V.8.13), daß dann auch die elektrische Stromstärke in der Primärwicklung Null sein muß. Dasselbe Ergebnis erhalten wir auch mit Hilfe von Gl.(V.6.18), wenn wir den idealen Transformator mit einer stromlosen Wicklung als eine Spule mit der Induktivität

$$L_1 = \frac{\mu_0 \mu_r w^2 A}{l} \; , \qquad (V.8.14)$$

die im Grenzfall $\mu_r \to \infty$ unendlich groß wird, ansehen. Aufgrund der unendlich großen Eigeninduktivität der Primärwicklung und, nach entsprechender Argumentation, der Sekundärwicklung, kann eine elektrische Stromstärke i_1 bzw. i_2 nur in einer der beiden Wicklungen nicht auftreten, weil sonst die durch diese Ströme erregte magnetische Erregung im Eisenkern endlich und damit die magnetische Flußdichte und der magnetische Fluß unendlich groß würden. Um einen endlichen magnetischen Fluß im Eisenkern zu gewährleisten müssen die elektrischen Stromstärken stets so groß sein, daß die gesamte elektrische Durchflutung, die den Eisenkern des idealen Transformators umschließt, Null ist.

Diese Ergebnisse werden zusammengefaßt in

<u>Satz 58</u>: Ein idealer Transformator ist ein streuungsfreier Transformator, dessen Eisenkern eine unendlich große Permeabilitätszahl hat. Damit sind die Eigeninduktivitäten der Primärwicklung und der Sekundärwicklung des idealen Transformators unendlich groß. Eine Gegeninduktivität wird für den idealen Transformator nicht definiert.
Die mit Bezugspfeilen nach Bild V.8.2 eingeführten elek-

trischen Spannungen und elektrischen Stromstärken der Primär- und Sekundärwicklung verhalten sich zueinander wie:

$$\frac{u_1}{u_2} = \pm \ddot{u} \ , \quad \frac{i_1}{i_2} = \mp \frac{1}{\ddot{u}} \ , \qquad \text{(V.8.15)}$$

wobei die oberen Vorzeichen stets für gleichsinnig gewickelte Primär- und Sekundärwicklungen und die unteren Vorzeichen stets für gegensinnig gewickelte Primär- und Sekundärwicklungen gelten. Das Verhältnis der Windungszahlen $\ddot{u}=w_1/w_2$ wird als das Übersetzungsverhältnis des Transformators bezeichnet und ist nach Gl.(V.8.15) die den Zusammenhang zwischen elektrischen Spannungen und elektrischen Stromstärken beschreibende Kenngröße des idealen Transformators.

Für den idealen Transformator wird ein Schaltsymbol nach Bild V.8.3 eingeführt. Die beiden Striche zwischen den gekoppelten Spulen charakterisieren den Eisenkern des Transformators. Die beiden Punkte an den Spulen legen, wie in Kapitel V.7 definiert, den Wicklungssinn der beiden Spulen zueinander fest. Die den idealen Transformator und seine Eigenschaften beschreibende Größe *ü* wird unterhalb der gekoppelten Spulen angetragen.

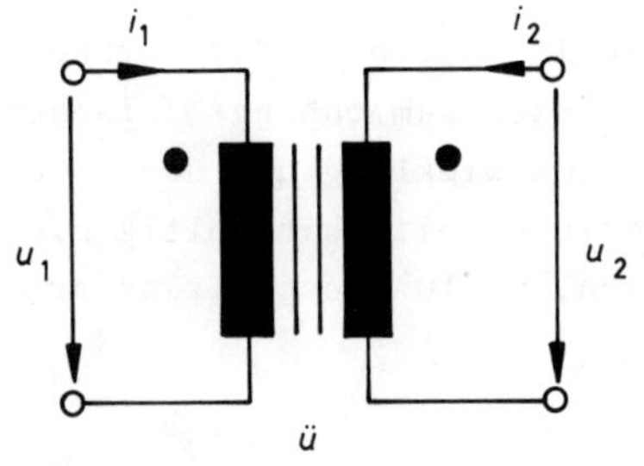

Bild V.8.3: Schaltsymbol für den idealen Transformator.

V.8.2 DER STREUUNGSFREIE, VERLUSTLOSE TRANSFORMATOR

Das in Bild V.8.4 gezeigte, prinzipielle Bild des streuungsfreien, verlustlosen Transformators unterscheidet sich von Bild V.8.2 des idealen Transformators nur dadurch, daß der Eisenkern eine, wenn auch große, so doch endliche Permeabilitätszahl μ_r besitzt. Der Transformator soll aber weiterhin streuungsfrei sein,

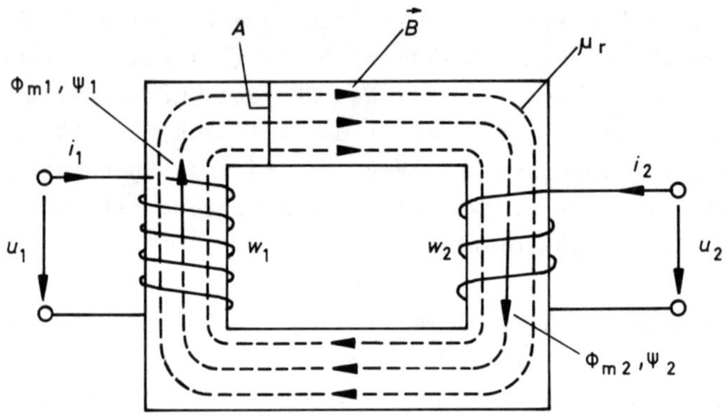

Bild V.8.4: Prinzipieller Aufbau des streuungsfreien Transformators.

das heißt, daß ein magnetischer Fluß nur im Eisenkern auftritt; ein magnetischer Streufluß im Luftbereich sei vernachlässigbar klein.

Hieraus folgt, daß die in Kapitel V.8.1 durchgeführte Argumentation zur Bestimmung des Zusammenhangs zwischen der elektrischen Spannung u_1 an der Primärwicklung und der elektrischen Spannung u_2 an der Sekundärwicklung weiterhin gültig bleibt, so daß auch für den streuungsfreien, verlustlosen Transformator der Zusammenhang:

$$\frac{u_1}{u_2} = \frac{w_1}{w_2} = \ddot{u} \tag{V.8.16}$$

gilt.

Auf der anderen Seite kann die Berechnung des Zusammenhangs zwischen den elektrischen Strömen des Transformators nicht mehr so durchgeführt werden, wie sie in Kapitel V.8.1 für den idealen Transformator abgeleitet wurde; vielmehr muß beachtet werden, daß nunmehr die Eigeninduktivitäten der Primär- und der Sekundärwicklungen wieder definierbar sind und somit auch, wie für alle realen gekoppelten Spulen, eine Gegeninduktivität berechnet werden kann. Damit gilt auch das beim idealen Transformator angewendete Argument nicht mehr, daß die elektrische Gesamtdurchflutung Null sein muß, da aufgrund der endlichen Permeabilitätszahl des Eisenkerns und damit der endlichen Induktivitäten die magnetische Erregung im Eisenkern nicht mehr Null werden muß. Wegen der angenommenen großen Permeabilitätszahl wird allerdings die elektrische Durchflutung und damit die magnetische Erregung im Eisenkern klein sein.

Dies bedeutet, daß der Zusammenhang zwischen den elektrischen Spannungen an den Wicklungen und den elektrischen Stromstärken in den Wicklungen eines streuungsfreien, verlustlosen Transformators unter Verwendung von Gl.(V.7.17):

$$u_1 = L_1\frac{\mathrm{d}i_1}{\mathrm{d}t} + M\frac{\mathrm{d}i_2}{\mathrm{d}t} \quad ,$$

$$u_2 = M\frac{\mathrm{d}i_1}{\mathrm{d}t} + L_2\frac{\mathrm{d}i_2}{\mathrm{d}t} \quad , \qquad \text{(V.8.17)}$$

die nach Kapitel V.7 für alle realen, gekoppelten Spulen gültig ist, berechnet werden muß.

Aufgrund der Tatsache, daß wegen der vorausgesetzten Streuungsfreiheit des Transformators der Querschnitt der Primärwicklung von demselben magnetischen Fluß durchsetzt wird, wie der Querschnitt der Sekundärspule, gilt unter Anwendung von Gl.(V.7.16) und Gl.(V.8.2):

$$\Phi_\mathrm{m} = \frac{\mu_0\mu_\mathrm{r}w_1A}{l}i_1 + \frac{\mu_0\mu_\mathrm{r}w_2A}{l}i_2 \quad ,$$

$$\Psi_1 = \frac{\mu_0\mu_\mathrm{r}w_1^2A}{l}i_1 + \frac{\mu_0\mu_\mathrm{r}w_2w_1A}{l}i_2 \quad , \quad \Psi_2 = \frac{\mu_0\mu_\mathrm{r}w_2w_1A}{l}i_1 + \frac{\mu_0\mu_\mathrm{r}w_2^2A}{l}i_2$$

$$\text{(V.8.18)}$$

und somit:

$$L_1 = \frac{\mu_0 \mu_r w_1^2 A}{l} \quad , \quad L_2 = \frac{\mu_0 \mu_r w_2^2 A}{l} \quad , \quad M = \frac{\mu_0 \mu_r w_1 w_2 A}{l} \quad . \qquad \text{(V.8.19)}$$

Wie diesen Gleichungen entnommen werden kann, gilt somit für den streuungsfreien Transformator, daß die Gegeninduktivität M gleich dem geometrischen Mittelwert aus den Eigeninduktivitäten L_1 und L_2 ist:

$$M = \pm \sqrt{L_1 L_2} \quad . \qquad \text{(V.8.20)}$$

Damit kann Gl.(V.8.17) auch in der Form:

$$u_1 = L_1 \frac{di_1}{dt} \pm \sqrt{L_1 L_2} \frac{di_2}{dt} = \sqrt{L_1} \{\sqrt{L_1} \frac{di_1}{dt} \pm \sqrt{L_2} \frac{di_2}{dt}\} \quad ,$$

$$u_2 = \pm \sqrt{L_1 L_2} \frac{di_1}{dt} + L_2 \frac{di_2}{dt} = \pm\sqrt{L_2}\{\sqrt{L_1} \frac{di_1}{dt} \pm \sqrt{L_2} \frac{di_2}{dt}\}$$

$$\text{(V.8.21)}$$

geschrieben werden. Entsprechend den Untersuchungen in Kapitel V.7 wird das positive Vorzeichen von M in Gl.(V.8.20) Transformatoren mit gleichsinnig gewickelten Primär- und Sekundärwicklungen, das negative Vorzeichen entsprechend Transformatoren mit gegensinnig gewickelten Primär- und Sekundärwicklungen zugeordnet. Gl.(V.8.21) ist in Übereinstimmung mit Gl.(V.8.16), da nach Gl.(V.8.21) gilt:

$$\frac{u_1}{u_2} = \pm\sqrt{\frac{L_1}{L_2}} = \pm\sqrt{\frac{w_1^2}{w_2^2}} = \pm \frac{w_1}{w_2} = \pm ü \quad . \qquad \text{(V.8.22)}$$

Da die Streuflüsse $\Phi_{m\sigma 1}$ und $\Phi_{m\sigma 2}$ (vgl. Kapitel V.7) des streuungsfreien Transformators Null sind, gilt, daß die primäre Streuziffer σ_1 und die sekundäre Streuziffer σ_2 ebenfalls Null sind und für die Kopplungsfaktoren $k_1=1$ und $k_2=1$ gilt. Damit ist auch die Gesamtstreuziffer σ Null und der Kopplungsfaktor $k=1$.

Aus Gl.(V.7.19) folgt damit in Übereinstimmung mit Gl.(V.8.19), daß

$$M = \frac{w_2}{w_1} L_1 \quad , \; M = \frac{w_1}{w_2} L_2 \qquad \text{(V.8.23)}$$

ist. Gl.(V.7.22) bestätigt mit $k=1$ nochmals das Ergebnis in Gl.(V.8.20)

Satz 59: Für einen streuungsfreien, verlustlosen Transformator verhalten sich die elektrischen Spannungen u_1 und u_2 an der Primär- und der Sekundärwicklung zueinander wie die Windungszahlen w_1 und w_2 des Transformators zueinander (Gl.(V.8.16)). Aufgrund der Streuungsfreiheit des Transformators ist die Gegeninduktivität M zwischen den Wicklungen gleich dem geometrischen Mittelwert aus den Eigeninduktivitäten der Primär- und Sekundärwicklung gemäß Gl.(V.8.20).

Für den streuungsfreien, verlustlosen Transformator wird das Schaltsymbol nach Bild V.8.5 eingeführt, das im wesentlichen, bis auf den symbolisch eingetragenen Eisenkern, dem Schaltsymbol der gekoppelten Spulen entspricht. Die Streuungsfreiheit des Transformators soll dadurch gekennzeichnet werden, daß der speziell geltende Zusammenhang zwischen der Gegeninduktivität und den Eigeninduktivitäten mit in das Schaltsymbol eingeführt wird.

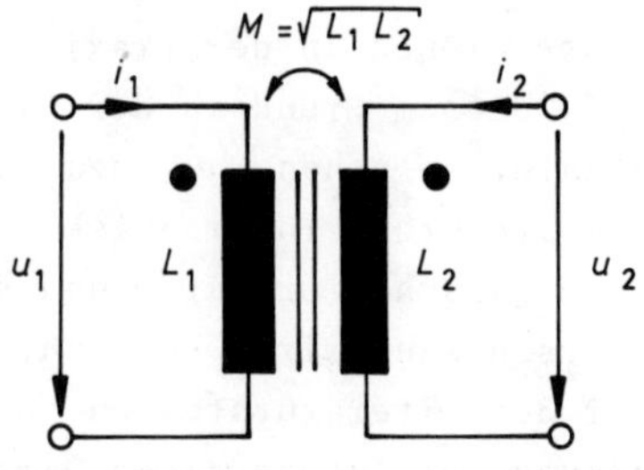

Bild V.8.5: Schaltsymbol des streuungsfreien, verlustlosen Transformators.

V.8.3 DER STREUUNGSBEHAFTETE, VERLUSTLOSE TRANSFORMATOR

Der nächste konsequente Schritt bei der weiteren Anpassung des Modells zur Beschreibung der Übertragungseigenschaften des Transformators an die Realität ist die Berücksichtigung der im Transformator stets auftretenden magnetischen Streufelder. Bild V.8.6 zeigt eine Veranschaulichung der Streufelder. In der Wirk-

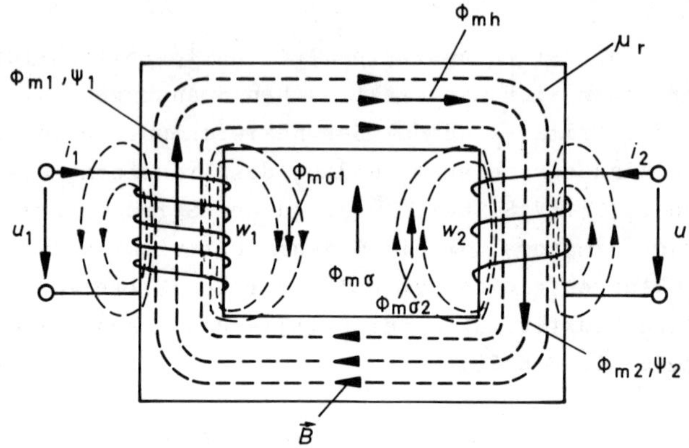

Bild V.8.6: Zur Veranschaulichung des streuungsbehafteten Transformators.

lichkeit sehen die Streufelder allerdings je nach verwendeten Transformatorwicklungen anders aus; auch wird es schwierig sein, z.B. die in Bild V.8.6 charakterisierten primären und sekundären magnetischen Streuflüsse $\Phi_{m\sigma 1}$ und $\Phi_{m\sigma 2}$ (vgl. auch Kapitel V.7 zur Definition der magnetischen Streuflüsse) immer voneinander zu unterscheiden oder diese Größen in der Praxis getrennt meßbar zu machen. Es gibt aus diesem Grund in der Literatur vertretene Lehrmeinungen, die dafür sprechen, nur den magnetischen Gesamtstreufluß $\Phi_{m\sigma}$ als meßbare Größe in die Diskussion einzubeziehen. Wenn hier trotzdem zwischen primärem und sekundärem magnetischem Streufluß unterschieden wird, so nicht nur, weil dies in der überwiegenden Zahl der Literaturstellen so getan wird, sondern weil nach Auffassung des Autors diese Darstellung insbesondere für den Anfänger anschaulicher erscheint.

Es wird vorausgesetzt, daß der Querschnitt der Primärwicklung vom magnetischen Fluß Φ_{m1} durchsetzt ist und daß der mit der

Primärwicklung verkettete magnetische Fluß $\Psi_1 = w_1\Phi_{m1}$ ist. Entsprechend ist der durch den Querschnitt der Sekundärwicklung tretende magnetische Fluß Φ_{m2} und der mit der Sekundärwicklung verkettet magnetische Fluß $\Psi_2 = w_2\Phi_{m2}$. Im Gegensatz zum streuungsfreien Transformator, für den stets $\Phi_{m1} = \Phi_{m2}$ galt, da das Feld der magnetischen Flußdichte nur im Eisenkern auftrat, gilt hier, daß diese beiden Größen verschieden groß sind. Der den Querschnitt der Primärwicklung durchsetzende magnetische Fluß Φ_{m1} setzt sich aus dem sogenannten magnetischen *Hauptfluß* Φ_{mh} (Bild V.8.6) und dem primären magnetischen *Streufluß* $\Phi_{m\sigma 1}$ zusammen:

$$\Phi_{m1} = \Phi_{mh} + \Phi_{m\sigma 1} \quad . \tag{V.8.24}$$

Entsprechend wird der Querschnitt der Sekundärwicklung von demselben magnetischen Hauptfluß Φ_{mh} und vom sekundären magnetischen Streufluß $\Phi_{m\sigma 2}$ durchsetzt:

$$\Phi_{m2} = \Phi_{mh} + \Phi_{m\sigma 2} \quad . \tag{V.8.25}$$

Der magnetische Hauptfluß tritt somit im Eisenkern sowohl durch die Querschnittsfläche der Primärwicklung als auch durch den Querschnitt der Sekundärwicklung.

Wird der gesamte, den Luftbereich außerhalb des Eisenkerns durchsetzende magnetische Streufluß bestimmt, so gilt unter Berücksichtigung der Bezugspfeile für die magnetischen Flüsse nach Bild V.8.6:

$$\Phi_{m\sigma} = \Phi_{m\sigma 2} - \Phi_{m\sigma 1} \quad . \tag{V.8.26}$$

Die Kopplung zwischen der Primär- und der Sekundärwicklung wird im Fall des streuungsbehafteten Transformators nach den durchgeführten Überlegungen nur vom magnetischen Hauptfluß Φ_{mh} hervorgerufen; dieser berechnet sich nach Gl.(V.8.24) und Gl.(V.8.25) sowie unter Verwendung der primären und der sekundären Streuziffer σ_1 und σ_2 bzw. des primären und des sekundären Kopplungsfaktors k_1 und k_2 (vgl. Kapitel V.7) zu:

$$\Phi_{m21} = \Phi_{mh} = \Phi_{m1}-\Phi_{m\sigma 1} = (1-\sigma_1)\Phi_{m1} = k_1\Phi_{m1} \quad ,$$

$$\Phi_{m12} = \Phi_{mh} = \Phi_{m2}-\Phi_{m\sigma 2} = (1-\sigma_2)\Phi_{m2} = k_2\Phi_{m2} \quad . \qquad \text{(V.8.27)}$$

Um das Übertragungsverhalten des streuungsbehafteten Transformators zu beschreiben, führen wir zwei Gedankenexperimente durch: Es wird zunächst angenommen, daß die elektrische Stromstärke in der Sekundärwicklung Null ist, d.h. $i_2=0$. Dann wird das Magnetfeld im Eisenkern nur von dem elektrischen Strom in der Primärwicklung erregt. Es gilt somit für die an den Klemmen der Primär- und der Sekundärwicklung anliegenden elektrischen Spannungen u_1 und u_2:

$$u_1 = w_1\frac{d\Phi_{m1}}{dt} = L_1\frac{di_1}{dt} \quad ,$$

$$u_2 = w_2\frac{d\Phi_{m21}}{dt} = w_2\frac{d\Phi_{mh}}{dt} = w_2 k_1\frac{d\Phi_{m1}}{dt} = \frac{w_2}{w_1}k_1 L_1\frac{di_1}{dt} \quad . \qquad \text{(V.8.28)}$$

Wird andererseits angenommen, daß nur die Sekundärwicklung einen elektrischen Strom führt, d.h. daß $i_1 = 0$ ist, so gilt entsprechend für die an den Klemmen des Transformators anliegenden elektrischen Spannungen:

$$u_1 = w_1\frac{d\Phi_{m12}}{dt} = w_1 k_2\frac{d\Phi_{m2}}{dt} = \frac{w_1}{w_2}k_2 L_2\frac{di_2}{dt} \quad ,$$

$$u_2 = w_2\frac{d\Phi_{m2}}{dt} = L_2\frac{di_2}{dt} \quad . \qquad \text{(V.8.29)}$$

Fließen in beiden Wicklungen elektrische Ströme, so können die dann an den Klemmen des Transformators anliegenden elektrischen Spannungen aus der Überlagerung der Gln.(V.8.28) und (V.8.29) bestimmt werden. Es gilt also:

$$u_1 = L_1\frac{di_1}{dt} + \frac{w_1}{w_2}k_2L_2\frac{di_2}{dt} \quad ,$$

$$u_2 = \frac{w_2}{w_1}k_1L_1\frac{di_1}{dt} + L_2\frac{di_2}{dt} \quad . \tag{V.8.30}$$

Wie ein Vergleich mit den allgemein für zwei gekoppelte Spulen geltenden Zusammenhänge zwischen den elektrischen Spannungen an den Spulen und den elektrischen Stromstärken durch die Spulen nach Gl.(V.7.17)

$$u_1 = L_1\frac{di_1}{dt} + M\frac{di_2}{dt} \quad ,$$

$$u_2 = M\frac{di_1}{dt} + L_2\frac{di_2}{dt} \tag{V.8.31}$$

zeigt, muß damit für die Gegeninduktivität M gelten:

$$M_{12} = M = \frac{w_1}{w_2}k_2L_2 \quad ,$$

$$M_{21} = M = \frac{w_2}{w_1}k_1L_1 \quad , \tag{V.8.32}$$

woraus durch Multiplikation der beiden geltenden Beziehungen folgt, daß für den streuungsbehafteten Transformator die Gegeninduktivität M sich aus:

$$M = \sqrt{k_1k_2}\sqrt{L_1L_2} \tag{V.8.33}$$

berechnet.

Aus der Darstellung des Zusammenhangs zwischen den elektrischen Spannungen und den elektrischen Stromstärken nach Gl.(V.8.31) folgt, daß für den streuungsbehafteten, verlustlosen Transformator das Schaltsymbol nach Bild V.8.7 angegeben werden kann. Es unterscheidet sich von dem Schaltsymbol des streuungsfreien, verlustlosen Transformators nur dadurch, daß die Gegeninduktivität M nach Gl.(V.8.33) und nicht, wie im Fall des streuungsfreien Transformators, nach Gl.(V.8.20) bestimmt wird.

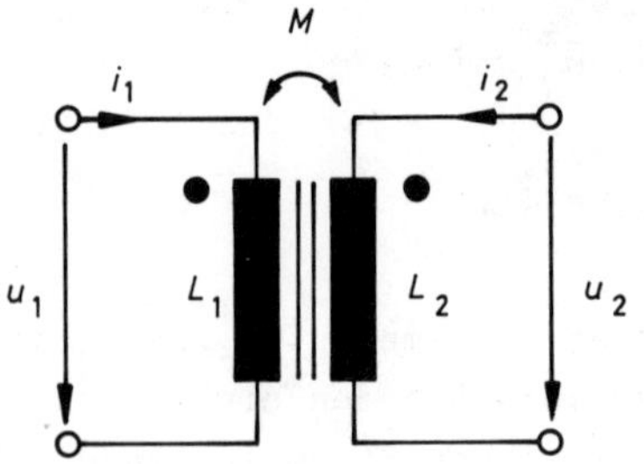

Bild V.8.7: Schaltsymbol des streuungsbehafteten, verlustlosen Transformators.

Aus einer etwas anderen Betrachtung, als sie oben durchgeführt wurde, kann eine Beschreibung des Transformators abgeleitet werden, die in vielen Fällen die Einsicht in die Wirkungsweise des Transformators erleichtert. Hierzu wird für die Anordnung nach Bild V.8.6 erneut die Aufteilung der magnetischen Flüsse in den magnetischen Hauptfluß und in die magnetischen Streuflüsse entsprechend Gl.(V.8.24) und Gl.(V.8.25) betrachtet:

$$\Phi_{m1} = \Phi_{mh} + \Phi_{m\sigma 1} \quad ,$$
$$\Phi_{m2} = \Phi_{mh} + \Phi_{m\sigma 2} \quad . \tag{V.8.34}$$

Wird davon ausgegangen, daß der primäre bzw. der sekundäre Streufluß jeweils nur mit der elektrischen Stromstärke der Primär- bzw. Sekundärwicklung verkettet sind, so kann den verketteten magnetischen Streuflüssen jeweils formal eine *Streuinduktivität*

$$\Psi_{\sigma 1} = w_1 \Phi_{m\sigma 1} = L_{\sigma 1} i_1 \quad ,$$
$$\Psi_{\sigma 2} = w_2 \Phi_{m\sigma 2} = L_{\sigma 2} i_2 \tag{V.8.35}$$

zugeordnet werden. Der Hauptfluß dagegen ist immer sowohl mit der elektrischen Stromstärke der Primärwicklung als auch mit der elektrischen Stromstärke der Sekundärwicklung verkettet. Wird der verkettete magnetische Hauptfluß betrachtet, so wird er sich aus einem Anteil, der proportional der elektrischen Stromstärke i_1 ist, und einem Anteil, der proportional der elektrischen Stromstärke i_2 ist, zusammensetzen:

$$\Psi_{h1} = w_1 \Phi_{mh} = L_{h1} i_1 + M i_2 \ ,$$

$$\Psi_{h2} = w_2 \Phi_{mh} = M i_1 + L_{h2} i_2 \ . \qquad \text{(V.8.36)}$$

Die Proportionalitätskonstanten L_{h1} und L_{h2} werden als die *Hauptinduktivitäten* der Primärwicklung bzw. der Sekundärwicklung bezeichnet. M ist, wie ein Vergleich mit der Diskussion der verkoppelten Spulen in Kapitel V.7 zeigt, gleich der Gegeninduktivität zwischen der Primär- und der Sekundärwicklung.

Unter Verwendung der so definierten Streu- und Hauptinduktivitäten gilt für den Zusammenhang zwischen den elektrischen Spannungen und den elektrischen Stromstärken des Transformators:

$$u_1 = w_1 \frac{d\Phi_{m1}}{dt} = L_{\sigma 1} \frac{di_1}{dt} + L_{h1} \frac{di_1}{dt} + M \frac{di_2}{dt} \ ,$$

$$u_2 = w_2 \frac{d\Phi_{m2}}{dt} = M \frac{di_1}{dt} + L_{\sigma 2} \frac{di_2}{dt} + L_{h2} \frac{di_2}{dt} \ . \qquad \text{(V.8.37)}$$

Diese Darstellung unterscheidet sich von Gl.(V.8.31) nur dadurch, daß die primäre und die sekundäre Eigeninduktivität L_1 und L_2 entsprechend der Zerlegung der magnetischen Flüsse in zwei Anteile

$$L_1 = L_{\sigma 1} + L_{h1} \ ,$$

$$L_2 = L_{\sigma 2} + L_{h2} \qquad \text{(V.8.38)}$$

zerlegt wurde. Dabei sind die primäre und die sekundäre Streuinduktivität jeweils ein Maß für die mit der Primär- bzw. Sekundärwicklung verketteten magnetischen Streuflüsse und die Hauptinduktivitäten entsprechend ein Maß für die mit den beiden Wicklungen verketteten Hauptflüsse. Wie ein Vergleich von Gl.(V.8.27), Gl.(V.8.33) und der Definitionsbeziehung für die Hauptinduktivitäten Gl.(V.8.36) zeigt, gilt für den Zusammenhang zwischen der Gegeninduktivität M und den Hauptinduktivitäten L_{h1} und L_{h2}:

$$M = \sqrt{L_{h1}L_{h2}} \quad . \tag{V.8.39}$$

Die Darstellung des Zusammenhangs zwischen den elektrischen Spannungen und den elektrischen Stromstärken nach Gl.(V.8.38) wird im zweiten Teil des Buches verwendet werden, um ein Ersatzschaltbild des Transformators abzuleiten, das oftmals günstig zur Diskussion der Transformatoreigenschaften verwendet werden kann.

ANHANG

A1: WEITERFÜHRENDE LITERATUR

1) Becker,R.; Sauter,F.: Theorie der Elektrizität, Bd.I. B.G.Teubner, Stuttgart 1973.

2) Brandt,S.; Dahmen,H.D.: Physik, Bd.2, Elektrodynamik. Springer Verlag, Berlin 1980.

3) Fischer,J.: Elektrodynamik. Springer Verlag, Berlin 1976.

4) Küpfmüller,K.: Einführung in die theoretische Elektrotechnik. Springer Verlag, Berlin 1973.

5) Simonyi,K.: Grundgesetze des elektromagnetischen Feldes. VEB Deutscher Verlag der Wissenschaften, Berlin 1963.

6) Wolff,I.: Grundlagen und Anwendungen der Maxwellschen Theorie, Bd. I und Bd. II. BI Hochschulskripten 818/818a und 731, Bibliographisches Institut Mannheim 1968 und 1970.

7) Guillery,P.; Hezel,R.; Reppich,B.: Werkstoffe für Elektroingenieure. Vieweg, Braunschweig, 1978.

8) Krause,K.; Bergmann,H.; Racho,R.: Werkstoffe der Elektrotechnik und Elektronik. VEB Deutscher Verlag für Grundstoffindustrie, Leipzig 1973.

9) v.Münch,W.: Werkstoffe der Elektrotechnik. B.G.Teubner Studienskripten, Stuttgart 1978.

10) Wijn,H.P.J.; Dullenkopf,P.: Werkstoffe der Elektrotechnik. Springer Verlag, Berlin 1967.

11) Feldtkeller,R.: Theorie der Spulen und Übertrager. S.Hirzel Verlag, Stuttgart 1971.

12) Höft,H.: Passive elektronische Bauelemente. Alfred Hüthig Verlag, Heidelberg 1977.

13) Liebscher,F., Held, W.: Kondensatoren. Springer-Verlag, Berlin 1968.

14) Tafel,H.J.: Passive Bauelemente der Nachrichtentechnik. J.A. Mayersche Buchhandlung, Aachen 1969.

15) Zinke,O.: Widerstände, Kondensatoren, Spulen und ihre Werkstoffe. Springer-Verlag, Berlin 1965.

A2: FORMELZEICHEN UND EINHEITEN

I. Verzeichnis der verwendeten Formelzeichen

a, b, c	lineare Abmessungen
$\vec{a}$	Beschleunigung
A	Fläche
$\breve{A}$	chemisches Äquivalent
A_E	Querschnittsfläche des Eisenkerns
A_{el}	vom elektrischen Feld geleistete Arbeit
A_f	vom Kraftfeld geleistete Arbeit
A_L	Querschnittsfläche des Luftbereichs
A_m	vom magnetischen Feld geleistete Arbeit
A_{Quelle}	von einer Quelle geleistete Arbeit
b	Beweglichkeit
$\vec{B}$	magnetische Flußdichte
$\vec{B}_E$	magnetische Flußdichte im Eisen
$\vec{B}_L$	magnetische Flußdichte im Luftbereich
C	Kapazität
C	Kurve
d	Abstand
d	Durchmesser
$\vec{D}$	elektrische Erregung
e	Elementarladung
$\vec{e}$	Einheitsvektor
$\vec{e}_x$	Einheitsvektor in Richtung der kartesischen x-Koordinate
$\vec{e}_y$	Einheitsvektor in Richtung der kartesischen y-Koordinate
$\vec{e}_z$	Einheitsvektor in Richtung der kartesischen z-Koordinate
$\vec{E}$	elektrische Feldstärke
$\vec{E}_{ind}$	induzierte elektrische Feldstärke
F	Faraday-Konstante
$\vec{F}$	Kraft
$\vec{F}_{el}$	Kraft auf eine Ladung im elektrischen Feld
$\vec{F}_m$	Kraft auf eine Ladung im Magnetfeld
$\vec{F}_z$	Zentrifugalkraft
G	elektrischer Leitwert
h	Planck'sches Wirkungsquantum

$\hbar$	Planck'sches Wirkungsquantum dividiert durch 2π
$\vec{H}$	magnetische Erregung
H_k	magnetische Koerzitiverregung
$\vec{H}_{sek}$	sekundäre magnetische Erregung
i	elektrische Stromstärke, zeitabhängig
I	elektrische Stromstärke, zeitunabhängig
k	Kopplungsfaktor
k_1	primärer Kopplungsfaktor
k_2	sekundärer Kopplungsfaktor
l	Bahnkennzahl
$\vec{l}$	Wegstrecke
l_E	mittlere Länge des Eisenkerns
L	Induktivität
L_a	äußere Induktivität
L_{h1}	primäre Hauptinduktivität
L_{h2}	sekundäre Hauptinduktivität
L_i	innere Induktivität
$L_{\sigma 1}$	primäre Streuinduktivität
$L_{\sigma 2}$	sekundäre Streuinduktivität
L'	Induktivitätsbelag
L'_a	äußerer Induktivitätsbelag
L'_i	innerer Induktivitätsbelag
m	Masse
$\vec{m}$	magnetisches Dipolmoment
$m_ä$	elektrochemisches Äquivalent
m_e	Masse des Elektrons
m_n	Masse des Neutrons
m_p	Masse des Protons
m^*	effektive Masse
M	Gegeninduktivität
$\vec{M}$	Magnetisierung
M_{max}	maximale Gegeninduktivität
M_r	relative Atommasse
M_r	remanente Magnetisierung
M_s	Sättigungsmagnetisierung
n	Anzahl der Elektronen eines Atoms
n	Ladungsträgerzahl pro Volumeneinheit, Elektronendichte

$\vec{n}$	Flächennormalen-Einheitsvektor
n_{i}	Inversionsdichte
N	Zahl der Ladungen
N_{L}	Loschmidt'sche Zahl
p	Anzahl der Protonen eines Atoms, Löcherdichte
p	Momentanwert der elektrischen Leistung
$\vec{p}$	elektrisches Dipolmoment
P	Bezeichnung eines Punktes
P	zeitunabhängiger Wert der elektrischen Leistung
$\vec{P}$	elektrische Polarisation
Q, q	elektrische Ladungen
Q_{e}	Ladung des Elektrons
Q_{inf}	influenzierte Ladung
Q_{p}	Ladung des Protons
r	Radius, radiale Koordinate
$\vec{r}$	Radialvektor, Ortsvektor
r_{a}	Außenradius
r_{ai}	Innenradius der Außenelektrode
r_{i}	Innenradius
r_{m}	mittlerer Radius
r_{0}	Kugelradius, Kreisradius
R	elektrischer Widerstand
R_{m}	magnetischer Widerstand
$\vec{s}$	Wegvektor
$\vec{S}$	elektrische Stromdichte
t	Zeit
$\vec{t}$	Tangenten-Einheitsvektor
T	Periodendauer
$\vec{T}$	Drehmoment
u	zeitabhängige elektrische Spannung
$\hat{u}$	Scheitelwert der elektrischen Spannung
U	zeitunabhängige elektrische Spannung
$\vec{v}$	Geschwindigkeit
$\vec{v}_{D}$	Driftgeschwindigkeit
V	Volumen
V_{E}	Volumen des Eisenkerns
w	Windungszahl

w_{el}	Energiedichte im elektrischen Feld
w_m	Energiedichte im Magnetfeld
W	Energie
W_{el}	Energieinhalt des elektrischen Feldes
W_{kin}	kinetische Energie
W_m	Energieinhalt des Magnetfeldes
W_{pot}	potentielle Energie
x	kartesische Koordinate
y	kartesische Koordinate
z	kartesische Koordinate
z	Kernladungszahl
α	Winkel
β	Winkel
γ	Winkel
δ	Abstand
ε	Permittivität, Dielektrizitätskonstante
ε_0	elektrische Feldkonstante
ε_r	Permittivitätszahl, Dielektrizitätszahl
η	Raumladungsdichte
ϑ	Celsius-Temperatur
Θ	elektrische Durchflutung
$\varkappa$	elektrische Leitfähigkeit
λ	Federkonstante
λ	mittlere freie Weglänge
μ	Permeabilität
μ_0	magnetische Feldkonstante
μ_r	Permeabilitätszahl
ν	Zählindex
π	Kreiszahl
σ	Streuziffer, Streufaktor
σ_1	primärer Streufaktor
σ_2	sekundärer Streufaktor
τ	mittlere freie Laufzeit
τ	Relaxationszeit
τ	Laufzeit
φ	elektrisches Potential

Φ_e	elektrischer Fluß
Φ_m	magnetischer Fluß
Φ_{mh}	magnetischer Hauptfluß
$\Phi_{m\sigma}$	magnetischer Streufluß
$\Phi_{m\sigma 1}$	primärer magnetischer Streufluß
$\Phi_{m\sigma 2}$	sekundärer magnetischer Streufluß
χ_e	elektrische Suszeptibilität
χ_m	magnetische Suszeptibilität
Ψ	verketteter magnetischer Fluß
Ψ_a	äußerer verketteter magnetischer Fluß
Ψ_{h1}	mit der Primärwicklung verketteter magnetischer Hauptfluß
Ψ_{h2}	mit der Sekundärwicklung verketteter magnetischer Hauptfluß
$\Psi_{\sigma 1}$	mit der Primärwicklung verketteter magnetischer Streufluß
$\Psi_{\sigma 2}$	mit der Sekundärwicklung verketteter magnetischer Streufluß
Ψ_{12}	magnetischer Fluß der Spule 2, mit Spule 1 verkettet
Ψ_{21}	magnetischer Fluß der Spule 1, mit Spule 2 verkettet
ω	Kreisfrequenz
$\vec{\omega}$	Winkelgeschwindigkeit
ρ	spezifischer elektrischer Widerstand

II. Verzeichnis der verwendeten Einheiten

Symbol	Größe	Einheit
A	Fläche	m^2
A	Arbeit	$J = VAs$
$\vec{B}$	magnetische Flußdichte	$T = Vsm^{-2}$
C	Kapazität	$F = AsV^{-1}$
$\vec{D}$	elektrische Erregung	$Cm^{-2} = Asm^{-2}$
e	Elementarladung	$C = As$
$\vec{E}$	elektrische Feldstärke	Vm^{-1}
$\vec{F}$	Kraft	$N = VAsm^{-1}$
G	elektrischer Leitwert	$S = AV^{-1}$
$\vec{H}$	magnetische Erregung	Am^{-1}
i	elektrische Stromstärke	A
l	Wegstrecke	m
L	Induktivität	$H = VsA^{-1}$
L'	Induktivitätsbelag	$Hm^{-1} = VsA^{-1}m^{-1}$
m	Masse	$kg = Vm^{-2}s^3A$
$\vec{m}$	magnetisches Dipolmoment	Am^2
M	Gegeninduktivität	$H = VsA^{-1}$
$\vec{M}$	Magnetisierung	Am^{-1}
n	Elektronendichte	m^{-3}
p	Löcherdichte	m^{-3}
p	elektrische Leistung	$W = VA$
$\vec{p}$	elektrisches Dipolmoment	$Cm = Asm$
$\vec{P}$	elektrische Polarisation	$Cm^{-2} = Asm^{-2}$
Q	elektrische Ladung	$C = As$
r	Radius	m
R	elektrischer Widerstand	$\Omega = VA^{-1}$
R_m	magnetischer Widerstand	$Ss^{-1} = AV^{-1}s^{-1}$
$\vec{S}$	elektrische Stromdichte	Am^{-2}
t	Zeit	s
T	Periodendauer	s
$\vec{T}$	Drehmoment	$Nm = VAs$
T	Temperatur	K

Symbol	Größe	Einheit
u	elektrische Spannung	V
$\vec{v}$	Geschwindigkeit	ms^{-1}
V	Volumen	m^3
w	Energiedichte	$Jm^{-3} = VAsm^{-3}$
W	Energie	J = VAs
η	Raumladungsdichte	$Cm^{-3} = Asm^{-3}$
ϑ	Celsius-Temperatur	°C
Θ	elektrische Durchflutung	A
$\varkappa$	elektrische Leitfähigkeit	$Sm^{-1} = AV^{-1}m^{-1}$
λ	Federkonstante	Nm^{-1}
λ	mittlere freie Weglänge	m
τ	mittlere freie Laufzeit	s
φ	elektrisches Potential	V
Φ_e	elektrischer Fluß	C = As
Φ_m	magnetischer Fluß	$W = Tm^2 = Vs$
Ψ	verketteter magnetischer Fluß	$W = Tm^2 = Vs$
ω	Kreisfrequenz	s^{-1}
$\vec{\omega}$	Winkelgeschwindigkeit	s^{-1}
ρ	spezifischer elektrischer Widerstand	$\Omega m = VmA^{-1}$

A3: ZUSAMMENSTELLUNG DER WICHTIGSTEN NATURKONSTANTEN

Lichtgeschwindigkeit im Vakuum	$c_0 = 2{,}997\ 924\ 580 \cdot 10^{8}\ \mathrm{ms^{-1}}$
Magnetische Feldkonstante	$\mu_0 = 4\pi \cdot 10^{-7}\ \mathrm{VsA^{-1}m^{-1}}$
Elektrische Feldkonstante	$\varepsilon_0 = 8{,}854\ 187\ 818 \cdot 10^{-12}\ \mathrm{AsV^{-1}m^{-1}}$
Elementarladung	$e = 1{,}602\ 189\ 2 \cdot 10^{-19}\ \mathrm{As}$
Ruhemasse des Elektrons	$m_\mathrm{e} = 9{,}109\ 534 \cdot 10^{-31}\ \mathrm{kg}$
Ruhemasse des Protons	$m_\mathrm{p} = 1{,}672\ 648\ 4 \cdot 10^{-27}\ \mathrm{kg}$
Ruhemasse des Neutrons	$m_\mathrm{n} = 1{,}675 \cdot 10^{-27}\ \mathrm{kg}$
Ladung des Elektrons	$Q_\mathrm{e} = -1{,}602\ 189\ 2 \cdot 10^{-19}\ \mathrm{As}$
Ladung des Protons	$Q_\mathrm{p} = +1{,}602\ 189\ 2 \cdot 10^{-19}\ \mathrm{As}$
Verhältnis Protonen- zu Elektronenmasse	$m_\mathrm{p}/m_\mathrm{e} = 1836{,}151\ 52$
Verhältnis Neutronen- zu Elektronenmasse	$m_\mathrm{n}/m_\mathrm{e} = 1838{,}7$
Verhältnis Elektronenladung zu Elektronenmasse	$Q_\mathrm{e}/m_\mathrm{e} = -1{,}758\ 804 \cdot 10^{11}\ \mathrm{As/kg}$
Verhältnis Protonenladung zu Protonenmasse	$Q_\mathrm{p}/m_\mathrm{p} = 0{,}957\ 875\ 6 \cdot 10^{8}\ \mathrm{As/kg}$
Boltzmannkonstante	$k = 1{,}380\ 662 \cdot 10^{-23}\ \mathrm{JK^{-1}}$
Loschmidt'sche Zahl	$N_\mathrm{L} = 6{,}022\ 045 \cdot 10^{23}\ \mathrm{mol^{-1}}$
Planck'sches Wirkungsquantum	$h = 6{,}626\ 176 \cdot 10^{-34}\ \mathrm{Js}$
Kreiszahl	$\pi = 3{,}141\ 592\ 653\ 589\ 793$

A4: SACHWORTVERZEICHNIS